Elemente der Mathematik

**Sachsen-Anhalt
7. Schuljahr**

Herausgegeben von
Heinz Griesel
Helmut Postel
Friedrich Suhr
Werner Ladenthin
Matthias Lösche

Schroedel

Sachsen-Anhalt 7

Herausgegeben von
Prof. Dr. Heinz Griesel, Prof. Helmut Postel, Friedrich Suhr, Werner Ladenthin, Matthias Lösche

Bearbeitet von
Lutz Breidert, Gabriele Dybowski, Dr. Beate Goetz, Reinhard Kind, Werner Ladenthin, Matthias Lösche, Kerstin Schäfer, Thomas Sperlich, Friedrich Suhr, Prof. Dr. Hans-Georg Weigand, Ulrike Willms

Für Sachsen-Anhalt bearbeitet von
Erika Beier, Annika Kiwatt, Matthias Lösche, Ardito Messner, Friedrich Suhr

Der Schülerband ist auch als digitales Schulbuch erhältlich: Best.-Nr. 88567
Lösungen: Best.-Nr. 88568
Digitales Übungsmaterial erhältlich unter: www.edm-onlinetrainer.de

© 2015 Bildungshaus Schulbuchverlage Westermann Schroedel Diesterweg Schöningh Winklers GmbH, Georg-Westermann-Allee 66, 38104 Braunschweig
www.westermann.de

Das Werk und seine Teile sind urheberrechtlich geschützt. Jede Nutzung in anderen als den gesetzlich zugelassenen bzw. vertraglich zugestandenen Fällen bedarf der vorherigen schriftlichen Einwilligung des Verlages. Nähere Informationen zur vertraglich gestatteten Anzahl von Kopien finden Sie auf www.schulbuchkopie.de.

Für Verweise (Links) auf Internet-Adressen gilt folgender Haftungshinweis: Trotz sorgfältiger inhaltlicher Kontrolle wird die Haftung für die Inhalte der externen Seiten ausgeschlossen. Für den Inhalt dieser externen Seiten sind ausschließlich deren Betreiber verantwortlich. Sollten Sie daher auf kostenpflichtige, illegale oder anstößige Inhalte treffen, so bedauern wir dies ausdrücklich und bitten Sie, uns umgehend per E-Mail davon in Kenntnis zu setzen, damit beim Nachdruck der Verweis gelöscht wird.

Druck A^3 / Jahr 2021
Alle Drucke der Serie A sind im Unterricht parallel verwendbar.

Redaktion: Michael Boßmeyer
Umschlagentwurf: LIO Design GmbH, Braunschweig
Innenlayout: JANSSEN KAHLERT Design & Kommunikation GmbH, Hannover
Illustrationen: Dietmar Griese, Laatzen
Zeichnungen: Schlierf, Type & Design, Lachendorf; Langner & Partner, Hemmingen
Satz: imprint, Zusmarshausen
Druck und Bindung: Westermann Druck GmbH, Georg-Westermann-Allee 66, 38104 Braunschweig

ISBN 978-3-507-**88566**-0

Inhaltsverzeichnis

Über dieses Buch 6

Bleib fit im ... Angeben von Anteilen in Prozent 9

1. Prozentrechnung 11
Lernfeld Prozente erleichtern den Vergleich 12
1.1 Grundaufgaben der Prozentrechnung 13
    1.1.1 Berechnen des Prozentsatzes – Anteil am Ganzen 13
    1.1.2 Berechnen des Prozentwertes – Vom Ganzen zum Teil 16
    1.1.3 Berechnen des Grundwertes – Vom Teil zum Ganzen 20
    ◉ Diagramme mit dem Computer 23
    1.1.4 Vermischte Übungen zu den Grundaufgaben 25
    ◉ Promille – nicht nur im Straßenverkehr 27
1.2 Prozentuale Änderungen 28
    1.2.1 Prozentuale Steigerung – Prozentsätze über 100 % 28
    1.2.2 Prozentuale Abnahme 31
    1.2.3 Prozentuale Veränderungen von Anteilen 35
    ◉ Prozent oder Prozentpunkte – was ist hier gemeint? 36
1.3 Vermischte Übungen zur Prozentrechnung 37
1.4 **Zum Selbstlernen** Zinsen für 1 Jahr 40
1.5 Zinsen für beliebige Zeitspannen 42
    1.5.1 Zinsen für Bruchteile eines Jahres 42
    1.5.2 Zinsen für mehrere Jahre – Zinseszinsen 44
1.6 Aufgaben zur Vertiefung 46
Das Wichtigste auf einen Blick 47
Bist du fit? 47

Bleib fit im ... Umgang mit gebrochenen Zahlen 49

2. Rationale Zahlen 53
Lernfeld Zahlen unter Null 54
2.1 Rationale Zahlen – Anordnung und Betrag 55
2.2 Vergleichen und Ordnen 60
2.3 **Zum Selbstlernen** Koordinatensystem 63
2.4 Beschreiben von Zustandsänderungen 65
2.5 Addieren rationaler Zahlen 68
    2.5.1 Einführung der Addition – Additionsregel 68
    2.5.2 Rechengesetze für die Addition rationaler Zahlen 73
2.6 Subtrahieren rationaler Zahlen 76
    2.6.1 Einführung der Subtraktion – Subtraktionsregel 76
    2.6.2 Auflösen von Zahlklammern – Vereinfachen eines Terms 78
2.7 Multiplizieren rationaler Zahlen 81
    2.7.1 Einführung der Multiplikation – Multiplikationsregel 81
    2.7.2 Rechengesetze der Multiplikation 86
2.8 Dividieren rationaler Zahlen 88
    ◉ Mindmaps 92

◉ Auf den Punkt gebracht   ◉ Im Blickpunkt

2.9	Vermischte Übungen zu den Grundrechenarten	93
2.10	Terme – Distributivgesetz	94
	2.10.1 Regeln für das Berechnen von Termen	94
	2.10.2 Distributivgesetz	96
	◎ Probleme mathematisch lösen	99
2.11	Quadratwurzeln	101
	2.11.1 Einführung der Quadratwurzeln	101
	2.11.2 Näherungswerte von Quadratwurzeln	103
	2.11.3 Irrationale Zahlen	104
2.12	Reelle Zahlen	108
2.13	Vergleich der Zahlenbereiche $\mathbb{N}$, $\mathbb{Q}_+$, $\mathbb{Q}$ und $\mathbb{R}$	110
	◎ Näherungswerte und genaue Werte	112
2.14	Aufgaben zur Vertiefung	113
Das Wichtigste auf einen Blick		114
Bist du fit?		115

3. Gleichungen mit einer Variablen 117

Lernfeld Zahlen gesucht		118
3.1	Lösen einer Gleichung durch Probieren	119
3.2	Lösen von Gleichungen durch Umformen	121
	3.2.1 Lösen von Gleichungen des Typs $a \cdot x + b = c$ durch Umformen	121
	3.2.2 **Zum Selbstlernen** Lösen einfacher Gleichungen des Typs $a\,x = b\,x + c$	126
	3.2.3 Lösen von Gleichungen mit Zusammenfassen von Vielfachen einer Variablen	128
3.3	Sonderfälle bei der Lösungsmenge	132
	◐ Lösen von Gleichungen mit einem Computer-Algebra-System (CAS)	134
3.4	Modellieren – Anwenden von Gleichungen	135
3.5	Verhältnisgleichungen	138
3.6	Lösen von Betragsgleichungen	140
3.7	Lösen von Ungleichungen	141
3.8	Umformen von Formeln	145
3.9	Aufgaben zur Vertiefung	147
Das Wichtigste auf einen Blick		148
Bist du fit?		149

4. Kreise 151

Lernfeld Rund und eckig		152
4.1	**Zum Selbstlernen** Kreise	153
4.2	Kreis und Geraden – Kreistangenten	156
4.3	Satz des Thales	159
	◐ Thales von Milet	164
4.4	Sätze über Peripheriewinkel und Zentriwinkel	165
	◎ Beweisen mathematischer Sätze	169

◎ Auf den Punkt gebracht   ◐ Im Blickpunkt

4.5	Umfang eines Kreises	171
4.6	Flächeninhalt eines Kreises	174
	◐ Die Zahl π in der Geschichte der Menschheit	179
4.7	Vermischte Übungen	180
Das Wichtigste auf einen Blick		183
Bist du fit?		184

5. Prismen und Zylinder ... 185

Lernfeld Körper herstellen und damit experimentieren		186
5.1	Prisma – Netz und Oberflächeninhalt	187
5.2	Schrägbild eines Prismas	192
5.3	Zweitafelbild eines Prismas	196
5.4	Volumen eines Prismas	200
5.5	Zylinder – Netz und Oberflächeninhalt	206
5.6	**Zum Selbstlernen** Zweitafelbild eines Zylinders	208
5.7	Volumen eines Zylinders	209
	◎ Modellieren	213
5.8	Aufgaben zur Vertiefung	215
Das Wichtigste auf einen Blick		216
Bist du fit?		217

6. Zufall und Wahrscheinlichkeit ... 219

Lernfeld Häufigkeiten und Zufälle		220
6.1	Absolute und relative Häufigkeiten und deren Darstellung	221
6.2	Wahrscheinlichkeiten bei Zufallsversuchen	228
6.3	Ergebnisse und ihre Wahrscheinlichkeiten	235
6.4	Laplace-Versuch	237
6.5	Bestimmen von Wahrscheinlichkeiten durch Simulation	242
	◐ Regenwahrscheinlichkeit	245
6.6	Aufgaben zur Vertiefung	246
Das Wichtigste auf einen Blick		247
Bist du fit?		247

7. Aufgabenpraktikum ... 249

Mathematische Darstellungen und Symbole verwenden ... 250

Anhang

Lösungen zu „Bist du fit?"	258
Verzeichnis mathematischer Symbole	266
Stichwortverzeichnis	267
Bildquellenverzeichnis	268

◎ Auf den Punkt gebracht   ◐ Im Blickpunkt

Über dieses Buch

Elemente der Mathematik ist auf der Basis des Fachlehrplans Mathematik für Gymnasien in Sachsen-Anhalt konzipiert. Die zentralen Kompetenzen, welche die Schülerinnen und Schüler erwerben sollen, werden deutlich herausgestellt, aber auch vielfältige Erweiterungsmöglichkeiten für thematische Profilbildungen angegeben.

Bei der Darstellung der Lerninhalte werden im Rahmen der **inhaltsbezogenen mathematischen Kompetenzen** alle Aspekte von Mathematik (als Anwendung, als Struktur sowie als kreatives und intellektuelles Handlungsfeld) ausgewogen berücksichtigt. Insbesondere wurden auch Ergebnisse und Schlussfolgerungen aus der TIMS- und der PISA-Studie angemessen eingearbeitet.

Zum Erwerb der **allgemeinen mathematischen Kompetenzen** ermöglicht **Elemente der Mathematik** eine breite Palette unterschiedlichster schülerorientierter Unterrichtsformen: Beim gemeinsamen Entdecken, Erforschen, Beschreiben und Erklären erfahren die Schüler, dass nicht nur die Lösung eines Problems, sondern auch der Lösungsweg wichtig ist und dass dabei insbesondere die Analyse von Fehlern hilfreich ist. Argumentieren, Kommunizieren, Problemlösen und Modellieren gelangen so in den Vordergrund des unterrichtlichen Geschehens. Stets werden den Unterrichtenden konkrete Hilfen an die Hand gegeben, um solche problem- und handlungsorientierte Lernsituationen zu schaffen, in denen die Schülerinnen und Schüler altersangemessen ihr mathematisches Wissen möglichst eigenständig entwickeln und strukturieren können.

Zu den Lerninhalten

Aus den im Fachlehrplan angegebenen überfachlichen und fachlichen Kompetenzen, die am Ende der 8. Klasse erworben sein sollen, und den genannten Inhaltsfeldern wurde folgende Themenabfolge für den Unterricht in Klasse 7 entwickelt:

Kapitel 1 Prozentrechnung – Kompetenzschwerpunkt „Prozentrechnung"
Ausgehend von den in Klasse 5 erworbenen Kompetenzen zu den Grundaufgaben der Bruchrechnung werden die Grundaufgaben der Prozentrechnung erarbeitet und an vielen Beispielen aus dem Alltag angewendet. Weiterhin wird die Prozentrechnung zur Berechnung von Zinsen angewendet.

Kapitel 2 Rationale Zahlen – Kompetenzschwerpunkt „Rationale Zahlen und Wurzeln"
Ausgangspunkt ist die einfachste Verwendung der rationalen (insbesondere der negativen) Zahlen in der Umwelt bei der Beschreibung von Zuständen und Zustandsänderungen. Die rationalen Zahlen und ihre Rechenoperatoren werden aus diesen Umweltbezügen herausgelöst. Der systematische Aufbau der Algebra wird vorbereitet, indem die Eigenschaften der Verknüpfungen sowie die Berechnungsregeln für Terme herausgestellt werden. Es werden auch Wurzeln thematisiert.

Kapitel 3 Gleichungen mit einer Variablen – Kompetenzschwerpunkt „Gleichungen und Ungleichungen"
Die Umformungsregeln für Gleichungen werden in engem Zusammenhang mit Veranschaulichungen an der Waage und am Zahlenstrahl erarbeitet. Mathematisches Modellieren erfolgt gestuft an Sachaufgaben zu linearen Gleichungen. Spezielle Arten von Gleichungen sowie Ungleichungen ergänzen das Kapitel.

Kapitel 4 Kreise – Kompetenzschwerpunkt „Kreise"
Dieses Kapitel behandelt Grundbegriffe des Kreises in Zusammenhang mit Geraden. Weiterhin werden Sätze am Kreis thematisiert und bewiesen. Die Bedeutung des Satz des Thales wird herausgearbeitet. In Anwendungen werden der Umfang und der Flächeninhalt eines Kreises näher betrachtet.

Kapitel 5 Prismen und Zylinder – Kompetenzschwerpunkte „Körperdarstellung" sowie „Körperberechnung"

Ausgehend von Prismen werden auch Zylinder im Schrägbild, Zweitafelbild und als Netz dargestellt. Anwendungsorientiert erfolgt die Berechnung von Volumen und Oberflächeninhalt dieser Körper.

Kapitel 6 Zufall und Wahrscheinlichkeit – Kompetenzschwerpunkt „Zufällige Ereignisse, Häufigkeiten, Wahrscheinlichkeiten"

Es erfolgt eine Einführung in die Wahrscheinlichkeitsrechnung. Dabei wird der Begriff der Wahrscheinlichkeit zunächst an Nicht-Laplace-Versuchen eingeführt, aber sofort auf Laplace-Versuche spezialisiert.

Kapitel 7 Aufgabenpraktikum

Das Aufgabenpraktikum beinhaltet Aufgaben, die besonders geeignet sind, die Fähigkeit im sicheren Anwenden mathematischer Fertigkeiten weiterzuentwickeln. Bei den inhaltsbezogenen Kompetenzen werden alle bisher den Lernenden bekannten Inhalte angesprochen, dabei erfolgt eine Verflechtung mit allen allgemeinen mathematischen Kompetenzen. Im Sinne einer Akzentuierung wird die Kompetenz *mathematische Darstellungen und Symbole verwenden* besonders geschult.

Zum methodischen Aufbau

1. Jedes Kapitel beginnt mit einer **Einstiegsseite**, die an die Erfahrungen der Schülerinnen und Schüler anknüpft und erste Aktivitäten zur Thematik ermöglicht. Diese Seite eignet sich für einen offenen Einstieg und gibt einen Ausblick auf das Thema des Kapitels.

An die Einstiegsseite schließt sich ein **fakultatives Lernfeld** mit verschiedenen offenen und reichhaltigen Lerngelegenheiten an: In unterschiedlichen Problemsituationen können die Schülerinnen und Schüler zentrale Inhalte und Verfahren auf eigenen Lernwegen durch Anknüpfen an Alltags- und Vorerfahrungen selbstständig und häufig handlungsorientiert entdecken. Der Aufbau eigener Vorstellungen und die Bearbeitung einer Vielfalt von Lösungsansätzen werden gefördert durch die Anregung, diese Lernfelder in der Regel in Partner- und Gruppenarbeit zu bearbeiten. Der Austausch über das Problem mit dem Partner bzw. in der Gruppe sowie der Bericht über die Erfahrungen in der ganzen Klasse fördern insbesondere überfachliche und fachliche Kompetenzen wie Problemlösen sowie Argumentieren und Kommunizieren.

2. Die folgenden **Lerneinheiten** bieten eine Möglichkeit zur systematischen Behandlung der Kapitelinhalte – je nach Vorgehen in der Lerngruppe können Teile davon auch in die Bearbeitung der Lernfelder integriert werden. Jede Lerneinheit beginnt mit einem offenen Einstieg (ohne Lösung im Buch), der die Schüler(innen) zu einer eigenständigen Problembearbeitung und -lösung anregt. Es kann sich eine Aufgabe mit Lösung oder eine Einführung anschließen, die alternativ oder ergänzend die Thematik bearbeiten. Durch ihre sorgfältige, schülergerechte Darstellung eignen sie sich sowohl zum eigenständigen Erarbeiten als auch zum Herausstellen von Problemlösestrategien. Der übersichtlichen Darstellung wegen folgen hier schon weiterführende Aufgaben, die im Unterricht in aller Regel erst nach einer erfolgten Festigung der zuerst behandelten Inhalte an einigen Übungsaufgaben thematisiert werden sollten. Sie dienen der Abrundung und Weiterführung der Theorie. Ihr Thema wird den Unterrichtenden in einer Überschrift genannt. In aller Regel sollten weiterführende Aufgaben im Unterricht bearbeitet werden und nicht als Hausaufgaben gestellt werden.

Die im Lernprozess erarbeiteten Ergebnisse werden häufig in einer Information zusammengefasst. In ihr werden auch Begriffe eingeführt und Ausblicke gegeben. Wesentliche Inhalte werden dabei optisch deutlich in einem Kasten mit einem roten Rahmen hervorgehoben. Hier wird großer Wert gelegt auf prägnante, altersgemäße Formulierungen, die auch beispielgebunden sein können.

Die folgenden Übungsaufgaben sind unter besonderer Berücksichtigung des Erwerbs sowohl überfachlicher als auch fachlicher Kompetenzen konzipiert worden. Sie dienen zur Festigung des Gelernten, der operativen Durcharbeitung und der Vernetzung der Lerninhalte mit denen früherer Themen; dabei sind überall offene Aufgaben integriert. Zur soliden Durcharbeitung wird konsequent das Analysieren typischer Schülerfehler und entsprechendes Argumentieren gefordert.

Einige Aufgaben enthalten in einem blauen Fond Musterbeispiele für Schreibweisen und Lösungswege. Manche Aufgaben enthalten Selbstkontroll-Möglichkeiten für die Schüler(innen).

3. Abschnitte mit der Überschrift **Vermischte Übungen** finden sich an den Stellen eines Kapitels, an denen eine besonders starke Vermischung der bisher erworbenen Kompetenzen angebracht ist.

4. Eingestreut in die Übungsaufgaben finden sich in regelmäßigen Abständen Fragestellungen unter der Überschrift **Das kann ich noch!** zum Reaktivieren des bisher erworbenen Grundwissens.

5. Am Kapitelende folgt dann der fakultative Abschnitt **Aufgaben zur Vertiefung**, der neben einer Vernetzung auch eine Ergänzung des Lehrstoffes auf einem erhöhten Niveau zum Ziel hat. Da in diesen Abschnitten keine neuen Inhalte erarbeitet werden, ist ihre Behandlung fakultativ.

6. Den Kapitelabschluss bilden die Abschnitte **Das Wichtigste auf einen Blick** und **Bist du fit?**, in denen in besonderer Weise die erworbenen Grundqualifikationen zusammengestellt und getestet werden. Die Lösungen dieser Aufgaben sind im Anhang angegeben, sodass sie von den Schülerinnen und Schülern zum eigenständigen Üben für eine Klassenarbeit verwendet werden können.

7. Unter der Überschrift **Im Blickpunkt (●)** werden innermathematische, aber insbesondere auch fachübergreifende, komplexere Themen, die von besonderem Interesse sind und in engem Zusammenhang mit dem Lerninhalt des Kapitels stehen, als Ganzes behandelt. Zur Förderung der fachlichen Kompetenz des Problemlösens sind einige dieser Abschnitte als Forschungsaufträge formuliert. Die Blickpunkte gehen über die obligatorischen Inhalte des Fachlehrplans hinaus; sie eignen sich auch zur Differenzierung und Förderung von eigenständigen Schüleraktivitäten.

8. Um Schüler und Schülerinnen im eigenständigen Erarbeiten mathematischer Themen zu schulen, enthält jedes Kapitel eine Lerneinheit **Zum Selbstlernen**, in der das Thema so aufbereitet ist, dass es von den Lernenden ganz selbstständig bearbeitet werden kann.

9. An geeigneten Stellen werden unter der Überschrift **Auf den Punkt gebracht (◎)** die für diese Klassenstufe vorgesehenen prozessbezogene Kompetenzen akzentuiert zusammengefasst.

10. Zur Unterstützung bei der Durchführung projektorientierter Unterrichtsphasen, aber auch bei der Bearbeitung der Lernfeldern, werden im Internet kostenfrei Materialien zu mehrfach im Unterricht erprobten **Projekten** angeboten: www.elemente-der-mathematik.de

Symbole

1. Dieser Arbeitsauftrag ist für die Bearbeitung in Partnerarbeit konzipiert.
2. Dieser Arbeitsauftrag ist für die Bearbeitung durch eine Gruppe aus mehreren Schüler(innen) konzipiert.
3. Rote Aufgabennummern kennzeichnen Aufgaben, die die Selbstständigkeit und Problemlösefähigkeit der Schülerinnen und Schüler in besonderer Weise herausfordern.
4. Blaue Aufgabennummern (und Überschriften) kennzeichnen Zusatzstoffe.

 In den Einheiten zum Selbstlernen kennzeichnet dieses Symbol einen Auftrag.

Bleib fit im ...
Angeben von Anteilen in Prozent

Zum Aufwärmen

1. Gib den Anteil der gefärbten Fläche an. Gib diesen Anteil auch in Prozent an.

   a) 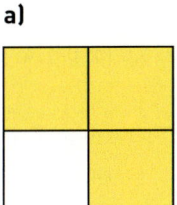 b) 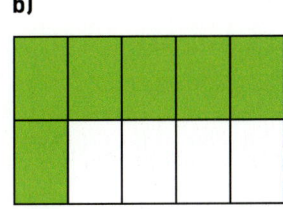 c)  d)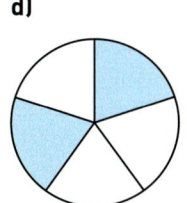

2. a) Schreibe als Hundertstelbruch: 5 %; 12 %; 35 %; 87 %; 64 %; 27 %
   b) Schreibe als Prozent: $\frac{45}{100}$; $\frac{5}{100}$; $\frac{60}{100}$; $\frac{15}{100}$; $\frac{27}{100}$; $\frac{34}{100}$; $\frac{84}{100}$
   c) Erweitere oder kürze, bis du einen Hundertstelbruch erhältst. Schreibe dann als Prozent.
   $\frac{3}{5}$; $\frac{1}{2}$; $\frac{9}{10}$; $\frac{5}{20}$; $\frac{4}{25}$; $\frac{3}{50}$; $\frac{3}{20}$; $\frac{50}{200}$; $\frac{45}{300}$; $\frac{55}{500}$; $\frac{340}{1000}$

3. a) Schreibe als Dezimalbruch:
   36 %; 47 %; 3 %; 70 %; 85 %; 7 %; 99 %; 50 %; 1 %; 100 %; 0,1 %
   b) Schreibe als Prozent: 0,34; 0,45; 0,56; 0,91; 0,07; 0,8; 0,03

Zum Erinnern

Anteile an einem Ganzen gibt man durch gemeine Brüche an. Dabei verwendet man häufig für Hundertstelbrüche die **Prozentschreibweise**.
Einen Hundertstelbruch kann man auch als Dezimalbruch angeben.
Beispiele:

$1\% = \frac{1}{100} = 0{,}01$ (1 **Prozent**)

$5\% = \frac{5}{100} = 0{,}05$

$47\% = \frac{47}{100} = 0{,}47$

$100\% = \frac{100}{100} = 1$

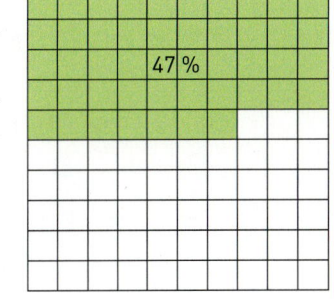

Zum Trainieren

4. Im Bild siehst du, wie Familie Singer ihren Garten aufgeteilt hat.
   Wie viel Prozent der Fläche entfällt auf den Rasen, wie viel Prozent auf die Blumenbeete und wie viel Prozent auf die Gartenlaube?

   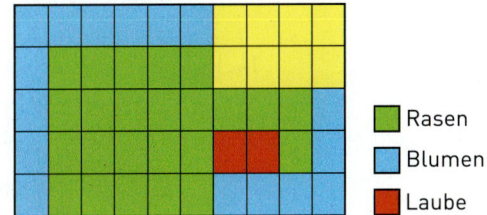

5. Zeichne ein Rechteck mit den Seitenlängen 5 cm und 10 cm. Färbe 28 % der Fläche rot, 34 % blau, 12 % grün. Wie viel Prozent der Fläche bleibt ungefärbt?

6. Schreibe die Zahlen in Prozent. Ordne sie dann nach der Größe.
   a) $\frac{1}{2}; \frac{9}{20}; \frac{13}{25}; \frac{3}{5}; \frac{27}{50}; \frac{8}{10}$
   b) $\frac{1}{5}; \frac{3}{20}; \frac{1}{10}; \frac{2}{25}; \frac{6}{40}; \frac{3}{12}$
   c) $\frac{3}{4}; \frac{8}{25}; \frac{26}{40}; \frac{18}{45}; \frac{45}{120}$

7. Schreibe als Hundertstelbruch und als Dezimalbruch:
   a) 24,5 %; 30,7 %; 46,1 %; 97,6 %
   b) 4,2 %; 9,5 %; 1,3 %; 0,5 %; 0,8 %
   c) 12,75 %; 20,25 %; 3,25 %; 4,86 %
   d) 4,85 %; 6,75 %; 7,24 %; 0,75 %; 0,04 %

8. Schreibe in Prozent: 0,475; 0,604; 0,236; 0,075; 0,109; 0,005; 0,024; 0,974

9. Schreibe in Prozent; runde dann auf ganze Prozent:
   0,561; 0,386; 0,249; 0,094; 0,0086; 0,1043; 0,0013

   $0,0428 = 4,28\,\% \approx 4\,\%$

10. Übertrage die Tabelle in dein Heft und fülle sie aus.

50 %	20 %			75 %		90 %	
$\frac{50}{100}$		$\frac{25}{100}$					$\frac{70}{100}$
$\frac{1}{2}$			$\frac{1}{10}$		$\frac{3}{5}$		
0,5		0,05		0,4			0,125

11. Welche Zahlen sind gleich?
    a) $\frac{8}{10}$; 0,8; $\frac{21}{28}$; $\frac{75}{100}$; 80 %; $\frac{3}{4}$; 0,75; 75 %; $\frac{4}{5}$
    b) 0,2; $\frac{1}{5}$; 0,02; $\frac{2}{10}$; $\frac{20}{100}$; $\frac{20}{1000}$; $\frac{1}{50}$; 20 %; $\frac{2}{100}$; 2 %; $\frac{4}{20}$; $\frac{80}{400}$

12. Übertrage die Figuren in dein Heft und ergänze sie zu 100 %.
    a) 50 %   b) 50 %   c) 30 %   d) 25 %   e) 40 %

13. a) In der Klasse 7a sind 18 von 24 Schülern im Sportverein. Wie viel Prozent sind das?
    b) In der Klasse 7b spielen 20 % der 25 Schüler Handball. Wie viele Schüler sind das?
    c) Die 7 Fußballer in der 7c sind 25 % aller Schüler. Aus wie vielen Schülern besteht die 7c?

14. In einem Werbeprospekt heißt es:

    Nimm 5, bezahl 4!
    Nimm 4, bezahl 3!

    Begründe, bei welchem dieser Angebote man mehr sparen kann.

1. Prozentrechnung

Im Alltag werden viele Anteile nicht mithilfe von Brüchen, sondern in Prozent angegeben.

➜ Erläutere, was die obigen Angaben bedeuten.

In diesem Kapitel …
lernst du, mit Angaben zu rechnen,
die in Prozent gemacht werden.

Lernfeld: Prozente erleichtern den Vergleich

Lesewettbewerb
Der letzte Band einer Jugendbuchserie ist endlich erschienen:

→ Von den 30 Schülern der Klasse 7a haben 12 schon nach einer Woche das Buch gelesen. Wie viel Prozent sind das?

→ Die Klasse 7b hat nur 25 Schüler. 60 % der Schüler haben das Buch nach einem Monat gelesen. Wie viele Schüler sind das?

→ Die Stadtbücherei teilt mit, dass im ersten Monat 18 Jugendliche das Buch ausgeliehen haben, das sind rund 3 % aller jugendlichen Nutzer.
Wie viele jugendliche Nutzer hat die Stadtbücherei?

Online Communities
Im Dezember 2011 haben sich knapp 800 Millionen Mitglieder mindestens einmal mit einem eigenen Account bei Facebook angemeldet. Dies entspricht einem Wachstum von 215 Millionen gegenüber Dezember 2010. Diese Mitglieder verteilen sich wie in der Abbildung.

→ Berechnet jeweils den prozentualen Anteil der Nutzer auf den einzelnen Kontinenten.

→ Wie viele Mitglieder gab es im Dezember 2010? Um wie viel Prozent ist die Mitgliederzahl 2011 gestiegen?

→ Wie viel Prozent der europäischen Nutzer sind in Deutschland? Schätzt zuerst.

→ Interessant ist auch der Anteil, den die Facebook-Nutzer an der Bevölkerung ausmachen. Weltweit betrug dieser Anteil Ende 2011 bereits 11,7 %. In Deutschland lebten Ende 2011 knapp 82 Millionen Menschen. Vergleiche den Anteil.

→ Weltweit gab es etwas mehr männliche (410,7 Millionen) als weibliche Nutzer (377,7 Millionen). In Deutschland betrug die Frauenquote 48,1 %. Vergleicht.

In Deutschland gibt es weitere bedeutende Online-Communities. Nach Altersgruppen gibt es aber Unterschiede bei den Nutzern. Bei einer Umfrage wurden aus jeder der angegebenen Altersgruppen 300 Schüler befragt.

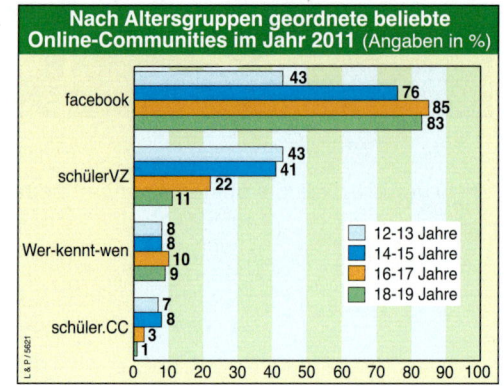

→ Wie viele Jugendliche hatten bei den 12- bis 13-jährigen facebook bzw. schülerVZ angegeben?

→ Wie viel mehr 18- bis 19-jährige Jugendliche waren bei facebook als bei schülerVZ?

1.1 Grundaufgaben der Prozentrechnung

1.1.1 Berechnen des Prozentsatzes – Anteil am Ganzen

Einstieg

Manuel hat einen neuen USB-Stick geschenkt bekommen und schon viele Dateien darauf abgespeichert. Er möchte nun wissen, welcher Anteil des Speicherplatzes noch nicht belegt ist. Berechnet diesen Anteil in Prozent.

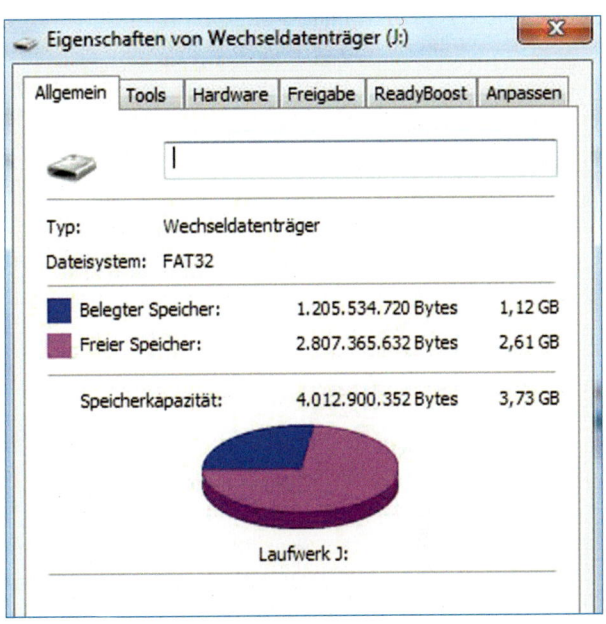

Aufgabe 1

Bei einigen verpackten Nahrungsmitteln ist angegeben, wie viel Prozent Fett enthalten ist, siehe dazu die Slim & Fit-Salami rechts.
Bei anderen erfolgt keine derartige prozentuale Angabe.
Wie viel Prozent Fett enthält die Gutsherren-Salami?

Lösung

Wir berechnen, welchen Anteil 70 g von 250 g ausmachen.

Gegeben: Grundwert (Ganzes)   G = 250 g
            Prozentwert (Teil des Ganzen)   W = 70 g
Gesucht: Prozentsatz (Anteil am Ganzen)   p %
Ansatz: 250 g $\xrightarrow{\cdot p\%}$ 70 g

Aus der Zeichnung bzw. dem Pfeilbild entnehmen wir:
Der Fettanteil an der gesamten Salami beträgt $\frac{70}{250}$.
Wir wandeln den Bruch in die Prozentschreibweise um:

1. Möglichkeit: *2. Möglichkeit:*

- Erweitern auf den Nenner 100
- In Prozent umwandeln

- Als Quotient schreiben
- Dividieren
- In Prozent umwandeln

$p\% = \frac{70}{250} = \frac{7}{25} = \frac{28}{100} = 28\%$ $p\% = \frac{70}{250} = 70 : 250 = 0{,}28 = 28\%$

Ergebnis: Die Gutsherren-Salami enthält 28 % Fett.

Information

pro (lat.)
für

centum (lat.)
Hundert

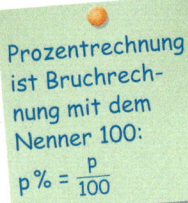

Prozentrechnung ist Bruchrechnung mit dem Nenner 100:
$p\% = \frac{p}{100}$

(1) Begriffe in der Prozentrechnung

In der Prozentrechnung kann man wie in der Bruchrechnung verfahren. Man verwendet anstelle der Begriffe Ganzes, Anteil und Teil die Ausdrücke *Grundwert*, *Prozentsatz* und *Prozentwert*.

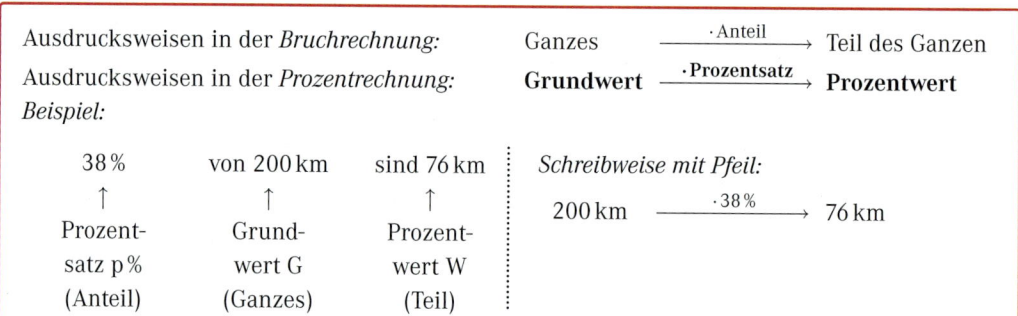

(2) Berechnen des Prozentsatzes

Zur Berechnung des Prozentsatzes bestimmt man, welchen Anteil der Teil am Ganzen ausmacht.

240 von 600, also Anteil $\frac{240}{600}$.

Man berechnet den Prozentsatz, indem man den Prozentwert durch den Grundwert dividiert und das Ergebnis in der Prozentschreibweise notiert.	*Beispiel:* Wie viel % sind 240 m von 600 m? *Ansatz:* 600 m $\xrightarrow{\cdot p\%}$ 240 m *Rechnung:* $p\% = 240\,m : 600\,m = \frac{2}{5} = 0{,}4 = 40\%$

Weiterführende Aufgabe

Berechnen des Prozentsatzes mit dem Dreisatz

2. a) Erläutere und begründe die nebenstehende Rechnung.
b) Berechne ebenso:
  (1) p% von 150 kg sind 84 kg
  (2) p% von 20 € sind 0,80 €
  (3) p% von 7,2 km sind 600 m

Aufgabe:
p% von 350 €
sind 77 €

Ergebnis:
p% = 22%

Rechnung:	
350 €	100%
1 €	$\frac{100}{350}\%$
77 €	$77 \cdot \frac{100}{350}\%$

Übungsaufgaben

3. Bei der Klassensprecherwahl der Klasse 7c wurden 25 gültige Stimmen abgegeben. Wie viel Prozent der Stimmen entfielen auf Sascha, wie viel auf Henrike und wie viel auf Lucas?

4. Berechne den Prozentsatz im Kopf.
  a) Grundwert: 20 kg   Prozentwert: 10 kg; 15 kg; 5 kg; 1 kg; 2 kg; 4 kg
  b) Grundwert: 800 €   Prozentwert: 200 €; 80 €; 600 €; 8 €; 40 €; 720 €

5. Gib den Anteil in Prozent an. Rechne im Kopf.
  a) 6 m von 24 m   **b)** 18 ℓ von 90 ℓ   **c)** 150 g von 150 g   **d)** 9 m³ von 72 m³

6. Gib den Anteil in Prozent an. Beachte dabei die verschiedenen Maßeinheiten.
  a) 15 cm von 1 m   **b)** 10 dm von 10 m   **c)** 7 mm von 14 cm   **d)** 1500 m von 6 km

1.1 Grundaufgaben der Prozentrechnung

Bequeme Prozentsätze
50% = $\frac{1}{2}$ 25% = $\frac{1}{4}$
20% = $\frac{1}{5}$ 10% = $\frac{1}{10}$

7. Gib einen Näherungswert für den Prozentsatz an. Bei der Überschlagsrechnung kannst du den Prozentwert, den Grundwert oder beide runden. Beachte die bequemen Prozentsätze.
   a) 40 m von 81 m   b) 24 kg von 50 kg   c) 58 € von 600 €   d) 12 m² von 47 m²

8. Frau Kitzinger verdient monatlich 1750 €. Davon zahlt sie 250 € auf ein Sparkonto. Wie viel Prozent des Gehaltes sind das?

9. Ein Mitschüler war krank. Erklärt ihm die Berechnung des Prozentsatzes.

10. Wie viel Prozent Champignons, wie viel Prozent Flüssigkeit sind in der Dose (Bild links)?

Champignons
1. Wahl geschnitten
Nettogewicht 300g
Abtropfgewicht 170g

11. In Lenas Klasse gehen 25 Schüler(innen); davon gaben 4 an, ohne Helm Fahrrad zu fahren.
    a) Gib den Anteil der Schüler(innen) in Lenas Klasse, die ohne Helm Fahrrad fahren, in Prozent an.
    b) Vergleiche den Prozentsatz aus Teilaufgabe a) mit dem Wert im Text rechts.
    c) Wie viel Prozent der Schüler(innen) in Lenas Klasse fahren mit Helm Fahrrad?

Jedes fünfte Kind ohne Fahrradhelm
Halle: Bei einer Schwerpunktaktion der Polizei im Stadtteil Trotha fuhr jedes fünfte Kind ohne Fahrradhelm.

12. a) Wie viel Prozent der Ausgaben entfielen auf Italien? Runde sinnvoll.
    b) Stellt weitere Aufgaben und löst sie.

13. Welches Nahrungsmittel hat den höchsten, welches den niedrigsten Wassergehalt? Gib den Wassergehalt in Prozent an. Rechne im Kopf.
    500 g Schweinefleisch enthalten 220 g Wasser;
    200 g Roggenbrot enthalten 82 g Wasser;
    2 kg Kartoffeln enthalten 1,5 kg Wasser;
    150 g Magerkäse enthalten 66 g Wasser.

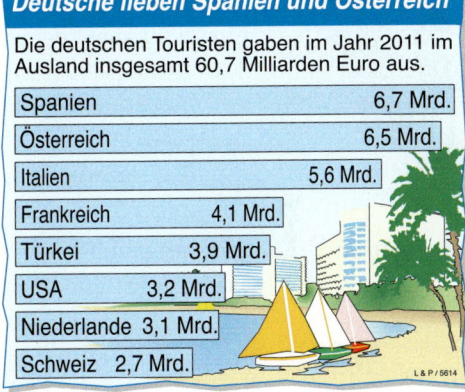

Deutsche lieben Spanien und Österreich
Die deutschen Touristen gaben im Jahr 2011 im Ausland insgesamt 60,7 Milliarden Euro aus.

Spanien	6,7 Mrd.
Österreich	6,5 Mrd.
Italien	5,6 Mrd.
Frankreich	4,1 Mrd.
Türkei	3,9 Mrd.
USA	3,2 Mrd.
Niederlande	3,1 Mrd.
Schweiz	2,7 Mrd.

14. Mia, Pit und Tim haben berechnet, wie viel Prozent 15 € von 75 € sind. Kontrolliere.

    Mia:
    $\frac{15}{75} = \frac{30}{300} = \frac{20}{100} = 20\%$

    Pit:
    $\frac{15}{75} = \frac{1}{5} = 5\%$

    Tim:
    $\frac{15}{75} \cdot 100 = 1500 : 75 = 20\%$

Das kann ich noch!

A) Zeichne jeweils ein Beispiel für einen spitzen Winkel, einen stumpfen Winkel und einen überstumpfen Winkel.

B) Zeichne einen Winkel von 20° mit einer Schenkellänge von mindestens 6 cm in dein Heft. Ergänze dazu alle ganzzahligen Vielfachen von 20°, solange die dabei entstehenden Winkel kleiner als ein rechter Winkel sind.

1.1.2 Berechnen des Prozentwertes – Vom Ganzen zum Teil

Einstieg

Frau Meyer versichert ein kleines Motorrad, für das am Anfang eine jährliche Versicherungsprämie von 145,00 € zu zahlen ist.
Wie hoch sind die Versicherungsprämien in den folgenden Jahren, wenn kein Unfall eintritt?

Anzahl schadensfreie Jahre	SF-Klasse	Beitragssatz Haftpflicht
3 und mehr	SF 3	45 %
2	SF 2	65 %
1	SF 1	65 %
1/2	SF 1/2	70 %
0	SF 0	100 %

Aufgabe 1

Berechnen des Prozentwertes
Das Bundesland Sachsen-Anhalt ist etwa 20 450 Quadratkilometer groß. Die Waldfläche beträgt ungefähr 25 %.
Wie groß ist die Waldfläche von Sachsen-Anhalt insgesamt?

Lösung

Du musst 25 % von 20 450 km² berechnen.
Gegeben: Grundwert G = 20 450 km²
Prozentsatz p % = 25 %
Gesucht: Prozentwert W
Ansatz: 20 450 km² $\xrightarrow{\cdot 25\%}$ W
Rechnung: Du weißt: 25 % von 20 450 km² sind 20 450 km² · 25 %
Für 25 % kannst du einen Hundertstelbruch oder einen Dezimalbruch verwenden.

1. Weg (mit Hundertstelbrüchen)
W = 20 450 km² · $\frac{25}{100}$ 25 % = $\frac{25}{100}$
W = 5 113 km²

2. Weg (mit Dezimalbrüchen)
W = 20 450 km² · 0,25   25 % = 0,25
W = 5 113 km²

Ergebnis: Die Waldfläche in Sachsen-Anhalt beträgt 5 113 km².

Information

Zur Berechnung des Prozentwertes haben wir in Aufgabe 1 den Grundwert 20 450 km² mit dem Prozentsatz 25 %, geschrieben als 0,25 oder $\frac{25}{100}$, multipliziert.

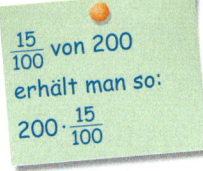

$\frac{15}{100}$ von 200 erhält man so:
200 · $\frac{15}{100}$

Man berechnet den Prozentwert, indem man den Grundwert mit dem Prozentsatz multipliziert.	*Beispiel:* Wie viel sind 15 % von 200 €? *Ansatz:* 200 € $\xrightarrow{\cdot 15\%}$ W *Rechnung:* W = 200 € · $\frac{15}{100}$ = 200 € · 0,15 = 30 €

Weiterführende Aufgaben

Berechnen des Prozentwertes mit dem Dreisatz
2. a) Erläutere und begründe die nebenstehende Rechnung.
  b) Berechne ebenso:
  (1) 13 % von 48 kg
  (2) 15 % von 240 €
  (3) 35 % von 80 m²
  (4) 85 % von 410 km

Aufgabe: 7 % von 180 € sind W *Ergebnis:* W = 12,60 €	*Rechnung:*	
	100 %	180,00 €
	1 %	1,80 €
	7 %	7 · 1,80 €

1.1 Grundaufgaben der Prozentrechnung

Vorteilhaftes Berechnen und Überschlagen des Prozentwertes

3. **a)** Erkläre jeweils den Lösungsweg von Benjamin, Mirja, Luisa und Moritz.

Bequeme Prozentsätze

Benjamin
Aufgabe: Berechne 12,5% von 56 l.
Rechnung: 12,5% von 56 l
$= \frac{1}{8}$ von 56 l
$= \frac{1}{8} \cdot 56$ l $= 7$ l
Ergebnis: 7 l

Luisa
Aufgabe: Berechne 15% von 680 €.
Rechnung: 10% von 680 € sind 68 €
Die Hälfte von 68 € sind 34 €
68 € + 34 € sind 102 €.
Ergebnis: 102 €

Mirja
Aufgabe: Überschlage 34% von 360 m
Rechnung: 34% von 360 m
$\approx 33\frac{1}{3}$% von 360 m
$= \frac{1}{3}$ von 360 m
Ergebnis: Ungefähr 120 m

Moritz
Aufgabe: Überschlage 19% von 2517 g
Rechnung: 19% von 2517 g
≈ 20% von 2500 g
$= \frac{1}{5}$ von 2500 g
Ergebnis: Ungefähr 500 g

b) Berechne vorteilhaft:
(1) 25% von 96 m²;   (2) $66\frac{2}{3}$% von 480 m;   (3) 11% von 66 kg;   (4) 9% von 270 l.

c) Überschlage:
(1) 50,3% von 1500 g;   (2) 67% von 180 m²;   (3) 27% von 48 kg;   (4) 19% von 140 €

Kreisdiagramm

4. Die Tabelle enthält das Ergebnis einer Verkehrszählung.

Fahrzeugart	Lkw	Pkw	Sonstige
Anteil	15%	75%	10%

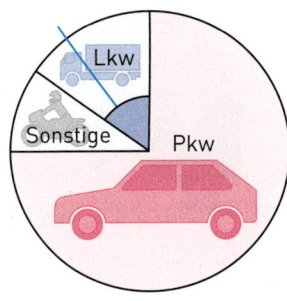
Zentriwinkel

a) Erläutere das Kreisdiagramm rechts.
Begründe die folgende Rechnung für die Größe des Zentriwinkels für den Anteil der Lkw:
(15% von 360°) = $360° \cdot \frac{15}{100} = 54°$

b) Berechne die anderen Zentriwinkel im Kopf.

Übungsaufgaben

5. Die Schülerzeitung ZACK veranstaltet ein Preisausschreiben. In der nächsten Ausgabe erscheint der nebenstehende Artikel.
Wie viele richtige Lösungen sind eingegangen?

> **Riesenerfolg beim Preisrätsel**
> Bei unserem Sommerrätsel wurden 800 Kupons eingesandt; 32% davon mit richtiger Antwort. Den Gutschein für CDs gewinnt

6. Berechne im Kopf.
a) 25% [50%; 75%; 10%; 20%; 1%] von   (1) 120 kg   (2) 800 €   (3) 50 m
b) $33\frac{1}{3}$% [$66\frac{2}{3}$%; 12,5%] von   (1) 240 €   (2) 480 kg   (3) 144 l

7. Berechne den Prozentwert.
   a) 10 % von 700 kg
   b) 25 % von 2 800 m²
   c) 30 % von 150 €
   d) 90 % von 28 m
   e) 60 % von 50 cm
   f) 99 % von 25 m
   g) $33\frac{1}{3}$ % von 360 €
   h) $12\frac{1}{2}$ % von 800 m²

8. Eine Mitschülerin war krank. Erklärt ihr die Berechnung des Prozentwertes.

9. Bestimme einen Näherungswert für den Prozentwert mit einem Überschlag; du kannst einen bequemen Prozentsatz oder einen gerundeten Grundwert verwenden.
   a) 9 % von 26 l
   b) 52 % von 2 600 t
   c) 65 % von 930 €
   d) 28 % von 985 m
   e) 61 % von 0,9 m²
   f) 20 % von 583 €
   g) 25 % von 409 l
   h) $33\frac{1}{3}$ % von 629 kg

10. Berechne $\frac{1}{2}$ % $\left[\frac{1}{4}\%; \frac{2}{3}\%; 5\frac{1}{2}\%\right]$ von:
    a) 2400 kg
    b) 72 €
    c) 144 m

11. Der menschliche Körper besteht zu etwa 60 % seines Gewichts aus Wasser.
    a) Matthias wiegt 50 kg. Wie viel kg Wasser sind in seinem Körper enthalten?
    b) Wie viel kg Wasser enthält dein Körper etwa?
    c) Bei starkem Schwitzen kann ein Mensch bis zu 2 % seines Gewichts an Wasser verlieren. Wie viel kg Wasser sind das
       (1) bei einem 75 kg; (2) bei einem 57 kg
       schweren Menschen?

12. Jan behauptet: „Um 10 % von einem Grundwert zu berechnen, kann man auch einfach durch 10 dividieren. Also berechnet man 25 % des Grundwerts, indem man ihn durch 25 dividiert."

13. Kontrolliere die Hausaufgaben von Fatima. Achte auch auf die Genauigkeit.

   | 18 % von 13,61 € | 3 % von 391 km | 17 % von 51,2 km |
   | W = 2,4498 € | W = 11,73 km | W = 8,704 km |

14. a) Wie viele Mitglieder des Vereins sind Kinder? Wie viele Mitglieder verteilen sich auf die übrigen Altersgruppen?
    b) Zeichne auch ein Streifendiagramm.
    c) Erkundet in Gruppen die Sportvereine in eurer Umgebung und erstellt Plakate für eine Ausstellung „Unsere Sportgemeinde".

Turn- und Sportverein
Mitgliederanzahl wieder gestiegen
Im letzten Jahr hat unsere Mitgliederzahl erstmals die 1000er Grenze überschritten: **1050 Mitglieder insgesamt.**
Kinder 18 %; Erwachsene 58 %; Jugendliche 24 %

15. Luft enthält 78 % Stickstoff und 21 % Sauerstoff; der Rest entfällt auf sonstige Stoffe.
    a) Zeichne ein Kreisdiagramm.
    b) Schätzt die Größe eures Klassenraumes. Wie viel Sauerstoff ist darin?

16.

Deutschland liebt Pizza

Pizza Salami, Pizza Hawaii mit Ananas, Pizza Tonno mit Thunfisch, Pizza Prosciutto mit Schinken, oder schlicht nur Pizza Margherita – das sind die beliebtesten Sorten bei uns!
Die Pizza Margherita ist nach der italienischen Königin Margherita benannt, der 1889 in Neapel als Spezialität eine Pizza in den Farben Italiens serviert wurde: Tomaten, Mozarella und Basilikum. Da der Königin diese Pizza so gut schmeckte, wurde sie ihr zu Ehren nach ihr benannt.

a) Der Pizza-Dienst hat nur diese Sorten im Angebot. Schätze deren Anteile in Prozent. Berechne anschließend genau.
b) Schreibe einen Text zur Beliebtheit der Pizzasorten.

17. Wirbeltiere sind Tiere, die eine Wirbelsäule besitzen.
Heute gibt es etwa 58 000 Wirbeltierarten, die man in 5 große Gruppen einteilt: Säugetiere, Fische, Vögel, Reptilien und Amphibien.
a) In einem Artikel steht: „Mehr als die Hälfte der Wirbeltierarten sind Fische". Bewerte diese Aussage anhand des Kreisdiagramms.
b) Schätze die Anteile der einzelnen Wirbeltierklassen.
c) Kontrolle anschließend durch Messen und Rechnen.

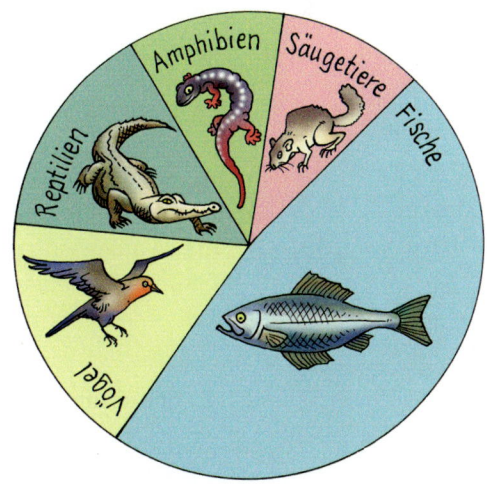

18. a) Schätze, wie viel Zeit du am Tag mit Schlafen, Lernen, Essen, Spielen, ... verbringst. Zeichne ein Kreisdiagramm dazu.
b) Vergleiche deine Tageseinteilung mit der deiner Mitschüler.

19. Das Kreisdiagramm zeigt das Ergebnis einer Umfrage. Überlege, wonach bei der Befragung gefragt worden sein könnte und formuliere das Umfrageergebnis in einem Satz.

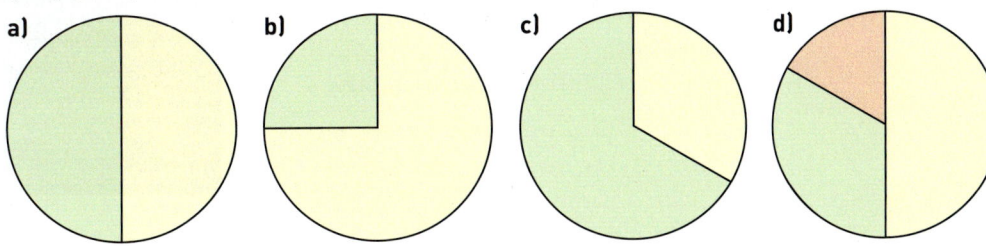

20. Der tägliche Wasserverbrauch pro Person beträgt im Durchschnitt 122 Liter.
In der Übersicht erkennst du, wofür das Wasser verbraucht wird.
   a) Welcher Anteil entfällt auf den sonstigen Verbrauch?
   b) Zeichne ein Streifendiagramm [Kreisdiagramm].
   c) Berechne den Wasserverbrauch der einzelnen Angaben.
   d) Für die Toilettenspülung, die Wäschereinigung und die Gartenpflege kann man auch gefiltertes Regenwasser verwenden. Wie groß ist der Anteil?

21. 1214 Kinder zwischen 6 und 13 Jahren wurden nach ihren Freizeitaktivitäten befragt.
Rechts siehst du die häufigsten Antworten. Wie viele Kinder haben die jeweiligen Antworten gegeben?

22. Auf Waren wird vom Finanzamt die so genannte *Mehrwertsteuer* erhoben.
Im Großhandel werden Preise ohne Mehrwertsteuer angegeben.
Im Jahr 2014 betrug der Mehrwertsteuersatz auf die oben angegebenen Waren 19 %.
Wie viel Mehrwertsteuer wird auf die Preise aufgeschlagen?
Erkundige dich nach dem aktuellen Mehrwertsteuersatz.

1.1.3 Berechnen des Grundwertes – Vom Teil zum Ganzen

Einstieg

Im Videotext wird täglich veröffentlicht, wie viele Zuschauer welche Sendungen angeschaltet haben. Die Zahlen werden durch Beobachtungen in Testhaushalten ermittelt.
a) Welche Bedeutung haben die Zahlen für die Sender?
b) Wie viele Zuschauer hatten zu den betreffenden Zeiten das Fernsehgerät insgesamt angeschaltet, wie viele haben einen anderen Sender verfolgt?
c) Erkundet selbst Daten der letzten Tage.

ARD Einschaltquoten am 21.06.2015 (Auswahl)

Uhrzeit	Sendung	Mio.	%
10:04	Immer wieder Sonntags Folge 4	1,79	17,0
15:00	Lilly Schönauer – Heimkehr ins Glück	1,74	10,9
18:48	Gewinnzahlen Deutsche Fernsehlotterie	1,53	7,3
18:51	Lindenstraße Folge 1535	2,25	9,9
19:20	Weltspiegel	2,10	8,2
20:00	Tagesschau	6,81	23,0
20:15	Tatort: Der Inder	9,49	28,3
21:44	Günter Jauch	5,11	17,9
22:47	Tagesthemen	3,16	14,4
23:08	ttt – titel thesen temperamente	1,56	9,1

Zuschauer in Mio./Marktanteil in %

1.1 Grundaufgaben der Prozentrechnung

Aufgabe 1 Frau Fröhlich nimmt das Angebot von Last-Minute-Reisen wahr und macht 2 Wochen Urlaub auf Kreta.
Wie viel hätte sie bezahlen müssen, wenn sie die Reise aus dem Katalog gebucht hätte?
Kontrolliere deine Rechnung.

Lösung Du willst wissen, von welchem Betrag (Grundwert) 60 % berechnet worden sind.

Du weißt: 60 % vom Grundwert G sind 660 €.

Gegeben: Prozentwert W = 660 €
Prozentsatz p % = 60 %

Gesucht: Grundwert G

Ansatz:

Rechnung: Am Pfeilschema erkennst du, dass du die Multiplikation mit 60 % rückgängig machen musst.

Das bedeutet: Du musst den Prozentwert durch den Prozentsatz dividieren.

1. Weg (mit Hundertstelbrüchen)

$G = 660\,€ : \frac{60}{100}$ ⟵ 60 %

$ = 660\,€ \cdot \frac{100}{60}$

$ = 1100\,€$

2. Weg (mit Dezimalbrüchen)

$G = 660\,€ : 0{,}6$ ⟵ 60 %

$ = 6600\,€ : 6$

$ = 1100\,€$

Ergebnis: Für eine Buchung aus dem Katalog hätte Frau Fröhlich 1100 € bezahlen müssen.

Kontrolle: Du musst 60 % von 1100 € berechnen, um den Prozentwert zu erhalten:
W = 1100 € · 60 % = 1100 € · 0,6 = 660 €.
Dies zeigt, dass der berechnete Grundwert richtig ist.

> Multiplikation mit $\frac{30}{100}$ durch Division durch $\frac{30}{100}$ rückgängig machen.

Man berechnet den Grundwert, indem man den Prozentwert durch den Prozentsatz dividiert.

Beispiel: 30 % eines Grundwertes sind 150 kg.

Ansatz: G $\xrightarrow{\cdot 30\%}$ 150 kg

Rechnung: $G = 150\,kg : \frac{30}{100} = 150\,kg \cdot \frac{100}{30} = 500\,kg$

Weiterführende Aufgabe

Berechnen des Grundwertes mit dem Dreisatz

2. a) Erläutere und begründe die nebenstehende Rechnung.

b) Berechne ebenso:
(1) 60 % von G sind 72 m
(2) 32 % von G sind 73,6 kg
(3) 8,75 € sind 7 % von G

Aufgabe:	Rechnung:	
5 % von G sind 97,50 €	15 %	97,50 €
	1 %	6,50 €
Ergebnis: G = 650,00 €	100 %	650,00 €

Übungsaufgaben

3. Wie viel Vitamin C benötigt ein Erwachsener bei gesunder Ernährung täglich?

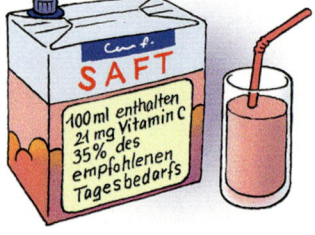

4. Berechne den Grundwert.
   a) 72 kg sind 8 % von G
   b) 42 kg sind 14 % von G
   c) 28,50 € sind 95 % von G
   d) 54 € sind 6 % von G
   e) 15 km sind 12 % von G
   f) 11,6 l sind 56 % von G

5. Berechne den Grundwert im Kopf.
   50 % [25 %; 10 %; 75 %; 20 %; 1 %] von G beträgt:
   a) 12 €   b) 30 kg   c) 75 m

6. Bestimme durch Überschlagsrechnung einen Näherungswert für den Grundwert.
   a) 291 € sind 20 % von G
   b) 28 kg sind 75 % von G
   c) 70 m sind 12 % von G
   d) 350 € sind 48 % von G
   e) 318 € sind 74 % von G
   f) 496 km sind 34 % von G

7. An einer Schifffahrt nehmen 280 Personen teil. Der Kapitän sagt: „Leider ist das Schiff bei dieser Fahrt nur zu 70 % ausgebucht." Wie viele Fahrgäste kann das Schiff befördern?

8. a) Betrachtet die Milchpackung rechts. Berechnet den täglichen Bedarf an den einzelnen Spurenelementen und Vitaminen.
   b) Stellt weitere geeignete Fragen und beantwortet sie.

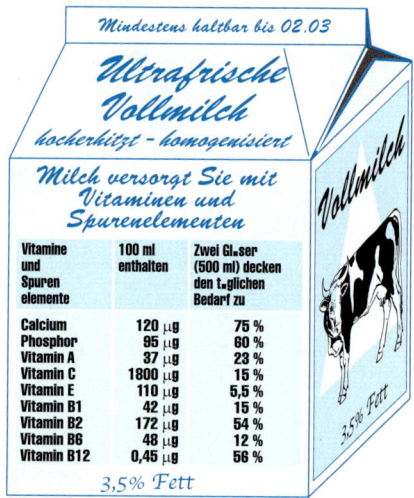

Erz
Gestein aus dem Metall gewonnen wird.

9. Aus Eisenerz gewinnt man in Hochöfen Eisen. In einem Bergwerk baut man Eisenerz ab, das 45 % Eisen enthält. An einem Tag sollen in einem Hochofen 3000 t Eisen gewonnen werden.
   Wie viel Eisenerz wird benötigt?
   Überschlage zunächst.

FAQ (engl. frequently asked questions)
Informationen zu besonders häufig gestellten Fragen.

10. Du wirst im Internet gefragt, wie man den Grundwert berechnen kann. Schreibe eine Antwort als FAQ.

11. Beim Schulausflug stöhnt die Klasse über die lange Wanderung. Nach 1 Stunde und 22 Minuten jammern einige Schüler(innen): „Wie lange sollen wir denn noch laufen?" Der Lehrer antwortet: „Wir haben schon 40 % geschafft."
    Was kannst du diesem Gespräch entnehmen?

12. In einem Neubaugebiet schreibt die Baubehörde vor, dass höchstens 55 % der Grundstücksfläche bebaut werden darf.
    Familie Schulz hat sich ein Fertighaus ausgesucht, das 11 m breit und 13,50 m lang ist. Welche Größe muss das Grundstück mindestens haben?

Im Blickpunkt

`TAB` **Diagramme mit dem Computer**

Mit einem Tabellenkalkulationsprogramm kannst du am Computer Daten schnell auswerten.
Es gibt verschiedene Tabellenkalkulationsprogramme. Du musst selbst prüfen, wie du die folgenden Beispiele mit deinem Programm darstellen kannst.

Gib in dein Tabellenkalkulationsprogramm die in der Abbildung dargestellten Haushaltsabfälle ein, die 2010 je Einwohner gesammelt wurden.
Die Gesamtmenge der Wertstoffe berechnet das Kalkulationssprogramm automatisch, wenn du in der Zelle B10 folgende Formel eingibst:
=Summe(B4:B9)

In den Zellen C4 bis C9 berechnest du die Anteile folgendermaßen:
In der Zelle C4 gibst du die Formel **=B4/B10** und Entsprechendes in den Zellen C5 bis C9 ein.
Wähle im Menü *Format...Zellen...Zahlen* für die Zellen C4 bis C9 die Formatierung *Prozent mit einer Dezimalstelle*.

Wir wollen nun die Verteilung der Haushaltsabfälle auf die einzelnen Arten in unterschiedlichen Diagrammen darstellen. Dazu benötigen wir die Spalte mit den Anteilen nicht mehr.
Markiere dazu zunächst mit der Maus den Bereich von A4 bis B9, also die Abfallart und die Menge der verschiedenen Abfälle.

Über das Menü *Einfügen* kannst du nun einen Diagrammtyp auswählen, zum Beispiel hier ein Säulendiagramm.

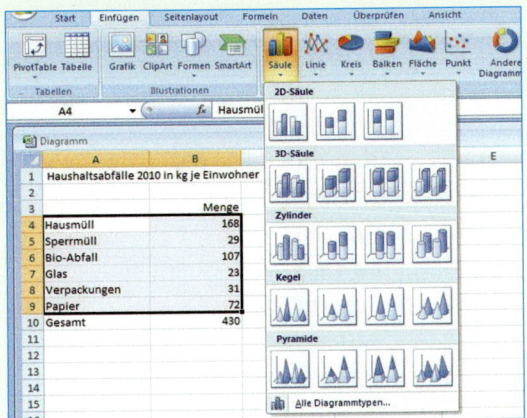
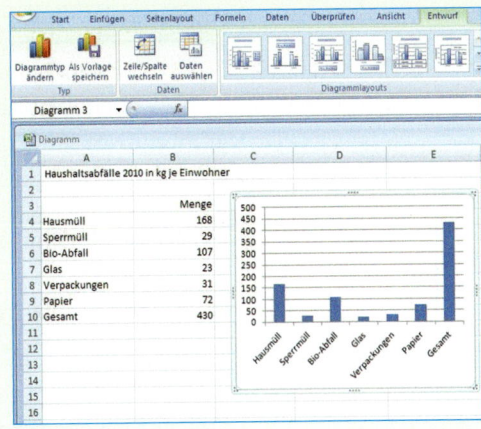

Im Blickpunkt

Mit einem Säulendiagramm kann man die Verhältnisse der Größen gut veranschaulichen. Wenn man allerdings die Anteile der einzelnen Abfallarten darstellen möchte, so kann man dieses besser in einem Kreisdiagramm oder einem Balkendiagramm veranschaulichen. Beim Balkendiagramm muss man gestapelte Balken auswählen, damit der ganze Balken 100 % entspricht.

Kreisdiagramm: *Balkendiagramm:*

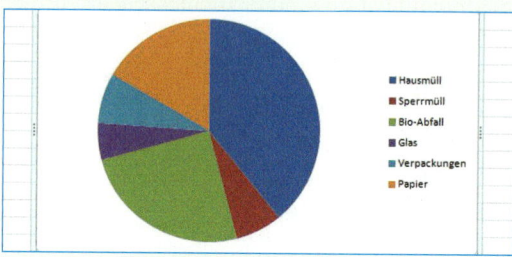
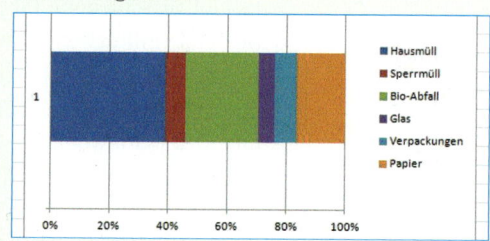

Anmerkung: Statt des gestapelten Balkendiagramms kann man auch ein gestapeltes Säulendiagramm verwenden.

3D
Abkürzung für dreidimensional

Tabellenkalkulationsprogramme bieten auch die Möglichkeit, Diagramme räumlich darzustellen (sogenannte 3D-Darstellungen). Mit der rechten Maustaste erhält man die Möglichkeit, die räumliche Ansicht über die Änderung von Winkeln zu verändern. Probiere das mit deinem Tabellenkalkulationsprogramm aus.

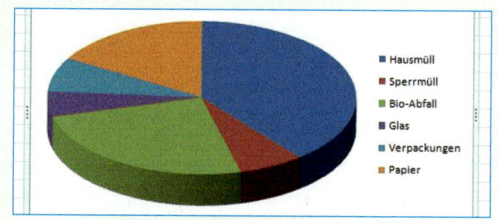

1. Im Schuljahr 2013/2014 gab es in Sachsen-Anhalt 182 491 Kinder an allgemeinbildenden Schulen, davon 36,4 % an Grundschulen, 24,3 % an Sekundarschulen, 28,1 % an Gymnasien, 6,1 % an Förderschulen und 5,1 % an sonstigen Schulen.
   a) Erstelle ein Tabellenblatt. Bestimme die Verteilung der absoluten Häufigkeiten und stelle sie in einem Kreisdiagramm oder einem 3D-Kreisdiagramm dar.
   b) Stelle die Verteilung der relativen Häufigkeiten in einem Säulendiagramm dar.
   c) Vergleiche die Darstellungen.

2. Beim Mikrozensus 2010 wurde erhoben, wie die Wohnungen beheizt wurden:

Beheizung	Wohnungen insgesamt	Davon Neubauwohnungen (ab 2009)
insgesamt	42 271 000	160 000
davon		
Gas	17 716 000	63 000
Heizöl	10 462 000	15 000
Holz	5 805 000	30 000
Elektrizität (Strom)	1 974 000	/
Fernwärme	4 759 000	18 000
Erd- und Umweltwärme	317 000	23 000
Kohle	669 000	/
Sonne	569 000	11 000

Zeichne jeweils für die Wohnungen insgesamt und für die ab 2009 neu gebauten Wohnungen ein Diagramm. Vergleiche die beiden und formuliere in einem Satz, was dir auffällt.

1.1.4 Vermischte Übungen zu den Grundaufgaben

1. Wie viele Einwohner hat die Stadt, in der dieser Artikel in der Zeitung stand?

   Einwohnerzahl um 6,8 % gesunken
   Die statistische Erhebung zum Ende des letzten Jahres hat einen Rückgang der Bevölkerung um 2 000 Einwohner ergeben.

   > **Legierung**
   > Metallgemisch, das durch Zusammenschmelzen von mehreren Metallen entsteht.

2. Bronze ist eine Legierung aus Kupfer und Zinn.
   Eine 160 kg schwere Glocke aus Bronze enthält 104 kg Kupfer.
   Wie viel Prozent Kupfer, wie viel Prozent Zinn enthält die Bronzelegierung?

3. Nimm Stellung zu dem rechts abgebildeten Ausschnitt aus einem Werbeprospekt.

   Sie sparen: 937,– = ca. 31 %

4. Aus Kartoffeln kann Stärke gewonnen werden.
   a) Aus 50 t Kartoffeln gewinnt man 9 t Stärke. Wie viel Prozent Stärke ist in den Kartoffeln enthalten?
   b) Eine Stärkefabrik erhält eine Lieferung von 400 t Kartoffeln. Wie viel t Stärke können daraus hergestellt werden?
   c) Wie viel kg Kartoffeln muss man für 60 kg Stärke verarbeiten?

5. Prüfe bei den folgenden Aussagen, ob sie wahr oder falsch sind. Begründe.
   Bei einem Prozentsatz von 10 % erhält man den Prozentwert, indem man den Grundwert
   (1) mit $\frac{1}{10}$ multipliziert;
   (2) durch 10 dividiert;
   (3) mit 10 multipliziert;
   (4) mit 0,10 multipliziert;
   (5) um 10 erhöht;
   (6) durch 0,10 dividiert.

6. Stellt euch gegenseitig geeignete Aufgaben zum Bericht rechts; löst sie.

   Aus dem Bericht einer Verkehrskontrolle
   Von 86 Fahrrädern hatten 31,4 % eine defekte Beleuchtung. Bei 2,8 % der 57 kontrollierten Motorräder war die Auspuffanlage zu laut.
   Es wurden 371 Autos kontrolliert. Von den Fahrern waren 12,4 % nicht angeschnallt.

7. Die Tankuhr von Herrn Krauses Auto zeigt an, dass der Tank noch zu 25 % gefüllt ist.
   Herr Krause tankt 54 ℓ, bis der Tank voll ist.
   Bestimme das Fassungsvermögen des Tanks.

8. Berechnet für jede Walart den ursprünglichen Bestand.

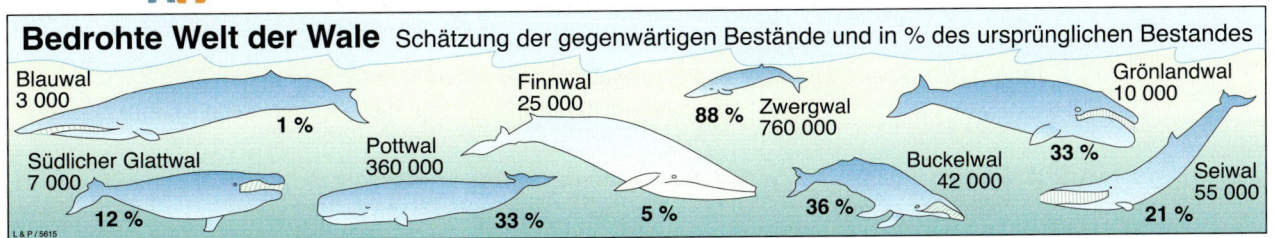

Bedrohte Welt der Wale Schätzung der gegenwärtigen Bestände und in % des ursprünglichen Bestandes

Blauwal 3 000 — 1 %
Südlicher Glattwal 7 000 — 12 %
Finnwal 25 000 — 88 %
Pottwal 360 000 — 33 %
Zwergwal 760 000 — 5 %
Buckelwal 42 000 — 36 %
Grönlandwal 10 000 — 33 %
Seiwal 55 000 — 21 %

9. Mit Tabellenkalkulationsprogrammen kann man Kreisdiagramme zeichnen, ohne zuvor Prozentsätze und Zentriwinkel zu berechnen. Rechts siehst du die Anteile der Farben für die fabrikneu zugelassenen Pkw im Jahr 2011.
  a) Schätze die Anteile als Bruch.
  b) Hier die Zentriwinkel:
  Grau: 111°   Blau: 32°   Weiß: 47°   Braun: 22°
  Schwarz: 112°   Rot: 21°   Sonstige: 15°
  Berechne damit die Prozentsätze. Vergleiche mit deiner Schätzung.

10. Erfinde eine Rechengeschichte zu:
  a) $G \xrightarrow{\cdot 3\%} 21\,€$ **b)** $240\,\text{km} \xrightarrow{\cdot p\%} 150\,\text{km}$ **c)** $36\,\text{kg} \xrightarrow{\cdot 5\%} W$

11. a) 144 Schüler kommen zu Fuß; das sind 25 % aller Schüler. Wie viele Schüler hat die Schule?
  b) Von 550 Schüler kommen 38 % von auswärts. Wie viele Schüler sind das?
  c) Von 840 Schüler sind 126 in der Klassenstufe 7. Wie viel Prozent aller Schüler sind in den anderen Klassenstufen?

12. An einem heißen Sommertag trinkt Jan 3 Flaschen Orangensaft zu je 0,7 ℓ. Wie viel gezuckertes Wasser hätte er zu sich genommen, wenn er statt dessen Orangennektar [Orangenfruchtsaftgetränk; Orangenlimonade] getrunken hätte?

kWh
Abkürzung für Kilowattstunde: Energieeinheit

TWh
Abkürzung für Terawattstunde = 1 Mrd. kWh

13. Rechts findest du einige Informationen zur Stromerzeugung aus den verschiedenen Energieträgern.
  a) Wie viel Kilowattstunden wurden aus den einzelnen Energieträgern erzeugt?
  b) Welchen Anteil haben Wasserkraft, Windenergie und Photovoltaik an der gesamten Strommenge?
  c) Welchen Anteil haben die Wasserkraft, Windkraft und Sonnenenergie an den erneuerbaren Energieträgern?
  d) Stelle weitere Fragen; beantworte sie.

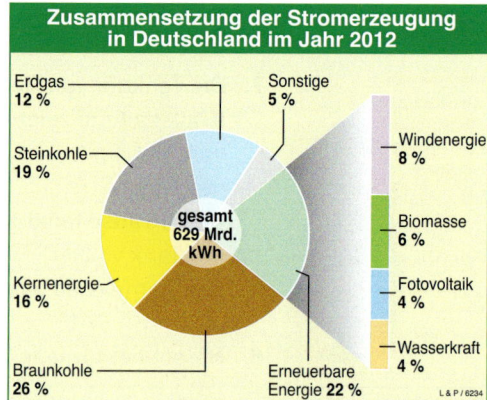

14. Am Mittelmeer wird Salz aus Meerwasser gewonnen. Dessen Salzgehalt liegt zwischen 2,5 % und 3,9 %. Wie viel Meerwasser benötigt man zur Herstellung von 250 g Salz?

15. Gurken haben unter den Gemüsearten den höchsten Wassergehalt. Eine frische Gurke mit einem Wassergehalt von 90 % wiegt 400 g. Man geht davon aus, dass sie bei der Lagerung durch Austrocknen nur Wasser verliert. Wie hoch ist der Wassergehalt, wenn die Gurke so ausgetrocknet ist, dass sie nur noch 300 g wiegt? Schätze zunächst und rechne dann.

Im Blickpunkt

Promille – nicht nur im Straßenverkehr

Pro (lat.)
von, für

Mille (lat.)
Tausend

Im Alltag wird der Begriff Promille fast immer mit Alkohol im Straßenverkehr in Verbindung gebracht.
Dabei dient das Promille nur zur Angabe kleiner Anteile:
$p‰ = \frac{p}{1\,000}$
Mithilfe des Promille wird dann der Anteil des Alkohols im Blut beschrieben.

Promille-Grenzwerte (Stand: 01.05.2014)

Alkoholgehalt im Blut bis 0,5 Promille für Fahranfänger oder Fahranfängerinnen
- in der Probezeit nach § 2a **Straßenverkehrsgesetz (StVG)**
- vor Vollendung des 21. Lebensjahres
  - **Geldbuße**, wenn keine Anzeichen von Fahrunsicherheit vorliegen (§ 24c Abs. 1 StVG)
    1 Punkt im Fahreignungsregister, 250 Euro Geldbuße

Alkoholgehalt im Blut ab 0,3 (bis unter 0,5) Promille:
- **nicht strafbar**, wenn keine Anzeichen von Fahrunsicherheit vorliegen
- **strafbar**, wenn Anzeichen von Fahrunsicherheit vorliegen:
  - 3 Punkte im Fahreignungsregister; Geld- oder Freiheitsstrafe (bis zu 5 Jahre)
  - Führerscheinentzug (Sperrfrist 6 Monate bis 5 Jahre oder auf Dauer)
- **strafbar**, wenn es zu einem Verkehrsunfall kommt:
  - 3 Punkte im Fahreignungsregister; Geld- oder Freiheitsstrafe (bis zu 5 Jahre)
  - Führerscheinentzug (Sperrfrist 6 Monate bis 5 Jahre oder auf Dauer)

Alkoholgehalt im Blut ab 0,5 Promille auch für Fahranfänger o. Fahranfängerinnen
- in der Probezeit nach § 2a **(StVG)**
- vor Vollendung des 21. Lebensjahres
  - **Geldbuße und Fahrverbot**, wenn keine Anzeichen von Fahrunsicherheit vorliegen (§ 24a Abs. 1 StVG)
    1. Erstverstoß: 2 Punkte im Fahreignungsregister, 500 Euro Geldbuße, 1 Monat Fahrverbot
    2. Zweitverstoß: 2 Punkte im Fahreignungsregister, 1.000 Euro Geldbuße, 3 Monate Fahrverbot
    3. Weiterer Verstoß: 2 Punkte im Fahreignungsregister, 1.500 Euro Geldbuße, 3 Monate Fahrverbot
  - **strafbar**, wenn Anzeichen von Fahrunsicherheit vorliegen:
    - 3 Punkte im Fahreignungsregister; Geld- oder Freiheitsstrafe (bis zu 5 Jahre)
    - Führerscheinentzug (Sperrfrist 6 Monate bis 5 Jahre oder auf Dauer)
  - **strafbar**, wenn es zu einem Verkehrsunfall kommt:
    - 3 Punkte im Fahreignungsregister; Geld- oder Freiheitsstrafe (bis zu 5 Jahre)
    - Führerscheinentzug (Sperrfrist 6 Monate bis 5 Jahre oder auf Dauer),

Alkoholgehalt im Blut ab 1,1 Promille:
- **strafbar**, wenn keine oder Anzeichen von Fahrunsicherheit vorliegen:
  - 3 Punkte im Fahreignungsregister; Geld- oder Freiheitsstrafe (bis zu 5 Jahre)
  - Führerscheinentzug (Sperrfrist 6 Monate bis 5 Jahre oder auf Dauer)
- **strafbar**, wenn es zu einem Verkehrsunfall kommt:
  - 3 Punkte im Fahreignungsregister; Geld- oder Freiheitsstrafe (bis zu 5 Jahre)
  - Führerscheinentzug (Sperrfrist 6 Monate bis 5 Jahre oder auf Dauer)

1 ℓ = 1000 mℓ

1. Betrachte die Darstellung rechts. Ein erwachsener Mensch hat ungefähr 5 ℓ Blut.
   Wie viel Alkohol ist bei den angegebenen Promillewerten in seinem Blut?

2. Herr Arend trinkt Weinbrand mit einem Alkoholgehalt von 42 %, Frau Bernd Wein mit einem Alkoholgehalt von 11 % und Herr Cord Bier mit einem Alkoholgehalt von 3,5 %. Wir nehmen in starker Vereinfachung an, dass der getrunkene Alkohol sofort vollständig in das Blut übergeht. Nach welcher Trinkmenge haben die drei 0,3 bzw. 0,5 bzw. 1,1 Promille?

3. Auch die Höhe von Versicherungsprämien wird gelegentlich in Promille angegeben. Herr Brand zahlt jährlich 280 € für die Feuerversicherung seines Hauses, das 200 000 € wert ist. Wie viel Promille des Gebäudewertes macht die Versicherungsprämie aus?

4. Der Stempel 925 auf dem Silberbesteck bedeutet, dass 925 ‰ des Gewichtes auf Silber und der Rest auf unedlere Metalle entfallen. Ein Löffel wiegt 120 g, eine Gabel 100 g und ein Teelöffel 45 g. Wie viel Gramm Silber ist in jedem Besteckteil enthalten?

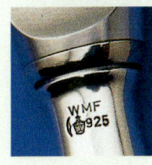

5. Lies die Zeitungsnotiz rechts. Stelle eine Aufgabe und löse sie.

Ein Promille gegen Artensterben

Der Mensch ist in hohem Maße an der Ausrottung vieler Tier- und Pflanzenarten beteiligt, z. B. durch Roden des tropischen Regenwaldes. Dabei ist der Schutz der natürlichen Artenvielfalt wohl teuer, aber dennoch bezahlbar.
Ein Forscher-Team um Stuart L. Pimm an der New Yorker Columbia-Universität schätzt, dass 30 Milliarden Dollar jährlich ausreichen, um extrem bedrohte Regenwaldregionen zu schützen. Das ist nur ein Promille der Summe, die der Mensch aus den Ökosystemen jährlich erwirtschaftet.

1.2 Prozentuale Änderungen

1.2.1 Prozentuale Steigerung – Prozentsätze über 100 %

Einstieg

Mit welchen Kosten muss man für ein Auto in den einzelnen Schadenklassen rechnen, wenn die Basisprämie für einen Kleinwagen 722,50 € beträgt?

Versicherungsprämien über 100 %
Fahranfänger oder Fahrzeughalter mit mehreren Unfällen zahlen für die Versicherung eines Autos mehr als die Basisprämie (100 %-Prämie).

Schaden-klassen	Beitragssatz Haftpflicht
S	155 %
Null	240 %
M	245 %

Aufgabe 1

Berechnen des erhöhten Wertes
Ein Auto kostet 21 500 €. Der Händler sagt: „Der Preis wird demnächst um 3 % erhöht."
Berechne den neuen Preis.

Lösung

Der alte Preis ist der Grundwert G = 21 500 €.
1. Weg: Wir bestimmen zunächst die Preiserhöhung. Der Prozentsatz beträgt 3 %.
Die gesuchte Preiserhöhung ist die Prozenterhöhung W. Für diese gilt:
3 % von 21 500 € = 21 500 € $\cdot \frac{3}{100}$ = 645 €

[Alter Preis] [Erhöhung] [Neuer Preis]

Neuer Preis: 21 500 € + 645 € = 22 145 €

2. Weg: Wir berechnen den neuen Preis in einem Schritt. Sieh dir das Diagramm an: Der neue Preis setzt sich zusammen aus dem alten Preis (100 %) und der Preiserhöhung (3 %). Der neue Preis ist also 103 % des alten Preises: p % = 103 %.
Bei diesem Weg ist der Prozentwert W der neue Preis. Du kannst demzufolge auch so rechnen:
Ansatz: 21 500 € $\xrightarrow{\cdot 103\%}$ W
Rechnung: W = 21 500 € · 1,03 = 22 145 €
Ergebnis: Der neue Preis des Autos beträgt 22 145 €.

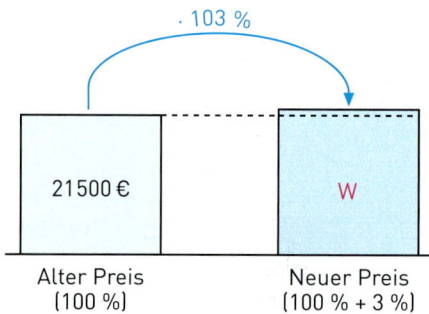

Information

(1) Steigerung um … – Steigerung auf …
Die Erhöhung einer Größe kann man durch die Angabe der Veränderung oder durch die Angabe des neuen Wertes beschreiben.

Beispiel:
„Eine Größe um 15 % steigern" bedeutet:
(1) Erhöhe die Größe **um** 15 %.
(2) Erhöhe die Größe **auf** 115 %.
(3) Multipliziere die Größe mit dem
   Zunahmefaktor p = 115 % = 1,15.

Allgemein:
„Eine Größe um q % steigern" bedeutet:
(1) Erhöhe die Größe **um** q %.
(2) Erhöhe die Größe **auf** (100 + q) %.
(3) Multipliziere die Größe mit dem
   Zunahmefaktor $p = 1 + \frac{q}{100}$.

Statt Zunahmefaktor sagt man auch Wachstumsfaktor.

Aufgabe 2 — Berechnen des Prozentsatzes und des Grundwerts

TSV aktuell

Handball:
Die Anzahl der Aktiven ist in diesem Jahr von 240 auf 258 gestiegen.

Fußball:
Durch die effektive Nachwuchsförderung ist die Anzahl von Aktiven um 12 % auf 868 gestiegen.

a) Betrachte die Handballer. Auf wie viel Prozent ist ihre Anzahl gestiegen?
b) Bei den Fußballspielern ist die Anzahl der Aktiven nicht angegeben. Berechne sie.

Lösung

a) Die Anzahl der Aktiven hat sich im letzten Jahr von 240 auf 258 erhöht. Die alte Anzahl ist der Grundwert $G = 240$, die neue der Prozentwert $W = 258$. Gesucht ist der Prozentsatz.
Das Diagramm liefert die Lösungsidee:
Ansatz: $240 \xrightarrow{\cdot p\%} 258$
Rechnung: $p\% = 258 : 240 = \frac{258}{240} = 1{,}075 = 107{,}5\%$

Ergebnis: Die Anzahl der Handballer ist auf 107,5 % der Anzahl des letzten Jahres gestiegen. Diese hat sich von 100 % auf 107,5 %, also um 7,5 %, erhöht.

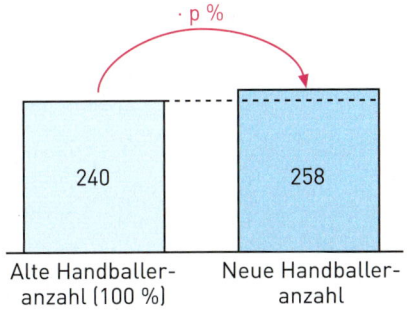

Alte Handballeranzahl (100 %) / Neue Handballeranzahl

b) Die alte Spieleranzahl ist der gesuchte Grundwert G. Am Diagramm erkennst du:
Die neue Fußballeranzahl 868 setzt sich zusammen aus der alten Fußballeranzahl (Grundwert) und der Erhöhung um 12 % des Grundwertes.
Die neue Fußballeranzahl ist 100 % + 12 %, also 112 % der alten Fußballeranzahl.

Ansatz: $G \xrightarrow{\cdot 112\%} 868$ ⟵ rückgängig machen
Rechnung: $G = 868 : 112\% = 868 : 1{,}12 = 775$
Ergebnis: Die alte Fußballeranzahl betrug 775 Mitglieder.

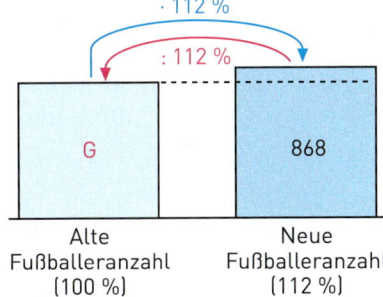

Alte Fußballeranzahl (100 %) / Neue Fußballeranzahl (112 %)

Weiterführende Aufgabe

Kombination von Zunahmefaktoren

3. Bei den Tarifverhandlungen der Gewerkschaft mit den Arbeitgebern wird vereinbart, den Lohn in diesem Jahr um 2,4 % zu erhöhen und im nächsten Jahr um 1,8 % zu erhöhen.
Wie hoch ist die Erhöhung insgesamt?

Alter Lohn $\xrightarrow{\cdot 1{,}024}$ ☐ $\xrightarrow{\cdot 1{,}018}$ ☐

Übungsaufgaben

4. a) Eine Stadtbücherei hat einen Bestand von 6 350 Büchern. Im nächsten Jahr soll der Bestand um 2 % steigen. Berechne den neuen Bestand.
b) In diesem Jahr stieg die Anzahl der Musik-CDs in der Bücherei von 2 720 auf 3 060. Auf wie viel Prozent des Anfangsbestandes ist die Zahl der CDs angewachsen?
c) Der Bestand an Hörbüchern in der Bücherei wurde um 14 % auf jetzt 285 erhöht. Wie hoch war der Bestand vor der Neuanschaffung?

5. a) Ein Preis steigt um 20 % [3 %; 17,5 %] an. Auf das Wievielfache steigt er an?
b) Ein Preis steigt auf das 1,15-fache [1,2-fache] an. Um wie viel Prozent steigt er an?
c) Ein Preis steigt auf 300 % [175 %; 210 %] an. Um wie viel Prozent steigt er an?

6. Herr und Frau Meier haben 2014 für ihr Geschäft einen Spiegel für 145 € (einschließlich 19 % Mehrwertsteuer) gekauft. Für ihre Buchführung gegenüber dem Finanzamt benötigen sie den Preis ohne Mehrwertsteuer. Entscheide, welcher Rechenweg korrekt ist.

Frau Meier	145 · 0,19	=	27,55
	145 − 27,55	=	117,45
	Preis ohne MwSt.	=	117,45 €
Herr Meier	145 : 1,19	=	121,85
	Preis ohne MwSt.	=	121,85 €

7. Familie Sommer will ihr gebrauchtes Auto verkaufen. Im Internet finden sie eine Preistabelle. Ihr Automodell ist mit 8 600 € angegeben. Da mit dem Auto nur wenig gefahren worden ist und es eine Sonderausstattung besitzt, können 12 % aufgeschlagen werden.

8. Ein Obstbauer hat den Ernteertrag von 15 800 kg auf 18 600 kg steigern können. Um wie viel Prozent nahm der Ertrag zu? Runde auf zehntel Prozent.

9. Die Miete von Familie Schreiber wurde um 8 % erhöht und beträgt jetzt 573,70 €. Wie hoch war die Miete vor der Erhöhung?

10. Ein Bett kostet 215 €. Der Preis wird um 5 % erhöht, der erhöhte Preis später nochmals um 5 %. „Dann ist der Preis um 10 % erhöht worden", sagt Herr Arl. Was meinst du?

 11. a) Wie viel war vorher in den Packungen im Bild unten?
b) Sucht selber Packungen mit solchen Angaben und rechnet.

Das kann ich noch!

A) Berechne im Kopf.
1) 0,2 + 0,95
2) 1,47 − 0,83
3) 0,26 · 4
4) 1,96 : 4
5) 1,5 · 0,2
6) 2,4 : 0,6
7) 0,4 · 0,3
8) 1,05 : 0,5

1.2.2 Prozentuale Abnahme

Einstieg

Berechnet den Aktionspreis für die Digitalkamera.

Aufgabe 1

Berechnen des verminderten Wertes

Durch energiesparende Elektrogeräte konnte Familie Sparsam den jährlichen Energiebedarf von 3 600 kWh (Kilowattstunden) um 6 % senken. Berechne den neuen Energiebedarf.

Lösung

1. Weg

Der alte Energiebedarf ist der Grundwert G. Wir bestimmen zunächst, um wie viele kWh der Energiebedarf gesenkt wurde. Der Prozentsatz beträgt p % = 6 %. Die gesuchte Verminderung des Energiebedarfes ist der Prozentwert W.

Für diesen gilt: 6 % von 3 600 kWh = 3 600 kWh $\cdot \frac{6}{100}$ = 216 kWh

[Alter Bedarf] [Verminderung] [Neuer Bedarf]

Neuer Bedarf: 3 600 kWh − 216 kWh = 3 384 kWh

2. Weg

Wir berechnen den neuen Energiebedarf direkt in einem Schritt. Sieh dir das Diagramm an. Du erhältst den neuen Energiebedarf, indem du vom alten (100 %) die Verminderung (6 %) subtrahierst: p % = 100 % − 6 % = 94 %.
Hier ist der Prozentwert W der neue Energiebedarf. Damit kannst du so rechnen:

Ansatz: 3 600 kWh $\xrightarrow{\cdot 94\%}$ W

Rechnung: W = 3 600 kWh · 0,94 = 3 384 kWh

Ergebnis: Der neue Energiebedarf beträgt 3 384 kWh.

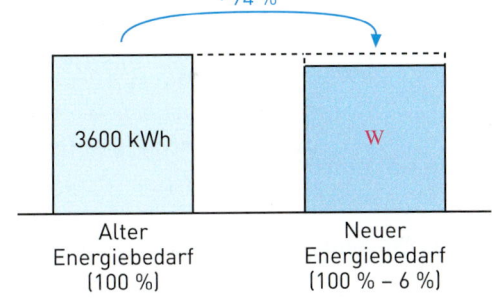

Information

Senkung um … – Senkung auf …

Der Energiebedarf sinkt *um* 6 % bedeutet auch: Er sinkt *auf* 94 % des ursprünglichen Bedarfs.

Beispiel:
„Eine Größe sinkt um 6 %" bedeutet:
(1) Vermindere die Größe **um** 6 %.
(2) Vermindere die Größe **auf** 94 %.
(3) Multipliziere die Größe mit dem **Abnahmefaktor** q = 94 % = 0,94.

Allgemein:
„Eine Größe sinkt um p %" bedeutet:
(1) Vermindere die Größe **um** p %.
(2) Vermindere die Größe **auf** (100 − p) %.
(3) Multipliziere die Größe mit dem **Abnahmefaktor** q = 1 − $\frac{p}{100}$.

Aufgabe 2   Berechnen des Prozentsatzes bzw. Grundwertes

a) Durch Modernisierung der Heizung hat Familie Sparsam die Heizkosten von 525 € auf 462 € absenken können.
Auf wie viel Prozent der alten Kosten wurden die neuen Kosten gesenkt? *Um* wie viel Prozent konnten die Heizkosten gesenkt werden?

b) Das neue Automodell von Familie Sparsam hat einen Durchschnittsverbrauch von 6,8 ℓ für 100 Kilometer. Wie hoch war der Verbrauch beim Vorgängermodell?

Lösung

a) *1. Weg*
Die Heizkosten wurden von 525 € um 63 € auf 462 € gesenkt. Das ist eine Absenkung der Heizkosten *um* $\frac{63\,€}{525\,€} = 0{,}12 = 12\,\%$.
Die Kosten wurden somit *auf* 100 % – 12 %, also auf 88 %, gesenkt.

2. Weg
Die neuen Heizkosten (Prozentwert) sind durch eine Absenkung der alten Heizkosten (Grundwert) entstanden. Den zugehörigen Prozentsatz kannst du berechnen.

Ansatz: $525\,€ \xrightarrow{\cdot\,p\,\%} 462\,€$
Rechnung: $p\,\% = \frac{462\,€}{525\,€} = 0{,}88 = 88\,\%$
Ergebnis: Die Kosten wurden auf 88 % der alten Kosten gesenkt. Die neuen Kosten sind um 100 % – 88 %, also um 12 %, niedriger. Die Einsparung beträgt 12 %.

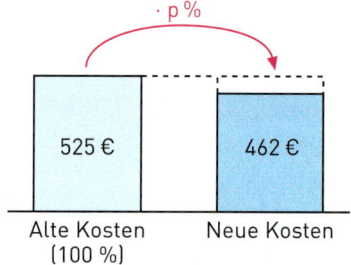

b) Der neue Verbrauch 6,8 ℓ ist entstanden aus dem alten Verbrauch (Grundwert) und der Reduzierung von 20 %. Der neue Verbrauch ist 100 % – 20 %, also 80 % des alten Verbrauchs.
Ansatz: $G \xrightarrow{\cdot\,80\,\%} 6{,}8\,\ell$
Rechnung: $G = 6{,}8\,\ell : 0{,}8 = 8{,}5\,\ell$
Ergebnis: Der Benzinverbrauch für 100 km betrug vorher 8,5 ℓ.

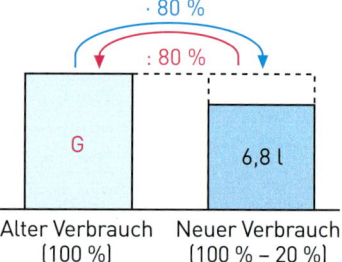

Weiterführende Aufgaben

Kombination von Zunahmefaktor und Abnahmefaktor

3. Ein Preis von 120 € wird zuerst um 10 % erhöht, der erhöhte Preis später um 10 % herabgesetzt. Jan behauptet: „Dann beträgt der Endpreis wieder 120 €."
Was meinst du dazu? Begründe.

Preisnachlass

4. Ein Vorführungsgerät wird mit 15 % Preisnachlass zu einem Preis von 520 € angeboten. Wie hoch war der reguläre Preis?

1.2 Prozentuale Änderungen

Information

Rabatt (ital.)
Abschlag

(1) Besondere Arten von Preisnachlass – Rabatt – Skonto
Beim Verkauf von Waren wird oft ein Preisnachlass **(Rabatt)** gewährt. Anlässe dazu sind z. B. Saisonrabatt, Mengenrabatt, Treuerabatt, Einführungsrabatt, Barzahlungsrabatt bei sofortiger Zahlung (Skonto).

(2) Bruttopreis und Nettopreis
Betrachte die Tankquittung rechts:
Zu dem **Nettopreis** für das Benzin kommen noch 19 % Mehrwertsteuer hinzu. Beides zusammen ergibt den zu zahlenden **Bruttopreis**.
In diesem Beispiel ist der Nettopreis der Grundwert, der Bruttopreis der erhöhte Grundwert.

brutto (ital.)
ohne Abzug

netto (ital.)
nach Abzug

```
*              31,37 Liter    SÄULENNUMMER 3   *
*Super E10                 A           45,14 EUR*
 1,439 EUR/Liter

 TOTAL                              45,14 EUR
 MWST 19,00 %                        7,21 EUR
 NETTO    37,93 EUR BRUTTO          45,14 EUR
```

Bei einem Arbeitsvertrag ist der mit dem Arbeitgeber vereinbarte Lohn der Bruttolohn. Von diesem werden nach einem bestimmten Prozentsatz Lohnsteuer, Solidaritätsabgabe und Sozialabgaben abgezogen. Der Arbeitnehmer erhält den darum verminderten Betrag als Nettolohn.
Bei diesem Beispiel ist der Bruttolohn der Grundwert, der Nettolohn der verminderte Grundwert.

In beiden Fällen gilt aber, dass der Nettobetrag kleiner ist als der Bruttobetrag.

Übungsaufgaben

5. a) Alexander will ein City-Bike kaufen. Es kostet 470 €. Da es sich um ein Vorjahresmodell handelt, wird der Preis um 15 % herabgesetzt. Wie viel muss Alexander bezahlen?
 b) Jasmin hat sich in einem Prospekt eine Digitalkamera für 212 € ausgesucht und will sie in einem Fachgeschäft in ihrer Nachbarschaft kaufen. Da es sich um ein Auslaufmodell handelt, ist der Händler bereit, Jasmin die Digitalkamera für 185,50 € zu verkaufen. Wie viel Prozent Preisnachlass gewährt der Händler?
 c) Beim Kauf eines Computers erhält Marias Mutter auf einer Messe einen Preisnachlass von 5 %. Daher zahlt sie nur 551 €. Wie teuer ist der Computer ohne Preisnachlass?

6. Vermindere um 20 % [5 %; 15 %; 90 %]. Rechne möglichst im Kopf.
 a) 160 €   **b)** 410 m   **c)** 1250 €   **d)** 860 t   **e)** 40 min

Skonto (ital.)
Preisnachlass bei Barzahlung oder Zahlung innerhalb einer vorgegebenen Frist

7. Mias Mutter muss eine Rechnung über 455 € bezahlen. Sie erhält bei Barzahlung 2 % Skonto. Wie viel € muss sie noch zahlen?

8. Ben kauft Inline-Skater für 112 €. Da es sich um ein Ausstellungsstück handelt, bekommt Dennis 20 % Rabatt. Wie viel muss er für die Skater bezahlen?

9. Frau Kohfahl hat das Sondermodell zum ermäßigten Preis gekauft. Ihre Töchter möchten den Preis vor der Preissenkung berechnen. Entscheide, welcher Rechenweg korrekt ist.

Jasmin:
14500 · 9 % = 1305
14500 + 1305 = 15805
Alter Preis: 15805

Sophie:
14500 : 91 % = 15934,07
Alter Preis: 15934,07 €

10. Tims Mutter fährt an jedem Arbeitstag 67,5 km zu ihrer Arbeitsstelle. Sie hat in einem anderen Ort eine neue Wohnung gefunden, die nur noch 21,3 km von der Arbeitsstelle entfernt ist.
    Um wie viel Prozent wird die Fahrstrecke nach dem Umzug kürzer?

11. Nach Tarifverhandlungen wurden die Löhne um 50 € erhöht. Die Tabelle zeigt die neuen Löhne. Um wie viel Prozent sind die Löhne gestiegen?

Herr Sachse	Frau Weber	Frau Haase	Herr Weise
940 €	1230 €	1410 €	1670 €

12. Stellt geeignete Aufgaben und löst sie. Sucht auch selber Packungen und rechnet.

   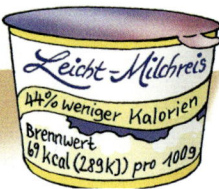

13. Lars lässt sich von seinen Eltern, die ein Computergeschäft betreiben, eine vereinfachte Form der Kalkulation von Verkaufspreisen erklären. Sie gehen dabei vom Bareinkaufspreis (Bezugspreis) aus, den sie an den Lieferanten zahlen müssen.
    a) Erkläre mithilfe des Kalkulationsschemas rechts, wie der Bruttopreis einer Ware entsteht.
    b) Lars Eltern kaufen von einem Lieferanten einen Laptop für 317,29 €. Zu welchem Bruttopreis wird er angeboten, wenn mit 12 % Geschäftskosten und 18 % Gewinn kalkuliert wird?
    c) Ein Tablet, welches wie unter b) kalkuliert wurde, wird für 390 € verkauft.
        (1) Wie hoch ist die Mehrwertsteuer, die beim Verkauf an das Finanzamt abgeführt werden muss?
        (2) Zu welchem Bezugspreis wurde das Tablet beim Lieferanten eingekauft?
        (3) Wie hoch ist der beim Verkauf erzielte Gewinn?

Bruttopreis (Endpreis)		
Nettopreis		Mehrwertsteuer
Selbstkosten	Gewinn	
Bezugspreis	Geschäftskosten	

14. Paul möchte sich eine neue Digitalkamera kaufen. Im Fotofachgeschäft kostet die Kamera 898 Euro. Zusätzlich kostet das Zubehör 69 Euro.
    Bei Barzahlung gewährt der Händler 3 % Skonto.
    Im Fotoversandhandel kostet die Kamera mit Zubehör 955 Euro. Als Versandhandel-Stammkunde erhält Paul 2,5 % Rabatt, muss aber auf den ermäßigten Preis für Transport, Verpackung und Versicherung 2,2 % Aufschlag bezahlen.
    a) Wie viel kostet die Digitalkamera beim Versandhandel?
    b) Wie viel kostet sie im Fachhandel?
    c) Entscheide, wo Paul die Digitalkamera kaufen sollte. Begründe.

1.2.3 Prozentuale Veränderungen von Anteilen

Einstieg

In einem Stadtteil sind zu Beginn eines Jahres 40 % aller Haushalte an das Fernwärmenetz angeschlossen. In diesem Jahr soll der Anteil um 25 % gesteigert werden. Wie hoch ist der für das Jahresende geplante Anteil?

Aufgabe 1

Ein Parteivorsitzender behauptet: „Durch intensive bürgernahe Öffentlichkeitsarbeit konnten wir unseren Stimmenanteil um mehr als 10 % von 44 % auf 49 % steigern."
Kontrolliere diese Behauptung und berechne dabei den Anstieg genau.

Lösung

(1) *Kontrolle der Behauptung durch Berechnen eines Anstiegs von 10 %*
Der Grundwert ist der vorherige Stimmenanteil $G = 44\,\%$, der Prozentsatz $p = 10\,\% = 0{,}1$ und der Prozentwert die Erhöhung:
$W = 44\,\% \cdot 0{,}1 = 4{,}4\,\%$.
Bei 10%iger Steigerung betrüge der neue Stimmenanteil $44\,\% + 4{,}4\,\% = 48{,}4\,\%$.
Da der Stimmenanteil sogar bei 49 % liegt, hat der Parteivorsitzende Recht.

(2) *Berechnen des genauen prozentualen Anstiegs*
Aus dem Grundwert $G = 44\,\%$ und dem Prozentwert $W = 49\,\% - 44\,\% = 5\,\%$ ergibt sich für den prozentualen Anstieg
$p\,\% = \frac{5\,\%}{44\,\%} = \frac{5}{44} \approx 0{,}114 = 11{,}4\,\%$
Der Stimmenanteil wurde sogar um 11,4 % erhöht.

Information

Beim Berechnen der Veränderung von Anteilen kann man Prozente von Prozenten bilden. Dann ist der Grundwert selber auch eine Angabe in %.
Beispiel: 25 % von 80 %   ⟵ ein Viertel von 80 %
  $80\,\% \cdot 0{,}25 = 20\,\%$

Übungsaufgaben

2. Berechne den Fettanteil gewöhnlicher Crème fraîche.

3. Ein Bürgermeister berichtet:
„Im letzten Jahr konnte der Anteil der Kindertagesstättenplätze für unter 3-jährige von 30 % auf 37,5 % gesteigert werden."
Berechne den prozentualen Anstieg.

4. Prüfe die Beispiele. Formuliere sie gegebenenfalls um.

| Mit dem Jahreswechsel von 2010 auf 2011 erhöhen sich die einheitlichen Beitragssätze zur Krankenversicherung von 14,9 % um 0,6 % auf 15,5 %; der Arbeitnehmeranteil beträgt dann 8,2 %, der Arbeitgeberanteil 7,3 %. | Obwohl diese Partei ihren Stimmenanteil um mehr als 10 % auf 5,2 % erhöhen konnte, bleibt sie noch in bedenklicher Nähe zur Fünfprozentklausel. |

5. Sammelt Pressemeldungen über prozentuale Erhöhungen und prüft, ob sie richtig formuliert sind.

 **Im Blickpunkt**

Prozent oder Prozentpunkte – was ist hier gemeint?

1. Dem Waldzustandsbericht der Bundesregierung für das Jahr 2012 kann man folgende Daten entnehmen:

   ## Der deutschen Eiche geht es schlechter!
   Bei der Eiche ist der Anteil der deutlichen Kronenverlichtung von 40 Prozent auf 50 Prozent angestiegen. Nur noch 17 Prozent weisen keine Schäden auf. Der Zustand der Baumart geht vor allem auf Schäden durch Insekten zurück, da die Raupen verschiedener Schmetterlingsarten im Frühling die jungen Blätter fressen.

   Ein Journalist veröffentlicht: „Der Anteil der Eichen mit deutlicher Kronenverlichtung hat um 10 % zugenommen." Ein anderer Journalist schreibt: „Der Anteil der Eichen mit deutlicher Kronenverlichtung ist um dramatische 25 % gestiegen."
   Beide meinen etwas Richtiges, obwohl sich ihre Aussagen unterscheiden. Erläutere die Überlegungen der beiden Journalisten.

   Prozent – Prozentpunkt
   Man verwendet die Bezeichnung Prozentpunkt, um zwischen mehreren in Prozent angegebenen Anteile zu vergleichen. Ein Prozentpunkt entspricht der Veränderung, die notwendig ist, um eine prozentuale Angabe z. B. von 2 % auf 3 % zu erhöhen. Prozentpunkte werden unter anderem zum Vergleichen von Wahlergebnissen oder Zinssätzen verwendet. In § 288 des Bürgerlichen Gesetzbuches ist. z. B. festgelegt: *„Der Verzugszinssatz beträgt für das Jahr fünf Prozentpunkte über dem Basiszinssatz."*
   Eine Steigerung um einen Prozentpunkt darf nicht mit einer Steigerung um ein Prozent verwechselt werden. Eine Steigerung von einem Prozentpunkt etwa von 2 % auf 3 % entspricht einer Steigerung von 50 %. Dieser Unterschied von Prozentpunkten und Prozent wird häufig übersehen und kann zu Missverständnissen führen.

2. Im Waldschadensbericht der Bundesregierung für das Jahr 2012 ist auch angegeben:

   Der Zustand der **Buchen** hat sich stark verbessert. Der Anteil der deutlichen Kronenverlichtung ist von 57 Prozent auf 38 Prozent gesunken, der Anteil der Bäume ohne Schaden ist von 12 auf 22 Prozent gestiegen. Die hohe Verlichtung des Jahres 2011 war unter anderem darauf zurückzuführen, dass die Bäume viele Bucheckern gebildet hatten. Dieser natürliche Vorgang der Fortpflanzung bedeutet für die Bäume einen Kraftakt, der sich in einer entsprechend schlechteren Belaubung niederschlägt. 2012 haben die Bäume fast gar keine Bucheckern getragen und konnten sich daher erholen.

   Beschreibe die Veränderungen in Prozentpunkten und in Prozent.

1.3 Vermischte Übungen zur Prozentrechnung

1. Macht euch mit dem folgenden Artikel vertraut. Stellt euch dann abwechselnd gegenseitig geeignete Aufgaben und löst sie.

a)
Einsatz-Rekord der ADAC-Luftretter im Jahr 2011

Niemals zuvor mussten die Hubschrauber der ADAC-Luftrettung häufiger in die Luft als im Jahr 2011: Die Gelben Engel der Luft absolvierten insgesamt 47 315 Einsätze und versorgten dabei 43 273 Patienten. Täglich hoben die gelben Helikopter bundesweit zu 130 Rettungsflügen ab. Die Zahl der Einsätze stieg im Vergleich zu 2010 um 7,3 Prozent.

Bei fast jedem zweiten Einsatz (48,8 Prozent) wurden die ADAC-Hubschrauber zu internistischen Notfällen wie akuten Herzerkrankungen gerufen. Es folgen Verkehrsunfälle (10,7 Prozent) sowie neurologische Notfälle wie Schlaganfälle und Hirnblutungen (12,5 Prozent). Insgesamt gingen die unfallbedingten Einsätze im Vergleich zu den vergangenen Jahren zurück. Spitzenreiter bei den Luftrettungsstationen war „Christoph 5" in Ludwigshafen mit 1 970 Einsätzen. Die zweitmeisten Einsätze flogen die Gelben Engel von „Christoph 10" in Wittlich (1 961) vor „Christoph 31" in Berlin (1 944).

b)
Kinowirtschaft im Jahr 2011 in Deutschland

Anzahl der Spielstätten
- 1 671 Kinos wurden im Jahr 2011 in Deutschland betrieben.
- Die Zahl der Kinosäle (Leinwände) sinkt um 59 auf 4 640.
- Der Trend geht weiterhin in Richtung kleinerer Kinos. Seit dem Jahr 2011 ist die Zahl der Sitzplätze um rund 17 500 geschrumpft – bei einer Verringerung der Anzahl der Kinosäle um lediglich 59.

Umsatz
- Der bundesdeutsche Kinoumsatz lag im Jahr 2011 bei 958,1 Mio. €, was ein Plus von 4,1 % zum Vorjahr bedeutet.
- Von 2006 bis 2011 sinkt der Kinoumsatz um rund 17,6 %.
- Der durchschnittliche Eintrittspreis lag bei 7,39 €.

Entwicklung der Besucherzahlen
- 129,6 Mio. Kinobesucher wurden im letzten Jahr in Deutschland gezählt, davon besuchten 27,9 Mio. Zuschauer deutsche Filme. Im Vergleich von 2010 zu 2011 stiegen die Besucherzahlen um fast 2,4 %.
- Der Marktanteil deutscher Filme stieg von 16,8 % (2010) auf 21,8 % (2011) erheblich.

Kinobesuche pro Einwohner
- Jeder Einwohner ging im Jahr 2011 rund 1,6-mal ins Kino. Die Anzahl der jährlichen Kinobesuche ist seit 2006 von 1,66 auf 1,54 gesunken.

3D-Filme
- Die Anzahl der Besucher von 3D-Filmen ist im Vergleich zum Vorjahr um 3,9 Mio. auf 29,3 Mio. angestiegen.
- Der Marktanteil von 3D-Filmen liegt nur bei 22,8 %.

TAB 2. Im Großhandel sind die Preise ohne Mehrwertsteuer ausgezeichnet. Rechne mit dem 2015 gültigen Satz von 19 %. Betrachte die Zuordnung *Preis ohne Mehrwertsteuer (Nettopreis) → Preis einschließlich Mehrwertsteuer (Bruttopreis)*.
   a) Lege mithilfe einer Tabellenkalkulation für diese Zuordnung eine Tabelle an: Preise ohne Mehrwertsteuer von 100 € bis 1000 € in 50-€-Schritten
   b) Untersuche, ob die Zuordnung proportional ist.
   c) Zeichne den Graphen dieser Zuordnung.

3. Wer eine Fundsache im Fundbüro abgibt, hat Anspruch auf Finderlohn: Bis 500 € beträgt er 5 % vom Wert der Fundsache. Ist die Fundsache mehr als 500 € wert, so beträgt der Finderlohn 5 % von 500 € und zusätzlich 3 % des Wertes, der 500 € übersteigt.
   a) Tobias hat eine Uhr gefunden. Er erhält dafür 9 € Finderlohn.
   b) Cornelia hat eine Kette gefunden. Dafür erhält sie 34 € Finderlohn.

4. Zeichnet zu den Marktanteilen der Fernsehsender je ein Kreisdiagramm. Welcher Sender hat die größte, welcher die kleinste Veränderung in den Marktanteilen? Stellt weitere Fragen und beantwortet sie.

Entwicklung der TV-Marktanteile in Deutschland (in %)					
Programme	1990	1995	2000	2005	2010
ARD 	30,7	14,6	15,7	13,5	13,2
ZDF	28,4	14,7	15,5	13,5	12,7
Dritte	5,6	8,9	11,9	13,2	13,0
RTL	11,8	17,6	13,7	13,3	13,8
SAT 1	9,2	14,7	9,1	10,9	10,1
PRO 7	1,2	9,9	8,0	6,7	6,3

5. a) Ein Fernseher kostet im Großhandel 700 € plus 19 % Mehrwertsteuer. Bei Barzahlung gewährt der Händler einen Rabatt von 5 % des Gesamtpreises.
   b) Micha behauptet: „Das kann man ja einfacher rechnen, indem man 700 € um 14 % erhöht." Was meinst du dazu?

6. Betrachte die Anzeige rechts. Kontrolliere die prozentualen Angaben.

7. Ein Markt verkauft einen neuen DVD-Player für schnell entschlossene Kunden 20 % unter der Preisempfehlung. Nach 2 Tagen erhöht er den Preis um 25 % auf 200 €. Bestimme den empfohlenen Preis.

8. Lies den nebenstehenden Zeitungsartikel zur Präsidentenwahl in Kenia kritisch durch. Schreibe einen verbesserten Artikel.

9. Sucht in Zeitungen und Zeitschriften nach Artikeln, in denen Prozentangaben vorkommen. Überprüft sie kritisch. Stellt euren Mitschülern den Inhalt besonders geeigneter Artikel vor. Erläutert die Bedeutung der Prozentangaben.

Politik: Präsidentenwahl in Kenia:
„Dem Wahlrecht zufolge ist als Präsident gewählt, wer in fünf der acht Provinzen mehr als 25 Prozent der Stimmen auf sich vereinigt. Theoretisch könnt also ein Kandidat in den vier bevölkerungsreichsten Provinzen 100 %, in den anderen vier je 24 % bekommen und dennoch verlieren, während sein Gegner fünfmal knapp über die 25-Prozent-Hürde kommt – und gewinnt."

1.3 Vermischte Übungen zur Prozentrechnung

10. Nachdem das Möbelhaus Arlt seine Preise um 5 % erhöht hat und das Möbelgeschäft Buse seine Preise um 5 % gesenkt hat, kostet ein Schrank in beiden Geschäften 975 €. Kommentiere die Aussage eines interessierten Kunden: „Vor den Preisveränderungen in den beiden Geschäften lag zwischen den Preisen eine Spanne von 10 %."

11. Auf den Jahreshauptversammlungen der vier Abteilungen des Sportvereins TSV leiten die Abteilungsleiter ihre Berichte unterschiedlich ein.
Fußball: „Unsere Abteilung zählt stolze 357 Mitglieder."
Handball: „Wir konnten unsere Mitgliederzahl auf 306 erhöhen."
Schwimmen: „20 % aller Vereinsmitglieder sind Schwimmer."
Turnen: „Nur noch 2 % aller Mitglieder turnen."
  a) Kannst du weitere Angaben zu Mitgliederzahlen des Sportvereins angeben und Prozentangaben ermitteln?
  b) Hanno sagt stolz: „Ich spiele Handball und Fußball im TSV." Hat das Auswirkungen auf deine Überlegungen?

12. In einer Gemeinde wurde ein neuer Bürgermeister gewählt.
  a) Nach der Wahlordnung ist im ersten Wahlgang derjenige Kandidat gewählt, der mehr als die Hälfte der gültigen Stimmen erhält. Übertrage die Tabelle in dein Heft.
Von 1927 Wahlberechtigten gingen 1233 Wähler zur Urne. Sie gaben insgesamt 1228 gültige Stimmen ab. Wie hoch war beim ersten Wahlgang die Wahlbeteiligung?

1. Wahlgang	Kandidat A	Kandidat B	Kandidat C	Kandidat D	Kandidat E	Sonstige
Anzahl der Stimmen	488	69	292	50	299	
Anteil in Prozent der gültigen Stimmen						

Warum war ein zweiter Wahlgang erforderlich?
  b) Nach der Wahlordnung ist im zweiten Wahlgang derjenige Kandidat gewählt, der die meisten gültigen Stimmen erreicht. Kandidat B und Kandidat D traten im zweiten Wahlgang nicht mehr an. Von den jetzt 1919 Wahlberechtigten Bürgern gaben 1211 ihre Stimme ab. Von diesen Stimmen waren 5 ungültig.
Übertrage die Tabelle in dein Heft.

2. Wahlgang	Kandidat A	Kandidat B	Kandidat C	Kandidat D	Kandidat E	Sonstige
Anzahl der Stimmen	503	–	316	–	379	
Anteil in Prozent der gültigen Stimmen						

Mit welchem Prozentsatz wurde Kandidat A Bürgermeister? Welcher Kandidat hatten vom ersten zum zweiten Wahlgang den größten relativen Zuwachs?
  c) Wie hätten die unterlegenen Kandidaten vielleicht den Sieg von Kandidat A verhindern können?

1.4 Zinsen für 1 Jahr

Ziel

Wenn du Geld übrig hast, kannst du es einer Bank oder Sparkasse zur Verfügung stellen. Du bekommst später dein Geld (Kapital) zurück und einen bestimmten Prozentsatz davon zusätzlich. Dieser zusätzliche Betrag heißt Zinsen. Der Prozentsatz für das Anlegen des Geldes wird Zinssatz genannt. Wenn man sich Geld bei einer Bank oder Sparkasse leiht (z.B. für ein Haus, ein Auto usw.) muss man dafür Zinsen zahlen.
Hier lernst du, wie man Berechnungen mit Zinsen für ein ganzes Jahr durchführt.

Zum Erarbeiten

 Berechnen der Jahreszinsen

Lukas hat 450 € gespart. Er bringt das Geld am Jahresanfang zur Sparkasse. Am Jahresende erhält er dafür auf seinem Sparkonto 2 % Zinsen.
Wie viel Euro Zinsen sind das?
Der Grundwert ist Lukas Kapital, also 450 €, der Prozentsatz der Zinssatz 2 %. Gesucht sind die Zinsen Z, also der Prozentwert.

Ansatz: 450 € $\xrightarrow{\cdot 2\%}$ Z   Rechnung: Z = 450 € · 0,02 = 9 €

Ergebnis: Am Jahresende werden auf Lukas Sparbuch 9 € als Zinsen gutgeschrieben.

 Berechnen des Kapitals

Frau Siede hat sich zu Beginn des Jahres Geld für den Kauf eines Autos geliehen; sie hat einen Zinssatz von 8 % vereinbart. Am Jahresende zahlt sie 1200 € Zinsen.
Wie viel Geld hat sie sich geliehen?
Der Grundwert ist das geliehene Kapital K, dieses kennen wir nicht. Der Prozentsatz ist der Zinssatz 8 %, der Prozentwert ist der Betrag 1200 € für die Zinsen.

Ansatz: K $\xrightarrow{\cdot 8\%}$ 1200 €   Rechnung: K = 1200 € : 0,08 = 15 000 €

Ergebnis: Frau Siede hat sich 15 000 € für den Kauf des Autos geliehen.

 Berechnen des Zinssatzes

Marie hat am Jahresanfang 580 € auf ihrem Sparbuch. Am Jahresende erhält sie 18,70 € Zinsen.
Welchen Zinssatz gewährt die Sparkasse für Guthaben auf diesem Konto?
Der Grundwert ist Maries Guthaben, also 580 €, der Prozentwert die Zinsen für ein Jahr, also 8,70 €. Gesucht ist der Prozentsatz p % für die Berechnung der Zinsen.

Ansatz: 580 € $\xrightarrow{\cdot p\%}$ 8,70 €   Rechnung: p % = 8,70 € : 580 € = 0,015 = 1,5 %

Ergebnis: Der Zinssatz betrug 1,5 %.

Information

Zinsrechnung als besondere Prozentrechnung

> Wenn die Zinsen für ein Jahr berechnet werden, kann man in der **Zinsrechnung** wie in der Prozentrechnung verfahren.
> Ausdrucksweisen in der *Prozentrechnung*:   Grundwert $\xrightarrow{\cdot \text{Prozentsatz}}$ Prozentwert
> Ausdrucksweisen in der *Zinsrechnung*:   **Kapital** $\xrightarrow{\cdot \text{Zinssatz}}$ **Jahreszinsen**

Zum Selbstlernen 1.4 Zinsen für 1 Jahr

Zum Üben

1. a) Alexander hatte einen Betrag von 480 € bei einem Zinssatz von $2\frac{1}{2}\%$ angelegt, während Nina 600 € zu 1,75 % angelegt hatte. Wer erhielt mehr Zinsen?
   b) Laura bekam nach 1 Jahr für 800 € Guthaben 20 € Zinsen, Michelle für 1 500 € Guthaben 33,75 € Zinsen. Wer erhielt den höheren Zinssatz?
   c) Tim und Paul haben jeweils am Jahresanfang Geld auf einem Sparkonto angelegt. Am Jahresende wurden Tim 31,50 € Zinsen bei einem Zinssatz von 2 % gutgeschrieben. Pauls Gutschrift betrug 37,50 € bei $2\frac{1}{2}\%$. Wer hatte mehr Geld angelegt?

2. a) Sarahs Mutter möchte ihr Arbeitszimmer neu einrichten. Dafür fehlen ihr noch 1 400 €. Die Bank bietet ihr ein Darlehen an, das im Jahr 9 % der Darlehenssumme als Zinsen kostet. Wie viel Euro Zinsen muss sie für das geliehene Geld in einem Jahr bezahlen?
   b) Familie Krüger braucht zur Finanzierung eines Zweifamilienhauses ein möglichst hohes Darlehen. Für Zinsen kann sie jährlich 10 000 € aufbringen.
   Wie viel Euro kann sie bei einem Zinssatz von 4,5 % als Darlehen aufnehmen?
   c) Herr Homburg benötigt für den Kauf eines Autos 6 000 €, die er nach einem Jahr zurück zahlen will. Seine Autohändlerin verlangt dafür 390 € Zinsen. Welchen Zinssatz fordert sie?

3. Anna erhält auf ihrem Sparbuch einen Zinssatz von 2 %. Für ein Darlehen wird ein Zinssatz von 8,5 % berechnet. Überlege, warum Zinssätze für Darlehen in der Regel höher sind.

4. Auf Daniels Sparbuch waren am Jahresanfang 950 € Guthaben, am Jahresende 968 € Guthaben. Während des Jahres hat Daniel nichts eingezahlt und nichts abgehoben.
   Wie hoch ist der Zinssatz?

5. Frau Rinne braucht zur Finanzierung einer Eigentumswohnung ein möglichst hohes Darlehen. Für die Zinsen kann sie jährlich bis zu 3 000 € aufbringen.
   Wie viel Euro kann sie bei einem Zinssatz von 5,5 % als Darlehen aufnehmen?

6. Für den Kauf eines Hauses kann Frau Wehrmann drei Darlehensverträge abschließen: 25 000 € zu 4,5 %, 14 000 € zu 5 % und 40 000 € zu 6,5 %.
   Ein Finanzierungsbüro macht ihr das Angebot, stattdessen die Gesamtsumme zu 5 % aufzunehmen. Sollte Frau Wehrmann auf dieses Angebot eingehen?

7. Diese Anzeigen stammen aus einer Zeitung. Was hältst du von solchen Angeboten?

| Suche 6 000 €, zahle nach 1 Jahr 300 € Zinsen. Chiffre LG. 0198 | 25 000 € gesucht Rückzahlung 27 000 € nach 1 Jahr. Chiffre LG. 0197 | Suche 15 000 €. Zahle 18 000 € nach 1 Jahr zurück. Chiffre LG. 0199 |

8. Es gibt verschiedene Möglichkeiten, Geld bei der Bank oder Sparkasse zum Sparen einzuzahlen. Die Zinssätze sind dabei unterschiedlich. Ebenso gibt es verschiedene Möglichkeiten, sich Geld zu leihen. Auch diese unterscheiden sich im Zinssatz.
   Informiert euch über die verschiedene Möglichkeiten, Geld anzulegen und Geld zu leihen. Stellt die Möglichkeiten übersichtlich auf einem Plakat zusammen.

1.5 Zinsen für beliebige Zeitspannen

1.5.1 Zinsen für Bruchteile eines Jahres

Einstieg

Zur kurzfristigen Finanzierung von Anschaffungen bietet eine Bank ihren Kunden einen Kredit an. Frau Beierle leiht sich zum Kauf einer Einbauküche 9 500 €. Der Zinssatz beträgt 6 % (für ein ganzes Jahr). Sie ist sich nicht sicher, ob sie den geliehenen Betrag bereits nach einem Vierteljahr oder erst nach 7 Monaten zurückbezahlen kann. Wie viel Zinsen muss sie
a) nach einem Vierteljahr;   b) nach 7 Monaten   zahlen?

Information

Zinsen für Bruchteile eines Jahres

Der für Zinsen angegebene Zinssatz bezieht sich auf ein Jahr. Geld bleibt oft für einen anderen Zeitraum als ein Jahr auf dem Sparkonto. Dann richten sich die Zinsen nach der Zeitdauer. Zur Hälfte (zum Drittel, ...) der Zeitdauer (1 Jahr) gehört auch die Hälfte (ein Drittel, ...) der Zinsen. In Deutschland wird in der Regel ein Zinsjahr mit 360 Zinstagen gerechnet, also gilt:
1 Zinstag = $\frac{1}{360}$ Zinsjahr. Jeder volle Monat wird mit 30 Zinstagen gerechnet.

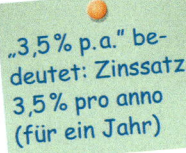

„3,5 % p.a." bedeutet: Zinssatz 3,5 % pro anno (für ein Jahr)

Aufgabe 1

Zinsen für Bruchteile eines Jahres

Kristina hat zu Jahresbeginn 600 € auf ihrem Sparbuch. Der Zinssatz beträgt 1,5 %.
a) Sie hebt ihr Geld bereits nach einem $\frac{3}{4}$ Jahr ab. Wie viel Zinsen erhält sie?
b) Sie hebt ihr Geld schon nach 5 Monaten ab. Wie viel Zinsen erhält sie nun?
c) Berechne die Zinsen, wenn sie ihr Geld nach 258 Tagen abhebt.

Lösung

Der Zinssatz bezieht sich auf ein Jahr. Wir berechnen deshalb zunächst die Zinsen für ein Jahr:
600 € · 0,015 = 9 €.

Jahresbeginn: 600 € $\xrightarrow{\cdot 1,5\%}$ 9 €

anteilig: 9 € $\xrightarrow{\cdot \frac{3}{4}}$ 6,75 €

a) Von diesen Jahreszinsen erhält sie nur den Anteil $\frac{3}{4}$
also: $\frac{3}{4}$ von 9 € = $\frac{3}{4}$ · 9 € = 6,75 €.
Ergebnis: Kristina erhält 6,75 € Zinsen.

b) Für einen Monat würde sie $\frac{1}{12}$ der Jahreszinsen erhalten: 9 € : 12 = 0,75 €.
Für 5 Monate erhält sie fünfmal so viel: 0,75 € · 5 = 3,75 €.
Ergebnis: Kristina erhält 3,75 € Zinsen.

c) Für einen Tag würde sie $\frac{1}{360}$ der Jahreszinsen erhalten: 9 € : 360 = 0,025 €.
Für 258 Tage erhält sie 258-mal so viel: 0,025 € · 258 = 6,45 €.
Ergebnis: Kristina erhält 6,45 € Zinsen.

Information

Berechnen von Zinsen für Teile eines Jahres

Beim Berechnen von Zinsen für einen Teil eines Jahres ist darauf zu achten, dass der Zinssatz sich stets auf die Zinsen für ein ganzes Jahr bezieht. Daher sind zunächst die Jahreszinsen zu berechnen. Dann berechnet man den Anteil, den der Teil des Jahres an einem ganzen Jahr ausmacht. Von den Jahreszinsen bildet man den zu diesem Anteil gehörenden Teil.

Zinssätze beziehen sich stets auf ein Jahr.

Grundschema der Zinsrechnung

Kapital $\xrightarrow{\cdot \text{Zinssatz}}$ Jahreszinsen $\xrightarrow{\cdot \text{Anteil am Jahr}}$ Zinsen

1.5 Zinsen für beliebige Zeitspannen

Übungsaufgaben

2. Höhere Geldbeträge ab 5 000 € kann man bei Banken und Sparkassen auf so genannten Tagesgeldkonten anlegen. Von einem solchen Konto kann man dann jederzeit wieder Geld abheben. Der Zinssatz richtet sich nach der Höhe des angelegten Betrages.

   Bankhaus Röder

Angelegter Betrag (in €)	Zinssatz
5 000,00 – 9 999,99	1,40 %
10 000,00 – 24 999,99	1,65 %
25 000,00 – 49 999,99	1,89 %
ab 50 000,00	2,13 %

   a) Herr Müller zahlt auf ein Tagesgeldkonto 7 000 € ein und hebt das Geld nach einem $\frac{3}{4}$ Jahr wieder ab. Wie viel Zinsen erhält er?
   b) Frau Linde zahlt 18 000 € ein und hebt das Geld nach 7 Monaten ab. Wie viel Zinsen erhält sie?
   c) Frau Bode zahlt 43 000 € ein und hebt das Geld nach 164 Tagen ab. Wie viel erhält sie?

3. a) Herr Franke hat bei seiner Sparkasse 17 500 € zu 1,5 % angelegt. Nach einem $\frac{3}{4}$ Jahr hebt er sein Geld ab. Wie viel Zinsen bekommt er?
   b) Frau Maselli hat 8 700 € zu 1,25 % angelegt. Sie hebt das Geld nach 275 Tagen ab. Wie viel Zinsen bekommt sie?

4. Kens Mutter hat im Lotto 280 000 € gewonnen. Sie weiß, dass bei ihrer Bank der Zinssatz bei einem Sparbuch 1,5 % und bei einem Girokonto 0,25 % beträgt. Sie erkundigt sich bei der Bank nach einer besseren Anlagemöglichkeit. Sie erfährt, dass man bei Anlage eines Betrages über 50 000 € auf einem Tagesgeldkonto für Neukunden 2,15 % Zinsen erhält.
   a) Wie viel Zinsen verschenkt sie monatlich, wenn sie das Geld auf dem Girokonto lässt?
   b) Stelle weitere Aufgaben und löse sie.

5. Eine Unternehmerin braucht ein Darlehen von 125 000 € für ein Vierteljahr. Der Zinssatz beträgt 7,5 %.

6. Herr Meyer hat sein Konto 18 Tage um 1 160 € überzogen. Für diese Schulden werden 13,5 % jährlich berechnet. Wie viel Zinsen sind zu zahlen?

7. Annika sagt: „Wenn man das Konto nur ein paar Tage überzieht, macht das gar nicht viel aus". Was meinst du dazu?

Ein Konto überziehen bedeutet mehr abheben, als auf dem Konto steht.

Das kann ich noch!

A) Gib den blau markierten Anteil als Bruch, als Dezimalbruch und in der Prozentschreibweise an.

1)  2) 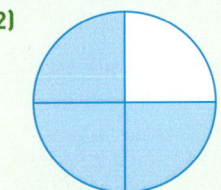 3) 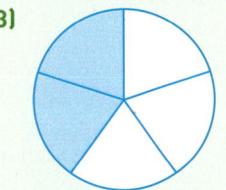 4)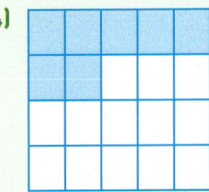

B) Berechne.
   1) $\frac{1}{2} + \frac{2}{3}$
   2) $\frac{2}{3} - \frac{1}{2}$
   3) $\frac{1}{2} \cdot \frac{2}{3}$
   4) $\frac{1}{2} : \frac{2}{3}$
   5) $\left(\frac{2}{3}\right)^4$
   6) $1\frac{1}{2} + \frac{3}{4}$
   7) $1\frac{1}{2} - \frac{3}{4}$
   8) $1\frac{1}{2} \cdot \frac{3}{4}$

1.5.2 Zinsen für mehrere Jahre – Zinseszinsen

Einstieg

Aufgabe 1

Lena hat 8 000 € geerbt. Sie will das Geld zu Beginn des Jahres für 5 Jahre bei einer Bank anlegen. Die Bankangestellte macht ihr zwei Angebote. Vergleiche die Angebote.

Hüper Bank
Angebot 1:
Anlage 5 Jahre/Zinssatz 2 %
Die Zinsen werden jeweils am Jahresende ausgezahlt.

Hüper Bank
Angebot 2:
Anlage 5 Jahre/Zinssatz 2 %
Die Zinsen werden nicht am Jahresende ausgezahlt, sondern dem Kapital hinzugefügt und im nächsten Jahr mitverzinst.

Lösung

(1) Berechnen der Zinsen bei jährlicher Auszahlung
Wir berechnen zunächst die Jahreszinsen Z:

Ansatz: $8\,000\,€ \xrightarrow{\cdot\,0{,}2} Z$

Rechnung: $Z = 8\,000\,€ \cdot 0{,}02 = 160\,€$

Lena erhält nach einem Jahr 160 € Zinsen. Für 5 Jahre sind es 160 € · 5, also 800 €.
Ergebnis: Lena erhält beim Angebot 1 insgesamt 800 € Zinsen.

(2) Berechnen der Zinsen bei Auszahlung am Ende der Zinszeit
Wir berechnen zunächst, auf wie viel das Kapital nach 5 Jahren angewachsen ist.
Nach einem Jahr wächst das Anfangskapital K_0 auf das 1,02-fache an; es beträgt dann K_1:

$8\,000\,€ \xrightarrow{\cdot\,1{,}02} K_1$

Nach dem zweiten Jahr wächst dann das Kapital K_1 ebenfalls auf das 1,02fache an; es beträgt dann K_2. Wenn wir so fort fahren, erhalten wir insgesamt:

Erinnere dich: Wächst um 2 % bedeutet: wächst auf 102 %

$8\,000\,€ \xrightarrow{\cdot\,1{,}02} K_1 \xrightarrow{\cdot\,1{,}02} K_2 \xrightarrow{\cdot\,1{,}02} K_3 \xrightarrow{\cdot\,1{,}02} K_4 \xrightarrow{\cdot\,1{,}02} K_5$

Kapital nach dem 1. Jahr | Kapital nach dem 2. Jahr | Kapital nach dem 3. Jahr | Kapital nach dem 4. Jahr | Kapital nach dem 5. Jahr

Somit ergibt sich insgesamt: $K_5 = 8\,000\,€ \cdot 1{,}02 \cdot 1{,}02 \cdot 1{,}02 \cdot 1{,}02 \cdot 1{,}02$
$= 8\,000\,€ \cdot 1{,}02^5 = 8\,832{,}64643\,€ \approx 8\,832{,}65\,€$

Das von Lena angelegte Kapital ist nach 5 Jahren auf 8 832,65 € angewachsen, davon sind 8 832,65 € − 8 000,00 €, also 832,65 € Zinsen.
Ergebnis: Lena erhält beim Angebot 2 insgesamt 832,65 € Zinsen.

1.5 Zinsen für beliebige Zeitspannen

Information

(1) Zinsfaktor
Zum Zinssatz 2 %, 3 %, 4 %, ... gehört der *Zinsfaktor* 1,02; 1,03; 1,04; ...
Der Zinsfaktor gibt an, auf das Wievielfache ein Kapital nach 1 Jahr anwächst.

(2) Zinseszinsen
Werden die Zinsen aus einem Jahr vom Konto nicht abgehoben, so werden sie im nächsten Jahr mitverzinst. Die Zinsen von den Zinsen heißen *Zinseszinsen*.

(3) Zinseszinsformel – Kapitalwachstum nach 1, 2, 3, ... Jahren
Ein Kapital wächst zusammen mit den Zinseszinsen beim Zinssatz 4 %
nach 1 Jahr auf das 1,04-fache,
nach 2 Jahren auf das 1,04 · 1,04-fache (das $1{,}04^2$-fache),
nach 3 Jahren auf das 1,04 · 1,04 · 1,04-fache (das $1{,}04^3$-fache) usw.

Allgemein: Bei einem Zinsfaktor q wächst ein Kapital K in n Jahren an auf $K \cdot q^n$.

Übungsaufgaben

2. Sarah hat 600 € gespart. Sie legt das Geld für 4 Jahre bei einer Bank mit einem Zinssatz von 1,5 % an. Die Zinsen werden am Jahresende dem Sparguthaben hinzugerechnet und jeweils im nächsten Jahr mitverzinst.
a) Auf wie viel Euro wächst Sarahs Sparguthaben an?
b) Wie viel Euro Zinsen erhält sie in den 4 Jahren insgesamt?
c) Wie viel Euro Zinsen würde Sarah insgesamt erhalten, wenn sie sich die Zinsen am Ende eines jeden Jahres auszahlen ließe?

TAB 3. Berechne das Endkapital nach 6 [8; 10; 20; 40] Jahren. Nach wie vielen Jahren hat sich das Kapital verdoppelt? Benutze eine Tabellenkalkulation.
a) Anfangskapital 500 €; Zinssatz 2 %
b) Anfangskapital 975 €; Zinssatz 1,5 %

4. Florian hat 600 € zur Konfirmation geschenkt bekommen. Er überlegt, in welcher Sparform er sein Geld anlegen soll.

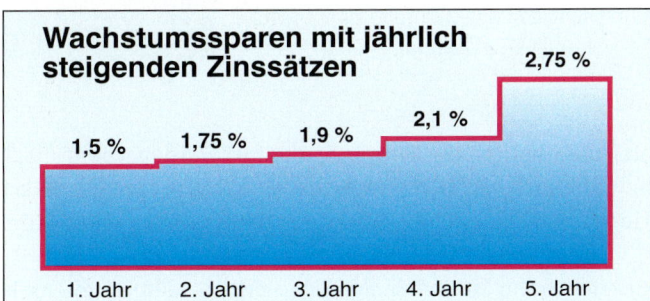

TAB 5. a) Bestimme die Zeitspanne, die bei 2 % Verzinsung für die Verdoppelung eines Kapitals von **(1)** 200 €, **(2)** 57 000 € benötigt wird. Was fällt auf?
b) Begründe: Die für die Verdoppelung eines Kapitals benötigte Zeitspanne hängt nur vom Zinssatz ab.
c) Bestimme die Zeitspanne, die zur Verdoppelung eines Kapitals benötigt wird, für die Zinssätze 3 %; 4 %; 5 %; 6 %; 7 %. Was fällt auf?

1.6 Aufgaben zur Vertiefung

1. a) Ein Quadrat hat eine Seitenlänge von 10 cm. Auf wie viel Prozent erhöht sich der Flächeninhalt, wenn die Länge der Seite um 1 cm vergrößert wird?
Untersuche weitere Quadrate und vergleiche.

b) Ein Würfel hat die Kantenlänge von 10 cm. Auf wie viel Prozent erhöht sich das Volumen (auf wie viel Prozent der Oberflächeninhalt), wenn die Länge der Kante um 1 cm vergrößert wird? Untersuche weitere Würfel und vergleiche.

2. Fisch stellt ein hochwertiges Lebensmittel dar und enthält wertvolles Eiweiß, Fett mit lebensnotwendigen Fettsäuren, Vitamine, Mineralstoffe (besonders Iod) und Spurenelemente. Allerdings essen die Bundesbürger viel zu wenig Fisch.
a) Im Jahre 2009 lag der Fischverbrauch in Deutschland bei 1,28 Mio Tonnen, von denen 79 % eingeführt wurden. Wie hoch war die Produktion im Inland?
b) Lies die Zeitungsmeldung kritisch. Überprüfe die genannten Daten.

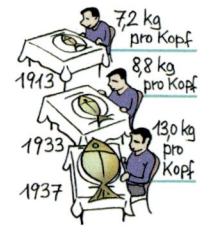

Deutsche essen immer mehr Fisch

Hamburg (30.12.2010). Der Pro-Kopf-Verbrauch an Fisch lag im abgelaufenen Jahr bei 16 Kilogramm Fanggewicht, wie das Fisch-Informationszentrum (FIZ) am Donnerstag mitteilte. Im Vorjahr waren es 15,7 Kilogramm, das entspricht einer Steigerung um 2 % in nur einem Jahr. Das FIZ machte unter anderem ein zunehmendes Gesundheitsbewusstsein der Bevölkerung für den Boom bei Fisch verantwortlich. Im Jahr 2003 lag der Fisch-Durchschnittsverbrauch erst bei 14,3 bis 14,5 Kilogramm. In Deutschland gab es eine klare Vorliebe für Fisch aus dem Meer. Alaska-Seelachs (20,1 %), Hering (18,6 %), Lachs (12,8 %), Thunfisch (9,6 %) und Pangasius (6,5 %) waren die am meisten konsumierten Fische. Diese fünf Fischarten deckten rund zwei Drittel des Fischverbrauches in Deutschland ab.

c) Schon früher sollten die Bürger ermuntert werden, mehr Fisch zu verzehren. In einem Mathematikbuch von 1939 findet sich eine Grafik zum Fischverbrauch (Bild links oben). Überlege, ob die bildliche Darstellung die Daten korrekt wiedergibt.

3. Zur Berücksichtigung der Zeit in der Zinsrechnung gibt es unterschiedliche Vereinbarungen.
- In Deutschland ist es weitgehend (noch) üblich, den Zinsmonat mit 30 Tagen und das Zinsjahr mit 360 Tagen zu zählen.
- Im europäischen Ausland werden die tatsächlichen Zinstage berücksichtigt, das Zinsjahr jedoch mit 360 Tagen (Eurozinsmethode).
- International ist es üblich, mit den tatsächlichen Zinstagen und Tagen im Jahr (365 Tage bzw. 366 Tage im Schaltjahr) zu rechnen.

In allen drei Fällen wird der Einzahlungstag nicht mitgezählt.
Ein Kapital von 15 000 € wird vom 17.3. bis zum 28.10. [29.02. bis zum 29.12.] desselben Jahres verzinst (Zinssatz 2 %). Vergleicht die Zinsen bei den verschiedenen Methoden.

Das Wichtigste auf einen Blick

Prozent

$$p\% = \frac{p}{100}$$

Es gilt:
Grundwert $\xrightarrow{\cdot \text{Prozentsatz}}$ **Prozentwert**

Beispiel:
$40\% = \frac{40}{100} = 0{,}4$

Grundaufgaben der Prozentrechnung

Berechnung des Prozentwertes
Multipliziere den Grundwert mit dem Prozentsatz.

Berechnung des Prozentsatzes
Dividiere den Prozentwert durch den Grundwert und gib das Ergebnis in Prozentschreibweise an.

Berechnung des Grundwerts
Dividiere den Prozentwert durch den Prozentsatz.

Beispiele:
40 % von 300 € sind: 300 € · 0,4 = 120 €

150 € von 750 € sind: $\frac{150}{750} = 0{,}2 = 20\%$

70 % eines Grundwerts sind 980 €.
Grundwert: 980 € : 0,7 = 1 400 €

Prozentuale Steigerung

Die Erhöhung einer Größe um p % bedeutet eine Erhöhung der Größe auf (100 + p) %.

Den Prozentsatz $q = 1 + \frac{p}{100}$ bezeichnet man als *Zunahmefaktor*.

Beispiel:
Steigerung um 25 %
Steigerung auf 125 %
q = 1,25

Prozentuale Abnahme

Die Abnahme einer Größe um p % bedeutet eine Abnahme auf (100 − p) %. Den Prozentsatz

$q = 1 - \frac{p}{100}$ bezeichnet mal als *Abnahmefaktor*.

Beispiel:
Senkung um 25 %
Senkung auf 75 %
q = 0,75

Zinsen

Zinsrechnung als besondere Prozentrechnung:

Kapital $\xrightarrow{\cdot \text{Zinssatz}}$ Jahreszinsen

Werden Zinsen aus einem Jahr nicht abgehoben, so werden sie im nächsten Jahr mitverzinst.
Die Zinsen von Zinsen heißen Zinseszinsen.

Beispiel:
Kapital: 400 €
Zinssatz: 1,5 %
Jahreszinsen: 400 € · 1,5 %
= 400 € · 0,015 = 6 €

Bist du fit?

Sinnvoll runden

1. a) Gib den Anteil in Prozent an: **(1)** 200 g von 1500 g **(2)** 18 kg von 0,24 t
    b) Berechne den Prozentwert: **(1)** 17 % von 258 € **(2)** 60 % von 341,7 ℓ
    c) Berechne den Grundwert: **(1)** 23 % von G sind 125 m **(2)** 61,7 % von G sind 438,07 €

2. Das Erich-Kästner-Gymnasium hat 950 Schülerinnen und Schüler. 48 % davon sind Fahrschüler(innen). Wie viele sind das?

3. 132 der 240 Mitglieder der Jugendabteilung haben mindestens das silberne Schwimmabzeichen. Wie viel Prozent sind das?

4. Eine Tageszeitung hat 12 000 Abonnenten; das sind 80 % aller Käufer. Wie viele Käufer hat die Zeitung?

5. Familie Knausrig hat mit einem Finanzprogramm einen Haushaltsplan für die jährlichen Ausgaben von 26 235 € erstellt. Wie viel ist im Monat für die einzelnen Posten zur Verfügung zu stellen?

6. In der Musikschule sind 324 Schüler(innen) angemeldet. Davon spielen 128 ein Streich- und 65 ein Blasinstrument. Zum Klavierunterricht sind 42 Schüler(innen) angemeldet und 20 nehmen Gesangunterricht.
   a) Wie groß ist der Anteil der sonstigen Instrumente in Prozent?
   b) Zeichne ein Streifen- und ein Kreisdiagramm für die Verteilung auf die Instrumente.

7. Durch einen Anbau konnte die Wohnfläche eines Einfamilienhauses von 148 m² um 28 m² vergrößert werden. Um wie viel Prozent wurde die Wohnfläche vergrößert?

8. Ein Möbelhaus gewährt Selbstabholern 5 % Rabatt. Frau Müller hat einen Schreibtisch gekauft und selbst abgeholt; sie hat 169,10 € gezahlt. Wie viel € hat sie gespart?

9. Auf der Rechnung des Großmarktes wird die Mehrwertsteuer gesondert ausgewiesen. 2015 betrug der Mehrwertsteuersatz 19 %. Für Bücher, Zeitschriften und Lebensmittel galt ein ermäßigter Steuersatz von 7 %. Wie hoch war der Rechnungsbetrag, von dem der Rechnungsschnipsel stammt?

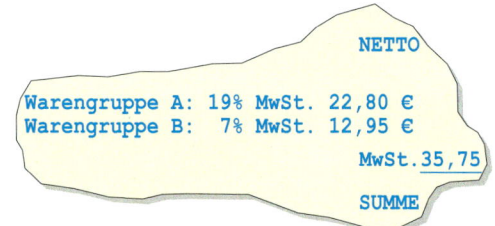

10. Ein Flachbildschirm kostet 259 €. Ein Geschäft erhöht den Preis um 20 %. Nach einiger Zeit stellt der Geschäftsinhaber fest, dass sich der Flachbildschirm nach der Preiserhöhung nicht mehr gut verkauft. Deswegen ordnet er an, den aktuellen Preis um 20 % zu verringern. Der für die Preisauszeichnung zuständige Mitarbeiter freut sich: „Prima. Arbeit gespart: Dann muss ich ja nur das alte Preisschild wieder aufstellen." Was meinst du dazu? Begründe deine Meinung auch rechnerisch.

11. Frau Köhler hat am Jahresanfang 7 350 € auf ihrem Sparbuch. Der Zinssatz beträgt 1,5 %. Sie nimmt keine weiteren Einzahlungen vor. Berechne den Kontostand am Jahresende.

12. Lukas hat 500 € gewonnen und legt diese auf einem Sparbuch mit 2 % Verzinsung an. Wie viel € hat er nach 4 Jahren, wenn er nichts abhebt oder einzahlt?

13. Frau Michel hat im Lotto gewonnen. Der Bankangestellte sagt: „Wenn Sie den Gewinn zu 2,75 % anlegen, dann erhalten Sie nach einem Vierteljahr bereits 104,50 € Zinsen." Berechne aus dieser Äußerung, wie viel Euro Frau Michel gewonnen hat.

14. Herr Moser hat bei der Bank ein Darlehen von 5 600 € zu einem Zinssatz von 7,5 % aufgenommen. Wie viel muss er nach 7 Monaten zurückzahlen?

Bleib fit im ...
Umgang mit gebrochenen Zahlen

Zum Aufwärmen

1. a) Welche Brüche sind dargestellt?

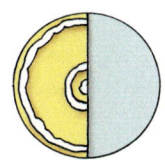 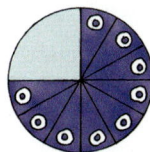 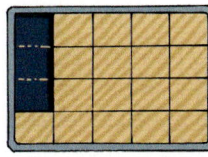 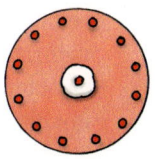 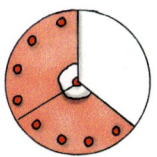

b) Bei den abgebildeten Stoppuhren mit Zeiger macht der rote Zeiger genau eine Umdrehung in einer Sekunde; der blaue Zeiger eine Umdrehung in einer Minute. Jeweils zwei Stoppuhren haben dieselbe Zeitspanne gestoppt. Welche gehören zusammen?

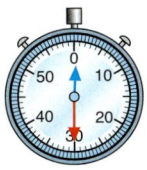 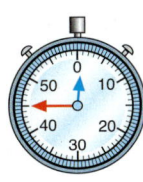  

2. Verdeutliche an einer Pizza, einer Torte, einer Stoppuhr oder an der Zahlengeraden:

(1) $\frac{2}{8} + \frac{3}{8}$ (3) $\frac{1}{2} + \frac{3}{8}$ (5) $1\frac{1}{2} + \frac{3}{4}$ (7) $0{,}2 + 0{,}3$ (9) $0{,}5 + 0{,}25$

(2) $\frac{5}{8} - \frac{1}{8}$ (4) $\frac{7}{8} - \frac{1}{4}$ (6) $2\frac{1}{4} - \frac{3}{8}$ (8) $0{,}75 - 0{,}25$ (10) $1{,}5 - 0{,}75$

3. a) Für einen Kuchen benötigt man laut Rezept: 500 g Mehl, $\frac{1}{2}$ Liter Milch, $\frac{3}{4}$ Liter Sahne, ...

(1) Wie viel benötigt man von den Zutaten für die anderthalbfache Menge Kuchen?

(2) Wie viel benötigt man von den einzelnen Zutaten für die $\frac{4}{5}$-fache Menge Kuchen?

b) Wie viel m² Pflastersteine benötigt man für einen 6,5 m langen und 0,75 m breiten Weg?

4. a) Drei Viertel einer Pizza und 0,7 Liter Cola sollen an zwei Kinder verteilt werden. Wie viel erhält jedes?

b) $7\frac{1}{2}$ Liter Saft sollen in $2\frac{1}{2}$-Liter-Flaschen abgefüllt werden. Wie viele solcher Flaschen benötigt man? Wie viele $\frac{3}{4}$-Liter-Flaschen würde man benötigen? Wie viele $\frac{1}{2}$-Liter-Flaschen würde man benötigen?

c) 4,5 Liter Farbe sollen umgefüllt werden. Wie viele 1,5-Liter-Dosen benötigt man? Wie viele 0,6-Liter-Dosen würde man benötigen?

Zum Erinnern

(1) Brüche zur Angabe von Teilen eines Ganzen

Der Nenner eines Bruches nennt, in wie viele gleich große Teile das Ganze zerlegt wird. Der Zähler zählt, wie viele solcher Teile dann genommen werden.

Brüche mit dem Nenner 10 oder 100 oder 1 000 oder ... kann man auch als Dezimalbrüche mit einem Komma schreiben:

$\frac{3}{10} = 0{,}3$; $\frac{4}{100} = 0{,}04$; $\frac{7}{1000} = 0{,}007$

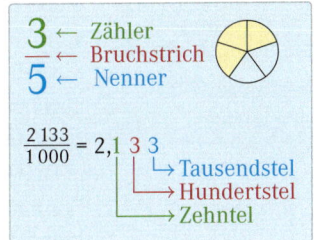

(2) Erweitern und Kürzen eines Bruches

Ein Bruch wird erweitert, indem man zugleich seinen Zähler und seinen Nenner mit derselben natürlichen Zahl multipliziert (Erweiterungszahl größer 1).

Ein Bruch wird gekürzt, indem man zugleich seinen Zähler und seinen Nenner durch dieselbe natürliche Zahl (Kürzungszahl größer 1) dividiert.
Die Einteilung wird verändert, der Anteil und damit der Wert eines Bruches ändert sich dabei *nicht*.

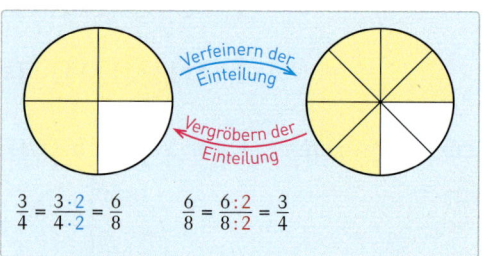

$\frac{3}{4} = \frac{3 \cdot 2}{4 \cdot 2} = \frac{6}{8}$ $\qquad \frac{6}{8} = \frac{6:2}{8:2} = \frac{3}{4}$

(3) Addieren und Subtrahieren von gebrochenen Zahlen

Bei *gleichnamigen Brüchen* addiert (subtrahiert) man die Zähler und behält den gemeinsamen Nenner bei.
Bei *ungleichnamigen Brüchen* werden diese zuerst gleichnamig gemacht und dann addiert (subtrahiert).
Sind die gebrochenen Zahlen in Form von Dezimalbrüchen geschrieben, so notiert man sie beim Addieren und Subtrahieren Komma unter Komma.

$\frac{7}{8} + \frac{3}{8} = \frac{7+3}{8} = \frac{10}{8} = \frac{5}{4}$

$\frac{3}{4} - \frac{2}{3} = \frac{9}{12} - \frac{8}{12} = \frac{1}{12}$

```
  3,18          2,30
+ 0,253       - 0,54
-------       ------
  3,433         1,76
```

(4) Multiplizieren von gebrochenen Zahlen

Brüche werden miteinander multipliziert, indem man Zähler mit Zähler und Nenner mit Nenner multipliziert.
Sind die gebrochenen Zahlen in Form von Dezimalbrüchen gegeben, geht man folgendermaßen vor:
(1) Multipliziere zuerst so, als wäre kein Komma vorhanden.
(2) Setze dann das Komma. Rechts vom Komma müssen im Ergebnis so viele Ziffern stehen, wie die beiden Faktoren zusammen nach dem Komma haben.

Zähler mal Zähler, Nenner mal Nenner

$\frac{3}{8} \cdot \frac{5}{7} = \frac{3 \cdot 5}{8 \cdot 7} = \frac{15}{56}$

Zehntel | Hundertstel

Beispiel: $2{,}7 \cdot 1{,}25$

```
    27
   5 4
  1 35
 -----
 3,375
```

Tausendstel

(5) Dividieren von gebrochenen Zahlen

> Den Kehrwert eines Bruches erhält man durch Vertauschen von Zähler und Nenner.

Man dividiert durch einen Bruch, indem man mit dem Kehrwert des Bruches multipliziert.
Man erhält den Kehrwert eines Bruches durch Vertauschen von Zähler und Nenner.
Sind die gebrochenen Zahlen in Form von Dezimalbrüchen gegeben, geht man folgendermaßen vor:
Man verschiebt bei beiden Zahlen das Komma um gleich viele Stellen nach rechts, bis der Divisor eine natürliche Zahl ist. Dann dividiert man durch die natürliche Zahl.
Beim Dividieren durch die natürliche Zahl wird das Komma gesetzt, sobald man das Komma im Dividenden überschreitet.

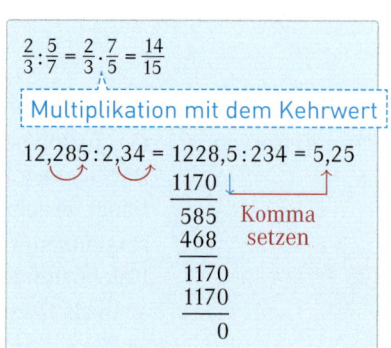

Bleib fit im ... Umgang mit gebrochenen Zahlen

Zum Trainieren

5. a) Erweitere $\frac{1}{2}, \frac{1}{4}, \frac{3}{4}, \frac{3}{5}, \frac{5}{7}, \frac{7}{4}$ mit 2 [3, 5, 4, 10].

b) Kürze so weit wie möglich: $\frac{6}{4}, \frac{4}{8}, \frac{6}{10}, \frac{3}{12}, \frac{21}{14}, \frac{12}{16}, \frac{8}{20}, \frac{24}{36}, \frac{30}{45}, \frac{48}{72}, \frac{36}{60}, \frac{30}{18}, \frac{42}{56}, \frac{63}{27}$

6. a) In der Klasse 7a sind 24 von 30 Schülern Fahrschüler. Bestimme deren Anteil.

b) In der Klasse 7b sind $\frac{5}{6}$ der 30 Schüler Fahrschüler. Wie viele sind das?

c) Die Klasse 7c hat 21 Fahrschüler, das sind $\frac{3}{4}$ der Schüler. Wie groß ist die Klasse 7c?

7. Schreibe als Dezimalbruch. Runde gegebenenfalls auf drei Stellen nach dem Komma.

a) $\frac{3}{5}, \frac{5}{2}, \frac{1}{4}, \frac{5}{4}, \frac{8}{25}, \frac{30}{25}, \frac{17}{20}, \frac{26}{20}, \frac{27}{50}, \frac{65}{50}, \frac{11}{8}$

b) $\frac{2}{3}, \frac{5}{6}, \frac{11}{7}, \frac{2}{7}, \frac{10}{9}, \frac{9}{11}, \frac{4}{9}, \frac{3}{5}, \frac{7}{6}, \frac{11}{9}, \frac{5}{13}$

8. a) $\frac{5}{8} + \frac{7}{8}$ **b)** $\frac{37}{100} + \frac{23}{100}$ **c)** $\frac{3}{5} + \frac{11}{15}$ **d)** $\frac{5}{12} + \frac{5}{8}$ **e)** $\frac{1}{2} + \frac{3}{4} + \frac{5}{6}$ **f)** $\frac{23}{16} - \frac{3}{4} - \frac{2}{3}$

$\frac{9}{8} - \frac{1}{8}$ $\frac{132}{100} - \frac{57}{100}$ $\frac{11}{12} - \frac{3}{4}$ $\frac{8}{9} - \frac{5}{6}$ $\frac{5}{6} - \frac{1}{2} - \frac{1}{4}$ $\frac{13}{24} + \frac{3}{8} + \frac{1}{18}$

$\frac{23}{25} - \frac{8}{25}$ $\frac{7}{10} - \frac{49}{100}$ $\frac{9}{10} + \frac{11}{25}$ $\frac{2}{3} - \frac{5}{12}$ $\frac{11}{12} + \frac{5}{8} + \frac{1}{6}$ $\frac{6}{7} - \frac{1}{3} - \frac{5}{21}$

9. a) Gib als unechten Bruch an: $2\frac{1}{2}, 4\frac{1}{3}, 1\frac{3}{4}, 5\frac{1}{6}, 3\frac{2}{5}, 1\frac{3}{8}$

b) Gib in gemischter Schreibweise an: $\frac{7}{2}, \frac{5}{3}, \frac{9}{4}, \frac{6}{5}, \frac{21}{5}, \frac{25}{3}, \frac{31}{7}$

$1\frac{3}{4} = 1 + \frac{3}{4} = \frac{4}{4} + \frac{3}{4} = \frac{7}{4}$

$\frac{13}{5} = \frac{10}{5} + \frac{3}{5} = 2 + \frac{3}{5} = 2\frac{3}{5}$

10. Schreibe als gewöhnlichen Bruch; kürze dann, falls möglich.

a) 0,13; 3,14; 5,03; 0,306; 7,055   **b)** 12,7; 23,08; 45,125; 25,085; 50,005

11. a) $10 - 6\frac{2}{3}$ **b)** $3\frac{3}{4} - 2\frac{1}{4}$ **c)** $3\frac{9}{10} - 2\frac{7}{10}$ **d)** $2\frac{1}{6} - 1\frac{4}{6}$

$10 - \frac{4}{5}$ $4\frac{5}{8} + 5\frac{3}{8}$ $7\frac{3}{5} - 4\frac{4}{5}$ $3\frac{4}{15} + 7\frac{14}{15}$

$2\frac{3}{4} + \frac{3}{4}$ $5\frac{1}{8} - \frac{1}{8}$ $3\frac{7}{8} + 6\frac{5}{8}$ $2\frac{7}{8} - \frac{15}{8}$

$4\frac{3}{8} - \frac{5}{8} = 4 - \frac{2}{8} = 3\frac{6}{8} = 3\frac{3}{4}$

$4\frac{3}{5} + 2\frac{4}{5} = 6 + \frac{7}{5} = 7\frac{2}{5}$

12. a) 1,65 − 0,9   **b)** 3,45 − 0,8   **c)** 8,82 − 2,8   **d)** 5,5 − 2,085

0,55 + 0,225   5,4 + 4,375   24,82 − 16,95   12,05 + 1,205

2,08 − 1,9   8,82 + 2,08   17,7 − 8,654   16,28 + 8,028

13. Übertrage die Mauer in dein Heft. Die Summe zweier Zahlen soll im Feld darüber stehen.

a)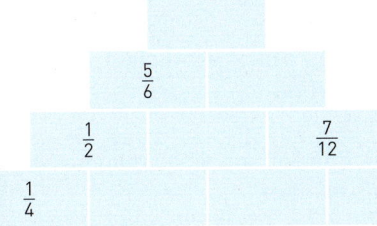

b)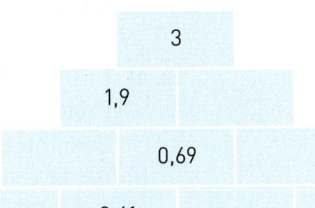

14. Kürze vor dem Ausrechnen, falls möglich.

a) $\frac{4}{5} \cdot \frac{2}{3}$ **b)** $\frac{7}{6} \cdot \frac{3}{5}$ **c)** $\frac{8}{9} \cdot \frac{3}{5}$ **d)** $\frac{14}{15} \cdot \frac{5}{7}$ **e)** $\frac{5}{9} \cdot \frac{18}{35}$ **f)** $\frac{45}{100} \cdot \frac{20}{36}$ **g)** $\frac{11}{12} \cdot 6$

$\frac{5}{6} \cdot \frac{3}{4}$ $\frac{3}{4} \cdot \frac{3}{5}$ $\frac{3}{4} \cdot \frac{3}{4}$ $\frac{28}{10} \cdot \frac{2}{21}$ $\frac{15}{20} \cdot \frac{9}{12}$ $\frac{18}{33} \cdot \frac{22}{25}$ $\frac{3}{4} \cdot 7$

$\frac{5}{8} \cdot \frac{8}{5}$ $\frac{5}{8} \cdot \frac{1}{2}$ $\frac{9}{10} \cdot \frac{3}{5}$ $\frac{8}{9} \cdot \frac{1}{12}$ $\frac{3}{8} \cdot \frac{16}{27}$ $\frac{56}{75} \cdot \frac{45}{64}$ $\frac{35}{44} \cdot 121$

Lösungen zu f) und g): $96\frac{1}{4}$, $\frac{12}{25}$, $5\frac{1}{4}$, $\frac{1}{4}$, $\frac{21}{40}$, $5\frac{1}{2}$

15. Berechne und notiere den Rechenweg als Multiplikationsaufgabe.

a) $\frac{1}{4}$ von 2 ℓ Milch   b) $\frac{3}{4}$ von $1\frac{1}{2}$ ℓ Limonade   c) $\frac{2}{5}$ von 0,7 ℓ Apfelsaft

16. a) $358{,}60 \cdot \frac{1}{4}$ b) $101{,}20 \cdot \frac{5}{8}$ c) $317{,}75 \cdot \frac{2}{5}$
$254{,}08 \cdot \frac{3}{4}$ $367{,}12 \cdot \frac{7}{8}$ $483{,}15 \cdot \frac{3}{5}$
$446{,}25 \cdot \frac{2}{5}$ $812{,}56 \cdot \frac{3}{4}$ $702{,}32 \cdot \frac{1}{8}$

$10{,}72 \cdot \frac{3}{8} = 10{,}72 : 8 \cdot 3$
$\phantom{10{,}72 \cdot \frac{3}{8}} = 1{,}34 \cdot 3 = 4{,}02$

17. a) $4{,}86 \cdot 0{,}8$ b) $8{,}42 \cdot 0{,}25$ c) $9{,}5 \cdot 0{,}14$ d) $14{,}85 \cdot 3{,}6$
$1{,}04 \cdot 5{,}8$ $3{,}45 \cdot 0{,}09$ $12{,}8 \cdot 1{,}25$ $0{,}295 \cdot 345$
$2{,}24 \cdot 1{,}5$ $0{,}7 \cdot 1{,}35$ $18{,}4 \cdot 5{,}75$ $12{,}08 \cdot 0{,}94$

18. Kürze vor dem Ausrechnen, wenn es möglich ist.

a) $\frac{2}{3} \cdot \frac{3}{5}$ b) $\frac{3}{4} \cdot \frac{7}{8}$ c) $\frac{4}{9} \cdot \frac{4}{9}$ d) $\frac{4}{9} \cdot \frac{8}{7}$ e) $\frac{9}{10} \cdot \frac{1}{2}$ f) $\frac{11}{15} \cdot \frac{3}{5}$ g) $\frac{7}{12} \cdot \frac{14}{9}$
$\frac{7}{8} \cdot \frac{1}{2}$ $\frac{1}{3} \cdot \frac{1}{6}$ $\frac{4}{5} \cdot \frac{5}{4}$ $\frac{4}{7} \cdot \frac{2}{3}$ $\frac{1}{2} \cdot \frac{9}{10}$ $\frac{6}{7} \cdot \frac{11}{14}$ $\frac{15}{28} \cdot \frac{25}{49}$

19. Berechne.

a) $8{,}262 : 0{,}9$ b) $3{,}738 : 0{,}6$ c) $9{,}625 : 2{,}5$ d) $28{,}08 : 1{,}2$ e) $46{,}32 : 4{,}8$
$35{,}68 : 0{,}16$ $4{,}025 : 0{,}5$ $7{,}203 : 0{,}03$ $1{,}152 : 3{,}6$ $38{,}61 : 1{,}3$

20. Übertrage die Mauer in dein Heft. Das Produkt benachbarter Zahlen steht jeweils in dem Feld darüber. Fülle die Mauer aus.

a) 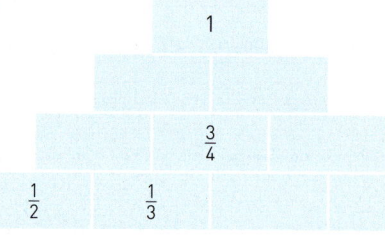   b)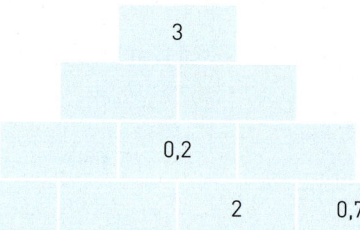

21. a) Für eine Soße werden $\frac{1}{2}$ ℓ Milch und $\frac{3}{8}$ ℓ Sahne vermischt.
Wie viel Flüssigkeit erhält man?
b) $\frac{1}{8}$ ℓ Fruchtsirup wird mit Mineralwasser verdünnt, sodass man insgesamt 0,7 ℓ Limonade erhält. Wie viel Mineralwasser muss man zugeben?

22. a) Das Foto rechts zeigt einen auf $\frac{2}{3}$ seiner wirklichen Größe verkleinerten Schmetterling. Bestimme seine wahre Größe.
b) Ein 12,7 cm × 18,3 cm großes Bild soll mit einer rahmenlosen Glasscheibe versehen werden. Wie groß ist diese?

23. $\frac{3}{4}$ ℓ Apfelsaft und 0,5 ℓ Mineralwasser werden zu Apfelschorle gemischt. Die Apfelschorle wird auf Gläser verteilt, die 0,2 ℓ fassen.
Wie viele Gläser kann man ganz füllen, wie viel Apfelschorle bleibt übrig?

2. Rationale Zahlen

Aus dem Alltag weißt du, dass man für manche Größen bei den Angaben durch Zahlen auch Minus- und Pluszeichen verwendet.

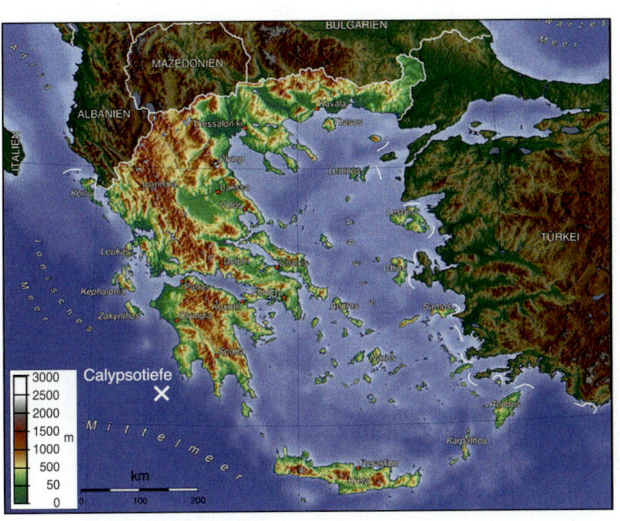
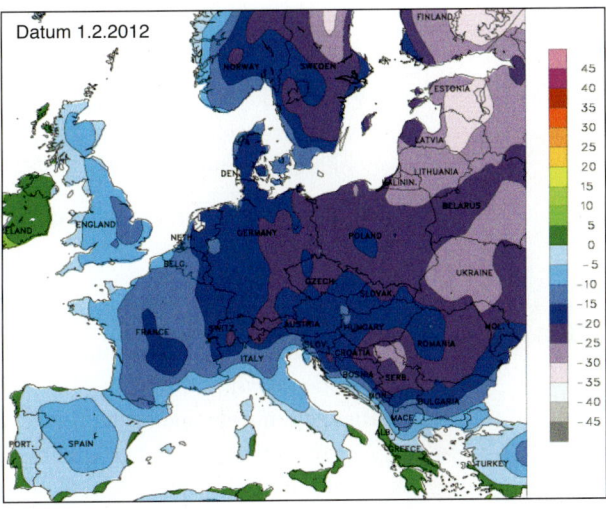

→ Lies die Höhenangaben des Calypsotiefs, des Golfs von Korinth und einiger Berge ab.

→ Lies die Temperaturen einiger europäischer Hauptstädte bei einem starken Kälteeinbruch ab.

In diesem Kapitel ...
lernst du, wie man negative Zahlen zum Beschreiben
von Sachsituationen verwenden kann und wie man mit ihnen rechnet.

Lernfeld: Zahlen unter Null

Zeitleiste

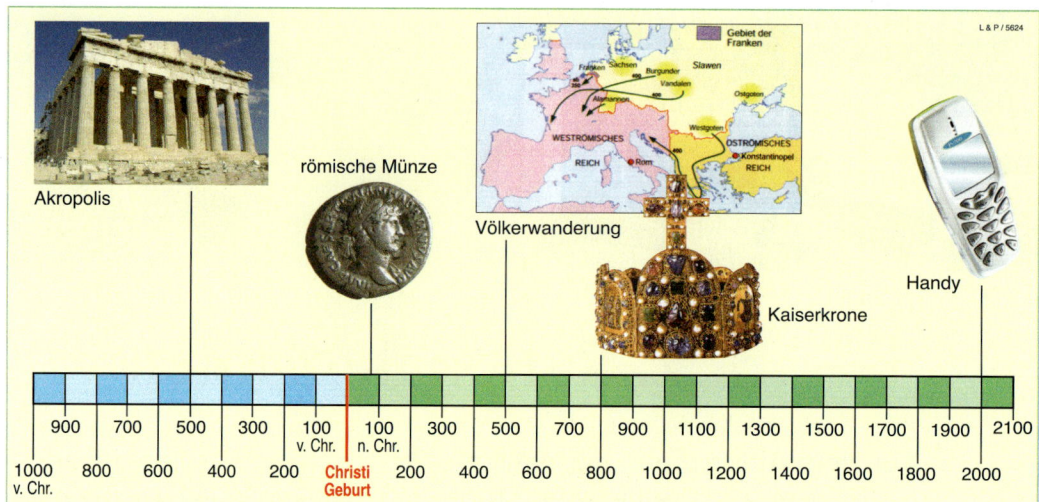

Die Darstellung von geschichtlichen Daten erfolgt oft in Zeitleisten, damit man einen schnellen Überblick über den zeitlichen Verlauf verschiedener Ereignisse hat.

→ Erstelle selbst eine solche Zeitleiste. Trage zum Beispiel berühmte Mathematiker, Herrscher im Römischen Reich oder andere Daten ein.

→ Nach dem 2. Weltkrieg im Jahr 1945 musste in Deutschland vieles neu aufgebaut werden. Man bezeichnet diesen Zeitpunkt auch als Stunde Null in der deutschen Geschichte. Zeichne eine Zeitleiste mit 1945 als Jahr Null und trage verschiedene Ereignisse ein.

→ Erstellt gemeinsam eine große Zeitleiste aus mehreren Blättern und hängt sie im Klassenraum aus.

Auf und ab mit dem Fahrstuhl

Vielleicht habt ihr schon in einem Hochhaus mit mehreren Kellergeschossen gesehen, dass die Geschosse mit natürlichen Zahlen und mit Zahlen mit einem Minuszeichen davor beschriftet sind. Hier sollt ihr ein Spiel dazu herstellen und spielen.
Zeichnet als Spielfeld das Bedienfeld eines Liftes mit Geschossen von −6 bis +15.
Stellt Karten mit den Geschossnummern von −6 bis +15 her.
Stellt einen Würfel her, der mit −2, −1, 0, +1, +2, +3 beschriftet ist.

→ Am Spielanfang stellt jeder Spieler seine Spielfigur in das Erdgeschoss und zieht verdeckt vier Geschosskarten. Seine Spielfigur muss dann die angegebenen Geschosse besuchen. Die Spieler würfeln reihum. Bei +1, +2 und +3 darf die Figur die gewürfelte Augenzahl aufwärts gehen, bei −1 und −2 abwärts. Bei 0 bleibt die Spielfigur stehen. Hat ein Spieler ein gezogenes Stockwerk erreicht, gibt er die entsprechende Geschosskarte zurück. Sieger ist, wer als erster alle gezogenen Stockwerke erreicht hat.

→ Von anderen Spielen kennt ihr Ereigniskarten. Erweitert das Spiel noch, in dem ihr zusätzliche Ereigniskarten herstellt. Die angegebenen Ereignisse treten dann beim Werfen einer 0 ein.

2.1 Rationale Zahlen – Anordnung und Betrag

Einstieg

Für eine Fahrradtour in den Niederlanden haben Lena und Florian ein Höhenprofil erstellt.
a) Was könnt ihr aus dem Diagramm ablesen?
b) Lest am Diagramm ab, wie hoch die beiden nach 5 km, 15 km, 25 km und 35 km sind.
c) Wie weit sind Lena und Florian vom Ausgangsort entfernt, wenn sie sich 2 m über NN bzw. wenn sie sich 2 m unter NN befinden?
d) Zu Hause angekommen wollen sie die Höhen einiger Orte ihrer Fahrradtour festhalten. Sie haben folgende Werte notiert: Naarden + 4 m; Weesp – 1 m; Amstelveen – 2 m; Aalsmeer – 2 m; Hoofddorp – 5 m; Heemstede + 4 m
Zeichne auf Milimeterpapier eine Skala für die Höhe von – 5 m bis + 5 m. Wähle 1 cm für 1 m. Markiere anschließend die Höhenangaben. Notiere auch die Orte.

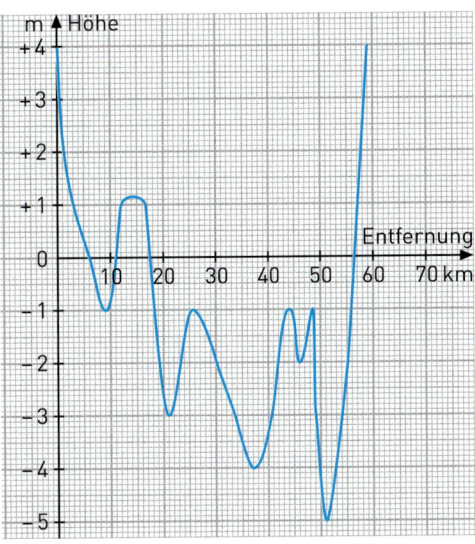

e) Maria sagt: „Die Steigungen, die ihr gezeichnet habt, sehen steiler aus als Gebirgsstraßen. Da kommt man doch nicht mit dem Fahrrad hoch." Was meinst du dazu?

Aufgabe 1

Rationale Zahlen und ihre Anordnung
Die Schüler der Klasse 7b haben in einem Projekt zum Thema Wetter die Temperatur über einen Tag hinweg gemessen. Dafür stand ihnen ein Temperaturschreiber zur Verfügung.

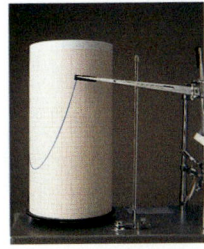
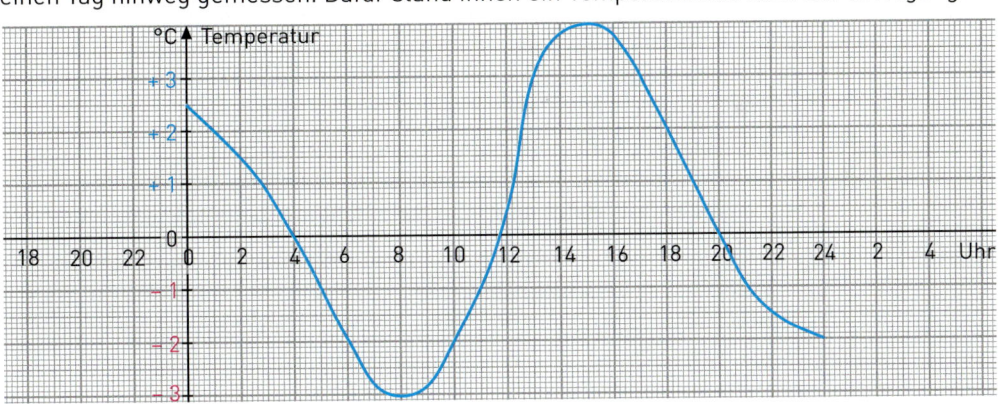

a) Was kannst du aus dem Diagramm ablesen? Gib verschiedene gebräuchliche Sprech- und Schreibweisen bei den Temperaturen an.
b) Lies am Diagramm zu den Zeitpunkten 0 Uhr, 4 Uhr, 8 Uhr, 12 Uhr, 16 Uhr, 20 Uhr, 24 Uhr die zugehörige Temperatur ab und trage sie in eine Tabelle ein.
c) Wann betrug die Temperatur (1) –1 °C; (2) +1,5 °C?
d) Um 10 Uhr wurde in einer Radiomeldung die Temperatur an verschiedenen Orten genannt:

Ort	Freiburg	Köln	Hannover	Berlin	Halle
Temperatur (in °C)	– 5,5	– 1,0	+ 1,4	+ 0,7	+ 3,5

Zeichne auf Millimeterpapier eine Temperaturskala von – 7 °C bis + 7 °C. Wähle 1 cm für 1 °C. Markiere anschließend die angegebenen Temperaturen. Notiere auch die Orte.

Lösung

a) Von Mitternacht bis 8 Uhr morgens sank die Temperatur. Die niedrigste Temperatur betrug –3 °C; man sagt auch 3 °C unter null oder 3 Grad minus.
Danach stieg die Temperatur bis 15 Uhr wieder an. Die höchste Temperatur betrug +4 °C. Man sagt auch: 4 °C über null oder 4 Grad plus. Schließlich wurde es wieder kälter.

b)
Zeitpunkt der Messung	0 Uhr	4 Uhr	8 Uhr	12 Uhr	16 Uhr	20 Uhr	24 Uhr
Temperatur (in °C)	+2,5	0,0	–3,0	+0,5	+3,8	0,0	–2,0

c) (1) Um 5 Uhr, um 11 Uhr und um 21 Uhr betrug die Temperatur –1 °C.
(2) Um 2 Uhr, um 12.30 Uhr und um 18.30 Uhr betrug die Temperatur +1,5 °C.

d)
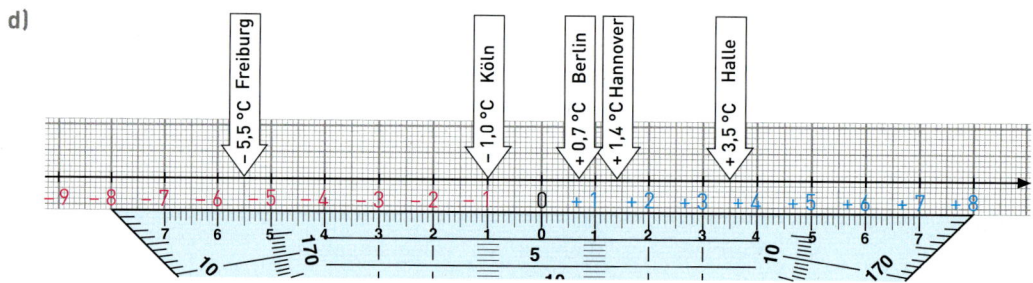

Information

Normalnull (NN) mittlere Höhe des Meeresspiegels (in Amsterdam).

Haben Der Kontoinhaber hat Geld auf dem Konto.

Soll Der Kontoinhaber schuldet dem Geldinstitut Geld.

(1) Rationale Zahlen

Bei der Aufgabe 1 kommen Angaben vor, die wir mit den bisher bekannten gebrochenen Zahlen nicht vollständig beschreiben können. Wir mussten eine zusätzliche Angabe hinzufügen, nämlich ob die Temperatur über null oder unter null liegt. Im täglichen Leben gibt es mehrere Beispiele, bei denen ähnliche Zusatzinformationen gegeben werden müssen:

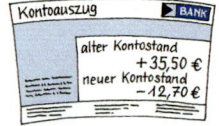

- Temperaturen (über oder unter dem Gefrierpunkt von Wasser)
- Höhenangaben (über NN (Normalnull) oder darunter)
- Geldangaben auf Bankkonten (Haben oder Soll)

In der Mathematik unterscheidet man solche Zustände über und unter einem festgelegten Normalzustand (dem Nullpunkt) durch das **Vorzeichen** + (plus) oder – (minus).

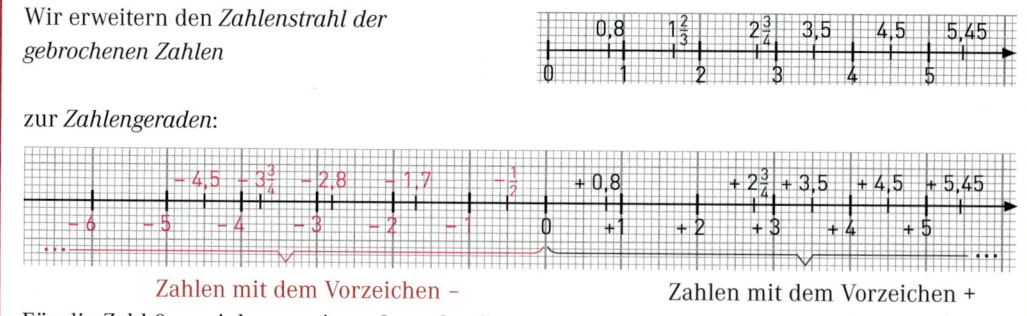

Für die Zahl 0 vereinbaren wir: + 0 = – 0 = 0

Zahlen wie $-\frac{1}{2}$; $-3\frac{3}{4}$; $+\frac{3}{4}$; –4,5; +3,5; 0; –7; +11 heißen **rationale Zahlen**.

Die Zahlen mit dem Vorzeichen + nennt man **positiv**, die Zahlen mit dem Vorzeichen – **negativ**. Die Zahl 0 ist weder positiv noch negativ.

Natürliche Zahlen und gebrochene Zahlen sind besondere rationale Zahlen: Sie sind positiv oder null.

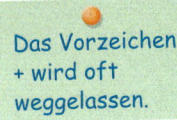

Das Vorzeichen + wird oft weggelassen.

2.1 Rationale Zahlen – Anordnung und Betrag

(2) Besondere Zahlenmengen

Du kennst bereits die Menge der **natürlichen Zahlen**:

ℕ = {0; 1; 2; 3; 4; ...}.

Eine weitere Zahlenmenge ist die Menge der **ganzen Zahlen**:

ℤ = {...; −2; −1; 0; 1; 2; ...}.

Die natürlichen Zahlen sind eine Teilmenge der ganzen Zahlen.

Die Menge aller **rationalen Zahlen** wird mit ℚ bezeichnet. ℤ ist eine Teilmenge von ℚ.

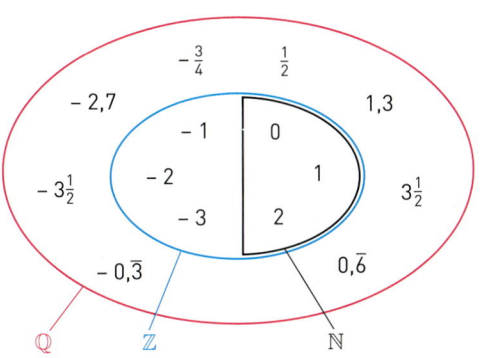

Weiterführende Aufgabe

Betrag einer rationalen Zahl – Entgegengesetzte Zahl einer rationalen Zahl

2. Markiere die Zahlen $+4{,}5$ und $-4{,}5$ auf der Zahlengeraden. Beschreibe ihre Lage zueinander.

> Bilden der entgegengesetzten Zahl bedeutet: Spiegeln an 0.

Definition

(1) Ändert man bei einer Zahl das Vorzeichen, so erhält man ihre **entgegengesetzte Zahl**.
Die entgegengesetzte Zahl von 0 ist 0 selbst.
Beispiele:
Die Zahl −3 ist die entgegengesetzte Zahl zu der Zahl +3.
Ebenso ist +3 die entgegengesetzte Zahl zu −3.

(2) Der Abstand einer Zahl von 0 heißt **Betrag** dieser Zahl. Wir bezeichnen den Betrag einer rationalen Zahl mit $|r|$ (gelesen: *Betrag von r*).
Beispiele: $|+3| = 3$; $|-3| = 3$; $|0| = 0$

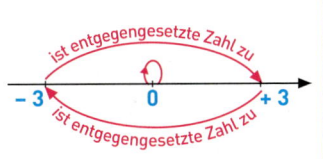

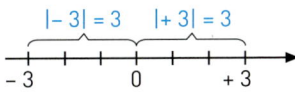

Übungsaufgaben

3. a) Was bedeuten die Zahlen $+8$; -8; -5; 0; -2; $+2$; $-3{,}5$ bei
(1) einem Thermometer; (2) Höhenangaben; (3) einem Kontoauszug?

b) Drücke mithilfe von Vorzeichen aus:
(1) 180 m über Normalnull   (3) 12 °C unter null   (5) 180,05 € Soll
(2) 270 m unter Normalnull (4) 23 °C über null   (6) 270,73 € Haben

4. Ordne die Zahlen aus der Lösungskiste den richtigen Stellen an der Zahlengeraden zu.

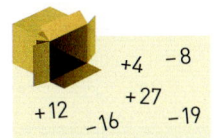
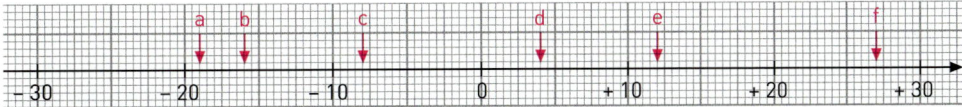

5. Auf der Zahlengeraden sind Zahlen durch Pfeile markiert. Notiere diese Zahlen.

a)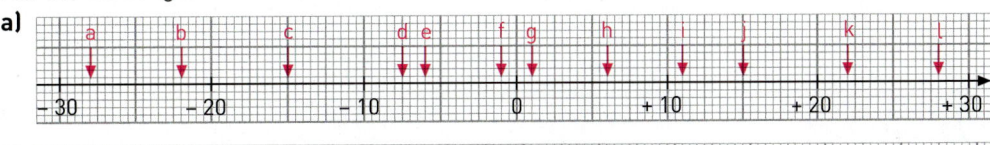

b)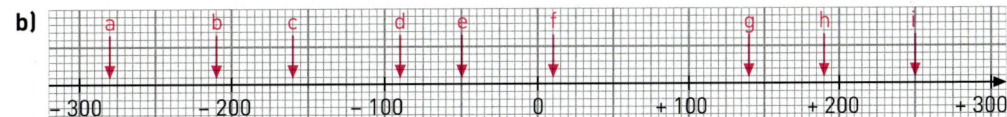

6. Auf der Zahlengeraden sind Zahlen durch Pfeile markiert. Notiere diese Zahlen.

a)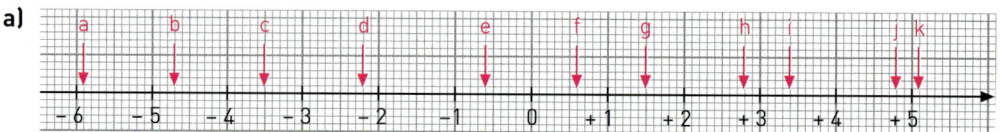

b)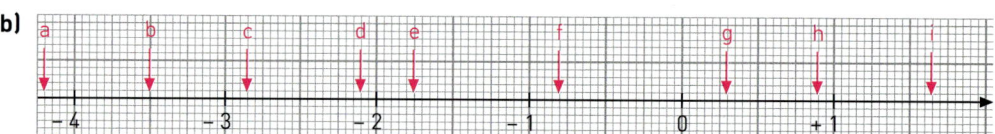

7. a) Wer knackt die Botschaft? Zu jeder Zahl gehört ein Buchstabe.
+0,5; −5,1; +3,7; −3,6; +1,8; −2,9; −3,4; +6,6; −0,3; +5,4; +4,2; −4,1; −2,3

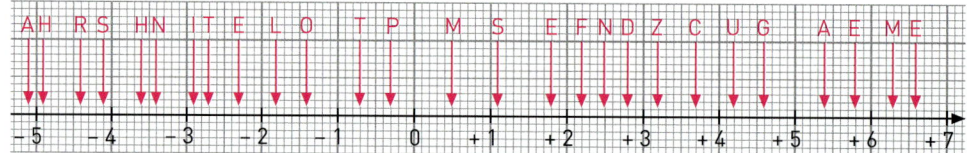

b) Verschlüssele deinem Nachbarn auf diese Art eine Botschaft. Er entschlüsselt deine Botschaft und du seine.

8. Markiere auf einer Zahlengeraden die rationalen Zahlen.

a) +1,8; −3,4; −2,8; +4,1; 0; −0,7   c) +50; +220; −130; −20; −290

b) −25; +13; −3; +18; −8; −17   d) +4; −0,4; +2,5; +$1\frac{1}{4}$; −$2\frac{1}{10}$; −3,75

9. Anna hat Zahlen auf der Geraden markiert und ihre Freundin Mia gebeten, das Blatt zu korrigieren. Die gibt es Anna zurück mit den Worten: „Du hast drei Fehler gemacht". Suche die Fehler und überlege, wie du Anna erklären könntest, was sie falsch gemacht hat.

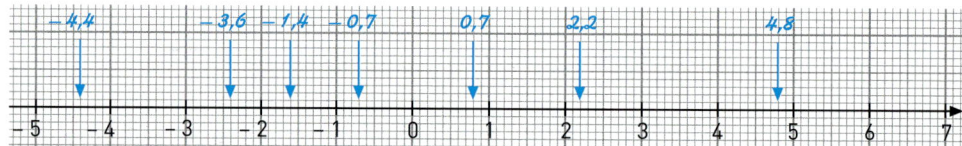

Hier ist eine Zahlengerade von unten nach oben besser.

10. a) Unterscheide Angaben für Berge und Tiefseegräben durch Vorzeichen voneinander. Trage sie dazu auf einer gemeinsamen Skala ein.

b) Stellt euch gegenseitig geeignete Fragen und beantwortet sie.

Höhe einiger Berge	
Mount Everest	8 846 m
Kilimandscharo	5 892 m
Montblanc	4 807 m
Matterhorn	4 478 m
Zugspitze	2 962 m
Tiefe einiger Tiefseegräben	
Marianengraben	11 034 m
Philippinengraben	10 540 m
Puerto-Rico-Graben	9 219 m
Caymangraben	7 680 m
Perugraben	6 262 m

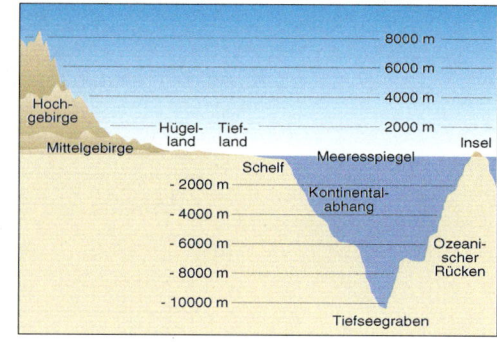

2.1 Rationale Zahlen – Anordnung und Betrag

11. Schreibt eine kleine Zusammenfassung:
Wo kommen negative, positive, ganze, rationale Zahlen im Alltag vor?

12. Nenne drei
- a) rationale Zahlen;
- b) positive Zahlen;
- c) negative Zahlen;
- d) natürliche Zahlen;
- e) ganze Zahlen;
- f) gebrochene Zahlen.

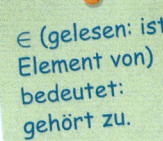

∈ (gelesen: ist Element von) bedeutet: gehört zu.

13. Zu welchen der Mengen $\mathbb{N}$, $\mathbb{Z}$, $\mathbb{Q}$ gehören folgende Zahlen?
Gib jeweils alle Möglichkeiten an.
-7; $+\frac{2}{3}$; $-\frac{18}{13}$; 0; -12; 43; $+\frac{121}{11}$; $-\frac{300}{15}$

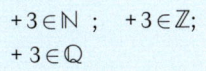

$+3 \in \mathbb{N}$; $+3 \in \mathbb{Z}$;
$+3 \in \mathbb{Q}$

14. Was ist mit den folgenden Zeitungsausschnitten gemeint?

Firma FLOTTIVA schreibt wieder schwarze Zahlen

Verein Waldeslust kommt aus den roten Zahlen nicht heraus

15. a) Welche Zahl liegt von 0 ebenso weit entfernt wie -4; $+1000$; $-7{,}84$; $+8\frac{2}{3}$; $-5\frac{3}{7}$?
b) Bestimme $|-7|$; $|+13|$; $|-13|$; $|+8{,}3|$; $|-14{,}8|$; $|-2\frac{3}{20}|$; $|+5\frac{4}{15}|$; $|-123|$.
c) Welche Zahlen haben den Betrag 11; 7,25; $4\frac{1}{2}$; 0; 1000; -3?

16. a) Bestimme die entgegengesetzte Zahl zu: -1000; $+82$; $+25{,}7$; $-15{,}34$; $-7\frac{5}{8}$; $+12\frac{2}{3}$
b) Wie liegen Zahl und entgegengesetzte Zahl an der Zahlengeraden zueinander?
c) Für welche rationalen Zahlen ist die entgegengesetzt Zahl
  (1) negativ
  (2) positiv
  (3) null?

17. Begründe an der Zahlengeraden oder widerlege durch ein Beispiel.
- **a)** Die entgegengesetzte Zahl einer rationalen Zahl ist immer negativ.
- **b)** Zahl und entgegengesetzte Zahl sind stets verschieden.
- **c)** Zahl und entgegengesetzte Zahl haben denselben Betrag.
- **d)** Bildet man die entgegengesetzte Zahl der entgegengesetzte Zahl einer Zahl r, so erhält man wieder die Zahl r.

18. Untersuche bei deinem Taschenrechner:
(1) Wie gibt man negative Zahlen ein?
(2) Wie erhält man die entgegengesetzte Zahl einer Zahl?
(3) Gibt es eine Taste für die Bildung des Betrages?

Das kann ich noch!

A) Schreibe die Anteile sowohl als Bruch als auch als Prozentsatz.
1) jeder Fünfte **2)** zwei von 25 **3)** jeder Achte **4)** drei von 200

B) Berechne. Kürze das Ergebnis so weit wie möglich.
1) $\frac{1}{2} + \frac{1}{3}$ **2)** $\frac{4}{5} - \frac{3}{8}$ **3)** $\frac{1}{9} \cdot \frac{3}{4}$ **4)** $\frac{3}{2} : \frac{1}{4}$ **5)** $\frac{7}{10} - \frac{1}{5}$ **6)** $\frac{25}{8} \cdot \frac{4}{5}$

2.2 Vergleichen und Ordnen

Einstieg

In den Niederlanden liegen einige Orte sehr niedrig, zum Teil sogar unter dem Meeresspiegel NN.
Ordne die Orte nach der Höhe; beginne dabei mit dem am niedrigsten gelegenen Ort.

Aufgabe 1

Die Abbildung rechts zeigt die mittlere Januar-Temperatur einiger Städte.
a) Zeichne eine Temperaturskala in dein Heft und trage die Temperaturen ein.
b) Ordne die Temperaturen, beginne mit der niedrigsten.
Verwende das Zeichen <.

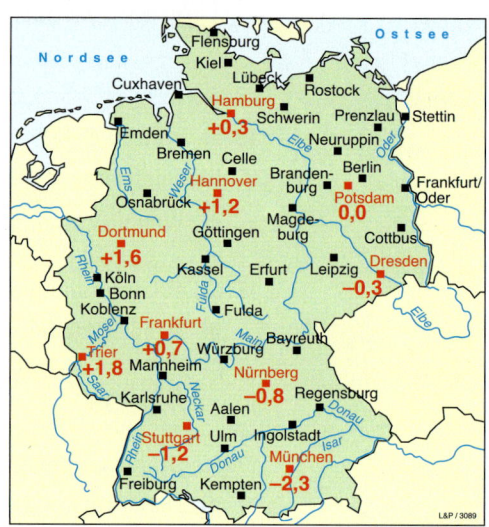

Lösung

a)
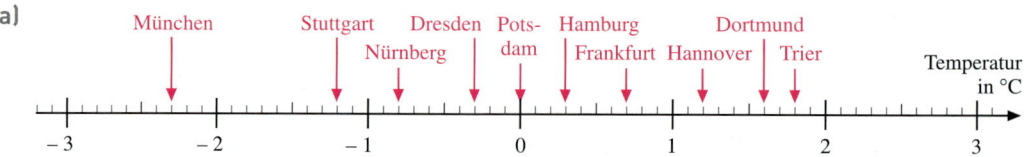

b) An der Temperaturskala kannst du unmittelbar die Ordnung ablesen: Der Ort ganz links auf der Skala hat die niedrigste, der Ort ganz rechts hat die höchste Temperatur.
$-2{,}3\,°C < -1{,}2\,°C < -0{,}8\,°C < -0{,}3\,°C < 0{,}0\,°C < +0{,}3\,°C < +0{,}7\,°C < +1{,}2\,°C < +1{,}6\,°C < +1{,}8\,°C$

Information

Temperaturen kann man mit „ist niedriger als" vergleichen. Auf einer waagerechten Skala liegt die niedrigere Temperatur links von der höheren.
Für gebrochene Zahlen weißt du bereits, dass „ist kleiner als" auf einem waagerechten Zahlenstrahl **„liegt links von"** bedeutet. Die Temperaturskala zeigt, dass dies auch für negative Zahlen eine sinnvolle Festlegung ist.

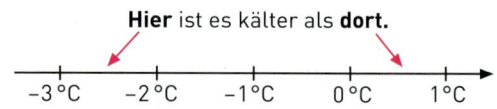

Hier ist es kälter als **dort.**

2.2 Vergleichen und Ordnen

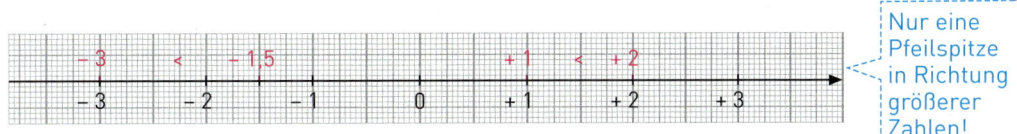

"Ist kleiner als" bedeutet "Ist niedriger als"

Positive und negative Zahlen kann man nach "ist kleiner als" ordnen.
In Richtung der Pfeilspitze der Zahlengeraden werden die Zahlen größer. Auf der (waagerechten) Zahlengeraden liegt die kleinere von zwei Zahlen stets links, die größere von zwei Zahlen stets rechts.
Beachte: Die positiven Zahlen liegen dabei rechts von 0.
Beispiele: −3 liegt links von −1,5, also −3 < −1,5
 1 liegt links von $2\frac{1}{4}$, also $1 < 2\frac{1}{4}$
 −1,5 liegt links von 1, also −1,5 < 1

Beachte: Man kann Zahlen auch mit „ist größer als" vergleichen. Auf einer waagerechten Skala liegt die größere Zahl weiter rechts.
Entsprechend gilt z.B.: −1 liegt rechts von −3, also −1 > −3.

Übungsaufgaben

2. Ordne nach *ist niedriger als*.
  a) Temperaturen: −3 °C; −4,2 °C; 0 °C; +2,7 °C; −5,0 °C; +4,2 °C
  b) Höhenangaben: −2,5 m; +3,1 m; +0,31 m; −3,1 m; −4,0 m; −0,5 m
  c) Kontostände: +2,30 €; −7,80 €; −7 €; +14,80 €; +0,50 €; −11,30 €

3. Trage die Zahlen auf einer Zahlengeraden ein. Ordne auf diese Weise nach *ist kleiner als*. Notiere dein Ergebnis als Kette mithilfe des Zeichens <.
  a) −5; +4; −8; 0; −3; +2; −1   Zeichne die Zahlengerade waagerecht.
  b) −3,7; +2,5; −1$\frac{1}{4}$; +2,8; −3,5   Zeichne die Zahlengerade senkrecht.

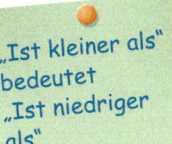

4. Setze < oder > im Heft ein. Du kannst z. B. an Temperaturen oder Höhenangaben denken.
  a) −7 ▨ −9;   −13 ▨ −11;   −8 ▨ +2;   +9 ▨ −7;   +14 ▨ +5
  b) −7,4 ▨ −7,1;   −4,9 ▨ +0,9;   −0,6 ▨ +0,8;   +9,8 ▨ +9,1;   +4,3 ▨ −2,8
  c) $-\frac{1}{2}$ ▨ $+\frac{1}{3}$; $-\frac{1}{3}$ ▨ $-\frac{1}{2}$; $+\frac{1}{8}$ ▨ $+\frac{2}{3}$;   0 ▨ $-\frac{1}{4}$; -5 ▨ $-\frac{4}{5}$
  d) −1,8 ▨ 2,3;   0 ▨ −0,1;   −5,7 ▨ 0; $+2\frac{1}{2}$ ▨ $+2\frac{1}{4}$; $-2\frac{1}{2}$ ▨ $-2\frac{1}{4}$

5. Nimm Stellung zu folgenden Schüleräußerungen:

Patrick: Minus 1 Trilliarde ist die größte negative Zahl.

Kai: Nein, minus 100 Trilliarden ist viel größer.

Nina: Beides ist falsch, minus 1 ist eine ziemlich große negative Zahl.

6. Kontrolliere Lenas Hausaufgaben. Berichtige gegebenenfalls.

a) −1,5 < −2   b) 3,5 > −4   c) 5,5 > −4,5   d) −3,5 < 2,5   e) 0 < −7,5

7.
a) Liegt −3 oder +4 näher an 0?
b) Liegt −2,75 oder +2,75 näher an 0?
c) Liegt −2,7 näher an −2 oder an −3?
d) Liegt $+3\frac{2}{7}$ näher an −3,1 oder an +3,2?
e) Liegt −0,35 näher an −1,2 oder an −0,53?

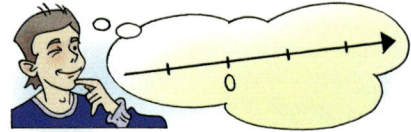

8. Gib zu jeder der Zahlen −3,7; −7,1; +7,1; −5,9 die nächstkleinere und die nächstgrößere ganze Zahl an.

−3 < −2,8 < −2

9. Kontrolliere Sophies Hausaufgaben.

a) |−7| < |−2| b) −7 < −2   c) +8 < −8   d) |+8| < |−8| e) 5 < |−9| f) |−4| < 0

10. Vergleiche; setze anstelle von  das richtige Zeichen (<, >, =) im Heft ein.
a) |−3| ■ 5   b) −2 ■ |−2| c) |−5| ■ |+5| d) |−3| ■ −2

11. Ordne die Zahlen nach der Größe. Überlege, wie sich die Reihenfolge ändert, wenn du statt nach der Größe der Zahlen nach der Größe der entgegengesetzte Zahl oder nach der Größe der Beträge ordnest. Überprüfe deine Vermutungen an den folgenden Beispielen.

a) −5; −7; 0; −2; +4; −8; +1
b) −34,2; −34,9; +7,3; +7,1; −39,4
c) $+\frac{3}{4}$; $-4\frac{3}{10}$; $-5\frac{1}{4}$; $-2\frac{3}{5}$; $-2\frac{4}{5}$; $+2\frac{7}{10}$
d) −6,3; +3,8; $-6\frac{1}{3}$; $+3\frac{3}{4}$; $-6\frac{1}{4}$

12. Gib fünf Zahlen an, für die Folgendes gilt:
a) Sie sind kleiner als 2.
b) Sie sind größer als −3.
c) Ihre Beträge sind kleiner als 2.
d) Sie sind größer als −8, aber kleiner als −5.
e) Ihre Beträge sind größer als 5.
f) Ihre Beträge sind größer als 2, aber kleiner als 5.

Tausche die Ergebnisse mit deinem Nachbarn aus. Korrigiert euch gegenseitig.

13. Welchen Abstand haben die beiden Zahlen auf der Zahlengeraden? Welche rationale Zahl liegt genau in der Mitte zwischen ihnen?
a) −4 und 6
b) −2 und −12
c) −4,5 und +0,5
d) −5,5 und −2,7
e) −2,25 und +0,25
f) $-\frac{2}{3}$ und $+\frac{5}{6}$

Abstand: 8
Zahl in der Mitte: −1

14. Begründe an der Zahlengeraden oder widerlege mit einem Gegenbeispiel.
a) Jede negative Zahl ist kleiner als jede positive Zahl.
b) Von zwei positiven Zahlen ist diejenige die kleinere, die den größeren Betrag hat.
c) Von zwei negativen Zahlen ist diejenige die kleinere, die den größeren Betrag hat.
d) Wenn eine Zahl r kleiner ist als eine Zahl s, dann ist |r| kleiner als |s|.
e) Wenn eine Zahl r kleiner ist als eine Zahl s, dann ist die entgegengesetzte Zahl von r größer als die entgegengesetzte Zahl von s.

Zum Selbstlernen 2.3 Koordinatensystem

2.3 Koordinatensystem

Ziel

In Klasse 5 hast du das Koordinatensystem für Punkte, deren Koordinaten natürliche Zahlen sind, kennen gelernt. Hier lernst du, wie man auch andere Punkte angeben kann.

Zum Erarbeiten

Erweitern des Koordinatensystems

Im Koordinatensystem ist das Dreieck mit den Eckpunkten A (1 | 3), B (7 | 1), C (6 | 5) gezeichnet.

(1) Zeichne ein zum Dreieck ABC symmetrisch zur x-Achse liegendes Dreieck $A_1B_1C_1$.
Bestimme die Koordinaten der Eckpunkte A_1, B_1 und C_1.

(2) Zeichne ein zum Dreieck ABC symmetrisch zur y-Achse liegendes Dreieck $A_2B_2C_2$.
Bestimme die Koordinaten der Eckpunkte A_2, B_2 und C_2.

(3) Zeichne ein zum Dreieck $A_2B_2C_2$ symmetrisch zur x-Achse liegendes Dreieck $A_3B_3C_3$.
Bestimme die Koordinaten der Eckpunkte A_3, B_3 und C_3.

→ Für die Lösung der Aufgaben (1), (2) und (3) müssen wir das Koordinatensystem erweitern. Die x-Achse und die y-Achse sind nicht mehr Zahlenstrahlen, sondern Zahlengeraden.

(1) Die Eckpunkte des Bilddreiecks haben die Koordinaten $A_1(1|-3)$, $B_1(7|-1)$ und $C_1(6|-5)$.

(2) Die Eckpunkte des Bilddreiecks haben die Koordinaten $A_2(-1|3)$, $B_2(-7|1)$ und $C_2(-6|5)$.

(3) Die Eckpunkte des Bilddreiecks haben die Koordinaten $A_3(-1|-3)$, $B_3(-7|-1)$ und $C_3(-6|-5)$.

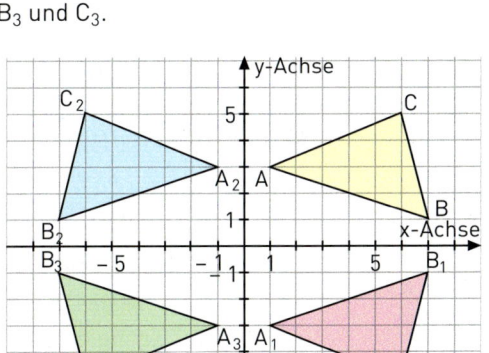

Information

Verwechsle nicht die Punkte A(-2,5|0,5) und B(0,5|-2,5).

Quadrant (lat.) der vierte Teil

Bei der Lösung der obigen Aufgabe entsteht ein vollständiges **Koordinatensystem**.
Es besteht aus zwei Zahlengeraden, der x-Achse und der y-Achse. Sie schneiden sich senkrecht im Punkt O (0 | 0), dem Koordinatenursprung.
Wie die Koordinaten eines Punktes bestimmt werden, siehst du rechts. Der Punkt A hat die erste Koordinate −2,5 auf der x-Achse und die zweite Koordinate 0,5 auf der y-Achse.
Wir schreiben A (−2,5 | 0,5) (gelesen: Punkt A mit den Koordinaten −2,5 und 0,5).
Die Koordinatenachsen zerlegen die Ebene in vier Bereiche, die man die vier Quadranten nennt. Die Nummerierung der Quadranten entnimmst du der obigen Zeichnung. Jeder Punkt, der nicht auf einer der beiden Koordinatenachsen liegt, gehört genau einem Quadranten an.

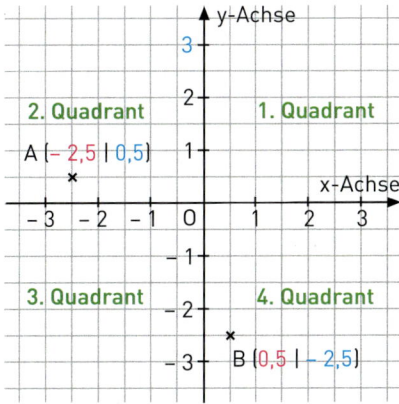

Zum Üben

1. Auf Michaels Geburtstag sollen bei einem Spiel vier Aufgaben gelöst werden. Die Zettel mit den Aufgabenlösungen sollen nacheinander in die Kästen mit den Standorten A, B, C und D geworfen werden. Jede Gruppe besitzt einen Kompass. Die Anweisungen für den Weg findest du rechts. Für die Auswertung sollen die ausgefüllten Zettel aus den Kästen geholt werden.

   Gehe folgenden Weg:
   - *vom Start: 100 m nach Osten und 150 m nach Norden (Kasten A)*
   - *dann von A aus: 400 m nach Westen (Kasten B)*
   - *dann von B aus: 500 m nach Süden (Kasten C)*
   - *dann von C aus: 550 m nach Osten (Kasten D)*

   a) Fertige eine Skizze an.
   b) Wie kommst du vom Start aus direkt zu den Standorten B, C und D?

2. Lies die Koordinaten der Punkte ab und notiere sie, z. B. P(–2,5 | 1,8).

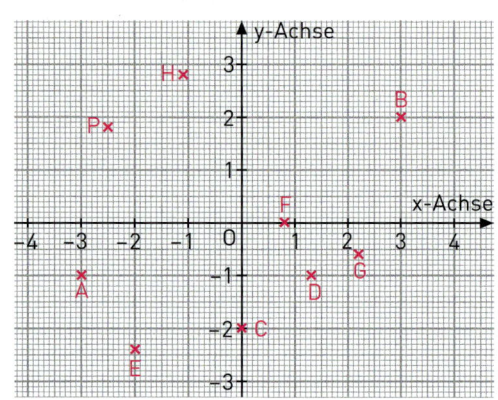

3. Zeichne ein Koordinatensystem mit der Einheit 1 cm und trage die Punkte ein. In welchem Quadranten liegen sie?
   A(–4 | –2), B(3 | 7), C(4 | –2), D(2 | 5), E(–3 | 7), F(–1 | –1), G(0 | –7), H(–7 | 9), K(7 | –9), L(–1,3 | 3,6), M(–2,7 | 3,4), N(1,9 | –2,9), P(3,6 | 1,2).

4. **a)** Trage in ein Koordinatensystem die Punkte A(5 | –3), B(6 | 4), C(–6 | 9) und D(–7 | 2) ein. Verbinde sie der Reihe nach mit einem Lineal. Was für eine Figur entsteht?
   b) Zeichne die Punkte A(–2 | –7), B(0 | –7), C(–1 | –5), D(1 | 0) und E(–3 | 0) in ein Koordinatensystem. Verbinde A mit B, B mit C, C mit D und D mit E jeweils geradlinig. Ergänze das Bild mit zwei Strecken zu einer symmetrischen Figur.
   c) Zeichne in ein Koordinatensystem eine schöne Figur, z.B. eine Maske oder ein Schiff. Teile deinem Nachbarn die Koordinaten mit, sodass er die Figur nachzeichnen kann.

5. Ergänze zu einer symmetrischen Figur. Gib die Koordinaten der Punkte an. Beginne bei A.

   a)
   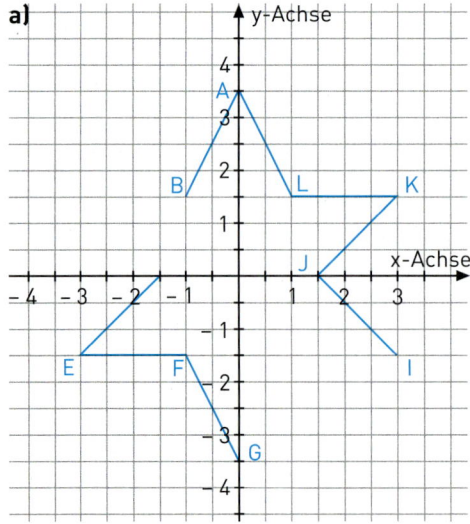

   b)
   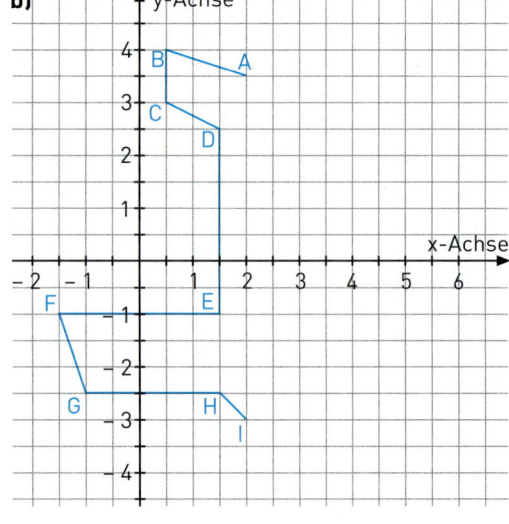

2.4 Beschreiben von Zustandsänderungen

Einstieg

Pegel
Wasserstandsmesser

Der Wasserstand der Elbe betrug am 08.09.2013 in Dresden um 16:00 Uhr 113 cm. Messungen an den darauffolgenden Tagen ergaben folgende Veränderungen (gemessen jeweils 16:00 Uhr)

Datum	09.09.	10.09.	11.09.	12.09.
Veränderung	um 6 cm gestiegen	um 25 cm gestiegen	um 74 cm gestiegen	um 65 cm gestiegen

Der Pegelstand von Flüssen kann durch große Niederschlagsmengen oder durch längere Trockenheit beeinflusst werden. Auch der Mensch kann teilweise auf die Pegelstände Einfluss nehmen. Informiere dich, wie dies geschehen kann.

Zeichne eine Wasserstandsskala und trage die Wasserstandsänderungen ein. Gib dann die an diesen Tagen um 16:00 Uhr gemessenen Wasserstände an.

Aufgabe 1

Zustandsänderungen beschreiben

Anna hat an einem Tag im Winter alle 2 Stunden die Temperatur gemessen:

Zeitpunkt der Messung	8 Uhr	10 Uhr	12 Uhr	14 Uhr	16 Uhr	18 Uhr	20 Uhr
Temperatur	−4 °C	−1 °C	+4 °C	+6 °C	+2 °C	−2 °C	−5 °C

Stelle die Temperaturänderungen zwischen benachbarten Messungen als Pfeile an der Zahlengeraden dar.

Lösung

Eine Möglichkeit ist folgende:

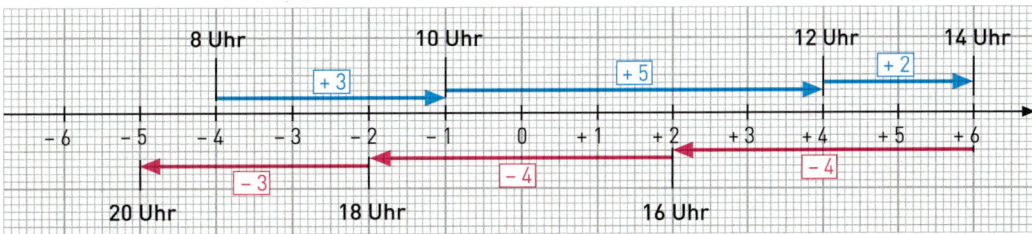

Information

Bisher haben wir mit den positiven und negativen Zahlen *Zustände* wie Temperaturen auf dem Thermometer, Soll und Haben beim Kontoauszug oder Höhenangaben in der Geografie bezeichnet. Mit positiven und negativen Zahlen kann man aber auch *Zustandsänderungen* wie z.B. das Steigen und Fallen der Temperatur (Temperaturänderungen), das Steigen und Fallen des Wasserstandes (Wasserstandsänderungen) oder das Buchen von Gutschrift und Lastschrift auf einem Konto (Kontostandsänderungen) beschreiben.

Das Vorzeichen + bedeutet Übergang zu einem höheren Zustand (Steigen), das Vorzeichen − bedeutet Übergang zu einem niedrigeren Zustand (Fallen). An der Zahlengeraden bedeutet:

(1) Zustandsänderung + 3:
Gehe 3 nach rechts, z. B.
$-2 \xrightarrow{+3} +1$

(2) Zustandsänderung − 4:
Gehe 4 nach links, z. B.
$+3 \xrightarrow{-4} -1$

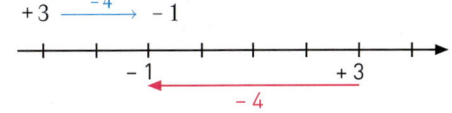

Der Betrag der rationalen Zahlen gibt die Größe der Änderung an.

Weiterführende Aufgabe

Drei Grundtypen zu Aufgaben mit Zustandsänderungen

2. Trage die gegebenen Angaben in das Schema ein und ermittle die fehlende Angabe.

a) Die Temperatur fällt von –3,5 °C um 5 Grad.
b) Nach einer Buchung auf einem Konto sind aus 20 € Guthaben 30,40 € Soll geworden.
c) Nach dem Aufsteigen um 4 m befindet sich ein Tauchboot noch 6,5 m unter dem Meeresspiegel.

Übungsaufgaben

3. Gib den neuen Zustand an.
   a) Ein Thermometer zeigt 2 °C unter null an. Die Temperatur steigt um 6 Grad.
   b) Ein Thermometer zeigt 3 °C unter null an. Die Temperatur fällt um 5 Grad.
   c) Ein Bankkonto weist 82 € Guthaben aus. 100 € werden bar abgehoben. Später trifft eine Gutschrift über 43 € ein.
   d) Ein Bankkonto weist 15 € Soll aus. Es werden 160 € eingezahlt. Später werden noch 32 € abgebucht.

4. Bestimme jeweils die Zustandsänderung und notiere sie mithilfe einer rationalen Zahl.

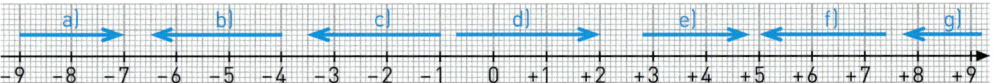

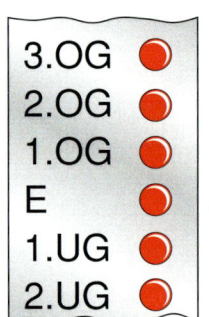

5. Ein Hochhaus hat 14 Obergeschosse und 4 Untergeschosse. Aus welchem Stockwerk kommt Julia, wenn sie
   a) 4 Stockwerke nach unten gefahren ist und im 1. UG aussteigt;
   b) im 4. OG aussteigt und 7 Stockwerke nach oben gefahren ist?

6. Gökhan gewinnt oder verliert bei einem Würfelspiel in jeder Runde einige Punkte. Er notiert aber nicht die in der jeweiligen Runde gewonnene bzw. verlorene Punktanzahl, sondern verrechnet diese sofort mit seinem Punktestand bis zu dieser Runde. Rechts siehst du seinen Spielzettel. Welche Punktzahl hat er in jeder einzelnen Spielrunde bekommen?

GLÜCKSWÜRFEL	Gökhan
1. Spiel	+14
2. Spiel	–2
3. Spiel	–18
4. Spiel	+3
5. Spiel	+8
6. Spiel	–17
7. Spiel	+1

7. Stellt Fragen und beantwortet sie.
   a) Ein Thermometer zeigt 3 °C unter null an. Die Temperatur steigt [fällt] um 9,5 Grad.
   b) Über Nacht ist die Temperatur um 8,5 Grad gefallen. Morgens sind es –3 °C [+8 °C].
   c) Nach einer Gutschrift von 28 € [Lastschrift von 33 €] betrug der Kontostand 52 €.
   d) Ein Tauchboot sank [stieg] um 156 m auf nun 233 m unter dem Meeresspiegel.
   e) Nach einem Hochwasser ist der Pegelstand von +150 cm auf –10 cm gesunken.

8. Ein Konto hat ein Guthaben von 30,50 €. Der Kontostand ändert sich zunächst um 35,50 € und dann um 80 €. Welchen Endstand kann das Konto haben? Gib alle Möglichkeiten an.

2.4 Beschreiben von Zustandsänderungen

ü. M. über dem Meeresspiegel
u. M. unter dem Meeresspiegel

9. Ein Hubschrauber schwebt 480 m über dem Mittelmeer (ü. M.).
Wie hat er seine Höhe insgesamt geändert, wenn er nach dem Flug gelandet ist
   a) in Jerusalem;
   b) in Nazareth;
   c) am See Genezareth;
   d) am Toten Meer?

10. a) Maiks Opa hat noch einen Videorecorder. Die Bandanzeige ändert sich von 0:30:00 auf –0:20:10. Was ist passiert?
    b) Die Anzeige steht auf –0:25:30. Maik spult um 1h 30 min 10 s vor [zurück].

11. In dem Schema ist die Änderung eines Zustandes dargestellt. Fülle die Lücken aus. Du kannst die Zahlengerade benutzen und z. B. auch an Temperaturen denken.

   a) ▢ $\xrightarrow{+8}$ +5
   b) ▢ $\xrightarrow{-6}$ –2
   c) +7,1 $\xrightarrow{}$ +3,1
   d) –4,1 $\xrightarrow{}$ –7,3
   e) ▢ $\xrightarrow{+3,7}$ –8,4
   f) ▢ $\xrightarrow{-2,8}$ –5,2
   g) –6,3 $\xrightarrow{+8,4}$ ▢
   h) $-3\frac{1}{4}$ $\xrightarrow{+8}$ ▢
   i) –24 $\xrightarrow{-30,4}$ ▢
   j) 5,7 $\xrightarrow{}$ –1,4
   k) ▢ $\xrightarrow{-4,9}$ 13,2
   l) –8,8 $\xrightarrow{-2,7}$ ▢

12. Die Position des Förderkorbs auf Straßenhöhe soll mit 0 m angegeben werden. Positionen in der Grube sind negativ, Positionen oberhalb der Straße positiv.
    a) Welche Positionsänderung muss jeweils vorgenommen werden?
       (1) von –4 m auf +6 m
       (2) von +8 m auf –3 m
       (3) von –2 m auf –5 m
       (4) von –5 m auf –1,30 m
       (5) von +6 m auf +2,60 m
       (6) von –3 m auf +3,10 m
    b) Welche Endposition erreicht der Förderkorb jeweils?
       (1) von +3 m um –7 m
       (2) von –4 m um +6 m
       (3) von +7 m um –4 m
       (4) von –2 m um –4,70 m
       (5) von –8 m um +3,50 m
       (6) von +4,70 m um –4 m

13. Eine Transportfirma hat im letzten Jahr folgende Gewinne und Verluste erwirtschaftet.
    a) Welche Änderungen traten zwischen den einzelnen 3-Monats-Abschnitten (sogenannten Quartalen) auf?
    b) Wann war der Gewinnzuwachs am größten [kleinsten]?

Jan. – März	2 000 € Gewinn
April – Juni	4 000 € Verlust
Juli – Sept.	15 000 € Gewinn
Okt. – Dez.	3 000 € Verlust

14. a) Ein Bankkonto hat ein Guthaben von 72,50 €. Wie lautet der Kontostand, wenn eine Überweisung zum Bezahlen einer Rechnung über 91,25 € ausgeführt wurde?
    b) Der Wasserstand in einem Stausee liegt 2,4 dm unter dem Richtwert. Welche Änderung ist nötig, damit der Wasserstand 0,5 dm über dem Richtwert erreicht?

15. Du hast an verschiedenen Stellen unterschiedliche Verwendungsmöglichkeiten für positive und negative Zahlen kennen gelernt. Schreibe eine kleine Zusammenfassung.

2.5 Addieren rationaler Zahlen

2.5.1 Einführung der Addition – Additionsregel

Einstieg

a) An den folgenden Aufgaben könnt ihr erarbeiten, wie man rationale Zahlen addiert.

(1) $(+2) + (+2) =$	(2) $(+2) + (+2) =$	(3) $(+2) + (-1) =$
$(+2) + (+1) =$	$(+1) + (+2) =$	$(+1) + (-1) =$
$(+2) + 0 =$	$0 + (+2) =$	$0 + (-1) =$
$(+2) + (-1) =$	$(-1) + (+2) =$	$(-1) + (-1) =$
$(+2) + (-2) =$	$(-2) + (+2) =$	$(-2) + (-1) =$
$(+2) + (-3) =$	$(-3) + (+2) =$	$(-3) + (-1) =$

Berechnet zunächst in dem ersten Block die blauen Aufgaben. Welche Gesetzmäßigkeiten erkennt ihr von einer Aufgabe zur nächsten? Wendet diese Gesetzmäßigkeit zur Berechnung der roten Aufgaben an. Verfahrt entsprechend bei den anderen Blöcken.

b) Bildet selbst Beispiele für solche Blöcke.

Aufgabe 1

Additionsregel

Die Änderung des Wasserstandes eines Stausees wird täglich gemessen. Fasse die Wasserstandsänderungen zweier aufeinander folgender Tage zu *einer* Gesamtänderung von einem zum übernächsten Tag zusammen. Zeichne und rechne.

a) Der Wasserstand fällt am ersten Tag um 2 cm, am zweiten Tag um 6,5 cm.

b) Der Wasserstand steigt am ersten Tag um 4,5 cm, am zweiten Tag um 3 cm an.

c) Der Wasserstand fällt am ersten Tag um 8 cm und steigt am zweiten Tag um 3,5 cm an.

d) Der Wasserstand steigt am ersten Tag um 8,5 cm und fällt am zweiten Tag um 6 cm.

Lösung

Die Wasserstandsänderungen lassen sich durch Pfeile darstellen. Diese werden so aneinander gelegt, dass der zweite dort beginnt, wo der erste endet. Bei den gebrochenen Zahlen veranschaulicht die Aneinanderlegung von *Strecken* die Addition. Auch bei den rationalen Zahlen wollen wir das Aneinanderlegen von *Pfeilen* als Addition auffassen.

Hier kommt das Pluszeichen in doppelter Bedeutung vor:
- als Vorzeichen positiver Zahlen
- als Rechenzeichen für das Addieren.

a) Der Wasserstand fällt am ersten Tag um 2 cm, am zweiten Tag um 6,5 cm.

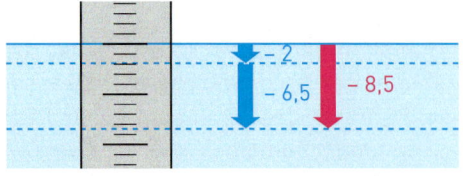

Additionsaufgabe: $(-2) + (-6,5) = -8,5$
Die Gesamtänderung beträgt $-8,5$ cm.

b) Der Wasserstand steigt am ersten Tag um 4,5 cm, am zweiten Tag um 3 cm.

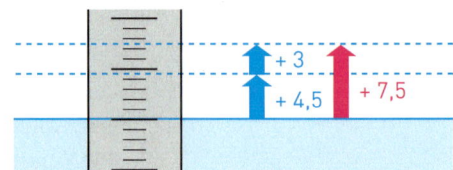

Additionsaufgabe: $(+4,5) + (+3) = +7,5$
Die Gesamtänderung beträgt $+7,5$ cm.

2.5 Addieren rationaler Zahlen

c) Der Wasserstand fällt am ersten Tag um 8 cm und steigt am zweiten Tag um 3,5 cm an.

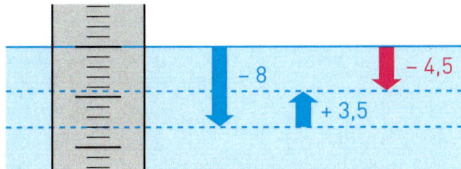

Additionsaufgabe: $(-8) + (+3,5) = -4,5$
Die Gesamtänderung beträgt $-4,5$ cm.

d) Der Wasserstand steigt am ersten Tag um 8,5 cm und fällt am zweiten Tag um 6 cm.

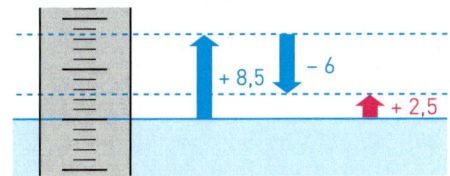

Additionsaufgabe: $(+8,5) + (-6) = +2,5$
Die Gesamtänderung beträgt $+2,5$ cm.

Beachte: Um Vorzeichen und Rechenzeichen voneinander zu trennen, haben wir Klammern um die Zahlen gesetzt.

Information

In Aufgabe 1 hast du gesehen, dass man beim Zusammenfassen von Wasserstandsänderungen darauf achten muss, ob beide gleich gerichtet sind oder nicht. Daher muss man beim Addieren rationaler Zahlen zwei Fälle unterscheiden:

---

(1) Additionsregel für rationale Zahlen bei gleichem Vorzeichen

Haben die Summanden *gleiche* Vorzeichen, so addiert man wie folgt:
Man setzt das gemeinsame Vorzeichen und man addiert die Beträge.

Beispiel:
$(-2,5) + (-6) = -8,5 \qquad (+4) + (+3,5) = +7,5$

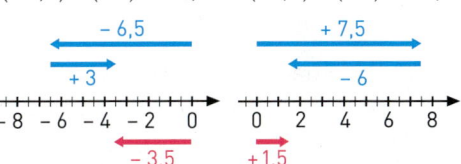

(2) Additionsregel für rationale Zahlen bei verschiedenen Vorzeichen

Haben die Summanden *verschiedene* Vorzeichen und *verschiedene* Beträge, so addiert man wie folgt:
Man setzt das Vorzeichen, das bei dem größeren Betrag steht. Dann subtrahiert man den kleineren Betrag von dem größeren Betrag.

Beispiel:
$(-6,5) + (+3) = -3,5 \qquad (+7,5) + (-6) = +1,5$

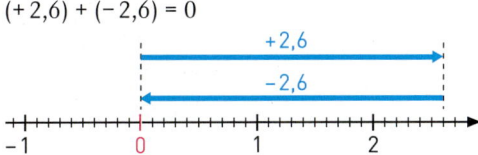

Beachte:

(1) Haben die Summanden *verschiedene* Vorzeichen, aber *gleiche* Beträge, so ist die Summe 0.

$(+2,6) + (-2,6) = 0$

(2) Ist ein Summand 0, so ist die Summe gleich dem anderen Summanden:
$0 + (-3) = -3$;
Entsprechend gilt z. B.
$(-7) + 0 = -7; \quad 0 + 0 = 0$

Weiterführende Aufgaben

Unterschiedliche Deutung der Addition rationaler Zahlen

2. Frau König eröffnet ein Konto und zahlt 500 € ein. Danach erteilt sie einen Überweisungsauftrag von 650 €, um eine Rechnung zu bezahlen. Die 650 € gehen zulasten ihres Kontos.

   (1) Fasse die Gutschrift (Einzahlung) und die Lastschrift (Überweisung) zu *einer* Buchung zusammen.
   Beachte: Hier werden zwei Kontostandsänderungen zu *einer* Änderung zusammengefasst.

   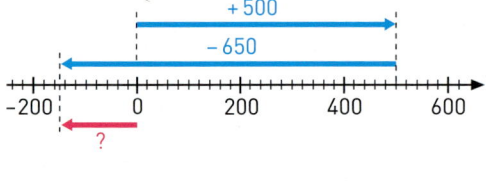

   (2) Der Kontostand nach der Einzahlung wird durch die Lastschrift verändert. Berechne den neuen Kontostand.
   Beachte: Hier berechnest du aus einem Kontostand und einer Änderung einen neuen Kontostand.

   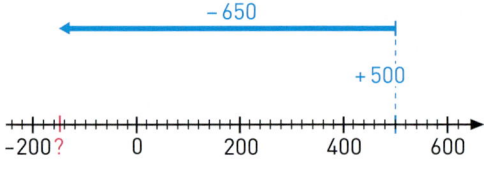

   Notiere in beiden Fällen eine Summe mit rationalen Zahlen. Was stellst du fest?

Anschauliche Deutung der Addition rationaler Zahlen

Das Addieren rationaler Zahlen kann man auf zweifache Weise deuten:

a) *Zwei Zustandsänderungen werden zu einer Änderung zusammengefasst.*

$(+3) + (-7{,}5) = -4{,}5$

b) *Auf einen Zustand wird eine Änderung angewandt; man erhält einen neuen Zustand.*

$(+3) + (-7{,}5) = -4{,}5$

Richtiger Gebrauch des Gleichheitszeichens

3. Anna und Sarah haben ihre Hausaufgabe von Felix kontrollieren lassen. Beide haben dasselbe Endergebnis. Dennoch hat Felix eine Aufgabe als falsch durchgestrichen. Warum?

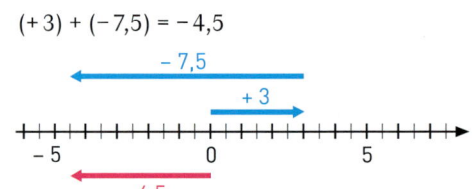

Richtiger Gebrauch des Gleichheitszeichens

Beim Berechnen eines Terms muss man darauf achten, dass das Gleichheitszeichen richtig gebraucht wird.
Beim richtigen Gebrauch des Gleichheitszeichens stehen vor und hinter dem Gleichheitszeichen Terme mit demselben Wert.

Beispiel:

$(+317) + (-67) + (+24) + (-19)$ ⟵ Wert: +255

$= (+250) + (+24) + (-19)$ ⟵ Wert: +255

$= (+274) + (-19)$ ⟵ Wert: +255

$= +255$

2.5 Addieren rationaler Zahlen

Übungsaufgaben

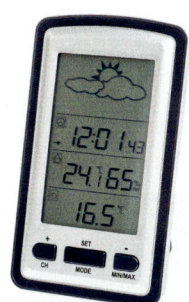

4. Eine Klima-Arbeitsgemeinschaft misst an verschiedenen Tagen die Temperaturänderung nachts (von 18 Uhr bis 8 Uhr) und die Temperaturänderung tagsüber (von 8 Uhr bis 18 Uhr).

Tag	Montag	Dienstag	Mittwoch	Donnerstag	Freitag
Temperaturänderung nachts	−2,5 °C	+1 °C	−2,5 °C	+0,5 °C	±0 °C
Temperaturänderung tagsüber	−1 °C	+4,5 °C	+3,5 °C	−1,5 °C	+4,5 °C

Fasse für jeden Tag die Temperaturänderungen nachts und tagsüber zu einer Änderung von einem zum nächsten Tag zusammen. Zeichne dazu für jeden Tag eine Temperaturskala mit den Pfeilen für die einzelnen Temperaturänderungen und die Gesamtänderung.

5. Fasse die Buchungen zusammen und notiere dazu eine Additionsaufgabe:
   a) eine Lastschrift über 4,20 € und eine Lastschrift über 10,90 €;
   b) eine Lastschrift über 3,70 € und eine Gutschrift über 12,40 €;

6. Hier ist eine Additionsaufgabe dargestellt. Notiere sie und gib das Ergebnis an.

a) 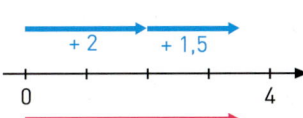   c) 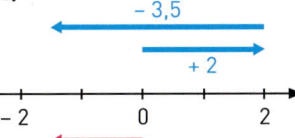   e)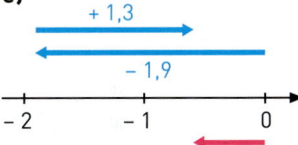

b) 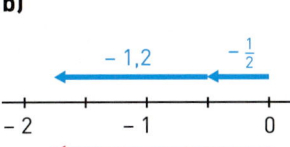   d) 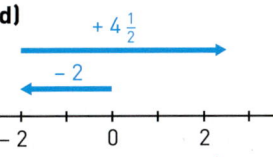   f)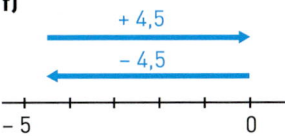

7. Rechne im Kopf.
   a) $(-53) + (-31)$
   b) $(-22) + (+65)$
   c) $(-32) + (-55)$
   d) $(+43) + (+28)$
   e) $(-360) + (-150)$
   f) $(+170) + (-450)$
   g) $0 + (-290)$
   h) $(+321) + 0$
   i) $(+6,5) + (+4,6)$
   j) $(-8,9) + (-3,4)$
   k) $(+2,7) + (-9,4)$
   l) $(-7,6) + (+3,9)$
   m) $(-11,8) + (+9,9)$
   n) $(+8,7) + (-5,8)$
   o) $(-6,3) + (+6,3)$
   p) $(+5,4) + (-9,8)$

8. Untersuche, ob richtig gerechnet wurde. Korrigiere jedes falsche Ergebnis.

   a) $(-9) + (+4) = -5$
   b) $(-9) + (-2) = +11$
   c) $(+8) + (-15) = -23$
   d) $(+1,6) + (-2,1) = +0,5$
   e) $(-4,4) + (+5,4) = +0,1$
   f) $(-6,6) + (-6,6) = -12,12$
   g) $\left(-\frac{1}{4}\right) + \left(+\frac{1}{5}\right) = -\frac{1}{20}$
   h) $\left(+\frac{1}{3}\right) + \left(-\frac{1}{2}\right) = +\frac{1}{6}$

9. a) $\left(-\frac{2}{9}\right) + \left(+\frac{7}{9}\right)$
   b) $\left(-\frac{2}{9}\right) + \left(-\frac{7}{9}\right)$
   c) $\left(-\frac{3}{8}\right) + \left(+\frac{1}{4}\right)$
   d) $\left(+\frac{2}{3}\right) + \left(+\frac{1}{6}\right)$
   e) $\left(-\frac{5}{4}\right) + \left(-\frac{5}{6}\right)$
   f) $\left(+\frac{4}{5}\right) + \left(-\frac{2}{7}\right)$
   g) $\left(-\frac{9}{10}\right) + \left(+\frac{4}{15}\right)$
   h) $\left(-\frac{5}{12}\right) + \left(-\frac{14}{15}\right)$
   i) $\left(+\frac{3}{4}\right) + \left(-\frac{5}{8}\right)$
   j) $\left(-2\frac{3}{5}\right) + \left(+3\frac{4}{5}\right)$
   k) $\left(+4\frac{1}{5}\right) + (-4,2)$
   l) $(-14,25) + \left(3\frac{1}{4}\right)$

10. Setze im Heft für ■ das passende Zeichen >, < bzw. =.
    a) $(+23) + (-19)$ ■ $+23$
    b) $(-2,8) + (-0,7)$ ■ $-2,8$
    c) 0 ■ $(-22) + (-22)$
    d) 0 ■ $(-4,8) + (+4,8)$
    e) $(-0,9) + (+8,3)$ ■ $+8,3$
    f) 0 ■ $(+0,3) + \left(-\frac{1}{3}\right)$

11. a) Von einem Konto mit 437,75 € Guthaben wurden 750,00 € abgehoben.
Gib den Kontostand an.
b) Auf einem Bankkonto werden nacheinander eine Lastschrift von 36,78 € und eine Gutschrift von 203,50 € verbucht. Fasse beide Buchungen zusammen.
c) Lies noch einmal den roten Kasten zur anschaulichen Deutung auf Seite 70. Zu welchem Typ gehört die Teilaufgabe a), zu welchem die Teilaufgabe b)?

12. Rechts wurden mit dem Schwamm ein paar Zahlen weggewischt. Wie lauten sie? Notiere die vollständigen Aufgaben im Heft.

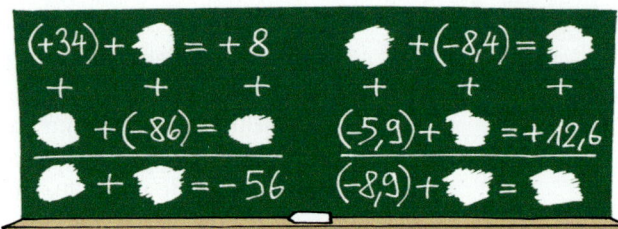

13. Versuche die Zahl −1 so als Summe zweier rationaler Zahlen zu schreiben, dass
a) ein Summand positiv und einer negativ ist;
b) beide Summanden negativ sind;
c) beide Summanden positiv sind.

14. Formuliere jeweils eine sinnvolle Frage und schreibe zur Antwort eine Rechenaufgabe auf.
a) Die heutige Sturmflut hat zum höchsten Wasserstand in diesem Jahr geführt: 3,80 m über Normalnull. Man rechnet damit, dass das Wasser noch um weitere 50 cm ansteigt.
b) Nachdem der Wasserstand heute Nacht um 60 cm gefallen war, stieg er heute im Laufe des Tages wieder um 20 cm.
c) Von Frau Siedes Konto werden zum Monatsersten die Miete von 675 € abgebucht und als Nachschlagszahlung für Strom und Wasser 58,30 €.
d) Erst als Herrn Wiemanns Konto schon 358,23 € im Soll steht, trifft die Überweisung des Gehaltes von 2 491,78 € ein.

15. In den Bildern ist die Zusammenfassung zweier Zustandsänderungen oder die Änderung eines Zustands dargestellt.

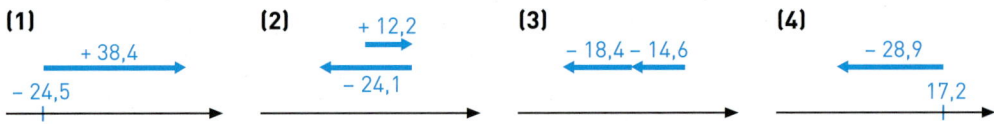

a) Schreibe zu jedem Bild eine Summe und gib den Wert der Summe an.

b) Schreibe zu jedem Bild eine Rechengeschichte. Denke dabei z. B. an Temperaturen, Buchungen, Kontostände, Wasserstände und Höhenangaben. Lasse sie von deinem Nachbarn kontrollieren. Vergleicht anschließend eure Rechengeschichten.

16. Achte auf richtigen Gebrauch des Gleichheitszeichens beim Notieren des Rechenweges.

a) (−67) + (+58) + (−96)
b) (+93) + (−68) + (−47)
c) (−0,7) + (−0,5) + (+3,2)
d) $\left(-\frac{3}{5}\right) + \left(+\frac{1}{2}\right) + (+0,1)$
e) (−20) + (+40) + (−50) + (−10)
f) (−27) + (−50) + (−46) + (+72)
g) (−1,2) + (+1,8) + (−4,2) + (−4)
h) $\left(-\frac{1}{2}\right) + \left(-\frac{1}{4}\right) + (+1) + (−0,7)$

17. Addiert man zwei gebrochene Zahlen, so ist das Ergebnis größer als beide Summanden. Überprüfe an Beispielen, ob das auch für rationale Zahlen so ist.

18. Ist die Behauptung richtig? Begründe die Antwort.
   a) Die Summe zweier negativer Zahlen ist kleiner als jeder der Summanden.
   b) Damit die Summe positiv ist, muss mindestens ein Summand positiv sein.
   c) Wenn keiner der Summanden null ist, kann auch die Summe nicht gleich null sein.

19. a) Eine Summe besteht aus drei Summanden und hat den Wert null. Der erste Summand ist die Gegenzahl des dritten Summanden. Wie groß ist der zweite Summand?
   b) Der erste Summand ist +12,5. Die Summe hat den Wert −12,5. Wie groß ist der zweite Summand?
   c) Die Summe ist so groß wie jeder der beiden Summanden. Bestimme die Summanden.

20. In welchem Bereich kann null liegen?

a) ⟶ x y, x+y   b) ⟶ x y, x+y   c) ⟶ x y, x+y

2.5.2 Rechengesetze für die Addition rationaler Zahlen

Einstieg

Hier seht ihr einen Weg zur Berechnung von (+3,8) + (−7,6) + (+2,2).
Erläutert, wie vorgegangen wurde.

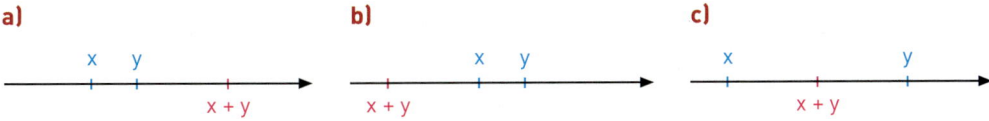

Aufgabe 1

Wie kannst du die Aufgaben rechts vorteilhaft im Kopf lösen?
Welche Rechengesetze verwendest du dabei?

(1) (−6,39) + (+4,82) + (+7,39)
(2) (+12,93) + (−3,25) + (−6,75)

Lösung

(1) *Vertausche erst den 2. und 3. Summanden*

(−6,39) + (+4,82) + (+7,39)
= (−6,39) + (+7,39) + (+4,82)
= +1 + (+4,82)
= +5,82

Es wurde das *Kommutativgesetz (Vertauschungsgesetz)* der Addition angewandt.

(2) *Rechne nicht von links nach rechts, sondern verbinde die beiden letzten Summanden*

(+12,93) + (−3,25) + (−6,75)
= (+12,93) + [(−3,25) + (−6,75)]
= (+12,93) + (−10)
= +2,93

Es wurde das *Assoziativgesetz (Verbindungsgesetz)* der Addition angewandt.

Information

(1) Zahlklammern und Rechenklammern

Bei Termen verwenden wir zwei Arten von Klammern:
- *Zahlklammern* stehen um eine rationale Zahl mit ihrem Vorzeichen. Dadurch folgen nicht mehrere Plus- oder Minuszeichen aufeinander. Man kann dann den Aufbau des Terms klarer erkennen.
- *Rechenklammern* schreiben die Reihenfolge der Berechnungen im Term vor.

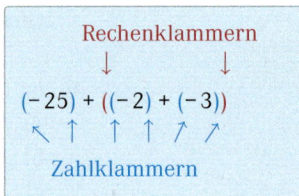

Um einen Term besser überblicken zu können, verwendet man für die Rechenklammern häufig auch eckige Klammern, z.B. schreibt man dann $(-25) + [(-2) + (-3)]$.

> *Vereinbarung:* Was in (Rechen-)Klammern steht, wird zuerst ausgerechnet.

(2) Einsparen von Zahlklammern bei positiven Zahlen

Wir wissen: Bei einer positiven Zahl darf man das Vorzeichen weglassen. Dann dürfen wir auch die (Zahl-)Klammern um diese Zahl weglassen.
Beispiel: $(+7{,}6) + (-4{,}5) + (+2{,}9) = 7{,}6 + (-4{,}5) + 2{,}9 = 6$

(3) Assoziativgesetz und Kommutativgesetz

Das Assoziativgesetz für die Addition und das Kommutativgesetz für die Addition gelten auch für rationale Zahlen. Man verwendet die Gesetze häufig zum vorteilhaften Rechnen.

kommutativ (lat.) vertauschbar

> **Kommutativgesetz (Vertauschungsgesetz) für die Addition**
>
> In einer Summe darf man die Summanden vertauschen. Dabei ändert sich der Wert der Summe nicht.
> Denke dir rationale Zahlen anstelle von a, b.
> Stets gilt: **a + b = b + a**
> *Beispiel:*
> $(-2) + (+3) = (+3) + (-2)$

Begründung des Kommutativgesetzes (mithilfe eines Sachverhalts)
Wir deuten das Addieren rationaler Zahlen als ein Zusammenfassen von Buchungen auf einem Konto: Wenn zwei Buchungen auf einem Konto hintereinander ausgeführt werden sollen, dann hängt die gesamte Änderung des Kontostandes nicht davon ab, in welcher Reihenfolge die Buchungen ausgeführt werden (Kommutativgesetz).

assoziativ (lat.) verbindend

> **Assoziativgesetz (Verbindungsgesetz) für die Addition**
>
> In einer Summe aus drei Summanden darf man Klammern beliebig setzen. Dabei ändert sich der Wert der Summe nicht. Denke dir rationale Zahlen anstelle von a, b, c.
> Stets gilt:
> **(a + b) + c = a + (b + c)**
> Daher kann man die Klammern auch weglassen: **a + b + c**
> *Beispiel:*
> $[(-5) + (+7)] + (-4) = (-5) + [(+7) + (-4)] = (-5) + (+7) + (-4)$

2.5 Addieren rationaler Zahlen

Übungsaufgaben

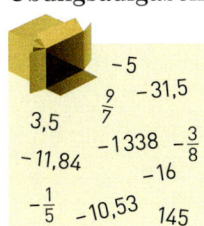

2. Rechne vorteilhaft.
a) $(+697) + (-355) + (-197)$
b) $(-499) + (-538) + (-301)$
c) $(-2,35) + (-9,84) + (+0,35)$
d) $(-8,91) + (+2,91) + (-4,53)$
e) $(+4,63) + (-1,5) + (+0,37)$
f) $(-19,5) + (-8,4) + (-3,6)$
g) $\left(-\frac{1}{2}\right) + \left(+\frac{4}{5}\right) + \left(-\frac{1}{2}\right)$
h) $\left(-\frac{2}{3}\right) + \left(-\frac{3}{9}\right) + \left(+\frac{5}{8}\right)$
i) $(+1,25) + \left(+\frac{2}{7}\right) + \left(-\frac{1}{4}\right)$
j) $(-12,04) + (-0,83) + (-7,96) + (+4,83)$
k) $(+6,55) + (-7,55) + (+2,26) + (-6,26)$

3. Vereinfache die Schreibweise durch Weglassen von Klammern. Begründe. Berechne dann.
a) $(+2) + (-4) + (+7)$
b) $(-4) + (+2) + (+9)$
c) $(-9) + (-3) + (+11)$
d) $[(-3) + (+2)] + (+5)$
e) $(-5) + [(-3) + (+6)]$
f) $(+9) + [(-3) + (+4)]$
g) $[(-2) + (+3)] + [(+3) + (+2)]$
h) $[(-1) + (+2)] + [(-3) + (+5)]$
i) $[(+7) + (-2) + (-4)] + (+3)$

4.
a) $195 + (-37) + (-63)$
b) $(-571) + (-271) + 571$
c) $4,7 + (-1,8) + 6,8 + (-4,7)$
d) $(-3,1) + 1,4 + (-9,4) + 6,1$
e) $\left(-\frac{1}{3}\right) + \frac{1}{2} + \left(-\frac{6}{9}\right)$
f) $\frac{3}{4} + \left(-\frac{5}{8}\right) + \left(-\frac{1}{2}\right)$
g) $\left(-\frac{4}{5}\right) + \frac{1}{4} + \left(-\frac{7}{10}\right)$
h) $\frac{3}{5} + (-3,1) + 1\frac{1}{2}$
i) $(-0,125) + (-0,75) + \frac{7}{8}$
j) $0,5 + \frac{2}{3} + (-1,5)$

5. Welche Zahl musst du für ■ einsetzen, damit die Aussage richtig ist? Begründe.
a) $(-9,846) + ■ = 16,07 + (-9,846)$
b) $(-4,9) + ■ + 8\frac{1}{2} = 8\frac{1}{2} + (-4,9) + \left(-\frac{1}{3}\right)$

6. Versuche, das Assoziativgesetz an einem Sachverhalt zu begründen.

Das kann ich noch!

A) Übertrage in dein Heft und untersuche, mit welcher Abbildung die grüne aus der gelben Figur entsteht.

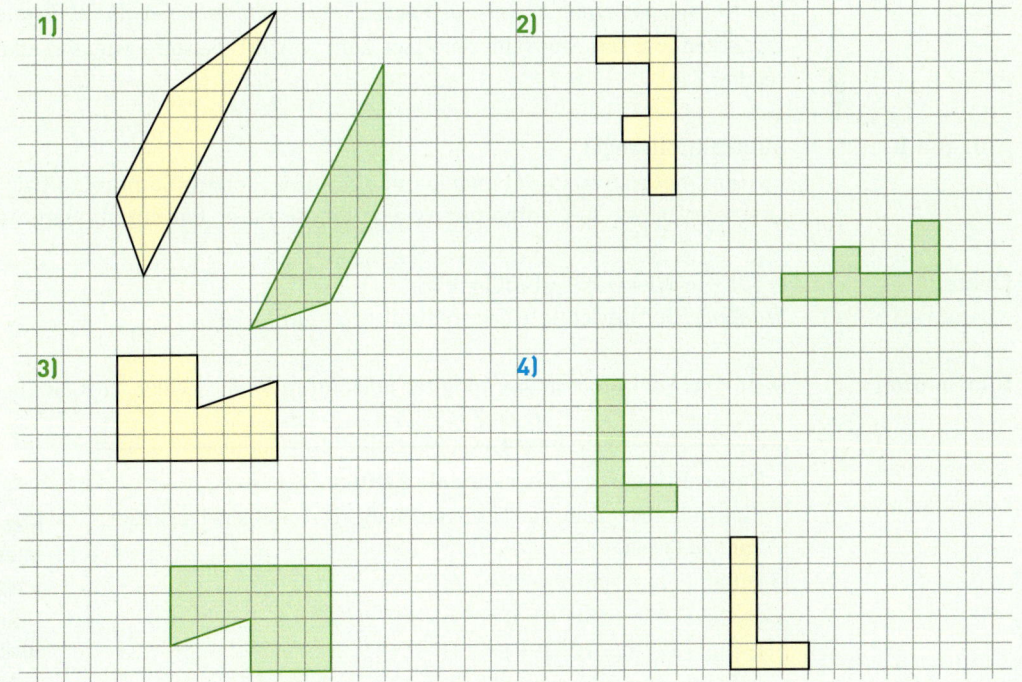

2.6 Subtrahieren rationaler Zahlen

2.6.1 Einführung der Subtraktion – Subtraktionsregel

Einstieg   Hier findet ihr drei Blöcke von Subtraktionsaufgaben.

(1) $(+3) - (+2) =$
$(+3) - (+1) =$
$(+3) -\ \ \ 0 =$
$(+3) - (-1) =$
$(+3) - (-2) =$
$(+3) - (-3) =$

(2) $(+2) - (+2) =$
$(+1) - (+2) =$
$0 - (+2) =$
$(-1) - (+2) =$
$(-2) - (+2) =$
$(-3) - (+2) =$

(3) $(+2) - (-1) =$
$(+1) - (-1) =$
$0 - (-1) =$
$(-1) - (-1) =$
$(-2) - (-1) =$
$(-3) - (-1) =$

a) Berechnet zunächst in dem ersten Block die blauen Aufgaben. Welche Gesetzmäßigkeit erkennt ihr von einer Aufgabe zur nächsten? Wendet diese Gesetzmäßigkeit zur Berechnung der roten Aufgaben an. Verfahrt entsprechend bei den anderen Blöcken.

b) Bildet selbst Beispiele für solche Blöcke.

c) Welche Regeln erkennt ihr für das Subtrahieren rationaler Zahlen?

Einführung Für ein Konto liegt bei einer Bank ein Sammelauftrag aus mehreren Buchungsanweisungen vor. Die letzte Anweisung, eine Lastschrift über 20 €, ist irrtümlich ausgestellt worden. Wie kann man diesen Irrtum bereinigen?

(1) Wenn die Buchung noch nicht ausgeführt ist, wird die Anweisung −20 € einfach von dem Sammelauftrag weggenommen.

(2) Wenn die Fehlanweisung schon gebucht ist, wird die entgegengesetzte Anweisung +20 € dem Sammelauftrag noch hinzugefügt.

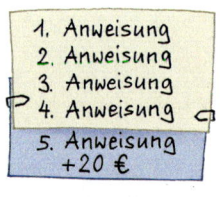

Statt die Anweisung −20 € *wegzunehmen*, kann man die Gegenanweisung +20 € *hinzufügen*.
Das *Wegnehmen* einer Anweisung deuten wir als *Subtrahieren*, das *Hinzufügen* als *Addieren*.
Wir erkennen: Das Subtrahieren einer Zahl bewirkt dasselbe wie das Addieren ihrer entgegengesetzten Zahl.

Aufgabe 1 Subtraktionsregel
Ein Sammelauftrag lautet insgesamt auf −83 €. In dem Sammelauftrag ist irrtümlich eine Lastschrift über 30 € enthalten. Wie lautet der neue, berichtigte Sammelauftrag?

Lösung $(-83) - (-30) = (-83) + (+30) = -53$
Ergebnis: Der berichtigte Sammelauftrag lautet −53 €.

Information Damit das Subtrahieren das Addieren auch für rationale Zahlen rückgängig macht, vereinbaren wir:

> **Subtraktionsregel für rationale Zahlen**
> Eine rationale Zahl subtrahieren heißt, ihre entgegengesetzte Zahl addieren.
> $(+8) - (+2) = (+8) + (-2) = +6$
> $(+3) - (-6) = (+3) + (+6) = +9$
> $(-4) - (+7) = (-4) + (-7) = -11$
> $(-5) - (-3) = (-5) + (+3) = -2$

Hier kommt das Minuszeichen in doppelter Bedeutung vor:
- als Vorzeichen negativer Zahlen
- als Rechenzeichen für die Subtraktion.

2.6 Subtrahieren rationaler Zahlen

Weiterführende Aufgaben

Zusammenhang zwischen Addition und Subtraktion

2. Beim Rechnen mit natürlichen Zahlen und mit gebrochenen Zahlen wissen wir: Das Subtrahieren einer Zahl wird durch das Addieren der Zahl rückgängig gemacht (und umgekehrt). Prüfe an selbstgewählten Beispielen, ob dies auch für rationale Zahlen und damit auch für negative Zahlen gilt.

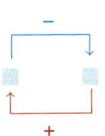

Umwandeln in eine Summe rationaler Zahlen

3. Schreibe als Summe rationaler Zahlen, berechne dann.
   (1) $12 + (-17) - (+3,8)$
   (2) $0,9 - (-1,1) - (+0,3)$
   (3) $(-6,5) - (+4,2) - (-0,9) + (-3,6)$

$$3 - (-5) - (+4)$$
$$= 3 + (+5) + (-4)$$
$$= 8 \quad + (-4)$$
$$= 4$$

Summe rationaler Zahlen

> Ein Term, in dem rationale Zahlen addiert oder subtrahiert werden, kann stets so umgeformt werden, dass nur Additionen vorkommen.

Übungsaufgaben

Storno (lat.)
Rückbuchung
Löschung

4. a) Rechts siehst du zwei Möglichkeiten, einen Kassenbon mit einem fehlerhaft eingetippten Betrag zu korrigieren. Vergleiche die Möglichkeiten. Schreibe auch jeweils eine Rechenaufgabe für die Korrekturmöglichkeit.
   b) Auf dem Kassenbon ist das Rückgeld für Pfand irrtümlich enthalten. Korrigiere auf zwei Weisen im Heft und schreibe jeweils die Rechenaufgabe.

5. Rechne im Kopf.
   a) $(-9) - (-3)$
   b) $(+6) - (-7)$
   c) $(-5) - (+9)$
   d) $(-12) - (+3)$
   e) $(-19) - (-12)$
   f) $(+5) - (+13)$
   g) $(-8) - (-17)$
   h) $(+5) - (+23)$
   i) $(-15) - (+9)$
   j) $(-17) - (-14)$
   k) $(+19) - (+31)$
   l) $(-12) - (-29)$
   m) $(+42) - (+15)$
   n) $(-73) - (-25)$
   o) $(-58) - (+17)$
   p) $(-234) - (+174)$
   q) $(-325) - 0$
   r) $(+218) - (-82)$
   s) $(+8,3) - (-2,5)$
   t) $(-4,3) - (-12,8)$
   u) $(-15,4) - (+18,2)$
   v) $\left(+\frac{2}{5}\right) - \left(-\frac{1}{5}\right)$
   w) $\left(-\frac{7}{8}\right) - \left(+\frac{3}{4}\right)$

> Erinnere dich:
> Bei positiven Zahlen kann man das Vorzeichen und die Zahlklammern weglassen.

6. Wende die Subtraktionsregel an.
   a) $(+765) - (+235)$
   b) $(+254) - (-310)$
   c) $(-561) - (+127)$
   d) $(-876) - (-161)$
   e) $(+56,7) - (-88,6)$
   f) $(-45,9) - (+95,4)$
   g) $(-16,2) - (-62,1)$
   h) $(+30,2) - (-92,8)$
   i) $15,8 - 21,45$
   j) $(-0,306) - (-15,11)$
   k) $300 - (-4,862)$
   l) $43,85 - 85,43$
   m) $\left(+\frac{2}{7}\right) - \left(+\frac{6}{7}\right)$
   n) $\left(-\frac{3}{4}\right) - \left(+\frac{7}{8}\right)$
   o) $\left(-\frac{5}{6}\right) - \left(-\frac{4}{9}\right)$

7. Subtrahiert man eine gebrochene Zahl von einer anderen, so wird diese verkleinert. Prüfe an Zahlenbeispielen, ob das auch bei rationalen Zahlen so ist.

8. Schreibe die Summe als Differenz.
   a) $(+20) + (-14)$
   b) $(-11) + (-30)$
   c) $-8 + 12$
   d) $-11 + 9$
   e) $-27 + 0$
   f) $0 + 29$

$(+7) + (-3) = (+7) - (+3)$

Spiel

9. Ein Spieler beginnt, indem er eine Zahl nennt, die sich als Differenz oder Summe zweier Zahlen von der Pinnwand rechts bilden lässt. Der Spieler, der die dazu gehörige Aufgabe als Erster findet, erhält einen Punkt und nennt die nächste Zahl.

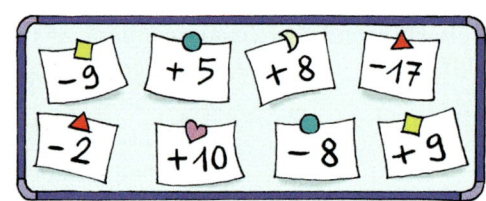

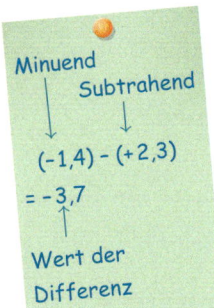

10. a) Der Minuend ist 12,5; die Differenz hat den Wert 8,7. Wie lautet der Subtrahend?
b) Der Subtrahend ist 4,5; die Differenz hat den Wert −1,9. Wie lautet der Minuend?
c) Die Summe hat den Wert −9,4; der erste Summand ist 4,9. Wie heißt der zweite Summand?
d) Die Summe ist 0; einer der beiden Summanden ist $-5\frac{1}{2}$. Wie heißt der andere?

11. a) Beginne mit der Zahl 2,5. Subtrahiere die Zahl 1,7 so lange, bis das Ergebnis eine ganze Zahl ist. Gib diese Zahl an.
b) Beginne mit der Zahl −9,7. Subtrahiere die Zahl −2,8 so lange, bis das Ergebnis größer als 5 ist. Gib das Ergebnis an.

12. Schreibe als Summe und berechne.
a) $(-4) - (+12) - (-8)$
b) $2,5 - (-1,3) + (-8,1)$
c) $4,25 - (-2,75) - 6,39 + (-1,61)$
d) $\left(-\frac{1}{2}\right) - \left(-\frac{1}{4}\right) - \frac{3}{5} - \left(-\frac{7}{10}\right)$

13. a) Setze bei den Aufgaben rechts das passende Rechenzeichen + oder − ein.
b) Denke dir dann selbst solche Aufgaben aus und stelle sie deinem Nachbarn.

14. Bilde mit den Zahlen links eine Differenz mit möglichst großem Wert und eine mit möglichst kleinem Wert.

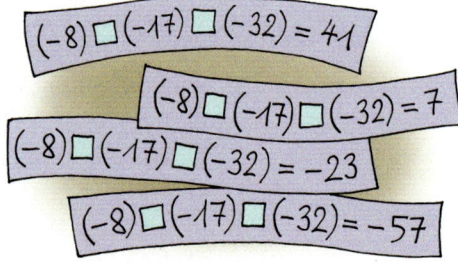

15. Gibt es Zahlen r und s, für die gilt: **a)** $|r| - |s| = |r - s|$;   **b)** $|r - s| > |r| - |s|$?

2.6.2 Auflösen von Zahlklammern – Vereinfachen eines Terms

Einstieg

a) Einige der nebenstehenden Terme haben denselben Wert. Findest du sie, ohne die Terme zu berechnen?
b) Diskutiere mit deinem Nachbarn darüber, ob man jeden Term, in dem nur addiert und subtrahiert wird, so umformen kann, dass man ohne Zahlklammern auskommt. Begründet eure Auffassung.

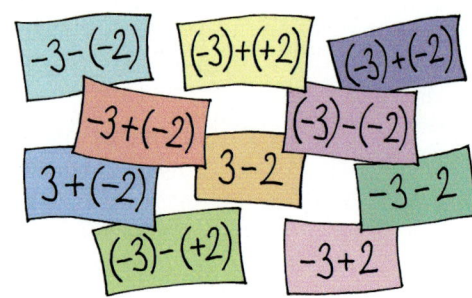

2.6 Subtrahieren rationaler Zahlen

Aufgabe 1

Auflösen von Zahlklammern

$(+7,5) - (+3,2) = 7,5 - 3,2$

Du weißt: Zahlklammern und Vorzeichen darf man bei positiven Zahlen fortlassen. Dadurch lässt sich ein Term vereinfachen.
Forme die folgenden Terme mit negativen Zahlen so um, dass keine Zahlklammer mehr vorkommt, die Zahlklammer also aufgelöst wird. Begründe dein Vorgehen.

a) $9 - (-5)$
b) $9 + (-5)$

Lösung

$9 - (-5) = 9 + (+5) = 9 + 5$

Begründung: Subtrahieren von -5 bewirkt nach der Subtraktionsregel dasselbe wie das Addieren von $+5$, also von 5.

$9 + (-5) = 9 - (+5) = 9 - 5$

Begründung: Addieren von -5 bewirkt nach der Subtraktionsregel dasselbe wie das Subtrahieren von $+5$, also von 5.

Information

Einsparen von Zahlklammern

Ein Term, in dem rationale Zahlen addiert oder subtrahiert werden, kann so geschrieben werden, dass nur *positive* Zahlen addiert bzw. subtrahiert werden. Dann kann man die Zahlklammern und Vorzeichen der positiven Zahlen weglassen.

Beispiel: $(+7) + (-4,5) - (+2,1) - (-8,6)$
$= (+7) - (+4,5) - (+2,1) + (+8,6)$ ← Nur noch + in den Zahlklammern
$= 7 - 4,5 - 2,1 + 8,6$

Hierbei steht vor einem Betrag jeweils nur eines der Zeichen + oder −.
Das jeweilige Zeichen kann aufgefasst werden als Rechenzeichen vor einer positiven Zahl oder als Vorzeichen einer rationalen Zahl, die addiert wird.

Regel über das Auflösen einer Zahlklammer
Beim Auflösen einer Zahlklammer setzt man
- ein Pluszeichen, falls gleiche Zeichen nebeneinander stehen, und
- ein Minuszeichen, falls verschiedene Zeichen nebeneinander stehen.

Gleiche Zeichen, also +

$7 + (+4) = 7 + 4$ $7 - (-4) = 7 + 4$
$7 - (+4) = 7 - 4$ $7 + (-4) = 7 - 4$

Verschiedene Zeichen, also −

Wir vereinbaren außerdem:
Steht eine negative Zahl am Anfang, so darf man die Klammer um die Zahl fortlassen.
Beispiel: $(-0,8) + (-7,2) + (+3) = -0,8 - 7,2 + 3 = -5$

Weiterführende Aufgaben

Vertauschen von Additions- und Subtraktionsschritten zum vorteilhaften Rechnen

2. Berechne und vergleiche. Welcher der beiden Rechenwege ist günstiger?

a) $(-12) - (-9) + (-8)$
   $(-12) + (-8) - (-9)$
b) $4,3 - 9,2 - 5,8 + 6,7$
   $4,3 + 6,7 - 9,2 - 5,8$

Geschickt rangieren!

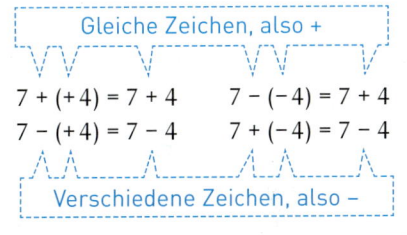

Begründe, warum man die Rechenschritte vertauschen darf. Beachte dazu die Subtraktionsregel für rationale Zahlen. Du kannst die Terme auch als eine Folge von Buchungsanweisungen deuten, die hinzugefügt oder weggenommen werden.

((Achtung, neue Rechung passt nicht zu Bild im Kasten))

Aufeinander folgende Additions- und Subtraktionsschritte darf man vertauschen. Dabei ändert sich der Wert des Terms nicht.
Denke dir rationale Zahlen anstelle von a, b und c. Stets gilt:

$a + b - c = a - c + b$ $\qquad$ $a - b - c = a - c - b$

Beispiele: $(+2) + (-3) - (-7) = (+2) - (-7) + (-3)$
$\qquad\qquad (+7) - (-2) - (+6) = (+7) - (+6) - (-2)$
$\qquad\qquad 5 - 7 + 3 - 1 = 5 + 3 - 1 - 7$

Unterscheidung zwischen Vorzeichen und Rechenzeichen beim Taschenrechner

3. Berechne mit einem Taschenrechner $(-2) - (-6)$.
Worauf musst du bei der Eingabe achten?

Die meisten Taschenrechner unterscheiden beim Minuszeichen zwischen Vorzeichen und Rechenzeichen. Auf die Eingabe von Zahlklammern kann man daher verzichten. Unterscheidet man bei der Eingabe nicht zwischen Vorzeichen und Rechenzeichen, so erhält man Fehleranzeigen.
Das Vorzeichen + muss bei der Eingabe in den Taschenrechner weggelassen werden.

Übungsaufgaben

4. Löse die Zahlklammern auf und begründe die Umformung. Berechne dann.
a) $19 - (-4)$ $\qquad$ d) $-20 + (-31)$ $\qquad$ g) $(-84) + (+9) - (-2)$
b) $-43 - (-18)$ $\qquad$ e) $12 - (+19)$ $\qquad$ h) $31 + (-19) - (+24)$
c) $78 + (-84)$ $\qquad$ f) $-14 - (-12) + (-13)$ $\qquad$ i) $28 - (+12) + (-42)$

5. Schreibe ausführlich als Summe und berechne.
a) $3 - 5$ $\qquad$ c) $-9 - 13$ $\qquad$ e) $-9 + 5 - 3$ $\qquad$ g) $1 - 2 + 3 - 4$
b) $-11 + 7$ $\qquad$ d) $9 - 13 + 11$ $\qquad$ f) $-6 - 5 - 13$ $\qquad$ h) $-1 + 2 + 3 - 4$

6. Vereinfache die Schreibweise und berechne.
a) $36 + (-19)$ $\qquad$ d) $-8{,}5 + (-4{,}5)$ $\qquad$ g) $44 - (+35) - 20$ $\qquad$ j) $3{,}5 - (-7{,}5) - 14{,}1$
b) $24 + (-70)$ $\qquad$ e) $12{,}3 + (-15{,}4)$ $\qquad$ h) $59 + (-81) + 34$ $\qquad$ k) $-8{,}2 - (+9{,}7) + 17{,}9$
c) $11 - (+83)$ $\qquad$ f) $21{,}8 - (+28{,}1)$ $\qquad$ i) $-16 - (-63) - 17$ $\qquad$ l) $0 + (-24{,}6) + 26{,}4$

7. Begründe durch Umwandlung in eine Summe: $-8 + 5 - 12 - 13 + 15 = 5 + 15 - 8 - 12 - 13$

8. Niklas und Anna kommen zu unterschiedlichen Ergebnissen. Wer hat richtig gerechnet? Erkläre, worin der Fehler besteht.

Niklas:
$12{,}5 - 3\frac{1}{4} + 0{,}75$
$= 12{,}5 - 4$
$= 8{,}5$

Anna:
$12{,}5 - 3\frac{1}{4} + 0{,}75$
$= 9{,}25 \quad + 0{,}75$
$= 10$

9. Rechne vorteilhaft.
a) $86 - 39 + 14 - 11$ $\qquad$ c) $3{,}12 - 3{,}38 - 4{,}52 + 2{,}78$ $\qquad$ e) $-\frac{3}{8} + \frac{2}{5} - \frac{5}{8} - \frac{6}{7} + \frac{3}{5}$
b) $-4{,}8 + 3{,}5 - 3{,}2 + 6{,}5$ $\qquad$ d) $-12{,}3 + 8{,}8 - 5{,}6 - 3{,}7 + 1{,}2 - 4{,}4$ $\qquad$ f) $-\frac{1}{2} + \frac{3}{5} + \frac{1}{4} + \frac{6}{15} - \frac{3}{8}$

2.7 Multiplizieren rationaler Zahlen

2.7.1 Einführung der Multiplikation – Multiplikationsregel

Einstieg

An den folgenden Aufgaben könnt ihr erarbeiten, wie man rationale Zahlen multipliziert.

(1) $(+3{,}5) \cdot (+3) =$	(2) $(+3) \cdot (+1{,}5) =$	(3) $(+2{,}5) \cdot (+3) =$	(4) $(-2{,}5) \cdot (+3) =$
$(+2{,}5) \cdot (+3) =$	$(+2) \cdot (+1{,}5) =$	$(+2{,}5) \cdot (+2) =$	$(-2{,}5) \cdot (+2) =$
$(+1{,}5) \cdot (+3) =$	$(+1) \cdot (+1{,}5) =$	$(+2{,}5) \cdot (+1) =$	$(-2{,}5) \cdot (+1) =$
$(+0{,}5) \cdot (+3) =$	$0 \cdot (+1{,}5) =$	$(+2{,}5) \cdot 0 =$	$(-2{,}5) \cdot 0 =$
$(-0{,}5) \cdot (+3) =$	$(-1) \cdot (+1{,}5) =$	$(+2{,}5) \cdot (-1) =$	$(-2{,}5) \cdot (-1) =$
$(-1{,}5) \cdot (+3) =$	$(-2) \cdot (+1{,}5) =$	$(+2{,}5) \cdot (-2) =$	$(-2{,}5) \cdot (-2) =$
$(-2{,}5) \cdot (+3) =$	$(-3) \cdot (+1{,}5) =$	$(+2{,}5) \cdot (-3) =$	$(-2{,}5) \cdot (-3) =$

a) Berechnet zunächst in dem ersten Block die blauen Aufgaben. Welche Gesetzmäßigkeit erkennt ihr von einer Aufgabe zur nächsten? Wendet diese Gesetzmäßigkeit zur Berechnung der roten Aufgaben an. Verfahrt entsprechend bei den anderen Blöcken.
b) Bildet selbst Beispiele für solche Blöcke.
c) Welche Regeln erkennt ihr für das Multiplizieren rationaler Zahlen?

Einführung

(1) Der zweite Faktor ist positiv

Um eine allgemeine Regel für das Multiplizieren rationaler Zahlen zu erarbeiten, unterscheiden wir zwei Fälle. Zunächst betrachten wir nur den Fall, dass der zweite Faktor des Produkts positiv ist.
Ramin spendet einem Tierschutzverein vierteljährlich einen Betrag von 2,50 €, der von seinem Konto abgebucht wird. Wie viel Euro werden dafür im Jahr insgesamt von seinem Konto abgebucht?
Wir können auf zwei Weisen rechnen:

durch Addieren: $(-2{,}50) + (-2{,}50) + (-2{,}50) + (-2{,}50) = -10$;
durch Multiplizieren: $(-2{,}5) \cdot 4 = -10$

Beide Rechnungen können wir an der Zahlengeraden veranschaulichen:

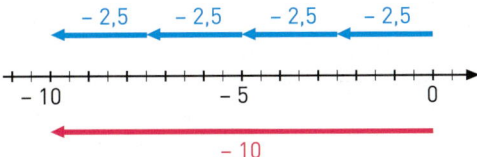

4 Pfeile für –2,5 werden aneinander gelegt.

Die Länge des Pfeils wird vervierfacht. Oder auch: Der Pfeil für –2,5 wird mit dem Faktor 4 gestreckt.

Der erste Faktor von $(-2{,}5) \cdot 4$ wird als Pfeil dargestellt.

Der zweite Faktor, die 4, gibt die Veränderung des Pfeiles an.

> **Erster Faktor:** Pfeil
>
> **Zweiter Faktor:** Veränderung des Pfeils
>
> Das Strecken mit einem positiven Faktor kleiner als 1 nennt man auch Stauchen.

Anschauliche Deutung des Multiplizierens einer rationalen Zahl mit einer positiven Zahl

Das Multiplizieren einer beliebigen Zahl mit einer *positiven* Zahl entspricht einem Strecken des Pfeils für die beliebige Zahl mit der positiven Zahl.
Beispiel: $(-8) \cdot 2{,}5 = -20$

Für $(-8) \cdot \frac{3}{4} = -6$ gilt:
Der Pfeil wird auf drei Viertel seiner Länge verkürzt (gestaucht). Wir sagen auch:
Der Pfeil für –8 wird mit dem Faktor $\frac{3}{4}$ gestreckt.

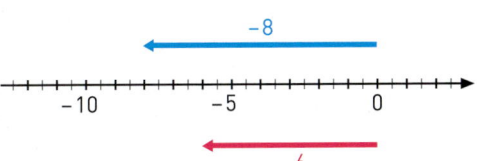

(2) Der zweite Faktor ist negativ

Es gilt: $(-2) \cdot (+3,5) = -7$. Was aber bedeutet $(+3,5) \cdot (-2)$?

Dazu vereinbaren wir: Das Kommutativgesetz soll auch für die Multiplikation rationaler Zahlen gelten: $(+3,5) \cdot (-2) = (-2) \cdot (+3,5) = -7$.

Auch bei der Multiplikationsaufgabe $(+3,5) \cdot (-2)$ wollen wir den ersten Faktor $(+3,5)$ als Pfeil darstellen und den zweiten Faktor (-2) als Veränderung dieses Pfeils.

Wie erhält man dann an der Zahlengeraden aus dem Pfeil für $+3,5$ den Pfeil für -7?

Der Pfeil für $+3,5$ wird zunächst mit dem Faktor 2 gestreckt und dann am Nullpunkt gespiegelt (umgewendet).

Wir sagen kurz: Es wird ein Strecken am Nullpunkt mit Richtungsumkehr durchgeführt.

Wir setzen daher fest:

Spiegeln am Nullpunkt bedeutet Richtungsumkehr bzw. Vorzeichenwechsel.

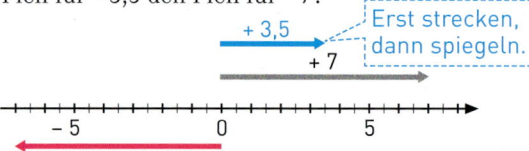

Erst strecken, dann spiegeln.

Anschauliche Deutung des Multiplizierens einer rationalen Zahl mit einer negativen Zahl

Das Multiplizieren einer beliebigen Zahl mit einer negativen Zahl entspricht einem *Strecken mit Richtungsumkehr* des Pfeils für die beliebige Zahl mit dem Betrag der negativen Zahl.

Beispiel: $(+1,5) \cdot (-3) = -4,5$

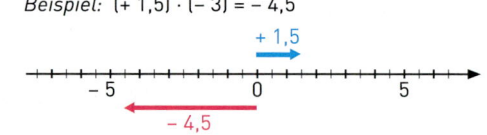

Mit dieser Deutung kann man auch das Produkt von zwei negativen Zahlen erhalten:

$(-1,5) \cdot (-2) = +3$

Als Pfeil zeichnen | Strecken mit 2 und Richtungsumkehr

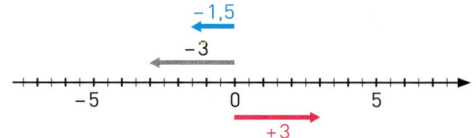

Information

(1) Regel für das Multiplizieren rationaler Zahlen

Man multipliziert zwei rationale Zahlen, indem man ihre Beträge miteinander multipliziert und das Vorzeichen nach folgender Regel setzt:

Bei gleichen Vorzeichen der Faktoren ist das Produkt positiv, bei verschiedenen Vorzeichen ist das Produkt negativ.

Außerdem gilt: Ist ein Faktor 0, dann ist das Produkt 0.

Beispiel: $(-2,5) \cdot 0 = 0$

Beispiele:
$(+2,5) \cdot (+4) = +(2,5 \cdot 4) = +10$
$(-2,5) \cdot (-4) = +(2,5 \cdot 4) = +10$
$(+2,5) \cdot (-4) = -(2,5 \cdot 4) = -10$
$(-2,5) \cdot (+4) = -(2,5 \cdot 4) = -10$

plus mal plus ergibt plus
minus mal minus ergibt plus
plus mal minus ergibt minus
minus mal plus ergibt minus

(2) Begründung der Multiplikationsregel für rationale Zahlen

- Die Multiplikation der Beträge der beiden Zahlen ergibt sich aus der anschaulichen Bedeutung der Multiplikation als Streckung (gegebenenfalls mit Richtungsumkehr).
- Das Vorzeichen ergibt sich so: Ist der zweite Faktor positiv, so findet nur eine Streckung statt. Das Vorzeichen des ersten Faktors bleibt bestehen.

  Ist der zweite Faktor negativ, so findet außerdem noch eine Spiegelung am Nullpunkt statt. Das Vorzeichen des ersten Faktors wird geändert.

2.7 Multiplizieren rationaler Zahlen

Weiterführende Aufgaben

Multiplikation mit (−1)

1. Multipliziere verschiedene rationale Zahlen mit (−1). Was stellst du fest? Begründe auch.

> Die Multiplikation einer rationalen Zahl mit (−1) ergibt deren entgegengesetzte Zahl.
> Es ist üblich, die Multiplikation mit (−1) durch ein vorgesetztes Minuszeichen abzukürzen.
>
> *Beispiele:* −(−7) = (−1) · (−7) = +7 ist die entgegengesetzte Zahl zu −7
> −(+5) = (−1) · (+5) = −5 ist die entgegengesetzte Zahl zu +5

Potenzen mit rationalen Zahlen als Basis

2. Du weißt: Eine Potenz ist ein Produkt aus gleichen Faktoren. Dabei ist die Basis (die Grundzahl) der mehrfach auftretende Faktor.
   Der Exponent (die Hochzahl) gibt an, wie oft der gleiche Faktor vorkommt.
   Wie für natürliche Zahlen gilt auch für negative Zahlen als Basis:
   $(-7)^0 = 1 \qquad (-7)^1 = -7$

   $(-2)^4 = (-2) \cdot (-2) \cdot (-2) \cdot (-2) = 16$

   Potenz $\quad (-2)^4 \quad$ = 16
   Basis (Grundzahl) — Exponent (Hochzahl) — Wert der Potenz

   a) Schreibe als Produkt und berechne.

   (1) $(-2)^5$; $(-6)^2$; $(+5)^4$ **(2)** $(-0{,}5)^3$; $(-1{,}5)^3$; $(-1)^7$ **(3)** $(-1)^6$; 0^4; $\left(-\frac{2}{3}\right)^2$; $(-2)^0$

   b) Schreibe als Potenz und berechne.

   (1) $(-3) \cdot (-3) \cdot (-3) \cdot (-3) \cdot (-3)$ **(2)** $\left(+\frac{2}{7}\right) \cdot \left(+\frac{2}{7}\right) \cdot \left(+\frac{2}{7}\right)$ **(3)** $(-1{,}5) \cdot (-1{,}5)$

Übungsaufgaben

3. Deute an der Zahlengeraden. Rechne auch.

   a) $(+2{,}5) \cdot (+3)$ **b)** $(-1{,}5) \cdot (+4)$ **c)** $(-4) \cdot (+0{,}5)$ **d)** $(-6) \cdot \left(+\frac{2}{3}\right)$

4. Deute an der Zahlengeraden. Rechne auch.

   a) $(+1{,}5) \cdot (-4)$ **b)** $(+4) \cdot (-1{,}5)$ **c)** $(-2{,}5) \cdot (-4)$ **d)** $(-7{,}5) \cdot \left(-\frac{1}{3}\right)$

5. Der blaue Pfeil ist in den roten Pfeil übergegangen. Beschreibe die Veränderung. Notiere dann eine Gleichung.

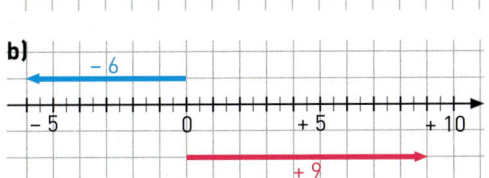
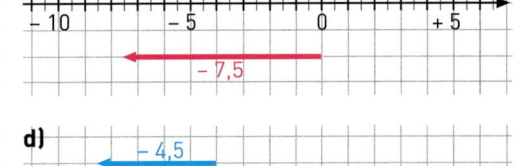
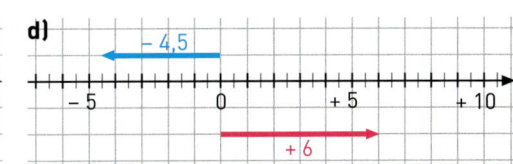

6.
a) $(-4)\cdot(+7)$
$(+4)\cdot(-7)$
$(+4)\cdot(+7)$
$(-4)\cdot(-7)$

b) $(-3,5)\cdot(-2)$
$(+3,5)\cdot(+2)$
$(-3,5)\cdot(+2)$
$(+3,5)\cdot(-2)$

c) $(-1,7)\cdot(+3)$
$(+1,7)\cdot(-3)$
$(-1,7)\cdot(-3)$
$(+1,7)\cdot(+3)$

d) $(+0,5)\cdot(+0,2)$
$(-0,5)\cdot(+0,2)$
$(+0,5)\cdot(-0,2)$
$(-0,5)\cdot(-0,2)$

> Erinnere dich:
> Bei positiven Zahlen kann man das Vorzeichen und die Zahlklammern weglassen.

7.
a) $\left(-\frac{2}{3}\right)\cdot\left(-\frac{3}{4}\right)$
$\left(+\frac{2}{3}\right)\cdot\left(-\frac{3}{4}\right)$
$\left(-\frac{2}{3}\right)\cdot\left(+\frac{3}{4}\right)$
$\left(+\frac{2}{3}\right)\cdot\left(+\frac{3}{4}\right)$

b) $\left(+\frac{1}{3}\right)\cdot\left(-\frac{2}{7}\right)$
$\left(+\frac{2}{9}\right)\cdot\left(-\frac{3}{4}\right)$
$\left(+\frac{7}{9}\right)\cdot\left(-\frac{1}{2}\right)$
$\left(+\frac{5}{8}\right)\cdot\left(-\frac{2}{15}\right)$

c) $\frac{3}{4}\cdot\left(-\frac{12}{21}\right)$
$\frac{7}{4}\cdot\left(-\frac{20}{49}\right)$
$\frac{14}{33}\cdot\left(-\frac{121}{98}\right)$
$\frac{24}{65}\cdot\left(-\frac{91}{60}\right)$

d) $\left(-\frac{1}{2}\right)\cdot(-2)$
$\frac{1}{3}\cdot(-6)$
$\left(-\frac{4}{7}\right)\cdot(-14)$
$\left(-\frac{3}{4}\right)\cdot 28$

8.
a) Führe die Berechnung von $(-1,2)\cdot\left(+\frac{3}{4}\right)$ auf den drei angegebenen Wegen durch.

b) Berechne möglichst geschickt.
(1) $(-3,5)\cdot\left(+\frac{3}{5}\right)$
(2) $(+0,16)\cdot\left(-\frac{5}{8}\right)$
(3) $(-0,36)\cdot\left(+\frac{2}{3}\right)$
(4) $(-4,9)\cdot\left(-\frac{4}{7}\right)$
(5) $\left(-\frac{9}{2}\right)\cdot(-0,5)$
(6) $\left(-\frac{13}{4}\right)\cdot(-0,2)$
(7) $\left(-\frac{3}{5}\right)\cdot(-2,25)$
(8) $\left(-\frac{3}{8}\right)\cdot 0$

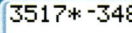

Aufgabe: $(-1,2)\cdot\left(+\frac{3}{4}\right)=?$

1. Weg: Umwandeln in Brüche
$(-1,2)\cdot\left(+\frac{3}{4}\right)=\left(-\frac{6}{5}\right)\cdot\left(+\frac{3}{4}\right)=\ldots$

2. Weg: Umwandeln in Dezimalbrüche
$(-1,2)\cdot\left(+\frac{3}{4}\right)=(-1,2)\cdot(+0,75)=\ldots$

3. Weg: Bruch als Anteil nehmen
$(-1,2)\cdot\left(+\frac{3}{4}\right)=\frac{3}{4}$ von $(-1,2)=\ldots$

c) Erfinde je eine Aufgabe, für die der 1. Weg, der 2. Weg, der 3. Weg am günstigsten ist.

9. Carolina möchte die Aufgabe $3517\cdot(-348)$ mit ihrem Taschenrechner berechnen. Untersuche, welche der folgenden Eingaben bei deinem Taschenrechner korrekt ist.

`3517*-348`   `3517*(-348)`   `3517* -348`

10. Ein Partner überschlägt die Aufgabe im Kopf, der zweite berechnet sie mit dem Taschenrechner. Vergleicht die Ergebnisse und wechselt euch nach jedem Aufgabenblock ab.
a) $(-2,35)\cdot(-6,97)$
b) $(-7,34)\cdot 2,8$
c) $21,5\cdot 1,93$
d) $(-6,73)\cdot(-2,1)$
e) $(-14,9)\cdot 0$
f) $2,17\cdot(-3,49)$
g) $(-374)\cdot 194$
h) $(-354)\cdot(-891)$
i) $(-44,7)\cdot(-7,49)$
j) $(-3,85)\cdot 6,67$
k) $(-74,3)\cdot 0$
l) $7,96\cdot(-6,95)$

11. In welchem Bereich liegt das Ergebnis? Überlege im Kopf.
a) $(-3,7)\cdot(+0,01)$
b) $\left(+10\frac{2}{3}\right)\cdot\left(-\frac{8}{5}\right)$
c) $\left(-\frac{1}{10}\right)\cdot\left(-\frac{11}{9}\right)$

```
    A    B   C    D
    |    |   |    |→
   -1    0  +1
```

12. Schreibe die vorgegebene Zahl auf vier Weisen als Produkt.
a) 36   b) -36   c) 2   d) -2   e) $\frac{1}{8}$ f) $-\frac{1}{8}$ g) $\frac{1}{3}$ h) $-\frac{1}{3}$

13.
a) $-(+2)$
b) $-\left(-\frac{2}{3}\right)$
c) $-(-1)$
d) $-(-0)$
e) $-\left(-\frac{1}{3}\right)$
f) $-(-(-7))$

14.
a) $-[(-23)+(-43)]$
b) $-[(+27)-(-86)]$
c) $-[(-12)\cdot 3]$
d) $-[-17\cdot(-4)]$
e) $-[-[(-2,4)+(-1,7)]]$
f) $-(-2,3)\cdot[(-3,5)\cdot(-(-1,4))]$

15. Jetzt kennst du drei verschiedene Bedeutungen für das Minuszeichen:
  – als Vorzeichen einer Zahl
  – als Rechenzeichen für die Subtraktion
  – als Zeichen für das Bilden der entgegengesetzten Zahl
  a) Schreibe für jede Bedeutung einen Term, in dem nur ein Minuszeichen vorkommt.
  b) Schreibe einen Term, in dem das Minuszeichen in jeder Bedeutung einmal vorkommt.

16. Schreibe als Potenz. Berechne auch den Wert der Potenz.
  a) $(-1) \cdot (-1) \cdot (-1) \cdot (-1) \cdot (-1) \cdot (-1) \cdot (-1) \cdot (-1)$
  b) $(-10) \cdot (-10) \cdot (-10) \cdot (-10) \cdot (-10) \cdot (-10) \cdot (-10)$
  c) $(-0{,}1) \cdot (-0{,}1) \cdot (-0{,}1) \cdot (-0{,}1) \cdot (-0{,}1)$
  d) $(-4) \cdot (-4) \cdot (-4) \cdot (-4) \cdot (-4)$
  e) $\left(-\frac{1}{3}\right) \cdot \left(-\frac{1}{3}\right) \cdot \left(-\frac{1}{3}\right)$
  f) $\left(+\frac{2}{5}\right) \cdot \left(+\frac{2}{5}\right) \cdot \left(+\frac{2}{5}\right)$

17. Tabea und Lukas sind verschiedener Meinung. Erklärt beiden, wer Recht hat.

18.
  a) $(-3)^4$
  b) -3^4
  c) $(+7)^3$
  d) $(-2)^7$
  e) -2^7
  f) $(+2)^0$
  g) $(-6)^1$
  h) 0^{12}
  i) $(-0{,}2)^5$
  j) $(-0{,}3)^0$
  k) $-2{,}5^2$
  l) $\left(-\frac{1}{2}\right)^6$

19. Julian wollte -35 mit 6 potenzieren. Das Ergebnis des Taschenrechners überrascht ihn. Was meinst du dazu?

20. Entscheide, ob die Aussage falsch oder richtig ist. Begründe.
  a) $(-9)^{75}$ ist negativ
  b) -47^{28} ist positiv
  c) $(-91)^{21} > 0$
  d) $(-276)^{48} < 0$
  e) $(-715)^{39} > 0^5$
  f) $(-23)^5 < (-34)^5$
  g) $(-12)^6 < (-17)^6$
  h) $(-15)^4 < (-15)^6$

21. Entscheide, ob die Aussage falsch oder richtig ist. Begründe.
  a) Eine Potenz mit ungeradem Exponenten ist stets negativ.
  b) Eine Potenz mit geradem Exponenten ist stets positiv.
  c) Ist eine Potenz negativ, so ist der Exponent ungerade.
  d) Ist eine Potenz positiv, so ist der Exponent gerade.
  e) Keine Potenz mit der Basis 0 ist negativ.

22. Multipliziere nebeneinander stehende Zahlen. Schreibe das Ergebnis im Heft in das Feld über den beiden Zahlen.

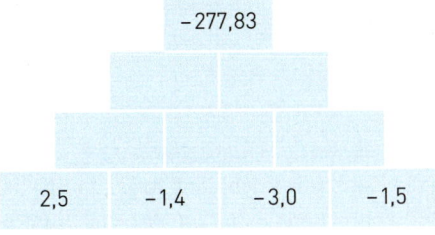

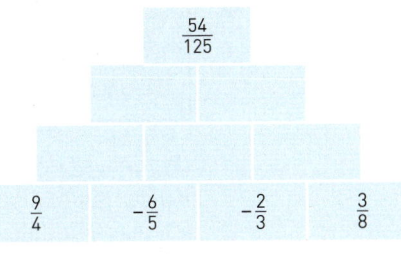

2.7.2 Rechengesetze der Multiplikation

Einstieg   Ronja und Robin haben eine Aufgabe gelöst. Vergleicht ihre Wege und erläutert ihr Vorgehen.

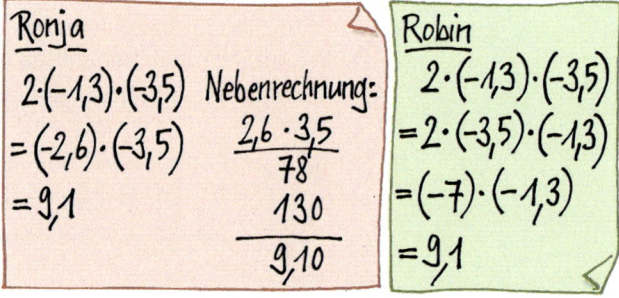

Aufgabe 1 Wie kannst du ohne viel zu rechnen die Aufgaben rechts im Kopf vorteilhaft lösen? Welche Rechengesetze wendest du dabei an?

$$(1)\quad \left(-\tfrac{3}{37}\right) \cdot \tfrac{5}{2} \cdot \left(-\tfrac{37}{9}\right)$$
$$(2)\quad \tfrac{7}{19} \cdot \left(-\tfrac{43}{17}\right) \cdot \left(-\tfrac{34}{43}\right)$$

Lösung Eigentlich müsste man die Terme von links nach rechts berechnen. Günstiger ist folgendes Vorgehen:

(1) $\left(-\tfrac{3}{37}\right) \cdot \tfrac{5}{2} \cdot \left(-\tfrac{37}{9}\right)$
$= \left(-\tfrac{3}{37}\right) \cdot \left(-\tfrac{37}{9}\right) \cdot \tfrac{5}{2}$ ⟵ Vertausche den 2. und den 3. Faktor.
$= \tfrac{\overset{1}{\cancel{3}} \cdot \overset{1}{\cancel{37}}}{\underset{1}{\cancel{37}} \cdot \underset{3}{\cancel{9}}} \cdot \tfrac{5}{2}$
$= \tfrac{5}{3 \cdot 2} = \tfrac{5}{6}$

Es wurde das Kommutativgesetz (Vertauschungsgesetz) der Multiplikation angewandt.

(2) $\tfrac{7}{19} \cdot \left(-\tfrac{43}{17}\right) \cdot \left(-\tfrac{34}{43}\right)$
$= \tfrac{7}{19} \cdot \left[\left(-\tfrac{43}{17}\right) \cdot \left(-\tfrac{34}{43}\right)\right]$ ⟵ Rechne nicht von links nach rechts.
$= \tfrac{7}{19} \cdot \left(+\tfrac{\overset{1}{\cancel{43}} \cdot \overset{2}{\cancel{34}}}{\underset{1}{\cancel{17}} \cdot \underset{1}{\cancel{43}}}\right)$
$= \tfrac{7}{19} \cdot \tfrac{2}{1} = \tfrac{14}{19}$

Es wurde das Assoziativgesetz (Verbindungsgesetz) der Multiplikation angewandt.

Information Kommutativgesetz und Assoziativgesetz der Multiplikation für rationale Zahlen
Diese Gesetze gelten nicht nur für gebrochene Zahlen, sondern auch für rationale Zahlen.

> **Kommutativgesetz (Vertauschungsgesetz) für die Multiplikation**
> In einem Produkt darf man die Faktoren vertauschen. Der Wert des Produktes ändert sich dabei nicht.
> Denke dir rationale Zahlen anstelle von a und b. Stets gilt:
> **a · b = b · a**
> *Beispiel:* $(-4) \cdot (+6) = (+6) \cdot (-4)$

Begründung des Kommutativgesetzes (Vertauschungsgesetzes)
Bei der Multiplikation rationaler Zahlen werden die Beträge multipliziert.
Für das Multiplizieren dieser gebrochenen Zahlen gilt das Kommutativgesetz.
Außerdem ändert sich beim Vertauschen das Vorzeichen im Ergebnis nicht.

	+	−
+	+	−
−	−	+

2.7 Multiplizieren rationaler Zahlen

> **Assoziativgesetz (Verbindungsgesetz) für die Multiplikation**
> In einem Produkt aus drei Faktoren darf man Klammern beliebig setzen oder auch weglassen. Der Wert des Produktes ändert sich dabei nicht.
> Denke dir rationale Zahlen anstelle von a, b, c. Stets gilt:
> **(a · b) · c = a · (b · c)**
> Daher kann man die Klammern auch weglassen: **a · b · c**
> Beispiel: $[(+2)\cdot(-3)]\cdot(+5) = +2\cdot[(-3)\cdot(+5)] = (+2)\cdot(-3)\cdot(+5)$

Begründung des Assoziativgesetzes (Verbindungsgesetzes)
Beim Multiplizieren dreier rationaler Zahlen werden die Beträge multipliziert. Für die Multiplikation dieser gebrochenen Zahlen gilt das Assoziativgesetz. Das Vorzeichen des Produktes hängt nur von den Vorzeichen der Faktoren ab, nicht aber davon, wie die Faktoren durch Klammern verbunden sind.

Übungsaufgaben

2. Berechne möglichst vorteilhaft.

a) $11 \cdot (-4) \cdot 25$
b) $(-13) \cdot 25 \cdot (-12)$
c) $(-125) \cdot (-7) \cdot (-8)$
d) $2{,}5 \cdot (-1{,}5) \cdot 8$
e) $(-0{,}8) \cdot (-3{,}7) \cdot 1{,}25$
f) $(-0{,}1) \cdot (-0{,}02) \cdot (-0{,}05)$
g) $\left(-\frac{2}{9}\right) \cdot \left(-\frac{3}{8}\right) \cdot \frac{3}{2}$
h) $\frac{5}{7} \cdot \frac{4}{9} \cdot \left(-\frac{7}{10}\right)$
i) $\left(-2\frac{1}{2}\right) \cdot \left(-\frac{3}{11}\right) \cdot \frac{4}{5}$

3. Berechne möglichst vorteilhaft. Welche Gesetze wendest du dabei an?

a) $\left(\frac{17}{37} \cdot \frac{2}{3}\right) \cdot \left(-\frac{37}{17}\right)$
b) $\left(-\frac{4}{6}\right) \cdot \left(\frac{3}{4} \cdot \frac{1}{7}\right)$
c) $\frac{8}{11} \cdot \left(\frac{2}{3} \cdot \frac{22}{8}\right)$
d) $\left(-\frac{2}{3}\right) \cdot \left(\left(\frac{-5}{11}\right) \cdot \left(-\frac{3}{2}\right)\right)$

4. a) $0{,}7 \cdot (-20) \cdot (-0{,}3) \cdot (-5)$
b) $1{,}2 \cdot (-25) \cdot (-1{,}5) \cdot (-40)$
c) $4 \cdot (-7) \cdot \frac{1}{14} \cdot (-1)$

Das kann ich noch!

A) Bestimme die Größe der Winkel.

1)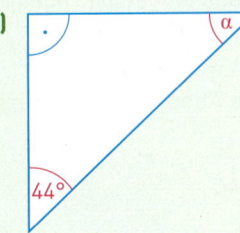
2) a ∥ c, b ∥ d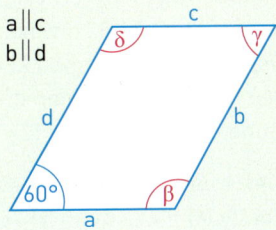
3) a ∥ b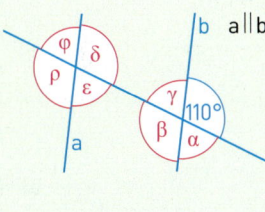
4)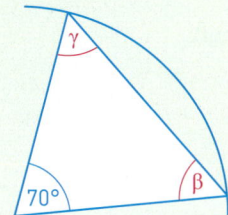
5)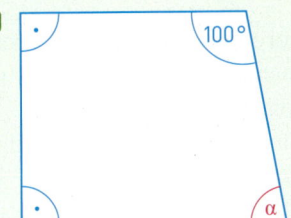
6)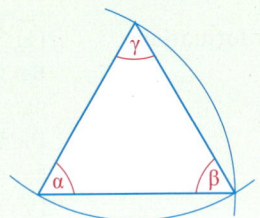

B) Untersuche auf Symmetrie
1) gleichschenkliges Dreieck
2) gleichseitiges Dreieck
3) Rechteck
4) Parallelogramm
5) Rhombus
6) Drachen

2.8 Dividieren rationaler Zahlen

Einstieg

a) Bestimmt die Zahl, die Marie sich gedacht hat. Schreibt eine Rechnung dazu auf. Wie könnt ihr euer Ergebnis überprüfen?
b) Denke dir selbst entsprechende Multiplikationsaufgaben aus, schreibe sie auf und stelle sie deinem Partner. Wechselt euch nach jeder Aufgabe ab.
c) Seht euch eure Aufgaben noch einmal gemeinsam an und versucht, eine Regel für die Division rationaler Zahlen zu formulieren.

Aufgabe 1

Regel für das Dividieren rationaler Zahlen

a) Toms Eltern haben eine Tageszeitung abonniert. Toms Mutter möchte im kommenden Jahr das Abonnement monatlich bezahlen.
Welcher Betrag wird im Monat abgebucht? Rechne mit negativen Zahlen.
Kontrolliere dein Ergebnis mithilfe der entgegengesetzten Rechenart.

b) Welche Ergebnisse vermutest du für
(1) $(+144):(-6)$,   **(2)** $(-98):(-14)$?
Kontrolliere jeweils mithilfe der entgegengesetzten Rechenart.

Lösung

a) Der Jahresbetrag ist durch Verzwölffachen des Monatsbetrages entstanden.
Also muss jetzt durch 12 dividiert werden: $(-348):12 = -29$
Ergebnis: Monatlich müssen 29 € abgebucht werden.
Kontrolle: Verzwölffacht man die monatliche Abbuchung, so muss sich die jährliche Abbuchung ergeben: $(-29) \cdot 12 = -348$

b) **(1)** $(+144):(-6) = -24$, denn $(-24) \cdot (-6) = +144$
(2) $(-98):(-14) = +7$, denn $(+7) \cdot (-14) = -98$

Information

(1) Dividieren macht Multiplizieren rückgängig

Bei gebrochenen Zahlen, also positiven rationalen Zahlen, gilt:
Die Division macht rückgängig, was die Multiplikation bewirkt.
Das soll auch bei negativen Zahlen, also bei allen rationalen Zahlen gelten.

> Das Dividieren durch eine von 0 verschiedene rationale Zahl macht rückgängig, was das Multiplizieren mit derselben rationalen Zahl bewirkt hat.

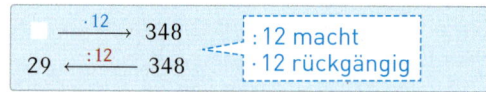

2.8 Dividieren rationaler Zahlen

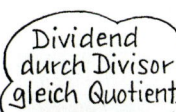

(2) Divisionsregel
Die Kontrolle der Beispiele in der Aufgabe zeigt, dass für das Dividieren die entsprechende Vorzeichenregel wie beim Multiplizieren gelten muss.

Regel für die Division rationaler Zahlen
Man dividiert eine rationale Zahl durch eine von 0 verschiedene rationale Zahl, indem man die Beträge dividiert und das Vorzeichen nach folgender Regel setzt:
Bei gleichen Vorzeichen von Dividend und Divisor ist der Quotient positiv;
bei verschiedenen Vorzeichen von Dividend und Divisor ist der Quotient negativ.

plus durch plus ergibt plus
minus durch minus ergibt plus
plus durch minus ergibt minus
minus durch plus ergibt minus

Beispiele:
$(+21):(+3) = +(21:3) = +7$
$(-21):(-3) = +(21:3) = +7$
$(-21):(+3) = -(21:3) = -7$
$(+21):(-3) = -(21:3) = -7$

Weiterführende Aufgaben

Division durch null
2. Untersuche, ob folgende Aufgaben ein eindeutiges Ergebnis haben. Mache dazu stets die Kontrolle durch Multiplikation.
   a) $0:(-5)$
   b) $(-5):0$
   c) $0:0$

Durch 0 kann man nicht dividieren.
$(-3):0$ und $0:0$ bezeichnen keine rationale Zahl.

Division rationaler Zahlen, die mit Brüchen geschrieben sind
3. a) Erläutere die Rechnung rechts.
   b) Rechne ebenso:
   (1) $\left(-\frac{2}{3}\right):\left(-\frac{7}{3}\right)$
   (2) $\left(-\frac{4}{9}\right):(+5)$
   (3) $\left(-1\frac{1}{2}\right):\left(-\frac{1}{5}\right)$
   c) Du weißt, dass man bei gebrochenen Zahlen anstelle einer Division auch die Multiplikation mit dem Reziproken des Divisors durchführen kann.
   Welche Multiplikationsaufgabe ist gleichbedeutend mit $\left(+\frac{4}{9}\right):\left(-\frac{5}{6}\right)$?

$\left(+\frac{4}{9}\right):\left(-\frac{5}{6}\right) = -\left(\frac{4}{9}:\frac{5}{6}\right)$
$= -\left(\frac{4}{9} \cdot \frac{6}{5}\right)$
$= -\frac{8}{15}$

Das Reziproke bezeichnet man auch als Kehrwert.

(1) Man erhält das **Reziproke** einer rationalen Zahl (ungleich 0), indem man Zähler und Nenner vertauscht und das Vorzeichen beibehält.
Beispiele: $-\frac{9}{2}$ ist das Reziproke von $-\frac{2}{9}$; $+\frac{5}{2}$ ist das Reziproke von $+\frac{2}{5}$

(2) Durch eine (von 0 verschiedene) Zahl wird dividiert, indem man mit dem Reziproken multipliziert.
Beispiele:

$\left(+\frac{2}{5}\right):\left(-\frac{3}{4}\right)$
$= \left(+\frac{2}{5}\right)\cdot\left(-\frac{4}{3}\right)$
$= -\frac{8}{15}$

$\left(-\frac{3}{8}\right):\left(+\frac{2}{5}\right)$
$= \left(-\frac{3}{8}\right)\cdot\left(+\frac{5}{2}\right)$
$= -\frac{15}{6}$

$6:\left(-1\frac{1}{2}\right)$
$= 6:\left(-\frac{3}{2}\right)$
$= 6\cdot\left(-\frac{2}{3}\right)$
$= -4$

$(-24):\left(-\frac{1}{6}\right)$
$= (-24)\cdot(-6)$
$= 144$

Vertauschen von Multiplikations- und Divisionsschritten zum vorteilhaften Rechnen

4. **a)** Berechne von links nach rechts.
   Kannst du das Ergebnis auch einfacher erhalten?
   (1) $(-46) \cdot 7 : (-23)$ **(2)** $\left(-20\frac{2}{3}\right) : (-4) : 10\frac{1}{3}$

   b) Begründe die folgende Regel.
   Ersetze dazu jeden Divisionsschritt durch den Multiplikationsschritt mit dem Kehrwert.

Aufeinander folgende Multiplikations- und Divisionsschritte darf man vertauschen.
Dabei ändert sich der Wert des Terms nicht.
Denke dir rationale Zahlen für a, b, c. Stets gilt:
$a \cdot b : c = a : c \cdot b$ (für $c \neq 0$) $a : b : c = a : c : b$ (für $b \neq 0$ und $c \neq 0$)
Beispiel: $(-8) \cdot (-3) : (+2) = (-8) : (+2) \cdot (-3)$ $36 : (-4) : 3 = 36 : 3 : (-4)$

Übungsaufgaben

5. Berechne die durchschnittliche monatliche Schuldenaufnahme der Gemeinde Neuhausen. Notiere eine Aufgabe mit negativen Zahlen.

   Finanzmisere in Neuhausen
   Zum Jahresbeginn stand die Gemeinde Neuhausen noch schuldenfrei da. Der Ausbau neuer Wohngebiete erforderte in nur einem Vierteljahr eine Verschuldung von 300 000 €.

6. Von Herrn Lehmanns Konto wird einmal im Jahr 192 € als Familienbeitrag für den Sportverein abgebucht. Man kann den Beitrag auch in monatlichen Raten abbuchen lassen. Wie hoch wäre die monatliche Abbuchung? Notiere eine Aufgabe mit negativen Zahlen.

7. Jeder Partner berechnet die angegebenen Quotienten und lässt sich die Ergebnisse von seinem Partner mit der entgegengesetzten Rechenart kontrollieren.

Partner A	Partner B	Partner A	Partner B
$(+32):(-4)$	$(-21):(-3)$	$(-56):(-7)$	$(-72):(+6)$
$(+32):(+4)$	$(+21):(-3)$	$(+56):(-7)$	$(-72):(-6)$
$(-32):(+4)$	$(+21):(+3)$	$(+56):(+7)$	$(+72):(+6)$
$(-32):(-4)$	$(-21):(+3)$	$(-56):(+7)$	$(+72):(-6)$

8. Berechne.
   a) $(-45):(-9)$ e) $(-280):(-4)$ i) $(-270):(-90)$ m) $(-96):(-12)$
   b) $(+77):(-7)$ f) $(+360):(+2)$ j) $(-240):(+60)$ n) $(-169):(+13)$
   c) $(-96):(-3)$ g) $(+480):(-8)$ k) $(+480):(-60)$ o) $(+144):(-8)$
   d) $(+54):(+6)$ h) $(-360):(+3)$ l) $(+630):(+70)$ p) $(+121):(+11)$

9. a) $(-3):8$ e) $(-1,5):3$ i) $(-1,5):(-0,5)$ m) $12:(-0,5)$
   b) $(-4):(-1)$ f) $(-0,72):(-6)$ j) $4,2:2,1$ n) $(-6):(-0,1)$
   c) $6:(-6)$ g) $6:(-0,3)$ k) $(-3,6):0,9$ o) $5:0,2$
   d) $(-6):8$ h) $(-4):(-0,75)$ l) $6,8:(-1,7)$ p) $(-9):0,3$

Erinnere dich: Bei positiven Zahlen kann man das Vorzeichen und die Zahlklammern weglassen.

2.8 Dividieren rationaler Zahlen

Verwechsle nicht Kehrwert und Gegenzahl.

10. Fülle folgende Tabelle in deinem Heft aus.

Zahl a	$-\frac{2}{3}$	$+\frac{3}{4}$		$+\frac{12}{5}$		$+4$	$-\frac{1}{4}$	$+\frac{1}{4}$	$+0{,}5$	
Kehrwert von a	$-\frac{3}{2}$							$+3$		$-1{,}5$
Gegenzahl von a	$+\frac{2}{3}$		$-\frac{7}{9}$		$+3$					

11.
a) $\left(-\frac{3}{4}\right):\frac{2}{7}$
b) $\left(-\frac{2}{9}\right):\frac{8}{5}$
c) $\left(-\frac{1}{2}\right):\frac{3}{2}$
d) $\frac{7}{8}:\left(-\frac{2}{3}\right)$
e) $\frac{5}{9}:\frac{8}{3}$
f) $\left(-\frac{5}{9}\right):\frac{25}{18}$
g) $\frac{2}{3}:\left(-\frac{5}{2}\right)$
h) $\left(-\frac{2}{3}\right):\frac{5}{3}$
i) $\left(-\frac{2}{3}\right):\left(-\frac{5}{2}\right)$
j) $\left(-1\frac{1}{2}\right):2\frac{3}{5}$
k) $\left(-3\frac{2}{3}\right):1\frac{3}{4}$
l) $\left(-2\frac{2}{3}\right):\left(-1\frac{1}{2}\right)$

12. Berechne, wenn möglich. Gib den Grund an, wenn du nicht weiterrechnen kannst.
a) $0:(-5)$
b) $(-7):0$
c) $0:0$
d) $0:\left(-\frac{2}{3}\right)$
e) $\left(-\frac{2}{3}\right):0$

13. Merle wollte -518 durch $\frac{1}{2}$ dividieren. Das Ergebnis überrascht sie. Was meinst du dazu?

`-518/1/2`
`        -259`

14. Berechne mit dem Taschenrechner. Runde das Ergebnis auf zwei Nachkommastellen.
a) $(-4{,}753):(-7{,}25)$
b) $(-3{,}49):2{,}85$
c) $(-34{,}795):(-21{,}76)$
d) $(-42{,}76):12{,}47$
e) $194{,}764:(-13{,}85)$
f) $18{,}734:73{,}66$

Bruch in Dezimalbruch umwandeln oder umgekehrt?

15.
a) $(-0{,}6):\frac{1}{2}$
b) $\frac{7}{8}:(-0{,}25)$
c) $\left(-2\frac{1}{4}\right):(-0{,}75)$
d) $1{,}75:\left(-\frac{3}{4}\right)$
e) $\left(-\frac{2}{3}\right):0{,}5$
f) $\left(-\frac{1}{3}\right):(-0{,}2)$
g) $\frac{2}{3}:(-0{,}6)$
h) $(-0{,}4):\left(-1\frac{2}{3}\right)$
i) $-\frac{4}{7}:0{,}8$
j) $0{,}9:\left(-\frac{2}{7}\right)$
k) $1\frac{1}{7}:(-1{,}2)$
l) $(-2{,}5):\left(-\frac{5}{7}\right)$

16. Was für eine Zahl erhält man, wenn man eine Zahl a durch (-1) dividiert?

17. Entscheide, ob falsch oder richtig. Begründe.
a) Wenn man in einem Quotienten zum Dividenden $+1$ und zum Divisor -1 addiert, ändert sich der Wert des Quotienten nicht.
b) Wenn man in einem Quotienten den Dividenden mit -1 multipliziert und den Divisor durch -1 dividiert, ändert sich der Wert des Quotienten nicht.
c) Wenn man in einem Quotienten rationaler Zahlen die Vorzeichen von Dividend und Divisor austauscht, ändert sich der Wert des Quotienten nicht.
d) Wenn man in einem Quotienten den Divisor mit -2 multipliziert, verdoppelt sich der Wert des Quotienten und wechselt sein Vorzeichen.

18. Berechne möglichst vorteilhaft.
a) $(-8{,}4)\cdot 1{,}5:2{,}1$
b) $6{,}4:(-3):0{,}8$
c) $(-2{,}5):0{,}8\cdot(-4)$
d) $165:(-0{,}3):(-5)$
e) $17\frac{1}{4}\cdot\left(-1\frac{1}{6}\right):5\frac{3}{4}$
f) $8\frac{4}{5}:4\frac{1}{8}:\left(-3\frac{2}{3}\right)$

19. Kontrolliere Hendriks Hausaufgaben. Welche Fehler hat er gemacht?

a) $(-10):2 = 2\cdot(-10)$
b) $(-16)\cdot(-2):8 = (-16)\cdot 8\cdot(-2)$
c) $-\frac{15}{8}:5 = -(15:5:8)$
d) $(-3)\cdot 4 + 5 = (-3)\cdot 5 + 4$

Auf den Punkt gebracht

Mindmaps

Übersichtliches kann man besser lernen

Kevin stöhnt: „Jetzt haben wir schon so vieles über rationale Zahlen gelernt. Das soll man sich alles merken und nicht durcheinander bringen. Wie kann man da nur den Überblick behalten?" Seine große Schwester Lina entgegnet: „Ich ordne meine Gedanken immer mit einer Mindmap – das ist so etwas wie eine Gedächtnis-Landkarte. Da werden Zusammenhänge deutlich – und wenn ich mir ein bisschen Mühe gebe, sieht es so gut aus, dass ich mich sofort über das Aussehen an die Inhalte erinnere." Gemeinsam entwickeln sie eine solche Mindmap:

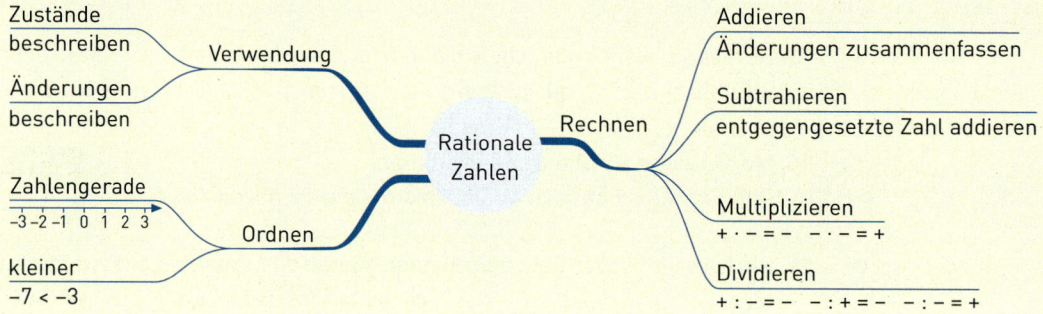

> **Mindmaps**
>
> Mindmaps können helfen, Ideen zu sammeln und Wissen strukturiert zusammenzufassen.
>
> **Regeln für das Anfertigen einer Mindmap:**
> 1. Verwende ein weißes Blatt im Querformat.
> 2. Schreibe in die Mitte das Thema oder das Problem in einen Kreis, eine Wolke o. ä.
> 3. Von diesem Kreis führen Linien (Hauptäste) ab, auf denen jeweils ein Begriff in Druckbuchstaben notiert wird.
> 4. Von diesen Hauptästen können Nebenäste abzweigen.
> 5. Farben, Symbole und Bilder können die Struktur optisch unterstützen.

1. Vergleiche die folgende Mindmap mit der obigen.
   Wäge Vor- und Nachteile gegeneinander ab.

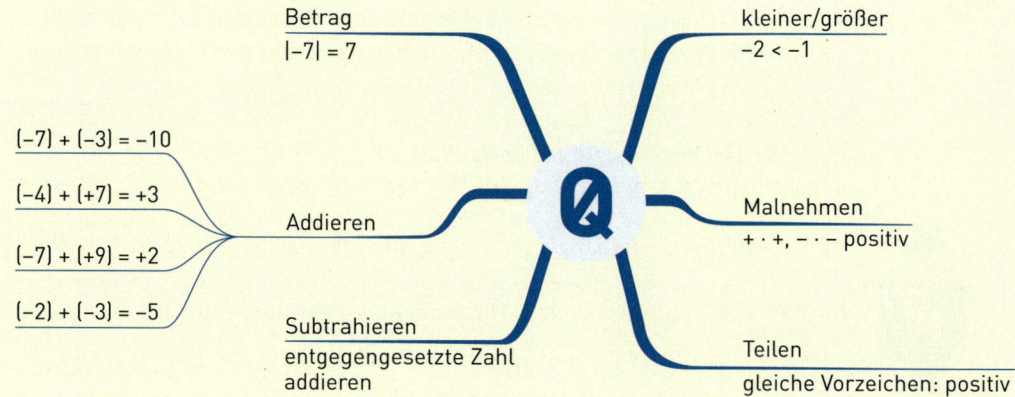

2.9 Vermischte Übungen zu den Grundrechenarten

1. a) $(-48)+(-12)$ **b)** $36+(-9)$ **c)** $(-21)+7$ **d)** $(-4,5)+(-5)$
$(-48)-(-12)$ $36-(-9)$ $(-21)-7$ $(-4,5)-(-5)$
$(-48)\cdot(-12)$ $36\cdot(-9)$ $(-21)\cdot 7$ $(-4,5)\cdot(-5)$
$(-48):(-12)$ $36:(-9)$ $(-21):7$ $(-4,5):(-5)$

2. Die Buchstaben ergeben in der Reihenfolge der Ergebnisse ein Wort.
 a) $5\cdot(-7)$ **c)** $7+(-5)$ **e)** $(-4)\cdot(-6)$ **g)** $(-18):3$
 b) $(-8)\cdot 4$ **d)** $12:(-3)$ **f)** $-7+4$ **h)** $-2-14$

3. a) $(-3):8$ **d)** $(-1,5)-(-0,5)$ **g)** $\left(-\frac{3}{4}\right)\cdot\frac{2}{7}$ **j)** $\frac{5}{9}+\frac{8}{3}$
 b) $(-4)\cdot(-1)$ **e)** $4,2:2,1$ **h)** $\left(-\frac{2}{9}\right)-\frac{8}{5}$ **k)** $\left(-\frac{3}{2}\right)-\frac{5}{2}$
 c) $(+6)+(-6)$ **f)** $\left(-1\frac{1}{2}\right)\cdot 2\frac{3}{5}$ **i)** $\frac{7}{8}:\frac{2}{3}$ **l)** $\left(-\frac{3}{2}\right):\left(-\frac{5}{2}\right)$

4. a) $|8-12|$ **c)** $|-8+12|$ **e)** $|-2+5|-|-2|$
 b) $|-8-12|$ **d)** $|8+12|$ **f)** $|5-7|-|7-5|$

$|7-9|=|-2|=2$

5. Formuliere eine Frage und beantworte mithilfe einer Aufgabe mit negativen Zahlen.
 a) Nachdem der Wasserstand um 1,40 m gefallen war, stieg er wieder um 0,50 m an.
 b) Die tiefste Temperatur nachts betrug −15,5 °C, tagsüber war es höchstens um 8 °C wärmer.
 c) Eine Tiefenbohrung beginnt bei Normalnull. Jeden Tag werden 15 m gebohrt. Nach 14 Tagen sollen die Bohrungen beendet sein.
 d) Heute wurden viele Buchungen auf Herrn Meiers Konto durchgeführt. Insgesamt wurden 367,20 € abgebucht. Darunter befindet sich eine Fehlbuchung: eine Lastschrift von 33,10 €.
 e) Maries Beitrag zum Pferdesportverein wird einmal im Jahr abgebucht: 96 €. Sarah möchte auch in den Verein eintreten, aber vierteljährlich zahlen.
 f) Marc möchte seinem amerikanischen Brieffreund schreiben, dass es zurzeit in Deutschland sehr kalt ist: −13,5 °C. In Amerika wird die Temperatur in Grad Fahrenheit (°F) gemessen.

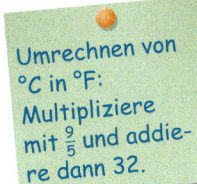

Umrechnen von °C in °F: Multipliziere mit $\frac{9}{5}$ und addiere dann 32.

6. Berechne, wenn möglich. Gib den Grund an, wenn du nicht weiterrechnen kannst.
 a) $0:(-2)$ **c)** $(-3)\cdot 0$ **e)** $0:0$ **g)** $0\cdot 0$
 b) $0\cdot(-4,2)$ **d)** $0-(-1,5)$ **f)** $(-3)+0$ **h)** $(-7,2):0$

7. a) Addiere zu 75 die Zahl −14,4. Addiere zu dem Ergebnis wieder −14,4. Fahre so fort, bis das Ergebnis negativ ist. Wie heißt dann das letzte Ergebnis?
 b) Multipliziere 75 mit −0,4. Multipliziere das Ergebnis wieder mit −0,4. Fahre so fort, bis der Betrag des Ergebnisses kleiner als 1 ist. Wie heißt dann das letzte Ergebnis?
 c) Subtrahiere von −100 die Zahl −13,5. Subtrahiere von dem Ergebnis wieder −13,5. Fahre so fort, bis das Ergebnis positiv ist. Wie heißt dann das letzte Ergebnis?
 d) Dividiere −1 durch −0,25. Dividiere das Ergebnis wieder durch −0,25. Fahre so fort, bis der Betrag des Ergebnisses größer als 100 ist. Wie heißt dann das letzte Ergebnis?

2.10 Terme – Distributivgesetz

2.10.1 Regeln für das Berechnen von Termen

Einstieg

Pumpspeicherwerk

In Pumpspeicherwerken wird nachts mithilfe überschüssiger elektrischer Energie Wasser in ein höheres Becken gepumpt. In der Mittagszeit wird wegen des hohen Bedarfs Wasser zur Stromerzeugung in das untere Becken abgelassen. Dabei wird eine Turbine angetrieben und elektrische Energie in das Stromnetz eingespeist.

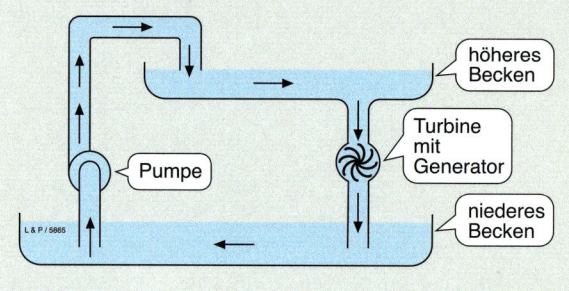

An einem bestimmten Tag betrug der Wasserstand im höheren Becken 18,5 m über dem Beckenboden. Am folgenden Tag wurde nachts Wasser hochgepumpt, sodass der Wasserstand um 5,5 m anstieg. Abgelassen wurden tagsüber 7,5 m. An den nächsten beiden Tagen wurden genau dieselben Veränderungen des Wasserstandes vorgenommen.
Wie hoch war der Wasserstand nach den drei Tagen? Schreibt den Rechenweg als einen Term.

Aufgabe 1 **Punkt- vor Strichrechnung**
Notiere zu den folgenden Wortformen eines Terms den Rechenbaum und den Term. Berechne ihn auch.
(1) Addiere (–3) und 5 und multipliziere das Ergebnis mit (–2).
(2) Addiere zu –3 das Produkt von 5 und (–2).

Lösung Wir zeichnen zunächst die Rechenbäume zu den Wort-Formen.

(1) –3 5 –2   (2) –3 5 –2

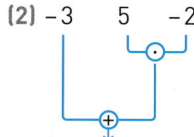

Aus den Rechenbäumen kann man sofort die Terme ablesen:
(1) $[(-3) + 5] \cdot (-2) = 2 \cdot (-2) = -4$
Damit erst die Summe aus (–3) und 5 gebildet wird, müssen Klammern darum gesetzt werden.

(2) $(-3) + 5 \cdot (-2) = -3 + (-10) = -13$
Bei diesem Term wird erst das Produkt aus 5 und (–2) gebildet, bevor addiert wird.
Man könnte daher das Produkt $5 \cdot (-2)$ in Klammern setzen.
Das ist aber nicht nötig, da man vereinbart hat, dass Punktrechnungen vor Strichrechnungen ausgeführt werden sollen.

2.10 Terme – Distributivgesetz

Weiterführende Aufgaben

Terme mit Potenzen, verschachtelten Klammern sowie gleichberechtigten Rechenarten

2. a) $4{,}5 - 7 + 8 \cdot (-0{,}5)^3$ → Potenz zuerst
   b) $0{,}5 : [-4 - (2{,}5 + 3{,}5)]$ → innere Klammer zuerst
   c) $6 : (-4) : (-2)$ → von links nach rechts

Quotient als Bruch geschrieben

3. Du hast gelernt, dass man den Quotienten zweier Terme auch als Bruch schreiben kann, z.B.: $\dfrac{4 + \frac{1}{2}}{3 \cdot 0{,}5}$ anstelle von $\left(4 + \dfrac{1}{2}\right) : (3 \cdot 0{,}5)$.

   Der Hauptbruchstrich ersetzt das Divisionszeichen und die Klammern um Zähler und Nenner. Diese Schreibweise wollen wir auch bei rationalen Zahlen verwenden.

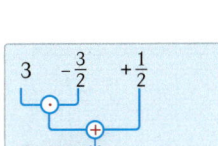

Hauptbruchstrich

$$\dfrac{3 \cdot \left(-\frac{1}{2}\right)}{\frac{1}{2} + \frac{1}{4}} = \dfrac{-\frac{3}{2}}{\frac{3}{4}} = \left(-\dfrac{3}{2}\right) : \left(+\dfrac{3}{4}\right) = -2$$

   Berechne:
   a) $\dfrac{3 - 8}{-2 \cdot (-3)}$
   b) $\dfrac{-\frac{2}{5} \cdot \frac{3}{10}}{-1 + \frac{1}{3}}$
   c) $\dfrac{\left(-\frac{1}{2}\right)}{-0{,}5 \cdot 3}$

Rechenbaum

4. Die Reihenfolge der Berechnungen in einem Term kann man gut mit einem Rechenbaum veranschaulichen.
   a) Erstelle den Term zum Rechenbaum rechts.
   b) Zeichne den Rechenbaum für den Term $-5 - (-4 + 1) \cdot \dfrac{1}{2}$.

Information

Vorrangregeln für das Berechnen von Termen

Terme enthalten einen Rechenweg zu ihrer Berechnung, den man auf einen Blick erkennen kann. Für das Berechnen von Termen hast du Regeln kennen gelernt, die auf Vereinbarungen beruhen (z. B. Punktrechnung geht vor Strichrechnung). Diese Vereinbarungen für die Reihenfolge des Berechnens wollen wir auch für das Rechnen mit rationalen Zahlen beibehalten.

> **Vorrangregeln für das Berechnen von Termen**
> - Das Innere einer Rechenklammer wird zuerst berechnet.
> - Bei verschachtelten Rechenklammern wird die innerste Rechenklammer zuerst berechnet.
> - Wo keine Rechenklammer steht, geht Punktrechnung vor Strichrechnung.
> - Das Berechnen einer Potenz geht noch vor Punkt- und Strichrechnung.
> - Sonst wird von links nach rechts gerechnet.

Übungsaufgaben

5. a) $(-7 - 3) \cdot (-5)$
   b) $(-4) : (3 - 11)$
   c) $12 + 8 : (-2)$
   d) $(-2)^4 - 24$
   e) $-6 + (-4)^3$
   f) $14 - 4 \cdot (-2)^5$
   g) $(-12) \cdot (-5) \cdot (-9) \cdot (-1)$
   h) $200 : (-40) : 5$
   i) $-7 + 48 - 100 + 50 - 99$

6. Carolins Rechnung ist fehlerhaft. Finde den Fehler und korrigiere die Rechnung.

   a) $2{,}5 - 12{,}5 : 0{,}4$
      $= -10 : 0{,}4$
      $= -25$

   b) $-\dfrac{1}{3} - 2 + \dfrac{1}{6}$
      $= -\dfrac{1}{3} - 2\dfrac{1}{6}$
      $= -2\dfrac{1}{2}$

   c) $1 - 1{,}2 \cdot 0{,}5^2$
      $= 1 - 0{,}6^2$
      $= 1 - 0{,}36$
      $= 0{,}64$

7.
a) $(-2{,}4 + 1{,}4) : (-0{,}1)$
b) $(-0{,}25) \cdot (7 - 9{,}2 - 4{,}8)$
c) $1 - \frac{1}{2} \cdot \frac{14}{5} - \frac{4}{5}$
d) $-\frac{1}{2} + \left(-\frac{2}{3}\right) : \left(-\frac{8}{9}\right)$
e) $\left(-\frac{1}{6}\right) \cdot \frac{6}{7} + \frac{1}{4} \cdot \left(-\frac{4}{7}\right)$
f) $\left(-3\frac{3}{4} + 4{,}5 - 1\frac{3}{4}\right)^2$
g) $\left(\frac{1}{2} - 0{,}8\right)^2 - \frac{4}{5} : 10$
h) $8 \cdot \left(-\frac{3}{4}\right)^2 - 4 \cdot 1{,}5^3$
i) $(-15) \cdot [-4 - (1 - 3)] + 1$
j) $[-80 + (-7 - 3) \cdot 2] : (-5)$
k) $-\frac{1}{24} - \left[\frac{1}{18} + \left(\frac{3}{4} \cdot \frac{2}{9}\right)^2\right]$
l) $\left(\frac{1}{3} - \frac{7}{9}\right) : \left(-\frac{2}{5} \cdot \frac{3}{10}\right)$

Spiel

8. Ein Spieler gibt einen Rechenbaum mit Platzhaltern für die Zahlen vor. Die übrigen Spieler versuchen, die Lücken so mit den Zahlen von den Kärtchen links zu füllen, dass sich ein
(1) möglichst großer; (2) möglichst kleiner Wert ergibt.
Der Gewinner erhält einen Punkt und gibt den nächsten Rechenbaum vor.

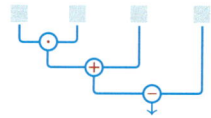

9. Notiere in Wortform und zeichne den Rechenbaum. Berechne auch.
a) $5 \cdot (-7{,}2) + 14$
b) $6{,}4 - (3{,}2 + 2{,}3)$
c) $(1{,}3 - 9{,}5) : 4{,}1$
d) $\left(-\frac{2}{3} + \frac{1}{2}\right) \cdot \left(-\frac{2}{3}\right)$

10.
a) $\dfrac{\frac{3}{4} + 1}{\frac{3}{4} - 1}$
b) $\dfrac{-0{,}5 + \frac{2}{5}}{(-0{,}5) \cdot \frac{3}{5}}$
c) $\dfrac{\frac{5}{12} - \frac{5}{8}}{\frac{5}{9} : \frac{5}{6}}$
d) $\dfrac{3 \cdot \left(-\frac{1}{2}\right) + 1}{3 \cdot \left(-\frac{1}{2} + 1\right)}$
e) $\dfrac{7 \cdot \left(-\frac{3}{7}\right) + 7{,}6}{\frac{3}{7} - 7}$
f) $\dfrac{-\frac{2}{5} : \left(-\frac{5}{2}\right)}{\frac{2}{5} : \left(-\frac{5}{2} + 3\right)}$

11. Der Term $\dfrac{-32 \cdot 18}{8 - 4}$ soll mit einem Taschenrechner berechnet werden.
Entscheide, welche der folgenden Eingaben richtig sind.

| -32*18/8-4 | ((-32)*18)/(8-4) | -32*18/(8-4) |

2.10.2 Distributivgesetz

Einstieg

Fabian erhält auf sein Konto monatlich 15 € Taschengeld überwiesen. Er hebt jeden Monat 8 € ab, um sie auszugeben. Den Rest spart er auf dem Konto.
Wie ändert sich sein Kontostand innerhalb eines Jahres?
Gebt mehrere mögliche Terme dazu an.

Aufgabe 1

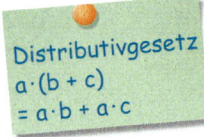
Distributivgesetz
$a \cdot (b + c)$
$= a \cdot b + a \cdot c$

Distributivgesetz für die Multiplikation und Addition
Für natürliche Zahlen und für gebrochene Zahlen kennst du schon das Distributivgesetz.
Prüfe, ob dieses Gesetz auch für rationale Zahlen gilt.
Berechne dazu $(-3) \cdot [(+5) + (-9)]$ und $(-3) \cdot (+5) + (-3) \cdot (-9)$.
Vergleiche anschließend die Ergebnisse.

Lösung

$(-3) \cdot [(+5) + (-9)]$
$= (-3) \cdot \quad (-4)$ ⸺ Klammer zuerst
$= +12$

$(-3) \cdot (+5) + (-3) \cdot (-9)$
$= (-15) \quad + \quad (+27)$ ⸺ Punkt- vor Strichrechnung
$= +12$

Die Ergebnisse stimmen überein. Also gilt: $(-3) \cdot [(+5) + (-9)] = (-3) \cdot (+5) + (-3) \cdot (-9)$

2.10 Terme – Distributivgesetz

Information

(1) Distributivgesetz
Die Beispiele aus der obigen Aufgabe zeigen:

> **Distributivgesetz (Verteilungsgesetz) für die Multiplikation und Addition**
> Es ist gleichgültig, ob man eine Summe von Zahlen mit einer Zahl multipliziert oder ob man jeden Summanden einzeln mit der Zahl multipliziert und dann die Teilprodukte addiert.
> Denke dir rationale Zahlen anstelle von a, b, c. Stets gilt:
> $a \cdot (b + c) = a \cdot b + a \cdot c$
> Da man die Faktoren eines Produktes vertauschen darf, gilt auch:
> $(a + b) \cdot c = a \cdot c + b \cdot c$
> Beispiel: $(-3) \cdot \left[4 + \left(-\frac{1}{3}\right)\right] = (-3) \cdot 4 + (-3) \cdot \left(-\frac{1}{3}\right)$

(2) Anschauliche Begründung für das Distributivgesetz
Wir deuten das Addieren als Aneinanderlegen von Pfeilen, das Multiplizieren als Strecken von Pfeilen (mit Richtungsumkehr gegebenenfalls). Hierbei ist es günstiger, die Summe als ersten Faktor zu haben. Das ist nach dem Kommutativgesetz für das Multiplizieren möglich.
Beispiel: $[(+5) + (-3)] \cdot (-2) = (+5) \cdot (-2) + (-3) \cdot (-2)$

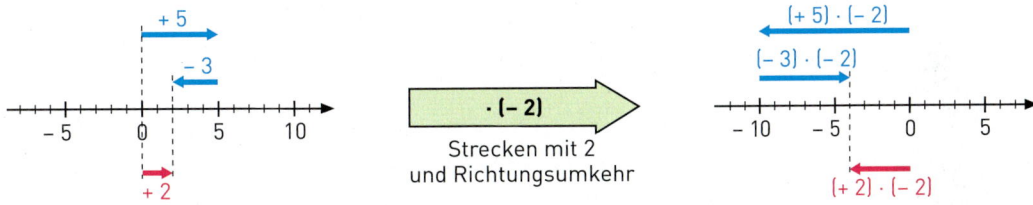

Auch nach dem Strecken und Spiegeln passen die Pfeile genau aneinander. Daher ist es gleichgültig, ob man erst addiert und dann streckt (und gegebenenfalls spiegelt) oder in umgekehrter Reihenfolge vorgeht.

Weiterführende Aufgabe

Weitere Formen des Distributivgesetzes
2. Rechne günstig.

a) $(-6) \cdot \left[\frac{1}{2} - \left(-\frac{1}{3}\right)\right]$ **b)** $[393 + (-186)] : (-3)$ **c)** $[(-484) - (-248)] : (-4)$

Information

(3) Weitere Formen des Distributivgesetztes
Da jede Subtraktion auch als Addition geschrieben werden kann und jede Division als Multiplikation, ergibt sich aus dem Distributivgesetz auch:

> Denke dir rationale Zahlen anstelle von a, b, c. Stets gilt:
> $a \cdot (b - c) = a \cdot b - a \cdot c$
> $(a + b) : c = a : c + b : c$ falls $c \neq 0$
> $(a - b) : c = a : c - b : c$ falls $c \neq 0$

(4) Anwenden eines Rechengesetzes zum Berechnen eines Terms
Manchmal ist es vorteilhafter, zur Berechnung eines Terms ein Rechengesetz anzuwenden (siehe Beispiel rechts). Man weicht dann von dem Rechenweg ab, den der Term beschreibt.

$(-35) \cdot \left(\frac{1}{5} + \frac{1}{7}\right) = (-35) \cdot \frac{1}{5} + (-35) \cdot \frac{1}{7}$ Distributivgesetz
$= -7 + (-5)$
$= -12$

Übungsaufgaben

3. Rechne und vergleiche.
a) $-2,5 \cdot (-7,2 + 17,2)$
$-2,5 \cdot (-7,2) + (-2,5) \cdot 17,2$

b) $(2,2 - 7,7) : 1,1$
$2,2 : 1,1 - 7,7 : 1,1$

c) $(-6,9 + 3,1) : (-5)$
$-6,9 : (-5) + 3,1 : (-5)$

4. Max und Marie haben eine Aufgabe gelöst. Erläutert und vergleicht ihr Vorgehen.

Max:
$\frac{1}{3} \cdot \left(-\frac{4}{7}\right) + \frac{1}{3} \cdot \frac{1}{7}$
$= \frac{1}{3} \cdot \left(-\frac{4}{7} + \frac{1}{7}\right)$
$= \frac{1}{3} \cdot \left(-\frac{3}{7}\right)$
$= -\frac{1}{7}$

Marie:
$\frac{1}{3} \cdot \left(-\frac{4}{7}\right) + \frac{1}{3} \cdot \frac{1}{7}$
$= -\frac{4}{21} + \frac{1}{21}$
$= -\frac{3}{21}$
$= -\frac{1}{7}$

5. Rechne günstig.
a) $(-100 + 4) \cdot 0,2$
b) $1,5 \cdot (-10 - 0,1)$
c) $(-42 + 0,7) : 0,7$
d) $(0,09 - 0,35) : (-0,01)$
e) $-1,9 \cdot 3,3 + 1,9 \cdot 8,3$
f) $-4,13 \cdot 9 - 1,87 \cdot 9$
g) $-1,12 : 3 + 1,3 : 3$
h) $-8,72 : 1,2 - 3,28 : 1,2$
i) $-24 \cdot \left(\frac{7}{8} + \frac{5}{6}\right)$
j) $\left(\frac{1}{3} - \frac{1}{2}\right) : \left(-\frac{1}{6}\right)$
k) $14 \cdot \frac{5}{6} - 14 \cdot \frac{4}{3}$
l) $-1,4 : \frac{2}{5} + 7,4 : \frac{2}{5}$

6. Nicks Rechnung ist fehlerhaft. Finde Fehler und korrigiere.
a) $\left(\frac{3}{5} - \frac{4}{3}\right) : (-30) = -18 - 40 = -58$
b) $(45 - 35) : (-5) = -9 + 35 = -44$
c) $(-14,1 + 1,3) : (-0,1) = 141 - 13 = 118$
d) $\left(\frac{2}{3} - 4\right) : \frac{1}{3} = 2 - \frac{4}{3} = \frac{2}{3}$

7. Setze eine Klammer mithilfe eines Distributivgesetzes. Berechne dann den Term.
a) $-\frac{3}{11} \cdot 4,9 + \frac{14}{11} \cdot 4,9$
b) $\frac{14}{9} : \left(-\frac{1}{25}\right) + \frac{4}{9} : \left(-\frac{1}{25}\right)$
c) $-7,13 \cdot \left(-\frac{5}{6}\right) - 4,87 \cdot \left(-\frac{5}{6}\right)$
d) $2,21 \cdot (-3,42) + 2,79 \cdot (-3,42)$
e) $1,39 : 0,25 - 6,39 : 0,25$
f) $1,9 : 1,5 + 2,6 : 1,5$

$4\frac{1}{7} \cdot \left(-\frac{3}{5}\right) + 5\frac{6}{7} \cdot \left(-\frac{3}{5}\right)$
$= \left[4\frac{1}{7} + 5\frac{6}{7}\right] \cdot \left(-\frac{3}{5}\right)$
$= 10 \cdot \left(-\frac{3}{5}\right)$
$= -6$

Das kann ich noch!

A) Rechts siehst du einen Würfel, bei dem eine Ecke gefärbt ist. Skizziere die gezeichneten Netze in dein Heft und markiere alle Quadratecken, die an der gefärbten Ecke zusammen stoßen.

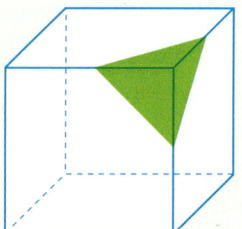

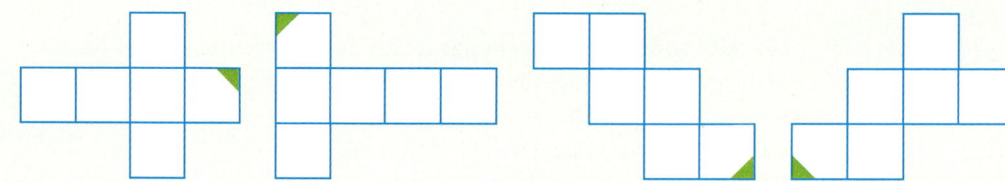

Auf den Punkt gebracht

Probleme mathematisch lösen

Probleme erfassen, erkunden und lösen
Du hast im Mathematikunterricht schon an vielen Stellen Probleme gelöst. Hier soll dir bewusst werden, über welche möglichen Strategien du dabei verfügst.

1. Lars und Yannic treffen sich an einem Sonntag beim Joggen im Park. Lars erzählt, dass er immer zwei Tage Pause zwischen zwei Laufterminen macht. Yannic legt immer vier Tage Pause ein. Wann treffen sich die beiden frühestens wieder beim Joggen im Park?
   Dieses Problem kann man auf verschiedene Weisen lösen:

   (1) Du könntest z. B. in einem Kalender oder einer Tabelle die Tage markieren, an denen Lars bzw. Yannic joggen. Ergänze dazu die folgende Tabelle:

Tag	Sonntag	Montag	Dienstag	Mittwoch	Donnerstag	Freitag
Lars	x			x		
Yannic	x					x

   (2) Du könntest die Treffzeitpunkte auch mit Zahlen beschreiben: Nach dem Sonntag joggt Lars an jedem 3. Tag, Yannic an jedem 5. Tag. Zählst du den Montag nach dem Sonntag als ersten Tag, so kannst du für jeden Läufer die Nummern der Tage angeben, an denen er joggt. Ergänze folgende Übersicht:
   Lars: 3,   6,   9, ...
   Yannic: 5,   10, ...

   (3) Beschreibe das Problem mit dem Begriff „Vielfaches". Welche Vielfachen werden zur Lösung des Problems benötigt?

2. Löse mit einer Strategie, die dir am besten zusagt, folgendes Problem:

   Wie viele Tage vergehen mindestens, bis sich Lars und Yannic wieder an einem Sonntag beim Joggen im Stadtpark treffen?

3. Ragobert Ruck hat schon viele Goldtaler gesammelt, will aber nicht verraten, wie viele er genau hat. Er antwortet daher mit einem Rätsel:
   „Es sind leider noch weniger als 400. Wollte ich sie an zwei Enkel verteilen, so würde ein Taler übrig bleiben. Beim Verteilen an drei, vier, fünf und sechs Enkel wäre es genauso. Nur wenn ich sieben Enkel hätte, könnte ich die Taler gleichmäßig ohne Rest verteilen. Da das leider nicht der Fall ist, muss ich noch weiter sparen."
   Versuche herauszufinden, wie viele Münzen Ragobert Ruck schon gesammelt hat.

4. In einem Streichelzoo leben Ziegen und Hühner. Die Ziegen und Hühner haben zusammen 34 Augen und 46 Beine. Finde heraus, wie viele Ziegen und Hühner sich dort befinden. Erläutere deinen Lösungsweg.

Auf den Punkt gebracht

5. a) Du hast das Distributivgesetz kennen gelernt: **a · (b + c) = a · b + a · c**
Eine informative Figur zu diesem Gesetz ist die folgende. Begründe an ihr das Distributivgesetz.

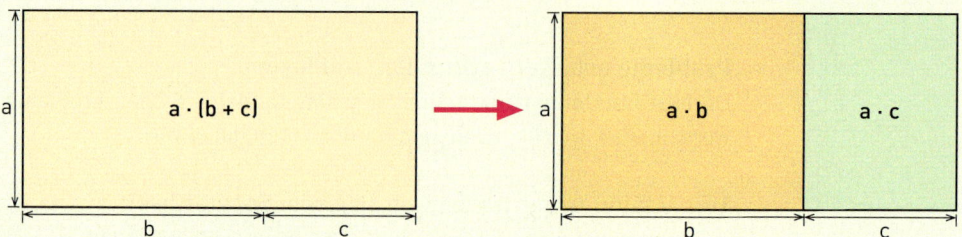

b) Ein anderes Distributivgesetz ist: **(a + b) : c = a : c + b : c**
Zeige an Zahlenbeispielen, dass es gilt. Begründe dann mithilfe einer informativen Figur.

c) Wähle auch andere Rechenzeichen als + und –. Stelle zum Distributivgesetz verwandte Regeln auf und überprüfe, ob sie gelten. Begründe gegebenenfalls auch mit einer informativen Figur.

6. Erläutere die folgende Zusammenfassung an den obigen Beispielen.

> **Einige Problemlösestrategien**
> 1. Oft hilft das *Anfertigen einer informativen Figur*, die den wesentlichen Kern des Problems veranschaulicht.
> 2. Hilfreich ist auch das *Auffinden von Beispielen* für Lösungen des Problems, aus denen man dann Gesetzmäßigkeiten für die allgemeine Lösung ablesen kann.
> Um solche Beispiele zu finden, muss man vermutete mögliche Lösungen durch *Probieren* überprüfen.

7. Der alte Scheich Abh el Chare beklagt sich: „Allah hat mich bestraft mit der Anzahl meiner Kamele: Verteile ich sie an meine beiden Lieblingssöhne, bleibt eines übrig. Verteile ich sie an meine drei liebsten Söhne, bleiben zwei übrig. Verteile ich sie sogar gleichmäßig an alle vier Söhne, so bleiben sogar drei übrig."
Wie viele Kamele kann der Scheich haben? Welche Problemlösestrategie hast du verwendet?

8. Nora, Malte und Jonas unterhalten sich über das Dividieren von Brüchen. Was meinst du zu Maltes Vorschlag? Welche Problemlösestrategie hast du verwendet?

2.11 Quadratwurzeln

2.11.1 Einführung der Quadratwurzeln

Einstieg

Der USA-Staat Wyoming hat eine Größe von ungefähr 250 000 km². Seine Fläche kann näherungsweise als Quadrat betrachtet werden.
Wie lang ist die Grenze von Wyoming mit den anderen Bundesstaaten zu den anderen Staaten ungefähr?

Aufgabe 1

Das Grundstück der Familie Neubauer ist 961 m² groß.
Bestimme die Seitenlänge eines quadratischen Grundstücks gleicher Größe.

Lösung

Man erhält den Flächeninhalt eines Quadrats, indem man die Seitenlänge a quadriert: $A = a^2$
Hier ist der Flächeninhalt 961 m² gegeben, gesucht ist die Seitenlänge.
Wir suchen also eine Maßzahl, für die gilt: $961 = a^2 = a \cdot a$
Die gesuchte Maßzahl muss etwas größer als 30 sein, denn $30 \cdot 30 = 900$ ist kleiner als 961.
Wir finden 31, denn $31 \cdot 31 = 961$.
Ergebnis: Die gesuchte Seitenlänge beträgt 31 m.

Information

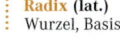
Radix (lat.)
Wurzel, Basis

Definition

Gegeben ist eine nichtnegative Zahl a.
Unter der **Quadratwurzel** aus a (kurz: *Wurzel* aus a) versteht man diejenige nichtnegative Zahl, die mit sich selbst multipliziert die Zahl a ergibt. Für die Quadratwurzel aus a schreibt man $\sqrt{a}$.
Die Zahl a unter dem **Wurzelzeichen** heißt **Radikand**. Das Bestimmen der Quadratwurzel heißt **Wurzelziehen (Radizieren)**.

Beispiele: $\sqrt{961} = 31$, denn $31 \cdot 31 = 961$ und $31 \geq 0$
$\sqrt{0{,}09} = 0{,}3$, denn $0{,}3 \cdot 0{,}3 = 0{,}09$ und $0{,}3 \geq 0$
$\sqrt{\frac{4}{25}} = \frac{2}{5}$, denn $\frac{2}{5} \cdot \frac{2}{5} = \frac{4}{25}$ und $\frac{2}{5} \geq 0$
$\sqrt{0} = 0$, denn $0 \cdot 0 = 0$ und $0 \geq 0$

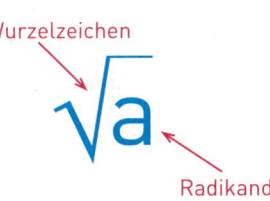

Nicht negativ ist nicht dasselbe wie positiv.

Beachte:
(1) Eine Quadratwurzel ist stets nichtnegativ. Es ist also z. B. $\sqrt{9} = +3$, obwohl auch $(-3) \cdot (-3) = 9$ ist. Man möchte vermeiden, dass z. B. $\sqrt{9}$ zwei verschiedene Zahlen bezeichnet.
(2) Quadratwurzeln kann man nur aus nichtnegativen Zahlen bilden, denn das Produkt zweier gleicher Zahlen kann niemals negativ sein. $\sqrt{-4}$ ist oben nicht definiert.

Weiterführende Aufgabe

Kubikwurzeln

2. Ein Würfel hat das Volumen 8 cm³. Welche Kantenlänge hat dieser Würfel?

> **Definition**
> Gegeben ist eine nichtnegative Zahl a. Unter der **Kubikwurzel** aus a versteht man diejenige nichtnegative Zahl, die mit 3 potenziert die Zahl a ergibt.
> Für die Kubikwurzel schreibt man: $\sqrt[3]{a}$
> *Beispiele:* $\sqrt[3]{1000} = 10$, denn $10^3 = 1000$ $\sqrt[3]{0{,}125} = 0{,}5$, denn $0{,}5^3 = 0{,}125$

Übungsaufgaben

3. Gib die Seitenlänge eines Quadrats mit dem gegebenen Flächeninhalt an:
   a) 36 cm²   b) 121 m²   c) 324 mm²   d) 6,25 m²   e) 0,49 km²

4. Berechne die Quadratzahlen 1^2; 2^2; 3^2; ...; 24^2; 25^2. Du benötigst sie häufiger bei den folgenden Aufgaben. Es lohnt sich, sie auswendig zu wissen.

5. Berechne die Wurzeln im Kopf, wenn es sie gibt:
   a) $\sqrt{49}$ c) $\sqrt{81}$ e) $\sqrt{-64}$ g) $\sqrt{1}$ i) $\sqrt{576}$ k) $\sqrt{10\,000}$
   b) $\sqrt{225}$ d) $\sqrt{0}$ f) $\sqrt{289}$ h) $\sqrt{-196}$ j) $\sqrt{-900}$ l) $\sqrt{6400}$

6. Berechne die Wurzel im Kopf.
   a) $\sqrt[3]{27}$ b) $\sqrt[3]{125}$ c) $\sqrt[3]{216}$ d) $\sqrt[3]{0{,}008}$ e) $\sqrt[3]{\frac{1}{64}}$ f) $\sqrt[3]{0{,}001}$

7. Nimm Stellung zu den Behauptungen rechts.

8. a) $\sqrt{\frac{1}{4}}$ c) $\sqrt{\frac{16}{100}}$ e) $\sqrt{\frac{81}{100}}$
   b) $\sqrt{\frac{169}{196}}$ d) $\sqrt{\frac{361}{324}}$ f) $\sqrt{-\frac{4}{256}}$

9. a) $\sqrt{0{,}25}$ c) $\sqrt{0{,}01}$ e) $\sqrt{2{,}56}$
   b) $\sqrt{0{,}16}$ d) $\sqrt{0{,}09}$ f) $\sqrt{0{,}0049}$

10. Schreibe als Quadratwurzel, wenn es geht.
    a) 12   b) 17   c) –32   d) 300   e) 0,7   f) $\frac{5}{7}$

    $4 = \sqrt{16}$

11. a) $\sqrt{\sqrt{81}}$ b) $\sqrt{\sqrt{16}}$ c) $\sqrt{\sqrt{256}}$ d) $\sqrt{\sqrt{1296}}$ e) $\sqrt{\sqrt{1}}$

    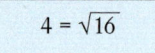

12. Ein quadratischer Bauplatz ist 841 m² groß. Er soll mit einem Bauzaun umgeben werden. Für die Einfahrt sollen 4 m frei bleiben. Wie viel m Zaun benötigt man?

13. Die Oberfläche eines Würfels ist **(1)** 54 dm²; **(2)** 150 dm² groß. Wie groß ist sein Volumen?

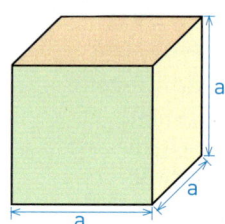

14. Berechne im Kopf.
    a) $3 \cdot \sqrt{100}$ c) $\sqrt{100 - 51}$ e) $\sqrt{9 \cdot \sqrt{16}}$
    b) $\sqrt{6 + 19}$ d) $\sqrt{30 + \frac{1}{2} \cdot 12}$ f) $\sqrt{0{,}1 : \sqrt{\frac{1}{100}}}$

2.11.2 Näherungswerte von Quadratwurzeln

Einstieg Zeichne ein Quadrat mit der Seitenlänge 2 dm. Beim Verbinden der Seitenmittelpunkte erhälst du ein Quadrat mit dem Flächeninhalt 2 dm². Begründe. Miss die Seitenlänge des neuen Quadrats. Versuche, diese Seitenlänge noch genauer anzugeben. Vergleiche mit deinem Partner.

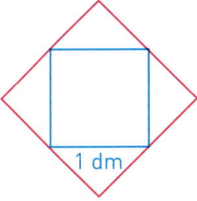

Aufgabe 1 $\sqrt{26}$ ist keine natürliche Zahl, da 26 keine Quadratzahl ist.
a) Versuche $\sqrt{26}$ als Dezimalbruch mit einer Nachkommastelle anzugeben. Falls es nicht gelingt, versuche es mit zwei Nachkommastellen.
b) Bestimme $\sqrt{26}$ mit dem Taschenrechner. Kontrolliere das Ergebnis.

Lösung

a) 26 ist nur wenig größer als 25. Wir probieren daher, ob 5,1 die Wurzel aus 26 ist, indem wir $5{,}1 \cdot 5{,}1$ berechnen:

Also ist $\sqrt{26} \neq 5{,}1$. Da es zwischen 5 und 5,1 keinen Dezimalbruch mit nur einer Nachkommastelle gibt, kann man $\sqrt{26}$ nicht als Dezimalbruch mit nur einer Nachkommastelle schreiben. Wir probieren es daher mit 5,09:

$\sqrt{26}$ ist nicht 5,09 sondern muss etwas größer sein. Da es zwischen 5,09 und 5,10 keinen Dezimalbruch mit zwei Nachkommastellen gibt, kann man $\sqrt{26}$ auch nicht als Dezimalbruch mit zwei Nachkommastellen schreiben.

```
  5,1 · 5,1
  ─────────
     2550
       51
  ─────────
    26,01
```

```
  5,09 · 5,09
  ───────────
     254500
          0
       4581
  ───────────
     25,9081
```

b) Ein Taschenrechner zeigt für $\sqrt{26}$ einen Dezimalbruch mit neun Kommastellen an: 5,099019514. Multipliziert man diesen mit sich selbst, so erhält man ein Ergebnis mit $9 + 9 = 18$ Nachkommastellen. Daher können wir diese Multiplikation nicht mit dem Taschenrechner durchführen. Wir wissen aber, dass die letzte Nachkommastelle eine 6 ist, denn $4 \cdot 4 = 16$. Also ist $\sqrt{26} \neq 5{,}099019514$.

```
5,099019514 · 5,099019514
XXXXXXXXXX↓
  XXXXXXXXX X
      :
      :
XXXXXXXXXXXXXXXXXX6
```

Information In Aufgabe 1 ist es uns nicht gelungen $\sqrt{26}$ als abbrechenden Dezimalbruch zu schreiben. Wir überlegen daher, ob das überhaupt möglich ist. Da man Endnullen bei Dezimalbrüchen weglässt, kommen für die letzte Nachkommastelle die Ziffern 1, 2, 3, 4, 5, 6, 7, 8, 9 infrage. Multipliziert man einen solchen Dezimalbruch mit sich selbst, so erhält man folgende Endziffern:

Endziffer des Dezimalbruchs	1	2	3	4	5	6	7	8	9
Endziffer des Ergebnisses	1	4	9	6	5	6	9	4	1

Da für die Endziffer beim Ergebnis keine 0 vorkommt, hat das Ergebnis doppelt so viele Nachkommastellen wie der Dezimalbruch. Das Ergebnis ist also auf keinen Fall genau 26. Folglich kann man $\sqrt{26}$ nicht als abbrechenden Dezimalbruch schreiben.

> Die Wurzel aus einer natürlichen Zahl n ist entweder eine natürliche Zahl (falls n eine Quadratzahl ist) oder ein nicht abbrechender Dezimalbruch.

Bei der Angabe des Taschenrechners für Wurzeln handelt es sich häufig um Näherungswerte. Wenn exakt gearbeitet werden soll, lässt man daher Wurzeln wie $\sqrt{26}$ so stehen.

Übungsaufgaben

2. Untersuche, ob die Wurzel eine natürliche Zahl, ein abbrechender oder nicht abbrechender Dezimalbruch ist.

a) $\sqrt{121}$ c) $\sqrt{1{,}44}$ e) $\sqrt{41}$ g) $\sqrt{2{,}89}$

b) $\sqrt{192}$ d) $\sqrt{256}$ f) $\sqrt{200}$ h) $\sqrt{0{,}0009}$

3. Bestimme mithilfe des Taschenrechners $\sqrt{2000}$.
Begründe, warum der angezeigte Wert nicht der exakte Wert sein kann.

4. Nimm auf deinem Taschenrechner die kleinste verfügbare Zahl größer als 9 (zum Beispiel 9,000000001). Berechne dann deren Wurzel.
Erkläre das Ergebnis und begründe erneut, dass der Taschenrechner nicht alle Quadratwurzeln genau angeben kann.

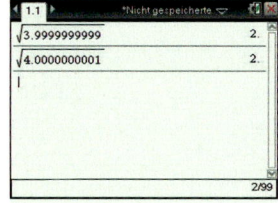

5. Findet mehrere verschiedene Zahlen, die auf euren Taschenrechnern die gleiche Anzeige für ihre Wurzel bewirken.

Primzahl: Natürliche Zahl mit genau zwei Teilern

6. a) Beweise wie in der Information auf Seite 103, dass kein abbrechender Dezimalbruch gleich $\sqrt{2}$ sein kann.
b) Warum versagt der Beweis aus Teilaufgabe a) bei $\sqrt{4}$?

7. Begründe: Die Wurzel aus einer Primzahl ist nie eine natürliche Zahl.

2.11.3 Irrationale Zahlen

Einstieg

Jakob weiß, dass $\sqrt{2}$ kein abbrechender Dezimalbruch ist. Zu der Taschenrechner-Anzeige 1,41421356237 hat er mit viel Mühe einen Bruch gefunden, der einen nicht abbrechenden Dezimalbruch besitzt. Rechts seht ihr seine Überlegungen, ob dieser genau $\sqrt{2}$ ist.

a) Erläutert seine Überlegungen.
b) Überlegt entsprechend, ob es einen anderen Bruch $\frac{m}{n}$ gibt, der genau $\sqrt{2}$ ist.

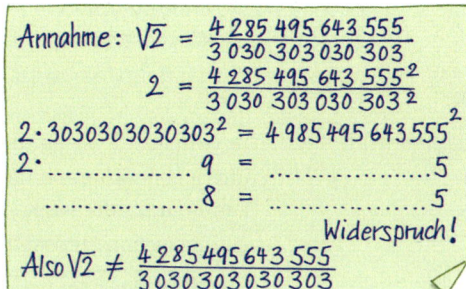

Aufgabe 1

Verwandeln von Brüchen in Dezimalbrüche

a) Verwandle die Brüche $\frac{53}{40}$ und $\frac{20}{7}$ in Dezimalbrüche.

b) Begründe, warum jeder Bruch $\frac{m}{n}$ mit $m, n \in \mathbb{N}^*$ entweder einen abbrechenden oder einen periodischen Dezimalbruch liefert.

c) Verwandle nun umgekehrt den abbrechenden Dezimalbruch 23,68 zurück in einen gewöhnlichen Bruch.

d) Verwandle den periodischen Dezimalbruch $0{,}0\overline{18}$ zurück in einen gewöhnlichen Bruch.
Anleitung: Vergleiche $1000 \cdot 0{,}0\overline{18}$ und $10 \cdot 0{,}0\overline{18}$.

Lösung

a) (1) 53 : 40 = 1,325
   40
   130
   120
   100
    80
   200
   200
     0

Der Rest ist Null.

Ergebnis: $\frac{53}{40}$ = 1,325

Dies ist ein **abbrechender** Dezimalbruch.

(2) 20 : 7 = 2,$\overline{857142}$
   14
   60
   56
   40
   35
   50
   49
   10
    7
   30
   28
   20
   14
    6

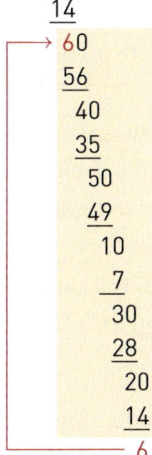

Der Rest 6 wiederholt sich. Folglich wiederholt sich auch die Rechnung in dem roten Feld und damit die Ziffernfolge 857142.

Ergebnis: $\frac{20}{7}$ = 2,$\overline{857142}$

Dies ist ein **periodischer** Dezimalbruch.

b) Die möglichen Reste, die bei der Division m : n auftreten können, sind die Zahlen 0, 1, 2, 3, …, n – 2 und n – 1. Also muss spätestens im n-ten Schritt der Rest 0 erscheinen oder aber es muss ein Rest erscheinen, der schon vorher vorgekommen ist, da es nur n mögliche Reste gibt. Daraus folgt, dass der Dezimalbruch nach spätestens n – 1 Nachkommastellen abbricht oder eine Periode hat, die aus höchstens n – 1 Ziffern besteht.

c) An der 1. Stelle nach dem Komma stehen die Zehntel, an der 2. die Hundertstel, usw.
Also gilt: 23,68 = 23 + $\frac{6}{10}$ + $\frac{8}{100}$ = $\frac{2300 + 60 + 8}{100}$ = $\frac{2368}{100}$ = $\frac{592}{25}$

d) Es ist 1 000 · 0,0$\overline{18}$ = 18,$\overline{18}$
   und   10 · 0,0$\overline{18}$ = 0,$\overline{18}$

Diese beiden Ergebnisse stimmen in allen Nachkommastellen überein. Also erhalten wir durch Subtraktion

1 000 · 0,0$\overline{18}$ = 18,$\overline{18}$
   10 · 0,0$\overline{18}$ = 0,$\overline{18}$ | –
─────────────────────────
 990 · 0,0$\overline{18}$ = 18

Daraus ergibt sich 0,0$\overline{18}$ = $\frac{18}{990}$ = $\frac{1}{55}$.

Information

(1) Charakterisierung rationaler Zahlen

In Aufgabe 1 haben wir an Beispielen gesehen: Wandelt man einen Bruch in einen Dezimalbruch um, so ist dieser abbrechend, oder er wird periodisch. Umgekehrt lässt sich jeder abbrechende aber auch jeder periodische Dezimalbruch in einen gewöhnlichen Bruch umwandeln.

> Rationale Zahlen sind die Zahlen, die sich mit Brüchen angeben lassen. Gibt man sie mit Dezimalbrüchen an, so sind diese abbrechend oder periodisch.
>
> *Beispiele:* $\frac{13}{4}$ = 3,75   abbrechender Dezimalbruch
>
> $-\frac{2}{3}$ = – 0,66666… = – 0,$\overline{6}$ reinperiodischer Dezimalbruch
>
> $\frac{7}{45}$ = 0,15555… = 0,1$\overline{5}$ nicht reinperiodischer Dezimalbruch

Information

(2) Unzulänglichkeit der rationalen Zahlen zum Wurzelziehen

> $\sqrt{2}$ ist nicht als gewöhnlicher Bruch darstellbar; $\sqrt{2}$ ist keine rationale Zahl.

Im Abschnitt 2.11.2 haben gezeigt, dass Wurzeln aus natürlichen Zahlen, die keine Quadratzahlen sind, nicht durch einen abbrechenden Dezimalbruch darstellbar sind. Kann aber irgendwann einmal wie z. B. bei der Umwandlung von $\frac{5}{6}$ in einen Dezimalbruch eine Periode auftreten? Wir versuchen $\sqrt{2}$ als Bruch $\frac{m}{n}$ zu schreiben, wobei m eine ganze Zahl und n eine von null verschiedene natürliche Zahl ist. Ein vollständig gekürzter Bruch kann nur dann sogar eine ganze Zahl darstellen, wenn der Nenner n gleich 1 ist $\left(\text{z. B. } \frac{51}{17} = \frac{3}{1} = 3\right)$. Quadriert man einen gekürzten Bruch, dann ist das Ergebnis auch nicht weiter kürzbar $\left(\text{z. B. } \left(\frac{5}{18}\right)^2 = \frac{5 \cdot 5}{18 \cdot 18} = \frac{25}{324}\right)$.

Wenn $\sqrt{2}$ eine Bruchzahl ist, dann müsste sie sich als vollständig gekürzter Bruch $\frac{m}{n}$ darstellen lassen. Da $\sqrt{2}$ zwischen 1 und 2 liegt, ist $\sqrt{2}$ keine natürliche Zahl. Folglich ist n ungleich 1. Nimmt man $\frac{m}{n} = \sqrt{2}$ an und quadriert beide Seiten der Gleichung, so ergibt sich $\frac{m \cdot m}{n \cdot n} = 2$. Da der Nenner $n \cdot n$ ungleich 1 ist und der Bruch bereits gekürzt ist, kann $\frac{m \cdot m}{n \cdot n}$ nicht gleich der natürlichen Zahl 2 sein. Also ist $\sqrt{2}$ keine rationale Zahl.

Wie bei $\sqrt{2}$ lässt sich auch bei $\sqrt{3}$, $\sqrt{26}$ ... und allen anderen Wurzeln aus natürlichen Zahlen, die keine Quadratwurzeln sind, zeigen, dass sie nicht als Bruch darstellbar sind. Sie lassen sich somit auch nicht als periodische Dezimalbrüche schreiben. Es handelt sich nicht um rationale Zahlen. Solche Zahlen werden irrationale Zahlen genannt.

> **Irrationale Zahlen** sind Zahlen, die sich nicht als Bruch schreiben lassen. Als Dezimalbruch geschrieben sind solche Zahlen nichtabbrechend und auch nichtperiodisch:
> *Beispiele:*
> $\sqrt{2}$ = 1,4142135623...; $\sqrt{5}$ = 2,236067978...

Beachte:
Nicht alle Wurzeln sind irrationale Zahlen, z. B.:
$\sqrt{4}$ ist keine irrationale Zahl, sondern rational, denn $\sqrt{4}$ = 2;
$\sqrt{\frac{25}{9}}$ ist keine irrationale Zahl, sondern rational, denn $\sqrt{\frac{25}{9}} = \frac{5}{3}$.

Weiterführende Aufgaben

Irrationalität der Wurzel aus einem Bruch

2. Beweise ähnlich wie in Information (2) oben, dass $\sqrt{\frac{1}{3}}$ keine rationale Zahl ist.

Neunerperioden

3. a) Verwandle den periodischen Dezimalbruch $0,\overline{9}$ in einen gewöhnlichen Bruch. Du erhältst ein Ergebnis, das zunächst unglaublich erscheint. Überlege, dass es dennoch korrekt ist.

b) Schreibe 1,3 und 2,75 als periodische Dezimalbrüche.

2.11 Quadratwurzeln

Übungsaufgaben

4. Schreibe als Dezimalbruch.

a) $\frac{2}{22}$ d) $-\frac{7}{25}$ g) $\frac{100}{999}$ j) $-\frac{7}{9}$ m) $-\frac{10}{13}$

b) $-\frac{2}{5}$ e) $-\frac{17}{40}$ h) $-\frac{2}{3}$ k) $\frac{222}{37}$ n) $-\frac{5}{14}$

c) $-\frac{19}{12}$ f) $-\frac{13}{16}$ i) $-\frac{23}{16}$ l) $-\frac{8}{11}$ o) $-\frac{75}{64}$ p) $1\frac{7}{9}$ q) $2\frac{1}{7}$ r) $-1\frac{4}{11}$

$\frac{8}{11} = 8 : 11 = 0{,}7272\ldots = 0{,}\overline{72}$

5. Schreibe als Dezimalbruch.

a) $\frac{1}{7};\ \frac{2}{7};\ \frac{3}{7};\ \frac{4}{7};\ \frac{5}{7};\ \frac{6}{7}$ b) $\frac{1}{13};\ \frac{2}{13};\ \frac{3}{13};\ \frac{4}{13};\ \frac{5}{13};\ \frac{6}{13};\ \frac{7}{13};\ \frac{8}{13};\ \frac{9}{13};\ \frac{10}{13};\ \frac{11}{13};\ \frac{12}{13}$

Was fällt dir auf?

6. Schreibe als gewöhnlichen Bruch und kürze.

a) 14,75 b) 0,3333 c) −17,05 d) 0,0002 e) 1,03125 f) −8,290

7. Verwandle den periodischen Dezimalbruch in einen gewöhnlichen, gekürzten Bruch.

a) $2{,}\overline{7}$ d) $2{,}0\overline{7}$ g) $2{,}\overline{07}$ j) $3{,}\overline{2}$ m) $3{,}\overline{200}$ p) $3{,}00\overline{2}$

b) $0{,}\overline{24}$ e) $0{,}2\overline{40}$ h) $0{,}240$ k) $0{,}\overline{024}$ n) $0{,}\overline{2400}$ q) $0{,}2\overline{400}$

c) $22{,}3\overline{5}$ f) $-5{,}3\overline{28}$ i) $19{,}19\overline{1}$ l) $3{,}40\overline{552}$ o) $0{,}1\overline{9}$ r) $7{,}24\overline{9}$

8. Beweise, dass es keine Bruchzahl gibt, die genau gleich der angegebenen Quadratwurzel ist.

a) $\sqrt{8}$ b) $\sqrt{18}$ c) $\sqrt{1\,000}$ d) $\sqrt{\frac{1}{6}}$ e) $\sqrt{0{,}2}$

9. Lara weiß, dass $\sqrt{10}$ kein abbrechender Dezimalbruch ist.
Erläutert und vollendet ihre Überlegungen rechts.

> Ist $\sqrt{10}$ ein periodischer Dezimalbruch?
> Dann ist $\sqrt{10}$ ein Bruch.
> $\sqrt{10} = \frac{m}{n}\quad |\ (\ )^2$
> $10 = \frac{m^2}{n^2}\quad |\cdot n^2$
> $10n^2 = m^2$
> Die Zahl m^2 endet auf 0 oder 2 oder 4…. Nullen, aber die Zahl $10n^2$

Das kann ich noch!

A) Bei einem Quader mit den angegebenen Abmessungen sind die rechteckigen Flächen grün und die quadratischen Flächen rot gefärbt.
Der Quader soll in Würfel mit einer Kantenlänge von 1 cm zerschnitten werden.
1) Wie viele Würfel entstehen?
2) Wie viele Würfel haben zwei grüne Flächen?
3) Wie viele Würfel haben eine rote Fläche?
4) Wie viele Würfel sind ungefärbt?

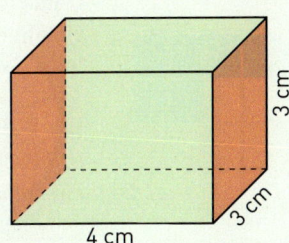

2.12 Reelle Zahlen

Einstieg

Zeichnet um den Ursprung eines Koordinatensystems einen Kreis mit dem Radius 3. Zeichnet in diesen Kreis die Durchmesser, die die Winkel zwischen den Koordinatenachsen halbieren. Verbindet die Endpunkte der Durchmesser zu einem Viereck. Was für ein Viereck entsteht?
An welchen Stellen schneiden die Seiten dieses Vierecks die Koordinatenachsen genau?

Aufgabe 1

Irrationale Zahlen auf der Zahlengeraden
Erläutere, warum an der markierten Stelle x auf der Zahlengeraden die irrationale Zahl $\sqrt{2}$ liegt.

Lösung

Der Flächeninhalt des Quadrats hat die Maßzahl 2, denn es setzt sich zusammen aus vier zueinander kongruenten Dreiecken, die jeweils den Flächeninhalt $\frac{1}{2} \cdot 1 \cdot 1$, also $\frac{1}{2}$ haben.
Die Seitenlänge hat demnach die Maßzahl $\sqrt{2}$.
Sie wurde mithilfe eines Zirkels auf die Zahlengerade übertragen.

Information

Nicht alle Wurzeln sind irrational. $\sqrt{4}$ z.B. ist rational.

(1) Reelle Zahlen
In früheren Schuljahren haben wir nur Punkte auf der Zahlengeraden betrachtet, die rationalen Zahlen zugeordnet waren. In Aufgabe 1 haben wir gesehen, dass man der irrationalen Zahl $\sqrt{2}$ genau einen Punkt auf der Zahlengeraden zuordnen kann. Es gibt also Punkte auf der Zahlengeraden,

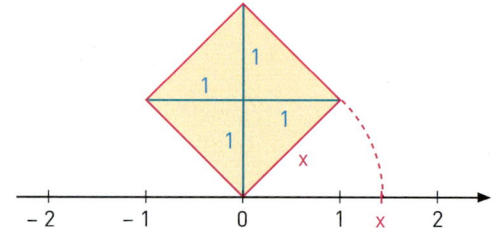

denen keine rationale Zahl zugeordnet ist. Will man jeden Punkt der Zahlengeraden erfassen, so muss man eine neue Zahlenmenge betrachten; die rationalen Zahlen reichen nicht mehr aus.
Rationale und irrationale Zahlen fasst man zur **Menge ℝ der reellen Zahlen** zusammen.

> Jeder Punkt auf der Zahlengeraden stellt eine reelle Zahl dar. Umgekehrt gehört zu jeder reellen Zahl ein Punkt auf der Zahlengeraden.

(2) Darstellung reeller Zahlen durch Dezimalbrüche
In Abschnitt 2.11.3 hast du gesehen, dass beim Umwandeln eines Bruches in einen Dezimalbruch ein abbrechender oder ein periodischer Dezimalbruch entsteht.

> Jede reelle Zahl lässt sich als Dezimalbruch schreiben. Ist die reelle Zahl rational, so ist dieser Dezimalbruch abbrechend oder periodisch. Ist die reelle Zahl irrational, so hat der zugehörige Dezimalbruch unendlich viele Nachkommastellen ohne Periode.

2.12 Reelle Zahlen

Weiterführende Aufgaben

Dichtliegen der rationalen Zahlen in ℝ

2. a) Begründe, dass zwischen den rationalen Zahlen 1 und 1,1 noch unendlich viele weitere rationale Zahlen liegen.
   b) Überlege: Kann man die nächste rationale Zahl angeben, die unmittelbar auf die rationale Zahl 1 folgt?

Unendlich viele irrationale Zahlen

3. $\sqrt{2}$ ist ein Beispiel für eine reelle Zahl. Begründe davon ausgehend, dass es unendlich viele irrationale Zahlen auf der Zahlengeraden gibt.

---

(1) Zwischen zwei rationalen Zahlen liegen auf der Zahlengeraden noch unendlich viele weitere rationale Zahlen. Man sagt dazu:
Die rationalen Zahlen liegen dicht auf der Zahlengeraden.
(2) Zu einer rationalen Zahl gibt es keine Zahl, die direkt darauf folgt.
(3) Es gibt unendlich viele irrationale Zahlen auf der Zahlengeraden.

Übungsaufgaben

4. Konstruiere die Zahlen $\sqrt{2}$ und $5 \cdot \sqrt{2}$ sowie $\frac{1}{2} \cdot \sqrt{2}$ auf der Zahlengeraden.

5. a) Zeige, dass man mit der Figur rechts $\sqrt{50}$ konstruieren kann.
   b) Konstruiere ebenso $\sqrt{8}$.
   c) Gib drei weitere Radikanden an, deren Wurzeln man ebenso ermitteln kann. Konstruiere auch.
   d) Warum kannst du $\sqrt{14}$ nicht auf diese Weise konstruieren?

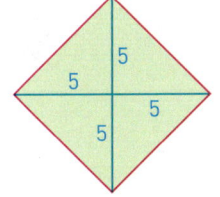

6. (1) Begründe: Die Seitenlänge eines Quadrats mit dem Flächeninhalt A beträgt $\sqrt{A}$.
   (2) Begründe: In einem Quadrat mit der Seitenlänge a hat die Diagonale die Länge $\sqrt{2a^2}$.

7. Setzt 0,12233344445 ... zu einem nichtabbrechenden Dezimalbruch fort, sodass er
   (1) eine rationale Zahl darstellt; (2) eine irrationale Zahl darstellt.
   Formuliert jeweils mehrere geeignete Anweisungen zur Fortsetzung; gebt Begründungen an.

8. Formuliere eine nahe liegende Vorschrift zur Fortsetzung des Dezimalbruchs. Entscheide dann, ob er eine rationale oder eine irrationale Zahl darstellt.
   (1) 3,181811111 ...
   (2) 3,181881888 ...
   (3) 3,1881818181 ...
   (4) 0,414243444546 ...
   (5) 0,5152152152 ...
   (6) 0,1515251525152 ...

9. a) Begründe, dass zwischen 0,1 und 0,2 noch unendlich viele weitere rationale Zahlen liegen.
   b) Begründe, dass zwischen $\frac{1}{3}$ und $\frac{2}{3}$ noch unendlich viele weitere rationale Zahlen liegen.

10. Beweise, dass alle Vielfachen von $\sqrt{3}$ irrationale Zahlen sind.

11. Konstruiere auf der Zahlengeraden den Punkt für $\sqrt{0,5}$.
    Anleitung: Begründe dazu, dass der Punkt für $\sqrt{0,5}$ genau in der Mitte zwischen 0 und $\sqrt{2}$ liegt.

2.13 Vergleich der Zahlbereiche ℕ, ℚ₊, ℚ und ℝ

Einstieg

Stelle deine Kenntnisse über Zahlen und Zahlbereiche in einer Mindmap zusammen. Vergleicht eure Mindmaps in der Klasse.

Einführung

Du hast bereits verschiedene Zahlbereiche kennen gelernt:
Menge ℕ der natürlichen Zahlen (einschließlich 0);
Menge ℚ₊ der gebrochenen Zahlen (das sind die nichtnegativen rationalen Zahlen);
Menge ℚ der rationalen Zahlen;
Menge ℝ der reellen Zahlen.

Schrittweise hast du den dir jeweils bekannten Zahlbereich erweitert: ℕ ist in ℚ₊ enthalten; ℚ₊ ist in ℚ enthalten und ℚ ist schließlich in ℝ enthalten.
Wir wollen nun rückblickend gemeinsame und unterschiedliche Eigenschaften dieser Zahlbereiche zusammenstellen:

(1) Gemeinsame Eigenschaften der Zahlbereiche

(a) In der Menge ℕ erhält man beim Addieren und Multiplizieren stets wieder eine natürliche Zahl.
Man sagt: Die Addition und die Multiplikation sind in ℕ stets ausführbar.
Entsprechendes gilt für die Addition und die Multiplikation jeweils in ℚ₊, ℚ und ℝ.

(b) Von den natürlichen Zahlen an bis hin zu den reellen Zahlen hast du Zahlen als Punkte auf einer Zahlengeraden eingetragen. Du hast Zahlen auch durch unterschiedlich lange Pfeile dargestellt.
Das Addieren von Zahlen hast du durch das Aneinanderlegen von Pfeilen veranschaulicht.
Daher gelten die Rechengesetze in allen dir bekannten Zahlbereichen.

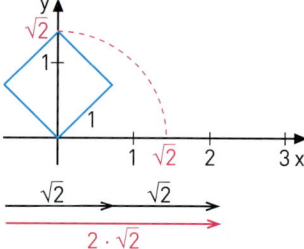

Wegen der gleichartigen Darstellung auf der Zahlengeraden gilt:

Satz

Mit reellen Zahlen kann man nach denselben Gesetzen rechnen wie mit den rationalen Zahlen:
Für alle reellen Zahlen a, b und c gilt:

Kommutativgesetze:	a + b = b + a	a · b = b · a
Assoziativgesetze:	(a + b) + c = a + (b + c)	(a · b) · c = a · (b · c)
Distributivgesetz:	a · (b + c) = a · b + a · c	

---

(2) Unterschiedliche Eigenschaften der Zahlbereiche

∈ (gelesen: ist Element von) bedeutet: gehört zu.

(a) In der Menge ℕ erhält man beim Dividieren nicht immer eine natürliche Zahl:
12 : 4 ∈ ℕ, aber 12 : 5 ∉ ℕ. Die Division ist in ℕ *nicht immer* ausführbar.
Dagegen ist in ℚ₊, ℚ und ℝ die Division durch eine von 0 verschiedene Zahl immer ausführbar.

(b) In den Mengen ℕ und ℚ₊ erhält man beim Subtrahieren nicht immer eine natürliche Zahl bzw. eine gebrochene Zahl:
7 − 3 ∈ ℕ, aber 3 − 7 ∉ ℕ bzw. $\frac{3}{4} - \frac{1}{2} \in \mathbb{Q}_+$, aber $\frac{1}{2} - \frac{3}{4} \notin \mathbb{Q}_+$.
Die Subtraktion ist in ℕ bzw. ℚ₊ *nicht immer* ausführbar.
Dagegen ist die Subtraktion in ℚ und ℝ *immer* ausführbar.

(c) Bei ℕ ist auf der Zahlengeraden links von 0 keinem Punkt eine Zahl zugeordnet; ferner liegt zwischen zwei natürlichen Zahlen *nicht immer* eine natürliche Zahl, z. B. nicht zwischen 2 und 3.
Bei ℚ₊ ist ebenfalls links von 0 keinem Punkt eine Zahl zugeordnet; aber zwischen zwei gebrochenen Zahlen liegt immer wieder eine gebrochene Zahl, dort liegen sogar unendlich viele gebrochene Zahlen.
Bei ℚ sind auch Punkte links von 0 Zahlen zugeordnet, und zwischen zwei rationalen Zahlen liegen unendlich viele solcher Zahlen.
Jedoch gibt es unendlich viele Punkte auf der Zahlengeraden, denen keine rationale Zahl zugeordnet ist.

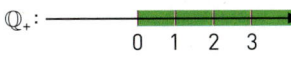

Bei ℝ ist jedem Punkt auf der Zahlengeraden eine reelle Zahl zugeordnet und umgekehrt. Die Zahlen aus ℝ \ ℚ, die irrationalen Zahlen, sind nicht nur die Quadratwurzeln aus positiven rationalen Zahlen.

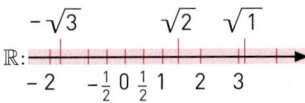

Der deutsche Mathematiker Richard **Dedekind** hat als Erster eine befriedigende mathematische Theorie der reellen Zahlen entwickelt. Berühmt sind seine Schriften „Stetigkeit und irrationale Zahlen" (1872) und „Was sind und was sollen die Zahlen?" (1888).
Dedekind lehrte als Professor zunächst in Göttingen, später in seiner Heimatstadt Braunschweig.

Richard Dedekind
* 6.10.1831
 Braunschweig
† 12.2.1916
 Braunschweig

Übungsaufgaben

1. Ergänze das Diagramm rechts so, dass es auch die Mengen ℤ (der ganzen Zahlen) und ℝ₊ (der nichtnegativen reellen Zahlen) enthält. Das vervollständigte Diagramm hat sechs getrennte Gebiete.
Beschreibe jedes dieser Gebiete mit Worten. Nenne aus jedem Gebiet drei Zahlen.

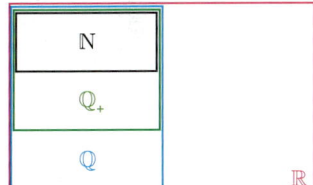

2. Begründe an der Zahlengeraden das Rechengesetz: Für alle $a \in \mathbb{R}$, $b \in \mathbb{R}$, $c \in \mathbb{R}$ gilt:
   a) Wenn $a < b$, dann $a + c < b + c$.
   b) Wenn $a < b$ und $c < 0$, dann $a \cdot c > b \cdot c$.

3. a) Gib eine rationale Zahl an, die zwischen den irrationalen Zahlen $a = 3{,}525225222\ldots$ und $b = 3{,}52552555\ldots$ liegt.
   b) Kann man zu zwei verschiedenen reellen Zahlen immer eine
   (1) rationale; (2) irrationale
   Zahl angeben, die dazwischen liegt? Begründe deine Aussage.

4. Beweise:
   a) $\sqrt{\sqrt{2}}$ ist irrational.
   b) Wenn a irrational und positiv ist, dann ist $\sqrt{a}$ irrational.

5. a) Beweise indirekt: Wenn a irrational und b rational ist, dann ist $a + b$ irrational.
   b) Prüfe die Behauptungen:
   (1) Wenn a und b irrational sind, dann ist $a + b$ irrational.
   (2) Wenn $a + b$ rational ist, dann sind a und b rational.
   (3) Wenn a und b rational sind, dann ist $a + b$ rational.

6. Begründe: Der Kehrwert einer irrationalen Zahl ist auch irrational.

Auf den Punkt gebracht

Näherungswerte und genaue Werte

1. Bei der Dezimalbruchdarstellung einer reellen Zahl können wir immer nur endlich viele gesicherte Dezimalstellen angeben. An irgendeiner Stelle hinter dem Komma müssen wir aufhören. Bei endlichen Dezimalbrüchen kann man die Zahl genau angeben, bei periodischen Dezimalbrüchen kann man die Periodenschreibweise benutzen.
   Wir wollen überlegen, mit welcher Genauigkeit man das Ergebnis einer Rechnung angeben kann, wenn die einzelnen Zahlen nur mit einer vorgegebenen Genauigkeit bekannt sind.

   a) Gegeben sind die reellen Zahlen $a = 0{,}408\ldots$; $b = 0{,}2931\ldots$ Begründe die beiden Einschachtelungen rechts.

   b) Erläutere, warum für die Summe $a + b$ die Darstellung rechts gilt. Gib die Summe mit möglichst vielen gesicherten Dezimalstellen an.

   c) Erläutere die Darstellung rechts für das Produkt $a \cdot b$. Zwischen welchen Werten liegt folglich das Produkt $a \cdot b$? Gib das Produkt $a \cdot b$ mit möglichst vielen gesicherten Dezimalstellen an.

   d) Begründe, warum $a - b$ zwischen 0,1148 und 0,1159 liegt. Gib $a - b$ mit möglichst vielen gesicherten Dezimalstellen an.

   e) Erläutere, warum der Quotient $a : b$ zwischen den Zahlen $0{,}408 : 0{,}2932$ und $0{,}409 : 0{,}2931$ liegt. Gib $a : b$ mit möglichst vielen gesicherten Dezimalstellen an.

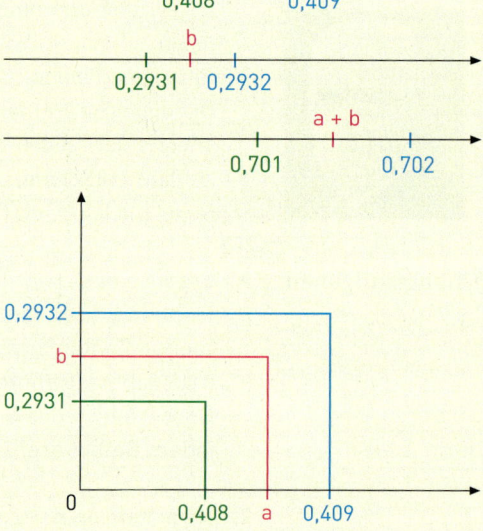

> Kann man zwei Zahlen a und b durch Näherungswerte eingrenzen, so ergibt sich daraus auch eine Eingrenzung für ihre Summe, ihre Differenz, ihr Produkt und ihren Quotienten. Gilt z. B. $u_1 < a < o_1$ und $u_2 < b < o_2$, so folgt daraus z. B.:
> $u_1 + u_2 < a + b < o_1 + o_2$ sowie $u_1 - o_2 < a - b < o_1 - u_2$

2. Die Länge a und die Breite b eines Rechtecks sind auf Millimeter gerundet angegeben:
   (1) $a \approx 32{,}7$ cm; $b \approx 18{,}9$ cm; (2) $a \approx 29{,}7$ cm; $b \approx 21{,}0$ cm. Berechne so genau wie möglich
   a) den Umfang;
   b) den Flächeninhalt;
   c) das Seitenverhältnis $a : b$.

3. Die Kantenlängen eines Quaders sind gerundet angegeben:
   $a \approx 47$ cm; $b \approx 30$ cm; $c \approx 19$ cm.
   Bestimme durch Angabe eines kleinstmöglichen und eines größtmöglichen Wertes
   a) sein Volumen in ganzen dm^3;
   b) seinen Oberflächeninhalt in ganzen dm^2;
   c) seine gesamte Kantenlänge in ganzen dm.

2.14 Aufgaben zur Vertiefung

1. Berechne die nächsten 10 Zahlen der Folge.
   a) Startwert: 4   Vorschrift: $\xrightarrow{-5}$
   b) Startwert: –3   Vorschrift: $\xrightarrow{\cdot(-2)}$
   c) Startwert: –1024   Vorschrift: $\xrightarrow{:2}$

   $+5 \xrightarrow{\cdot(-3)} (-15) \xrightarrow{\cdot(-3)} (+45) \xrightarrow{\cdot(-3)} \ldots$

2. Bestimme die nächsten 5 Zahlen der Folge. Gib auch die Vorschrift an.
   a) –7; –3; 1; 5; 9; …
   b) 3; –4; –11; –18; –25; …
   c) –4; 8; –16; 32; –64; …
   d) $\frac{7}{16}$; $-\frac{7}{8}$; $\frac{7}{4}$; $-\frac{7}{2}$; 7; …
   e) $\frac{5}{4}$; $\frac{3}{4}$; $\frac{1}{4}$; $-\frac{1}{4}$; $-\frac{3}{4}$; …
   f) $-\frac{4}{27}$; $\frac{4}{9}$; $-\frac{4}{3}$; 4; –12; …

3. Eine im Koordinatensystem durchgeführte Verschiebung kann man bequem mithilfe rationaler Zahlen beschreiben: Z. B. schreibt man für die Verschiebung um 6 Einheiten nach rechts und 5 Einheiten nach unten kurz $\begin{pmatrix} 6 \\ -5 \end{pmatrix}$.

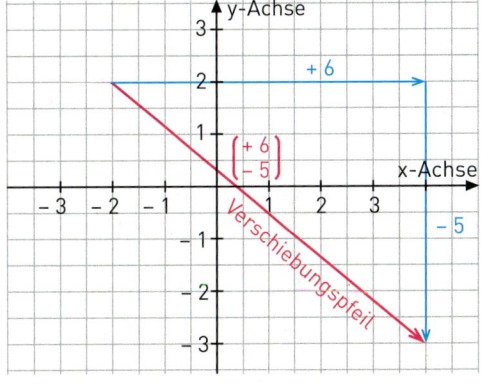

   a) Ein Dreieck ABC hat die Eckpunkte A(–2|–1), B(3|0) und C(–3|3). Führe die Verschiebung $\begin{pmatrix} 6 \\ -5 \end{pmatrix}$ durch. Lies die Koordinaten der Eckpunkte des Bilddreiecks A'B'C' aus der Zeichnung ab.
   Überlege, wie man sie aus den Koordinaten der Punkte und der Verschiebung berechnen kann.
   b) Das Bilddreieck A'B'C' wird mit $\begin{pmatrix} -3 \\ 4 \end{pmatrix}$ verschoben. Bestimme die Koordinaten des Bilddreiecks A''B''C'' zunächst rechnerisch. Kontrolliere dann zeichnerisch.
   c) Bestimme die Verschiebung, mit der man das Dreieck ABC in einem Schritt auf das Bilddreieck A''B''C'' abbilden kann. Wie kann man diese Verschiebung aus den beiden zuerst durchgeführten berechnen?

4. Eine Molkerei kontrolliert ihre Abfüllmaschinen und wiegt 10 Milchtüten, die 1 ℓ Milch enthalten sollen:
   1,005 ℓ; 0,997 ℓ; 1,010 ℓ; 0,999 ℓ; 1,003 ℓ; 1,007 ℓ; 0,995 ℓ; 0,998 ℓ; 1,003 ℓ; 1,009 ℓ
   (1) Bestimme die Abweichung der Füllung vom Sollwert 1 ℓ mithilfe rationaler Zahlen. Rechne Abweichungen nach oben positiv, solche nach unten negativ.
   (2) Bestimme daraus das arithmetische Mittel der Abweichungen.
   (3) Ermittle daraus das arithmetische Mittel des Inhalts der untersuchten Milchtüten.

Das Wichtigste auf einen Blick

Rationale Zahlen	Zahlen wie $-\frac{5}{6}$; $+4{,}5$; $-1\frac{2}{3}$; $-0{,}6$; 0 sind *rationale Zahlen*. Es gibt positive und negative rationale Zahlen. Die Menge der *rationalen Zahlen* wird mit $\mathbb{Q}$ bezeichnet. Die natürlichen Zahlen $\mathbb{N}$ und die Menge der ganzen Zahlen $\mathbb{Z}$ sind Teilmengen von $\mathbb{Q}$. *Rationale Zahlen* lassen sich mit Brüchen angeben. Als Dezimalbrüche sind diese *abbrechend* oder *periodisch*.	*Beispiele:* $+5$; $+6{,}25$; $+\frac{2}{3}$ sind positiv. -7; $-0{,}5$; $-1\frac{1}{2}$ sind negativ. 0 ist weder positiv noch negativ $\frac{5}{4} = 1{,}25$; $\frac{4}{9} = 0{,}\overline{4}$ $\frac{8}{45} = 0{,}1\overline{7}$
Entgegengesetzte Zahl und Betrag	Wird bei einer Zahl das Vorzeichen geändert, so erhält man die *entgegengesetzte Zahl*. Der Abstand einer Zahl a von 0 heißt *Betrag* $\|a\|$ dieser Zahl.	*Beispiele:* Zahl: $-4{,}5$, entgegengesetzte Zahl: $+4{,}5$ $\|-4{,}5\| = \|+4{,}5\| = 4{,}5$
Vergleichen und Ordnen	Rationale Zahlen kann man nach „ist kleiner als" ordnen. Auf der nach rechts gerichteten Zahlengeraden liegt die kleinere Zahl links von der größeren.	$-25 < -16 \qquad -4 < +4$ auf der Zahlengeraden von -30 bis $+10$
Addieren	(1) Gleiche Vorzeichen: Setze das gemeinsame Vorzeichen und addiere die Beträge der Zahlen. (2) Verschiedene Vorzeichen: Setze das Vorzeichen der betragsmäßig größeren Zahl und subtrahiere den kleineren Betrag vom größeren.	*Beispiele:* $(+6{,}3) + (+8) = +14{,}3$ $(-11{,}5) + (-7) = -18{,}5$ $(+2{,}2) + (-7) = -4{,}8$ $(+9) + (-5{,}4) = +3{,}6$
Subtrahieren	Eine rationale Zahl wird *subtrahiert*, indem man ihre *entgegengesetzte Zahl addiert*.	*Beispiel:* $(-6{,}2) - (-3) = (-6{,}2) + (+3) = -3{,}2$
Multiplizieren	Multipliziere die Beträge der Faktoren. Sind die Vorzeichen der beiden Faktoren: – *gleich*, so ist das Produkt *positiv*; – *verschieden*, so ist das Produkt *negativ*.	*Beispiele:* $(+4{,}2) \cdot (+5) = +21$; $(-3{,}5) \cdot (-8) = +28$ $(+4{,}2) \cdot (-5) = -21$; $(-3{,}5) \cdot (+8) = -28$
Dividieren	Dividiere die Beträge. Sind die Vorzeichen von Dividend und Divisor: – *gleich*, so ist der Quotient *positiv*; – *verschieden*, so ist der Quotient *negativ*.	*Beispiele:* $(+4{,}8) : (+4) = +1{,}2$; $(-5{,}6) : (-7) = +0{,}8$ $(+4{,}8) : (-4) = -1{,}2$; $(-5{,}6) : (+7) = -0{,}8$ $(-4) : 0$ ist nicht definiert!
Reziprokes	Das *Reziproke* einer rationalen Zahl (ungleich 0) erhält man durch Vertauschen von Zähler und Nenner. Durch eine Zahl (ungleich 0) *dividiert* man, indem man mit dem Reziproken multipliziert.	*Beispiele:* Zahl: $-\frac{6}{7}$, Reziprokes: $-\frac{7}{6}$ $\frac{4}{9} : \left(-\frac{6}{7}\right) = \frac{4}{9} \cdot \left(-\frac{7}{6}\right) = -\frac{14}{27}$
Rechengesetze	Auch bei der *Addition* und *Multiplikation* rationaler Zahlen gelten die **Kommutativ**-, **Assoziativ**- und **Distributivgesetze**.	$a + b = b + a$; $(a + b) + c = a + (b + c)$ $a \cdot b = b \cdot a$; $(a \cdot b) \cdot c = a \cdot (b \cdot c)$ $a \cdot (b + c) = a \cdot b + a \cdot c$

Das Wichtigste auf einen Blick / Bist du fit?

Berechnen von Termen	Berechne zuerst, was in Klammern steht. Ohne Klammern geht Punkt- vor Strichrechnung. Potenzieren geht vor Punkt- und Strichrechnung. Sonst rechne von links nach rechts.	*Beispiel:* $[(-8{,}3)+(+2{,}1)]\cdot(-3{,}5)-(-1{,}3)$ $=(-6{,}2)\cdot(-3{,}5)-(-1{,}3)$ $=(+21{,}7)-(-1{,}3)=+23$
Quadratwurzel	Unter der *Quadratwurzel* aus einer nichtnegativen Zahl a versteht man diejenige nichtnegative Zahl, die mit sich selbst multipliziert die Zahl a ergibt. Wurzelzeichen $\sqrt{a}$ Radikand	*Beispiele:* $\sqrt{64}=8$, denn $8\cdot 8=64$ $\sqrt{-81}$ ist nicht definiert
Kubikwurzel	Unter der *Kubikwurzel* aus einer nichtnegativen Zahl a versteht man diejenige nichtnegative Zahl, die mit 3 potenziert die Zahl a ergibt.	*Beispiel:* $\sqrt[3]{64}=4$, denn $4^3=64$
Irrationale Zahlen	*Irrationale* Zahlen lassen sich nicht als Bruch schreiben. Als Dezimalbruch geschrieben sind solche Zahlen *nichtabbrechend* und *nichtperiodisch*.	*Beispiel:* $\sqrt{3}=1{,}732050808\ldots$
Reelle Zahlen	Die rationalen und die irrationalen Zahlen bilden zusammen die *Menge der reellen Zahlen* $\mathbb{R}$. Jeder Punkt auf der Zahlengeraden entspricht einer reellen Zahl und umgekehrt.	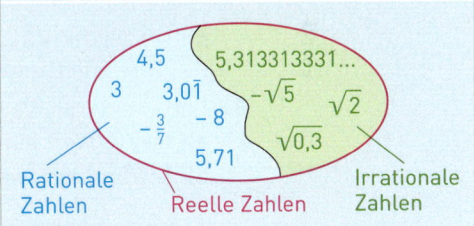

Bist du fit?

1. **a)** Ordne die Zahlen nach der Größe. Beginne mit der kleinsten.
   $-3{,}5;\ +2{,}8;\ -0{,}1;\ -3\tfrac{1}{2};\ \tfrac{13}{5};\ -\tfrac{1}{9};\ 0;\ -3{,}4$
   b) Bilde die Beträge der Zahlen aus Teilaufgabe a) und ordne erneut.

2. Zeichne in ein Koordinatensystem mit der Einheit 1 cm die Punkte A(−3,5 | −2), B(6 | 6,5), C(2 | 7,5), D(1,5 | 5,5), E(−5,5 | 4,5) und verbinde sie zum Fünfeck ABCDE. Spiegele das Fünfeck an der Geraden AB und gib die Bildpunkte durch ihre ungefähren Koordinaten an.

3. **a)** $(-36)+(-12)$ **e)** $45+(-9)$ **i)** $(-4{,}2)+7$ **m)** $(-4{,}5)+(-9)$ **q)** $\left(-\tfrac{3}{4}\right)+\left(-\tfrac{5}{4}\right)$
   b) $(-36)-(-12)$ **f)** $45-(-9)$ **j)** $(-4{,}2)-7$ **n)** $(-4{,}5)-(-9)$ **r)** $\left(-\tfrac{3}{4}\right)-\left(-\tfrac{5}{4}\right)$
   c) $(-36)\cdot(-12)$ **g)** $45\cdot(-9)$ **k)** $(-4{,}2)\cdot 7$ **o)** $(-4{,}5)\cdot(-9)$ **s)** $\left(-\tfrac{3}{4}\right)\cdot\left(-\tfrac{5}{4}\right)$
   d) $(-36):(-12)$ **h)** $45:(-9)$ **l)** $(-4{,}2):7$ **p)** $(-4{,}5):(-9)$ **t)** $\left(-\tfrac{3}{4}\right):\left(-\tfrac{5}{4}\right)$

4. **a)** $3\cdot(-8)$ **d)** $73+22$ **g)** $-3{,}5+(-1{,}5)$ **j)** $(-4{,}7)\cdot 0$ **m)** $(-1)\cdot(-7{,}4)$
   b) $-48-16$ **e)** $(-49):(-7)$ **h)** $12:(-4)$ **k)** $-2{,}3+8{,}1$ **n)** $(-8{,}5)-(-8{,}5)$
   c) $19-(-16)$ **f)** $5{,}5-2{,}5$ **i)** $\tfrac{8}{7}\cdot\left(-\tfrac{14}{32}\right)$ **l)** $1:\left(-\tfrac{4}{7}\right)$ **o)** $0:(-4{,}2)$

5. Beantworte die Frage; notiere dazu eine Aufgabe mit negativen Zahlen.
   a) Von Frau Davids Konto werden monatlich 29 € für Strom abgebucht.
      Wie viel wird in einem Jahr abgebucht?
   b) Nachdem die Temperatur in der Nacht um 7,1 Grad gefallen war, stieg sie tagsüber
      wieder um 4,9 Grad an. Wie hoch ist die Temperaturänderung insgesamt?
   c) In den letzten fünf Stunden ist der Wasserstand um 1,5 dm gesunken.
      Um wie viel ist er durchschnittlich pro Stunde gesunken?
   d) Von Herrn Knechts Konto wurden insgesamt 791 € abgebucht. Darunter war eine irrtümliche Lastschrift von 92 €. Welche Buchung hätte korrekt erfolgen müssen?

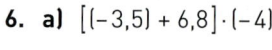

6. a) $[(-3,5) + 6,8] \cdot (-4)$ d) $\left(-\frac{4}{5}\right) + \frac{1}{2} \cdot (-3)$ g) $\dfrac{-\frac{7}{10}}{-\frac{3}{5}}$

   b) $2,1 \cdot (-5) - 0,8 \cdot (-6)$ e) $[(-8) - (-5)]^2$ h) $\dfrac{(-12) + (-37)}{-7}$

   c) $[(-2,5) + (-6,3)] : (-4)$ f) $(-10)^3 - (-5)^2$ i) $\dfrac{6 \cdot (-23)}{(-13) - (-15)}$

7. Rechne vorteilhaft.
   a) $(-2,5) \cdot (-0,33) \cdot 8$ e) $[(-1,1) + 55] : 11$
   b) $(-6) \cdot \left[-\frac{1}{6} + \left(-\frac{1}{2}\right)\right]$ f) $(-0,35) : 7 + (-13,65) : 7$
   c) $1,25 \cdot (-3,7) + 1,25 \cdot (-6,3)$ g) $21\frac{7}{10} : (-7)$
   d) $(-1,957) + (+3,4891) + (+2,957)$ h) $5\frac{1}{3} - 3\frac{2}{5} - 3\frac{1}{6} + 1\frac{1}{10} + 2\frac{2}{3} - 1\frac{5}{6} - 4\frac{4}{10}$

8. Entscheide, ob die Aussage wahr oder falsch ist. Begründe.
   a) Ist der Wert eines Quotienten null, so muss der Divisor null sein.
   b) Die Summe zweier rationaler Zahlen ist immer größer als ihre Differenz.

9. Berechne im Kopf:
   a) $\sqrt{81}$ b) $\sqrt{0,25}$ c) $\sqrt{\frac{64}{121}}$ d) $\sqrt{40\,000}$ e) $\sqrt[3]{27}$

10. Gib die Seitenlänge eines Quadrats mit dem angegebenen Flächeninhalt an.
   a) 49 cm²   b) 169 cm²   c) 7,29 dm²   d) 8 m²   e) 150 ha

11. Berechne Kantenlänge und Volumen des Würfels im Kaufhaus Kastens.

12. a) Bestimme ohne Verwendung der Wurzeltaste des Taschenrechners einen Näherungswert für $\sqrt{7}$, der auf 2 Nachkommastellen genau ist.
   b) Begründe, dass $\sqrt{7}$ kein abbrechender Dezimalbruch ist.
   c) Beweise, dass $\sqrt{7}$ irrational ist.

Stadtkurier

Kaufhaus Kastens in Oberstadt neu eröffnet
Blickfang für die Käufer ist ein im Treppenhaus an einer Ecke aufgehängter Würfel, der mit 3 m² echtem Blattgold beschichtet wurde.

13. Welche der Zahlen sind rational?
   Gib für sie eine Darstellung als gemeiner Bruch an.
   a) 3,4   d) 3,39   g) $\sqrt{4}$ j) 3,040440404404044...
   b) $3,\overline{4}$ e) 3,40   h) $4 \cdot \sqrt{3}$ k) 3,04
   c) 3,404004000... f) $\sqrt{3}$ i) $3 \cdot \sqrt{4}$ l) 3,040

3. Gleichungen mit einer Variablen

Bei einem Zahlenrätsel wird eine unbekannte Zahl gesucht.
Nicht nur Zahlenrätsel lassen sich gut
mithilfe von Gleichungen notieren und lösen.

→ Wie schwer ist die Katze?

In diesem Kapitel ...
beschäftigst du dich mit dem Aufstellen und Lösen von Gleichungen und Ungleichungen.
Für bestimmte Gleichungen lernst du Lösungsverfahren kennen.
Dabei wirst du auch deine Kenntnisse über Terme erweitern.

Lernfeld: Zahlen gesucht

Zahlenmauern kennt ihr bereits: Jeder Stein enthält die Summe der Zahlen in den beiden darunter liegenden Steinen.

→ Ergänzt in eurem Heft die Zahlenmauern.

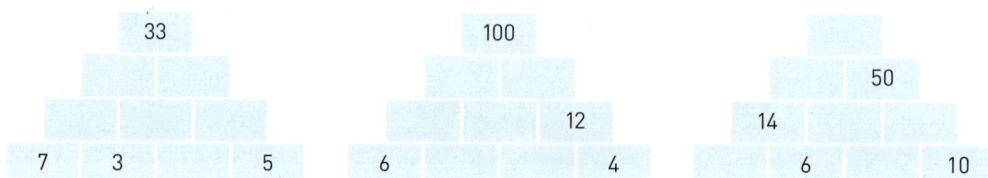

→ Schreibt auf, wie ihr die fehlenden Zahlen bestimmt habt. Welche Unterschiede gibt es zwischen den einzelnen Mauern?

→ Entwickelt selbst solche Additionsmauern und lasst sie von Mitschülern lösen.

→ Es gibt gerade Zahlen (g) und ungerade Zahlen (u). Lassen sich die folgenden Zahlenmauern eindeutig ausfüllen oder gibt es mehrere Möglichkeiten?

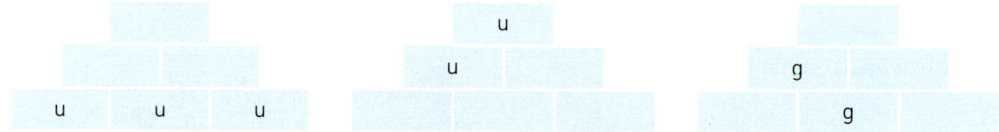

→ Untersuche: Wie viele ungerade Zahlen können in einer Zahlmauer höchstens vorkommen?

| Wie alt ist Pia? | Wenn 45 Autos hinzukommen, sind es viermal so viele. | Wenn man 6 Münzen wegnimmt, hat man nur noch ein Drittel so viele. |

→ Löst die Aufgaben. Erklärt euch anschließend gegenseitig, wie ihr zu der gefundenen Lösung gekommen seid.

→ Entwerft ähnliche Aufgaben und lasst sie von Mitschülern lösen.

3.1 Lösen einer Gleichung durch Probieren

Einstieg

Bestimme alle ganzen Zahlen, auf die der Steckbrief rechts zutrifft.

WANTED
Multipliziert man eine Zahl mit sich selbst, so ist das Ergebnis um 12 größer als die Ausgangszahl.

Aufgabe 1

Lösen einer Gleichung durch Probieren
Löse das Zahlenrätsel von Mia.

Ich denke mir eine ganze Zahl. Wenn ich diese Zahl mit sich selbst multipliziere, erhalte ich dasselbe, wie wenn ich die gesuchte Zahl mit 3 multipliziere und dann 4 addiere.

Lösung

$x^2 = x \cdot x$

(1) *Aufstellen einer Gleichung für die gesuchte Zahl*

Platzhalter für Mias Zahl:	x
Einerseits multipliziert Mia sie mit sich selbst:	x^2
Andererseits multipliziert sie die gesuchte Zahl mit 3:	$3 \cdot x$
... und addiert dazu die Zahl 4:	$3 \cdot x + 4$
Also erhält sie die Gleichung:	$x^2 = 3 \cdot x + 4$

(2) *Bestimmen der Lösungen der Gleichung durch Probieren*

Wir können durch Einsetzen von ganzen Zahlen prüfen, ob diese die Gleichung erfüllen.

Einsetzung für x	x^2	$3 \cdot x + 4$	$x^2 = 3 \cdot x + 4$	Gleichung ist eine
0	0	4	0 = 4	falsche Aussage
1	1	7	1 = 7	falsche Aussage
2	4	10	4 = 10	falsche Aussage
3	9	13	9 = 13	falsche Aussage
4	16	16	16 = 16	wahre Aussage
5	25	19	25 = 19	falsche Aussage
6	36	22	36 = 22	falsche Aussage
−1	1	1	1 = 1	wahre Aussage
−2	4	−2	4 = −2	falsche Aussage
−3	9	−5	9 = −5	falsche Aussage

Setzt man weitere positive Zahlen ein, so kann keine wahre Aussage entstehen, da die linke Seite der Gleichung schneller wächst als die rechte Seite.

Setzt man weitere negative Zahlen ein, so kann keine wahre Aussage entstehen, da die linke Seite der Gleichung positiv und die rechte Seite negativ ist.

Die Zahlen 4 und −1 sind Lösungen der Gleichung $x^2 = 3 \cdot x + 4$.

(3) *Ergebnis:*

Mia hat sich die Zahl 4 oder die Zahl −1 gedacht.
Welche dieser beiden Zahlen die gedachte ist, lässt sich aus dem Rätsel nicht entnehmen.

Information

Du hast gesehen, dass eine Gleichung nicht nur eine, sondern mehrere Zahlen als Lösung haben kann. Häufig fasst man eine Lösung zu einer Menge zusammen.

> Eine Zahl ist **Lösung** einer Gleichung, wenn die Zahl die Gleichung erfüllt, d. h. wenn nach dem Einsetzen der Zahl für die Variable eine wahre Aussage entsteht. Alle Lösungen einer Gleichung zusammengefasst ergeben deren **Lösungsmenge**.
> *Beispiel:*
> Die Zahl 4 ist Lösung der Gleichung $x^2 = 2 \cdot x + 8$, denn $4^2 = 2 \cdot 4 + 8$ ist eine wahre Aussage.
> Auch -2 ist Lösung dieser Gleichung, denn $(-2)^2 = 2 \cdot (-2) + 8$ ist ebenfalls eine wahre Aussage.
> Da es keine weiteren Lösungen dieser Gleichung gibt, ist die Lösungsmenge $L = \{-2; 4\}$.

Weiterführende Aufgabe

Besondere Lösungsmengen

2. Löse folgende Gleichungen: **(1)** $x = x + 1$ **(2)** $2 \cdot x = 3 \cdot x$ **(3)** $2 \cdot x = 2{,}5 \cdot x - \frac{x}{2}$
   Welche Besonderheiten stellst du fest?

Information

> **Sonderfälle bei der Lösungsmenge**
> 1) Hat eine Gleichung keine Zahl als Lösung, so ist ihre Lösungsmenge die leere Menge.
>   *Beispiel:* Die Gleichung $2 \cdot x = 2 \cdot x + 1$ hat als Lösungsmenge $L = \{\ \}$.
> 2) Es gibt auch Gleichungen, die jede Zahl als Lösung haben.
>   *Beispiel:* $x = 0{,}7 \cdot x + 0{,}3 \cdot x$ hat als Lösungsmenge $L = \mathbb{Q}$.

Übungsaufgaben

3. Für welche Zahlen trifft der Steckbrief rechts zu?

WANTED
Gesucht sind alle ganzen Zahlen, deren Produkt mit sich selbst um 10 größer ist als ihr Dreifaches.

4. Löse das Zahlenrätsel durch Aufstellen einer Gleichung und Probieren mit einer Tabelle.
   a) Wenn ich die Zahl quadriere, erhalte ich dasselbe, wie wenn ich die Zahl versechsfache und dann 5 subtrahiere.
   b) Wenn ich die Zahl quadriere, erhalte ich das um 12 vermehrte Vierfache der Zahl.
   c) Wenn ich die Zahl verfünffache, erhalte ich dasselbe, wie wenn ich sie quadriere.
   d) Addiere ich zu dem Quadrat der Zahl das Elffache der Zahl, so erhalte ich -24.

Die Variable muss nicht immer X heißen.

5. Suche natürliche Zahlen, die Lösungen sind.
   a) $3 \cdot x - 10 = -x^2$ b) $z^2 = 4 \cdot z - 4$ c) $x^2 + 3 \cdot x = 0$ d) $x^2 - 5 \cdot x = 0$

6. Gib die Lösungsmenge in der Grundmenge $\mathbb{N}$ an.
   a) $x^2 = 3 \cdot x - 2$ b) $x^2 = 5 \cdot x - 6$ c) $x^2 = 4 \cdot x - 3$ d) $x^2 = 5 \cdot x$

Eine Menge kann auch nur ein Element enthalten.

7. Bei diesen Gleichungen musst du nicht lange probieren, um die Lösungsmenge zu bestimmen. Gib sie an.
   a) $x - 7 = 3$ c) $2^x = 8$ e) $x^4 = 81$ g) $\sqrt{x-1} = 4$
   b) $x + 5 = -1$ d) $\sqrt{x} = 9$ f) $3^x = 3$ h) $|x + 1| = 8$

8. Finde eine Gleichung, die die angegebene Zahl als Lösung hat.
   a) 8 b) -5 c) $\frac{5}{2}$ d) $-\frac{3}{4}$ e) 0 f) 1,2

3.2 Lösen von Gleichungen durch Umformen

3.2.1 Lösen von Gleichungen des Typs a·x + b = c durch Umformen

Einstieg

Durch Einsetzen einer Zahl in eine Gleichung kann man nur feststellen, ob diese Zahl zur Lösungsmenge gehört. Es ist häufig schwierig, eine solche Zahl zu finden. Außerdem weiß man dann nicht, ob man alle Zahlen der Lösungsmenge gefunden hat. Es ist daher unser Ziel, Verfahren kennen zu lernen, mit denen man die gesamte Lösungsmenge rechnerisch bestimmen kann.

Wenn ich vom Vierfachen meiner Zahl 5 subtrahiere, erhalte ich 17.

Versucht durch Überlegen das Zahlenrätsel rechts zu lösen.

Einführung

Lösen einer Gleichung mit positiven Zahlen

Wenn man eine Zahl mit 3 multipliziert und dann 1 addiert, erhält man 7. Wie heißt die Zahl?

(1) Aufstellen einer Gleichung für die gesuchte Zahl x

Bezeichnen wir die gesuchte Zahl mit x, so lautet die Gleichung 3 · x + 1 = 7

(2) Bestimmen der Lösungsmenge durch Umformen der Gleichung

Das Bestimmen der Lösungsmenge verdeutlichen wir an einer Waage oder an der Zahlengeraden.

Wir denken uns drei gleich große unbekannte Gewichtsstücke links auf der Waage, außerdem noch links 1 und rechts 7 Einheitsgewichtsstücke. Die Waage ist dann im Gleichgewicht.

Die gesuchte Zahl x liegt irgendwo auf der Zahlengeraden. Wo, wissen wir zunächst nicht. Doch wissen wir, dass 3 · x + 1 = 7 ist. Wir bestimmen x durch Rückwärtsrechnen.

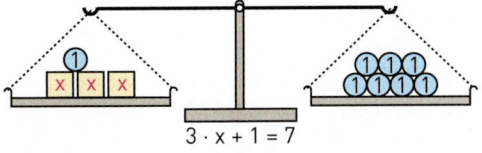

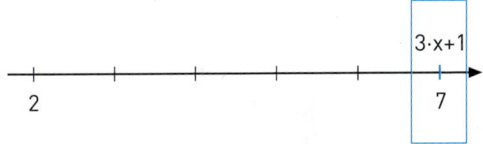

Auf beiden Waagschalen nehmen wir 1 weg. Die Waage bleibt im Gleichgewicht.

Dann muss aber 3x = 6 sein (Rückwärtsrechnen auf beiden Seiten: Subtrahieren von 1).

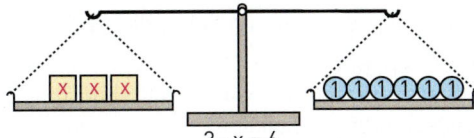

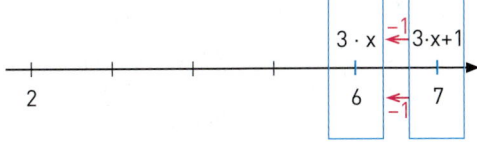

Auf beiden Waagschalen bilden wir den 3. Teil. Die Waage bleibt im Gleichgewicht.

Wenn aber das Dreifache von x gleich 6 ist, dann muss x = 2 sein (Rückwärtsrechnen auf beiden Seiten: Dividieren durch 3).

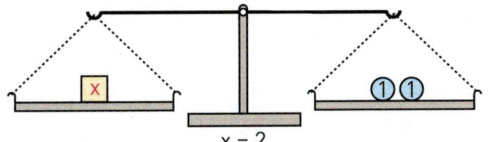

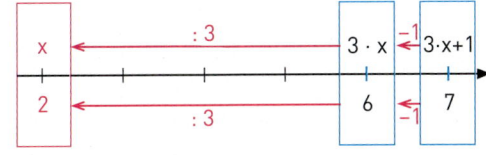

Ergebnis: Die gesuchte Zahl heißt 2. Aus den Überlegungen ist klar, dass es keine andere Lösung geben kann. Die Lösungsmenge der Gleichung ist daher L = {2}.

Aufgabe 1 Lösen einer Gleichung mit negativen Zahlen
Multipliziert man eine Zahl mit 8 und subtrahiert 3, erhält man –7. Wie heißt die Zahl?

Lösung

(1) *Aufstellen der Gleichung für die gesuchte Zahl*
Bezeichnen wir die gesuchte Zahl mit x, so lautet die Gleichung: $8 \cdot x - 3 = -7$

(2) *Bestimmen der Lösungsmenge durch Umformen der Gleichung*
Da hier die negative Zahl –7 auftritt, kann das Modell der Waage nicht mehr verwendet werden, sondern nur das der Zahlengeraden.

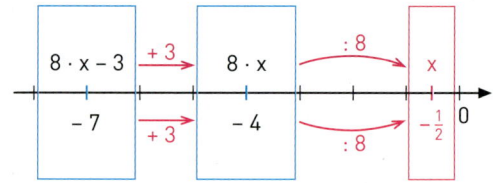

Von der Zahl x wissen wir, dass $8 \cdot x - 3 = -7$ ist. Wir machen das Subtrahieren von 3 rückgängig durch Addieren. Dann muss $8 \cdot x = -4$ sein. Wenn aber das Achtfache von x gleich –4 ist, dann ist x gleich dem achten Teil von –4. Es gilt also: $x = -\frac{1}{2}$.

Ergebnis: Die gesuchte Zahl heißt $-\frac{1}{2}$. Das Vorgehen hat gezeigt, dass es keine andere Lösung geben kann. Die Lösungsmenge der Gleichung ist $L = \left\{-\frac{1}{2}\right\}$.

Information

(1) **Zueinander äquivalente Gleichungen – Umformungsregeln**
In der Einführung auf Seite 121 ergaben sich nacheinander die nebenstehenden Gleichungen.
Alle drei Gleichungen haben dieselbe Lösungsmenge, nämlich {2}.
Du kannst das durch Einsetzen kontrollieren.

(1) $3 \cdot x + 1 = 7$
(2) $3 \cdot x = 6$
(3) $x = 2$

äquivalent (lat.)
gleichwertig

Gleichungen mit gleicher Lösungsmenge heißen zueinander **äquivalent**.
Die Gleichungen (1), (2) und (3) sind also zueinander äquivalent.
Gleichung (2) entsteht aus Gleichung (1) durch Subtraktion von 1 auf beiden Seiten und umgekehrt Gleichung (1) aus Gleichung (2) durch Addition von 1 auf beiden Seiten.
Gleichung (3) entsteht aus Gleichung (2) durch Division mit 3 und umgekehrt Gleichung (2) aus Gleichung (3) durch Multiplikation mit 3 jeweils auf beiden Seiten der Gleichung.

Als Grundmenge der Gleichungen wählen wir im Folgenden stets die Menge $\mathbb{Q}$ der rationalen Zahlen.
Gleichungen heißen zueinander **äquivalent**, wenn sie dieselbe Lösungsmenge haben. Mithilfe der folgenden Regeln kann man aus einer Gleichung eine dazu äquivalente Gleichung erhalten.

Additions- und Subtraktionsregel
Addiert oder subtrahiert man auf beiden Seiten einer Gleichung dieselbe Zahl, so ändert sich die Lösungsmenge nicht.

$x - 9 = 26$
$x - 9 + 9 = 26 + 9$
$x = 35$

Multiplikations- und Divisionsregel
Multipliziert (dividiert) man beide Seiten einer Gleichung mit derselben Zahl (durch dieselbe Zahl) ungleich 0, so ändert sich die Lösungsmenge nicht.

$8 \cdot x = 24$
$8 \cdot x : 8 = 24 : 8$
$x = 3$

Gleichheitszeichen unter Gleichheitszeichen

(2) Strategie beim Lösen einer Gleichung durch Umformen – Schreibweise mit Befehlsstrich

Bei Gleichungen wie $x = 7$, $x = -\frac{1}{2}$, $z = 3{,}5$ kann man die Lösungsmenge sofort erkennen.

Das Ziel beim Lösen einer Gleichung ist also, durch Umformen zunächst die Variable auf einer Seite zu isolieren.

Im Beispiel rechts siehst du ein zielgerichtetes Vorgehen. Die vorgenommenen Umformungen der Gleichung wurden jeweils hinter einem senkrechten Strich („Befehlsstrich") notiert. Die Zwischenschritte in der zweiten und vierten Gleichung im rechten Beispiel verdeutlichen, dass auf beiden Seiten der Gleichung dieselbe Operation vorgenommen wurde. Man darf diese beiden Zwischenschritte auch weglassen.

$$4 \cdot x - 5 = -3 \quad | +5 \quad \text{Addiere 5 auf beiden Seiten der Gleichung.}$$
$$4 \cdot x - 5 + 5 = -3 + 5$$
$$4 \cdot x = 2 \quad | :4 \quad \text{Dividiere beide Seiten der Gleichung durch 4.}$$
$$4 \cdot x : 4 = 2 : 4$$
$$x = \frac{1}{2}$$
$$\text{Lösungsmenge } L = \left\{\frac{1}{2}\right\}$$

(3) Weglassen von Malpunkten

Zur Vereinfachung vereinbaren wir:

Malpunkte dürfen weggelassen werden, wenn keine Missverständnisse möglich sind.
Ferner ist $1 \cdot x = x$.
Beispiele: $4a$ statt $4 \cdot a$; $2(3 + y)$ statt $2 \cdot (3 + y)$;
aber: *nicht* 45 statt $4 \cdot 5$ *nicht* $2\frac{1}{2}$ statt $2 \cdot \frac{1}{2}$

Weiterführende Aufgabe

Multiplikation beider Seiten einer Gleichung mit 0 ist nicht immer eine Äquivalenzumformung

2. Im Beispiel rechts sind beide Seiten der oberen Gleichung mit 0 multipliziert worden.
Warum sind die beiden Gleichungen nicht äquivalent?

$$\cdot 0 \curvearrowright \begin{array}{c} 2x = 6 \\ 0 \cdot 2x = 0 \end{array} \curvearrowleft \cdot 0$$

Information

Durchführen einer Probe

Das Überprüfen, ob eine Zahl Lösung einer Gleichung ist, nennt man eine **Probe**. Dabei setzt man die Zahl in die Gleichung ein. Dann rechnet man die linke und die rechte Seite der Gleichung getrennt aus und entscheidet, ob eine wahre (w) oder falsche (f) Aussage vorliegt.

Probe, ob -3 eine Lösung der Gleichung $2 \cdot x - 4 = -2$ ist:	Probe, ob 1 eine Lösung der Gleichung $2 \cdot x - 4 = -2$ ist:
$2 \cdot (-3) - 4 \stackrel{?}{=} -2$	$2 \cdot 1 - 4 \stackrel{?}{=} -2$
$-6 - 4 \stackrel{?}{=} -2$	$2 - 4 \stackrel{?}{=} -2$
$-10 = -2 \quad$ f	$-2 = -2 \quad$ w
-3 ist **keine** Lösung.	1 ist **eine** Lösung.

Übungsaufgaben

3. Die Masse eines Ziegelsteines soll ermittelt werden. Die Waage rechts ist im Gleichgewicht.
Welche Veränderungen am Inhalt der beiden Waagschalen kannst du vornehmen, sodass die Waage stets im Gleichgewicht bleibt? Gehe schrittweise vor.
Notiere dein Vorgehen mithilfe von Gleichungen.

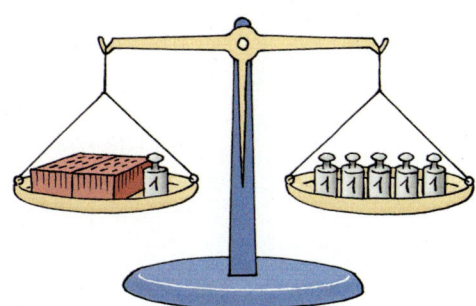

4. Veranschauliche an der Zahlengeraden oder Waage, wie man die Lösung der Gleichung findet. Begründe, für welche Gleichungen man die Waage zur Veranschaulichung nicht verwenden kann.

a) $4 \cdot x + 3 = 11$
b) $3 \cdot x + 6 = 7$
c) $2 \cdot x + 5 = -1$
d) $5 \cdot x - 2 = 3$
e) $2 \cdot x - 4 = -10$
f) $4 \cdot x + 7 = 7$
g) $3 \cdot x - 6 = 0$
h) $7 \cdot x + 7 = 0$

5. Fülle die Lücken im Heft aus.

a) $x + 12 = 38$; $x = \square$
b) $x + 11 = 3$; $x = \square$
c) $x - 3{,}6 = 0$; $x = \square$
d) $x \cdot 15 = 60$; $x = \square$
e) $1{,}2 \cdot x = -10{,}8$; $x = \square$
f) $x : 7 = 5$; $x = \square$
g) $-5 \cdot x = -20$; $x = \square$
h) $-x = 5$; $x = \square$

6. Welche Regel wird bei der Umformung angewandt? Ergänze im Heft.

a) $x - 18 = 12$; $x = 30$
b) $x + 10 = 7$; $x = -3$
c) $x : 8 = -4$; $x = -32$
d) $5 \cdot x = 45$; $x = 9$
e) $-x = 20$; $x = \square$
f) $-\frac{1}{2} \cdot x = -8$; $x = \square$
g) $x - 2{,}5 = -4$; $x = \square$
h) $-\frac{x}{5} = 5$; $x = \square$

7. Welche Malzeichen darfst du weglassen, ohne Fehler zu machen? Schreibe wie im Beispiel.

$5 \cdot x - 7 \cdot \frac{3}{4} = 5x \quad 7 \cdot \frac{3}{4}$

a) $3 \cdot a$
b) $4 \cdot 5 \cdot x$
c) $7 \cdot (a - 8 \cdot 6)$
d) $2 \cdot \frac{1}{2} + \frac{3 \cdot x}{2}$
e) $3 \cdot b^2 - 1 \cdot x$
f) $(4 + x) \cdot (4 - x)$
g) $7 \cdot b \cdot 5$

8. Welche Fehler hat Malte gemacht? Veranschauliche deine Begründung auch an einer Waage. Korrigiere Maltes Rechnung im Heft.

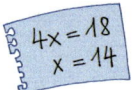

9. Schreibe ab und notiere die Umformungsschritte.

a) $4x + 9 = 21$
   $4x = 12$
   $x = 3$
b) $7x - 5 = -26$
   $7x = -21$
   $x = -3$
c) $-20x - 10 = 0$
   $-20x = 10$
   $x = -\frac{1}{2}$
d) $10x + 8 = 38$
   $10x = 30$
   $x = 3$

10. Welche der folgenden Gleichungen sind äquivalent zueinander? Findet sie heraus und begründet einander eure Meinung.

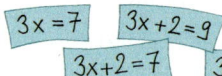

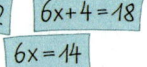

11. Gib zu der Gleichung eine äquivalente Gleichung an. Begründe.

a) $8x - 5 = 19$
b) $11y - 8 = 47$
c) $20x + 40 = 0$
d) $6z + 1 = -23$
e) $2x = 50$
f) $x = -3$

$3z + 2 = -4 \mid -2$
$3z = -6 \mid :3$
$z = -2$

Prüfen, ob -2 eine Lösung ist:
$3 \cdot (-2) + 2 \stackrel{?}{=} -4$
$-4 \stackrel{?}{=} -4 \;\; \text{w}$
-2 ist eine Lösung

12. Bestimme die Lösungsmenge.

a) $8x + 10 = 34$
b) $3t + 4 = 25$
c) $5x - 12 = 8$
d) $2y + 5 = -5$
e) $-2x - 5 = -5$
f) $-7z + 15 = 50$

3.2 Lösen von Gleichungen durch Umformen

13. Löse das Zahlenrätsel mithilfe einer Gleichung.
   a) Addiert man 17 zum Fünffachen der Zahl, so erhält man 52.
   b) Addiert man das Dreifache der Zahl zu 37, so ergibt sich 19.

14. Maria und Anne lösen Gleichungen. Maria schlägt vor: „Lass uns bei jeder Aufgabe die Probe durchführen." Anne entgegnet: „Muss das denn wirklich sein?"

15. Vergleicht die Lösungswege.

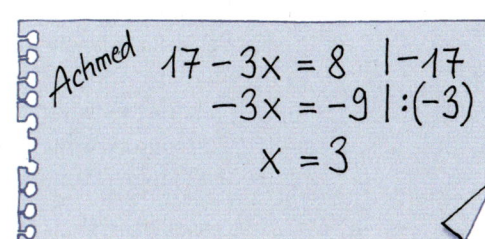

Anna:
$17 - 3x = 8 \ |-8$
$9 - 3x = 0 \ |+3x$
$9 = 3x \ |:3$
$3 = x$

Achmed:
$17 - 3x = 8 \ |-17$
$-3x = -9 \ |:(-3)$
$x = 3$

> Subtrahieren bedeutet Addieren der entgegengesetzten Zahl:
> $45 - 7x$
> $= 45 + (-7)x$

16. Bestimme die Lösungsmenge. Führe auch die Probe durch.
  a) $45 - 7x = -11$ **d)** $-9c - 1 = -10$ **g)** $4x + 1{,}2 = 0{,}2$ **j)** $1{,}2 = -x - 4{,}8$
  b) $69 - 5x = 24$ **e)** $0 = 4 - 8t$ **h)** $3{,}5 = 10x - 1{,}5$ **k)** $-7 - 2x = -11$
  c) $13x - 49 = -179$ **f)** $5x + 0{,}3 = 0{,}7$ **i)** $2x - 0{,}8 = 1{,}4$ **l)** $\frac{x}{5} = -2$

17. Erläutere die Lösungswege. Welcher Weg ist am günstigsten?

Sophie	Bastian	Fatima	David
$\frac{2}{3}x = \frac{4}{9} \ |:\frac{2}{3}$	$\frac{2}{3}x = \frac{4}{9} \ |\cdot 3$	$\frac{2}{3}x = \frac{4}{9} \ |:2$	$\frac{2}{3}x = \frac{4}{9} \ |\cdot \frac{3}{2}$
$x = \frac{4}{9} : \frac{2}{3}$	$2x = \frac{4}{3}$	$\frac{1}{3}x = \frac{2}{9}$	$x = \frac{4}{9} \cdot \frac{3}{2}$

$\frac{x}{2} = x : 2 = \frac{1}{2}x$

18. Bestimme die Lösungsmenge. Führe auch die Probe durch.
  a) $x : 2 + 14 = 13$ **f)** $\frac{1}{6} - \frac{2}{3}x = -\frac{1}{2}$ **k)** $-\frac{1}{8} = \frac{3}{8}x - \frac{1}{4}$ **p)** $\frac{2}{5} = \frac{1}{3} - \frac{2}{3}x$
  b) $-x : 7 + 5 = 3$ **g)** $\frac{1}{2} - \frac{1}{3}x = \frac{2}{3}$ **l)** $2\frac{1}{5} = \frac{3}{4}x - \frac{4}{5}$ **q)** $\frac{3}{4} = \frac{1}{2} + \frac{2}{3}x$
  c) $-3 = 4 - y : 3$ **h)** $-y + \frac{1}{2} = -\frac{2}{5}$ **m)** $-\frac{2}{3}a + \frac{1}{2} = -\frac{1}{4}$ **r)** $1\frac{1}{2} = -\frac{1}{3}x + \frac{3}{4}$
  d) $8 - 5x = 13$ **i)** $-7 = -\frac{1}{2}x + 3$ **n)** $0{,}8x + 2{,}4 = 4{,}8$ **s)** $9 = \frac{b}{2} - 2$
  e) $\frac{x}{2} + 3 = 7$ **j)** $\frac{3}{8}x - \frac{3}{4} = -\frac{5}{8}$ **o)** $y - \frac{1}{2} = -1\frac{1}{2}$ **t)** $-c - 6{,}8 = -7{,}8$

19. a) Paul meint: „Die Subtraktionsregel zum Umformen ist völlig überflüssig." Beurteile.
  b) Ist auch die Multiplikationsregel überflüssig?
     Untersuche dazu, ob man jede Multiplikation durch eine Division ersetzen kann.

20. Denke dir ein Zahlenrätsel aus und stelle es deinem Partner. Dieser löst es. Danach stellt er dir ein Zahlenrätsel. Wiederholt das ganze noch einmal mit schwierigeren Gleichungen.

21. Stelle eine Gleichung mit der vorgegebenen Lösung auf und lasse sie von deinem Partner lösen. Tauscht die Rollen nach jeder Teilaufgabe.
  a) 5   **b)** 4   **c)** $\frac{1}{2}$ **d)** $\frac{3}{4}$ **e)** -1 **f)** 0

3.2.2 Lösen einfacher Gleichungen des Typs a x = b x + c

Ziel

Bislang kannst du solche Gleichungen lösen, bei denen die Variable nur auf einer Seite vorkommt. Hier lernst du, wie man Gleichungen in einfachen Fällen lösen kann, bei denen die Variable auf beiden Seiten vorkommt.

Zum Erarbeiten

Stelle die Gleichung $5x = 3x + 6$ mithilfe einer Waage oder einer Zahlengeraden dar. Löse sie durch geeignete Umformungen.

→ *Darstellung an der Waage*
Auf der linken Waagschale liegen 5 Ziegelsteine, auf der rechten 3 Ziegelsteine und 6 Gewichtsstücke.
Die Waage bleibt im Gleichgewicht.

Darstellung an der Zahlengeraden
Die gesuchte Zahl x liegt irgendwo auf der Zahlengeraden.
Wir wissen noch nicht wo, sondern nur, dass $5x$ und $3x + 6$ an derselben Stelle der Zahlengeraden liegen.

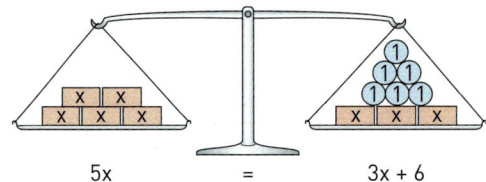

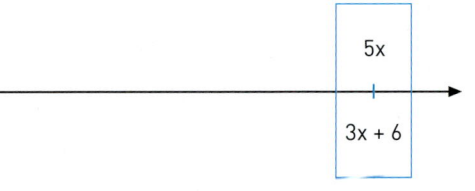

Nimm von beiden Schalen 3 Ziegelsteine weg. Es bleiben links 2 Ziegelsteine übrig, rechts 6 Gewichtsstücke.
Die Waage bleibt im Gleichgewicht.

Verringern wir aber diese unbekannte Stelle um $3x$, so erhalten wir, dass $2x$ an der Stelle 6 liegen muss.

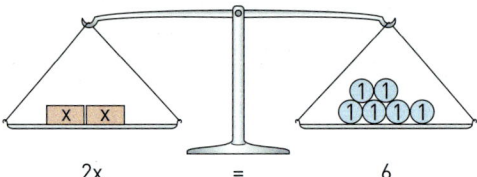

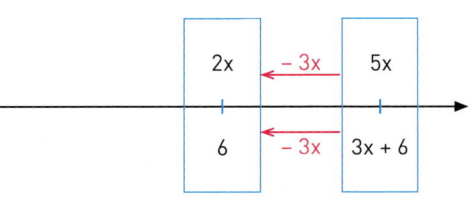

Nimm von beiden Schalen die Hälfte.
Die Waage bleibt im Gleichgewicht.

Jetzt muss nur noch auf beiden Seiten halbiert werden.

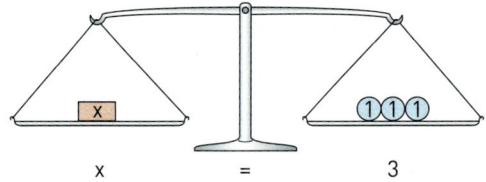

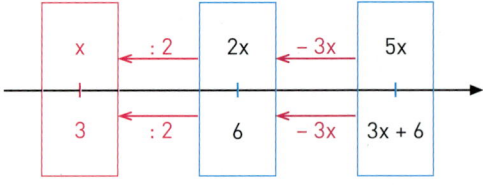

Man erkennt: Ein Ziegelstein ist so schwer wie 3 Gewichtsstücke.
Ergebnis: Die Gleichung $5x = 3x + 6$ hat die Lösung 3.

Man sieht: x liegt an der Stelle 3.

Information

Übersichtliches Notieren der Umformung
Wie bisher schreiben wir die Schritte mithilfe von Befehlsschritten auf:
Subtrahiere $3x$ auf beiden Seiten.
Dividiere durch 2 auf beiden Seiten.
Das Verfahren zeigt, dass wir damit auch alle Lösungen gefunden haben.
Weitere Lösungen kann es nicht geben.

$$\begin{aligned} 5x &= 3x + 6 \quad | -3x \\ 2x &= 6 \quad\quad\quad\;\; | :2 \\ x &= 3 \end{aligned}$$

Zum Selbstlernen 3.2 Lösen von Gleichungen durch Umformen

Zum Üben

1. Bestimme jeweils das Gewicht einer Kugel. Notiere dein Vorgehen mithilfe von Gleichungen.

   a) 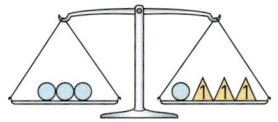   b) 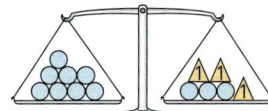   c)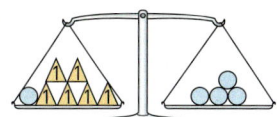

2. Bestimme die Lösungsmenge.
   a) $7x = 3x + 28$
   b) $7x + 6 = 10x$
   c) $16x = 4x + 72$
   d) $12x + 20 = 17x$
   e) $17x = 7x + 5$
   f) $42 + 22x = 28x$

3. Löse das Zahlenrätsel rechts mit einer Gleichung.

   Tina: Das Doppelte meiner Zahl plus 1 ist gleich dem Vierfachen meiner Zahl.

4. Bestimme die Lösungsmenge. Notiere die Art jeder Umformung. Führe auch die Probe durch.
   a) $8x = 40 + 3x$
   b) $11x = 48 - x$
   c) $15x - 21 = 12x$
   d) $9x = 24 + 11x$
   e) $7x - 41 = 8x$
   f) $-15x = 80 - 5x$
   g) $12x = 7x - 15$
   h) $-4x = 28 - 8x$
   i) $20x + 14 = 13x$
   j) $-5x + 0{,}05 = -x$
   k) $7x + 0{,}27 = 10x$
   l) $5a = 2a + \frac{6}{7}$

5. Vergleiche die Lösungswege.

   Antonio
   $2x = 5x - 12 \quad |-2x$
   $0 = 3x - 12 \quad |-(-12)$
   $12 = 3x \quad |:3$
   $4 = x$

   Elena
   $2x = 5x - 12 \quad |-2x$
   $0 = 3x - 12 \quad |+12$
   $12 = 3x \quad |\cdot \frac{1}{3}$
   $4 = x$

   Fabian
   $2x = 5x - 12 \quad |-5x$
   $-3x = -12 \quad |:(-3)$
   $x = 4$

6. Notiere zu der abgebildeten Waage eine Gleichung und löse diese mithilfe der Waage.

7. Bestimme die Lösungsmenge. Führe auch die Probe durch.
   a) $4x + 5 = 2x + 9$
   b) $5x - 3 = 3x + 5$
   c) $-6x + 2 = -4x + 1$
   d) $3x - 5 = 2x + 2$
   e) $9y + 20 = 5y + 12$
   f) $101 + 3x = 1 - 17x$
   g) $3d + 47 = 11 - d$
   h) $-r - 20 = -5r - 72$
   i) $22x - 61 = 12x - 61$
   j) $-3x - 12 = -x - 6$

   $3x + 2 = 5x + 6 \quad |-2$
   $3x = 5x + 4 \quad |-5x$
   $-2x = 4 \quad |:(-2)$
   $x = -2$
   Probe:
   $3 \cdot (-2) + 2 \stackrel{?}{=} 5 \cdot (-2) + 6$
   $-6 + 2 \stackrel{?}{=} -10 + 6$
   $-4 = -4 \quad \text{w}$
   $L = \{-2\}$

3.2.3 Lösen von Gleichungen mit Zusammenfassen von Vielfachen einer Variablen

Einstieg

Beim Lösen einer Gleichung mit der Variablen auf beiden Seiten, wie z. B. $7x = 2x + 3$, subtrahierst du Vielfache der Variablen auf beiden Seiten, hier $2x$. Du erhältst die Gleichung $5x = 3$. Dabei hast du im Kopf $7x - 2x$ zu $5x$ vereinfacht.
Sophie hat einige solcher Vereinfachungen notiert. Kontrolliere diese.

$$3x + 5x = 8x \qquad 7x + x = 8x \qquad 6x - x = 6 \qquad 5x - 4x = x$$

Aufgabe 1

Zusammenfassen von Vielfachen einer Variablen
Beim Lösen der Gleichung $7x = 4x + 12$ haben wir auf beiden Seiten $4x$ subtrahiert und auf der linken Seite dann $7x - 4x = 3x$ gerechnet. Dies ist eine Anwendung des Distributivgesetzes: $7 \cdot x - 4 \cdot x = (7 - 4) \cdot x = 3 \cdot x$
Vereinfache ebenso.
a) $18x - 8x$ b) $19a + 12a + 2$ c) $4x - 10x$ d) $7c + 5 + 3c$

Lösung

a) $18x - 8x = (18 - 8)x = 10x$

b) $19a + 12a + 2 = (19 + 12)a + 2 = 31a + 2$

c) $4x - 10x = (4 - 10)x = -6x$

d) $7c + 5 + 3c = 7c + 3c + 5 = (7 + 3)c + 5 = 10c + 5$
   Kommutativgesetz

Information

(1) Regel über das Zusammenfassen von Vielfachen einer Variablen
Beim Lösen von Gleichungen, bei denen die Variable mehrfach vorkommt, hast du in mehreren Fällen die Variable schon addiert und subtrahiert.

Addieren und Subtrahieren von Vielfachen einer Variablen
Man addiert (subtrahiert) Vielfache einer Variablen, indem man die Zahlfaktoren addiert (subtrahiert).

(1) $7x + 5x$ = $12x$
(2) $5x - 5x$ = $0x = 0$
(3) $8z - z$ = $7z$ Zahlfaktor 1 denken
(4) $-3a - 2a$ = $-5a$

---

(2) Vertauschen von Additions- und Subtraktionsschritten
Vom Rechnen mit rationalen Zahlen weißt du, dass man aufeinanderfolgende Additions- und Subtraktionsschritte beliebig vertauschen darf.
Dies gilt somit auch dann, wenn Vielfache einer Variablen addiert und subtrahiert werden:
Beispiel:
$12x - 7 - 8x + 3 = 12x - 8x - 7 + 3$
$ = 4x - 4$

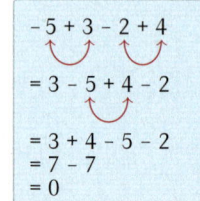

3.2 Lösen von Gleichungen durch Umformen

Aufgabe 2 — **Lösen von Gleichungen, in denen die Variable mehrfach vorkommt**
Löse die Gleichung $7x + 4 - 11x = 2x - 8$. Mache die Probe.

Lösung
Günstig ist es, wenn wir erst die linke Seite der Gleichung durch Zusammenfassen der Vielfachen der Variablen von x vereinfachen.

$7x + 4 - 11x = 2x - 8$
$-4x + 4 = 2x - 8 \quad | -2x$
$-6x + 4 = -8 \quad | -4$
$-6x = -12 \quad | :(-6)$
$x = 2$
$L = \{2\}$

Probe:
$7 \cdot 2 + 4 - 11 \cdot 2 \stackrel{?}{=} 2 \cdot 2 - 8$
$14 + 4 - 22 \stackrel{?}{=} 4 - 8$
$18 - 22 \stackrel{?}{=} -4$
$-4 = -4 \quad$ wahr

Information — **Strategie beim Bestimmen der Lösungsmenge einer Gleichung**

Zum Lösen einer Gleichung geht man in folgenden Schritten vor:
(1) *Zusammenfassen* sowohl der Vielfachen der Variablen als auch der Zahlen auf beiden Seiten der Gleichung
(2) *Sortieren* der Summanden: mit Variable auf eine Seite, ohne Variable auf die andere Seite der Gleichung (Anwenden der Addition- und Subtraktionsregel für Gleichungen)
(3) *Isolieren* der Variablen durch Division durch deren Vorfaktor (Anwenden der Multiplikations- und Divisionsregel für Gleichungen)

Beispiel:
$9 + 6x + 3 - 4x = 5x - 4 - x$ ← Zusammenfassen von Vielfachen der Variable
$12 + 2x = 4x - 4 \quad | -4x$
$12 - 2x = -4 \quad | -12$
$-2x = -16 \quad | :(-2)$
$x = 8$
Lösungsmenge $L = \{8\}$

Übungsaufgaben

3. Vereinfache.
a) $4x + 2x$
   $7y + 1y$
   $9x - 5x$
   $14y - 14y$
b) $1{,}2r - 1{,}4r$
   $-3{,}45x + 2{,}13x$
   $5x + 3x + 4x$
   $8a + 6a - 14a$
c) $12r - 3r - 8r$
   $17s + 5s - 29s$
   $z - 1z - 10z$
   $2{,}2a - 3{,}1a + 0{,}2a$
d) $-0{,}44x + 1x - 3{,}03x$
   $2{,}5u - 4{,}3u + 1{,}5u$
   $\frac{3}{4}r - \frac{1}{8}r - \frac{1}{2}r$
   $\frac{3}{4}x - x + \frac{1}{3}x$

4. Zerlege auf drei verschiedene Weisen in eine Summe aus zwei Summanden.
a) $16x$
b) $9h$
c) $24b$
d) $20z$

5. Hier werden Vielfache der Variable zusammengefasst. Kontrolliere.

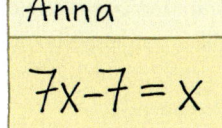

Anna: $7x - 7 = x$
Ben: $5x - x = 4x$
Christina: $x + 2x = 3x$
Dominik: $x - x = 0$

6. Fasse zusammen.
a) $7x - 3 + 2x + 5$
b) $8x + 4 - x - 3$
c) $-5 - 2x + x - 7$
d) $12x + 5x + 9 + 11x$
e) $9x - 4 + 3x - 2 + 7x$
f) $x + 1 - 2x + 3 - x$
g) $-2x + 3 - 3x + 4x - 5$
h) $-x - 7 - 2x - 9 + 3$
i) $u - 2u + 3 + u - 3$

7. Ergänze die Aufgaben auf der Tafel rechts passend im Heft.

8. Stelle deinem Nachbarn zehn verschiedene Aufgaben zum Zusammenfassen der Vielfachen der Variable. Kontrolliert euch gegenseitig. Welche Fehler wurden gemacht und wie kann man diese vermeiden?

a) $3x + 7x + \square = 12x$
b) $-4a - 3a + \square = a$
c) $4y - 9y + \square = -3y$

9. Bestimme die Lösungsmenge.
   a) $6x + 1 - 2x = 2x + 17$
   b) $15x + 4 = 6x - 86 - x$
   c) $-5x + 3 - 3x = -4x - 33$
   d) $9x + 33 - 4x = 9x - 7$
   e) $5 = 7x + 26 + 2x - 12x$
   f) $8x + 2 - 5x = 12 - 3x + 14$
   g) $4x + 9 - 2x = 30 - 20x - 10$
   h) $24a + 26 - 15a = 12 - 9a + 8$
   i) $1 + 2t - 2 - t - 3 + 3t = 0$
   j) $4 - 4u - 9 = u - 17 - 74$
   k) $50y - 4 - 80y = 12 + 10y - 1$
   l) $11b - 4 - 13b = 7 + 4b - 17$
   m) $-19r + 14 + 7r + 3 - 17 = 0$
   n) $17 + 311b - 17 + 8b = 299b + 12 + 12b$

10. Rechts siehst du Marias Weg zum Lösen einer Gleichung. Welchen Ratschlag würdest du ihr geben?

$7x - 3 - 5x - 2 = 4x - 2 - 3x \quad |+3$
$7x - 5x - 2 = 4x - 2 - 3x + 3 \quad |+2$
$7x - 5x = 4x - 2 - 3x + 3 + 2 \quad |-4x$
$7x - 5x - 4x = -2 - 3x + 3 + 2 \quad |+3x$
$7x - 5x - 4x + 3x = -2 + 3 + 2$
$x = 3$

11. Bestimme die Lösungsmenge.
    a) $\frac{5}{4} + 17x = \frac{3}{4} + 18x - 0{,}5$
    b) $x - 2{,}5x + 6 + 1{,}8x = 1{,}8x - 2{,}5x + 6{,}5$
    c) $\frac{1}{2}x + 5 = \frac{1}{6}x + 6$
    d) $\frac{1}{3}a + 2 = \frac{1}{6}a + 3$

12. Kontrolliere Mehmeds Hausaufgaben. Berichtige die falschen Rechnungen.

$3x + 2x + x = 7x + 14$
$3x + 2 = 7x + 14 \quad |-7x$
$4x + 2 = 14 \quad |-2$
$4x = 12 \quad |:3$
$x = 3$

$4 - 2x = 8 + x \quad |-x$
$4 - 2x = 8 \quad |-4$
$2x = 4 \quad |:2$
$x = 2$

13. Löse das Zahlenrätsel mithilfe einer Gleichung.
    a) Wenn man 11 zu einer Zahl addiert, erhält man das Dreifache der gesuchten Zahl.
    b) Wenn man von 25 eine Zahl subtrahiert, erhält man das Vierfache der gesuchten Zahl.
    c) Verringert man das Siebenfache einer Zahl um 12, so erhält man dasselbe, wie wenn man das Doppelte der gesuchten Zahl um 8 vergrößert.

14. Denkt euch ähnliche Zahlenrätsel aus und stellt sie eurem Nachbarn.

15. Gib zu der Gleichung ein Zahlenrätsel an. Bestimme dann die gesuchte Zahl.
    a) $4x + 5 = 19 + 2x$
    b) $\frac{x}{2} - 3 = 7$
    c) $50 - 2r = 17 + r$
    d) $5t + 7 = 6t - 2$

16. a) Kontrolliere Marias Behauptung.

b) Erfinde drei verschiedene Zahlenrätsel für die Zahl 2 [13; −4; $\frac{1}{4}$; −$\frac{1}{2}$].

17. Das Vervollständigen der folgenden Additionsmauern ist nicht ganz so einfach, da sich die Lücken an ungünstigen Stellen befinden. Überlege dir ein günstiges Verfahren, um sie auszufüllen und ergänze dann die fehlenden Zahlen im Heft.

18. Konstruiere vier verschiedene Zahlenmauern, die dein Partner ergänzen soll. Die Zahlenmauern sollen auch Variablen enthalten. Sucht anschließend gemeinsam eine Zahlenmauer aus, die an eurer Pinnwand ausgehängt werden soll. Achtet auf Vielfältigkeit.

Das kann ich noch!

A) Es sollen Dreiecke mit den angegebenen Stücken konstruiert werden.
Fertige zunächst nur eine Planskizze an. Entscheide damit, ob es ein solches Dreieck gibt und ein Kongruenzsatz garantiert, dass alle solchen Dreiecke kongruent zueinander sind. Du kannst anschließend zur Kontrolle das Dreieck zeichnen.

1) $a = 5\,cm$; $b = 7\,cm$; $\gamma = 56°$
2) $a = 3\,cm$; $b = 10\,cm$; $c = 4\,cm$
3) $\gamma = 45°$; $\alpha = 67°$; $b = 9\,cm$
4) $a = 9\,cm$; $b = 4\,cm$; $c = 6\,cm$
5) $a = 7\,cm$; $b = 3\,cm$; $\alpha = 30°$
6) $\alpha = 123°$; $\beta = 59$; $c = 3{,}4\,cm$
7) $a = 5\,cm$; $\beta = 46°$, $\gamma = 112°$
8) $b = 5\,cm$, $a = 7\,cm$; $\beta = 32°$

3.3 Sonderfälle bei der Lösungsmenge

Einstieg Anna und Lukas verblüffen ihre Freunde gerne. Kannst du ihre Zahlenrätsel lösen?

Ich denke mir eine Zahl. Zu ihrem Doppelten addiere ich 7, subtrahiere ihr Dreifaches und noch 8. Das Ergebnis ist dasselbe, wie wenn ich von 4 die Zahl subtrahiere und anschließend noch 5 subtrahiere. Welche Zahl habe ich mir gedacht?

Ich denke mir eine Zahl. Zu ihrem Doppelten addiere ich 6, addiere noch ihr Dreifaches und subtrahiere 2. Das Ergebnis ist dasselbe, wie wenn ich zu 9 das Fünffache der Zahl addiere und anschließend noch 3 subtrahiere. Welche Zahl habe ich mir gedacht?

Einführung

Bisher trat beim rechnerischen Lösen der Gleichungen als Lösung genau eine Zahl auf. Das muss nicht immer so sein.

Wir betrachten dazu die folgenden Beispiele und bestimmen die Lösungsmenge.

a) $7x + 5x + 2 = 2x + 2 + 10x$
   $12x + 2 = 12x + 2 \quad |-12x$
   $2 = 2$

b) $2x + 9x + 2 = 8x + 4 + 3x$
   $11x + 2 = 11x + 4 \quad |-11x$
   $2 = 4$

Die letzte Gleichung ist eine wahre Aussage. Bei *jeder* beliebigen Einsetzung für die Variable in die erste Gleichung gelangt man zu ihr.

Also erhält man bei *jeder* Einsetzung eine wahre Aussage.

Du erkennst aber auch schon an der vorletzten Gleichung: *Jede* rationale Zahl ist Lösung der Gleichung. Setzt man z. B. 5 ein, so erhält man die wahre Aussage:
$12 \cdot 5 + 2 = 12 \cdot 5 + 2$

Die Lösungsmenge enthält also alle rationalen Zahlen:
$L = \mathbb{Q}$

Die letzte Gleichung ist eine falsche Aussage. Bei *jeder* beliebigen Einsetzung für die Variable in die erste Gleichung gelangt man zu ihr.

Also erhält man bei *keiner* Einsetzung eine wahre Aussage.

Du erkennst aber auch schon an der vorletzten Gleichung: *Keine* rationale Zahl ist Lösung der Gleichung. Setzt man z. B. 7 ein, so erhält man die falsche Aussage:
$11 \cdot 7 + 2 = 11 \cdot 7 + 4$

Die Lösungsmenge enthält also keine einzige Zahl, sie ist die *leere Menge*:
$L = \{\ \}$

leere Menge { }

Information

Die Lösungsmenge einer Gleichung muss nicht stets eine Zahl enthalten.

> Die Lösungsmenge einer Gleichung kann auch gleich der Grundmenge $\mathbb{Q}$ oder gleich der leeren Menge $\{\ \}$ sein.

3.3 Sonderfälle bei der Lösungsmenge

Weiterführende Aufgabe

Multiplikation bzw. Division mit Variablen ist nicht unbedingt eine Äquivalenzumformung

1. a) Welcher Lösungsweg ist fehlerhaft? Was folgt daraus für die Division durch x auf beiden Seiten einer Gleichung?
   b) Vergleiche die Lösungsmenge der Gleichungen. Prüfe, ob die angegebene Zahl Lösung beider Gleichungen ist.

1. Weg:	2. Weg:
$7x = 5x \quad \mid -5x$	$7x = 5x \quad \mid :x$
$2x = 0 \quad \mid :2$	$7 = 5$
$x = 0$	
Lösungsmenge: $\{0\}$	Lösungsmenge: $\{\ \}$

   Ist die Multiplikation mit x bzw. mit $(x-3)$ auf beiden Seiten einer Gleichung eine Äquivalenzumformung?

   (1) $\quad 2x + 5 = 1 - 2x \quad \mid \cdot x$
   $(2x + 5) \cdot x = (1 - 2x) \cdot x$
   Führe die Probe mit der Zahl 0 durch.

   (2) $\quad 4x + 3 = 3x + 4 \quad \mid \cdot (x-3)$
   $(4x + 3) \cdot (x-3) = (3x + 4) \cdot (x-3)$
   Führe die Probe mit der Zahl 3 durch.

> Die Multiplikation (Division) beider Seiten einer Gleichung mit einem Faktor (durch einen Divisor), der eine Variable enthält, ist nicht unbedingt eine zulässige Anwendung der Multiplikations- und Divisionsregel, weil der Faktor (der Divisor) gleich 0 werden kann.

Übungsaufgaben

2. Bestimme die Lösungsmenge. Höre mit der Rechnung möglichst früh auf.
   a) $2x - 7 = 2x - 7$
   b) $8x - 5 = 8x + 5$
   c) $11u + 18 - 9u = 2u + 19$
   d) $2 - 4x + 29 = 7 - 4x + 29$
   e) $14x + 6 + 6x = 23x - 3x + 6$
   f) $3x - 14 + 5x = 11 + 8x - 25$
   g) $3x + 7 + 9x = 10 - 12x - 3$
   h) $3x - 7 + 9x = 10 + 12x + 3$
   i) $3z + 7 + 9z = 10 + 12z - 3$

3. Kontrolliere, ob die Gleichungen korrekt gelöst wurden.

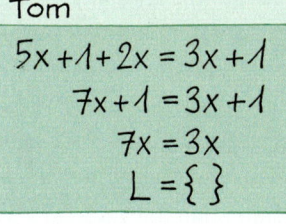

Hannah
$-2x + 7 - 3x = 3 + 5x + 4$
$7 - 5x = 7 + 5x$
$L = \{\ \}$

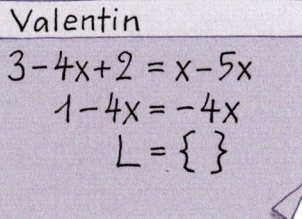

4. Nenne deinem Partner eine Gleichung und lasse sie durch ihn so verändern, dass die Gleichung keine Lösung, unendlich viele Lösungen oder genau eine Lösung hat. Danach nennt dieser dir eine Gleichung und macht eine Vorgabe zur Veränderung. Tauscht noch zweimal die Rollen.

5. Bestimme die Lösungsmenge.
   a) $6x + 12 = 30 - 3x$
   b) $18x - 7 = 29x - 7$
   c) $x + 9 - 3x = 2 - 2x$
   d) $1 - 4x = 4x - 1$
   e) $5 - z + 2 = 7 - z$
   f) $7x + 0{,}2 - x - 4{,}8 + 3x - 1{,}5 + 5x = 0{,}1$
   g) $11y - 7{,}9 + 25y + 19{,}6 - 47y + 6{,}6 = 1 - 11y$
   h) $0{,}3x + 1 - 1{,}4x + 7 + 1{,}2x - 8 + 3{,}8x = 0{,}7x$
   i) $8{,}8a + 3{,}4 - 11{,}6a - 12{,}7a - 9{,}2 + 6{,}1a + 4{,}8 - 0{,}6a = 0$
   j) $\frac{x}{2} + \frac{1}{3} - \frac{x}{4} - \frac{x}{5} - \frac{3}{5} + \frac{x}{3} + \frac{1}{2} - \frac{x}{10} - \frac{7}{30} = 0$

Im Blickpunkt

Lösen von Gleichungen mit einem Computer-Algebra-System (CAS)

Algebra
Vom arabischen „al'gabr": Einrenkung gebrochener Teile

Du weißt, dass man Rechnungen mit Zahlen bequem mit einem Taschenrechner durchführen kann. Auch das Rechnen mit Gleichungen kann man von Computern oder etwas größeren Taschenrechnern erledigen lassen. Programme, die dies können, nennt man Computer-Algebra-Systeme.

1. Ein Computer-Algebra-System kann Gleichungen so umformen, wie du es von Hand durchführst. Dazu gibt man die Gleichung in Klammern ein und dahinter die Umformung, die du sonst hinter dem Befehlsstrich notierst.
    a) Kontrolliere das rechts abgebildete Beispiel von Hand. Probiere anschließend, wie du bei deinem CAS vorgehen musst. Untersuche dabei auch, ob du Malpunkte weglassen darfst.
    b) Das Computer-Algebra-System führt konsequent genau die angegebene Umformung mit der Gleichung durch. Dies lässt sich gut zum Suchen von Fehlern verwenden.
    Kontrolliere die folgenden Umformungen, indem du die Gleichungen und die Umformungsschritte von einem CAS durchführen lässt.

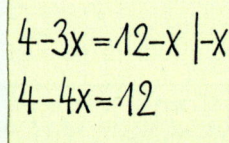

$$2x+4=6 \quad |-2$$
$$x+4=4$$

$$8-6x=20 \quad |-8$$
$$6x=12$$

$$4-3x=12-x \quad |-x$$
$$4-4x=12$$

$$6x+12=3x \quad |:3$$
$$2x+12=x$$

2. Computer-Algebra-Systeme können Gleichungen auch vollautomatisch lösen. Dazu verwendet man den Befehl **Löse** (englisch: **solve**), bei dem die Gleichung und die Variable, nach der aufgelöst werden soll, eingegeben werden müssen.
    a) Im Beispiel rechts wurden einige Gleichungen von einem CAS gelöst.
    Probiere, wie du bei deinem CAS vorgehen musst. Kontrolliere die Lösungen auch von Hand.
    b) Gib selbst einige Gleichungen in dein CAS ein und lasse sie lösen.

3. a) Auch die Sonderfälle bei der Lösungsmenge kann ein Computer-Algebra-System verarbeiten.
    Betrachte den Bildschirm rechts.
    Überlege, was die Antwort des CAS bedeutet.
    b) Beschreibe auch, wie ein Computer-Algebra-System mit Gleichungen mit mehr als einer Lösung verfährt.

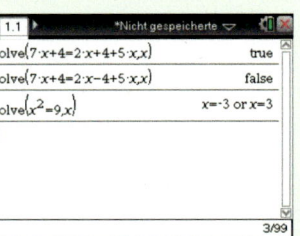

3.4 Modellieren – Anwenden von Gleichungen

Einstieg

Aus einer 1,00 m langen und 2 cm breiten Holzleiste soll ein Bilderrahmen gebaut werden, bei dem die längere Seite 1,5-mal so lang ist wie die kürzere.
Es gibt verschiedene Baumöglichkeiten. Entscheidet euch für eine und bestimmt die Maße dieses Bilderrahmens.
Vergleicht euer Ergebnis mit dem eurer Mitschülerinnen und Mitschüler.

Einführung

Bei einer Jugendfreizeit soll ein Spielfeld mit Trassierband abgesteckt werden. Leider ist die Spielanleitung unvollständig. Wir können die Spielfeldgröße aber aus dem zur Verfügung stehenden Trassierband berechnen.

(1) **Vereinfachtes Beschreiben der Situation**
- Das Spielfeld besteht aus zwei quadratischen Hälften.
- Das Trassierband wird vollständig verwendet.
- Das Trassierband wird so straff gespannt, dass es nicht durchhängt.
- Für das Umwickeln der sechs Pfosten werden 3 m Trassierband benötigt.

Wir fertigen eine Skizze an und bezeichnen die Länge der Quadratseite mit x; dabei arbeiten wir der Einfachheit halber nur mit den Maßzahlen.

Material:
100 m Trassierband zum Markieren des Feldes
6 kurze Pfosten
2 Softbälle

(2) **Aufstellen und Lösen einer Gleichung**
Die Gesamtlänge des Trassierbandes muss für die Längen der einzelnen Strecken und das Umwickeln der Pfosten reichen. Daraus ergibt sich folgende Gleichung:
$2 \cdot 2x + 3 \cdot x + 3 = 100$

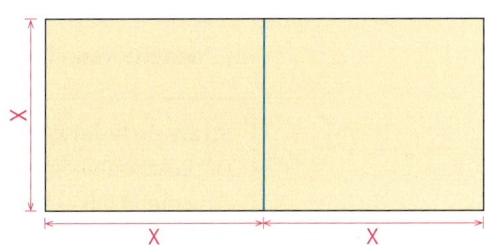

(3) **Bestimmen der Lösungsmenge der Gleichung**
$$\begin{aligned} 2 \cdot 2x + 3 \cdot x + 3 &= 100 \\ 4x + 3x + 3 &= 100 \\ 7x + 3 &= 100 \quad | -3 \\ 7x &= 97 \quad | :7 \\ x &= \tfrac{97}{7} = 13\tfrac{6}{7} \end{aligned}$$

(4) Probe am Sachverhalt
Wir führen die Probe nicht durch Einsetzen in die Gleichung durch, da schon beim Aufstellen der Gleichung ein Fehler passiert sein könnte. Daher führen wir die Probe am gegebenen Sachverhalt durch:
Zum Eingrenzen des Spielfeldes wird 7-mal die Länge einer Quadratseite von $13\frac{6}{7}$ m benötigt sowie 3 m zum Umwickeln der Pfosten, also insgesamt $7 \cdot 13\frac{6}{7}$ m + 3 m = 97 m + 3 m = 100 m. Das entspricht genau der Länge des zur Verfügung stehenden Trassierbandes.

(5) Ergebnis
Eine Seitenlänge von $13\frac{6}{7}$ m = 13,857... m lässt sich nicht genau abmessen. Berücksichtigen wir auch noch, dass mehr Trassierband benötigt wird, da es sicher etwas durchhängt, runden wir das Ergebnis ab:
Das Spielfeld wird so eingegrenzt, dass es aus zwei Quadraten der Seitenlänge 13,80 m besteht.

(6) Kritischer Rückblick
Dieses Ergebnis hängt von den von uns vorgenommenen Vereinfachungen ab. Hätten wir angenommen, dass zum Umwickeln der Pfosten mehr Band benötigt würde, so ergäbe sich eine kürzere Seitenlänge für das Spielfeld.

Weiterführende Aufgabe

Beachten einer einschränkenden Bedingung

1. Nico möchte ein neues Aquarium einrichten und überlegt:
„Der Fischbestand sollte sich aus einem Fünftel Neonfische, zwei Drittel Zebrabarben und auch noch einem Antennenwels zusammensetzen."
Wie viele Fische würde er für dieses Aquarium benötigen?

Information

(1) Einschränkende Bedingung für den gesuchten Wert
Bei jeder Textaufgabe muss überlegt werden, ob zusätzlich zur Gleichung, die man aufgestellt hat, noch eine einschränkende Bedingung für die gesuchte Größe hinzukommt.
Ist x die Maßzahl einer Größe, so lautet sie x > 0, weil eine Größe nur positiv sein kann.
Ist in der Aufgabe nach einer Anzahl x gefragt, so lautet die einschränkende Bedingung $x \in \mathbb{N}$.
Nicht immer muss es zu einer Textaufgabe eine einschränkende Bedingung geben.

(2) Modellieren einer Sachsituation – Textaufgaben

Strategie (griech.)
genau geplantes Vorgehen

> **Strategie beim Lösen einer Sachsituation mithilfe einer Gleichung**
> (1) Beschreibe den Sachverhalt zunächst vereinfacht. Fertige dazu auch eine Skizze, ein Diagramm oder eine Tabelle an, in die du die gegebenen Größen einträgst.
> Vereinbare eine Variable (z. B. x oder y oder s oder ...) für eine gesuchte Größe und ergänze damit die Skizze bzw. Diagramm bzw. Tabelle.
> (2) Stelle eine Gleichung auf und bestimme ihre Lösungsmenge.
> (3) Kontrolliere, ob es noch eine einschränkende Bedingung für die Variable gibt. Suche dann die Lösungen heraus, die diese Bedingung erfüllen.
> (4) Führe eine Probe an der Sachsituation bzw. dem Aufgabentext durch.
> (5) Runde sinnvoll und formuliere einen Antwortsatz.

Übungsaufgaben

2. Für ein besonderes Ballspiel soll ein Spielfeld abgegrenzt werden, bei dem jeder der beiden Mannschaften als Fläche ein gleichschenkliges Dreieck zur Verfügung steht, dessen Schenkel doppelt so lang sind wie die Basis. Zur Abgrenzung stehen 75 m Schnur und vier Pfosten zur Verfügung. Welche Abmessungen kann das Spielfeld haben?

3. Aus einem 150 cm langen Plastikrohr soll das Kantenmodell eines Körpers erstellt werden.
   a) Es soll ein Quader hergestellt werden. Die mittlere Kante soll doppelt so lang wie die kürzere Kante und halb so lang wie die längste Kante sein.
   b) Überlege dir alternative Modellannahmen und die für den Bau des Kantenmodells erforderlichen Angaben.

4. Ein Vater und sein Sohn sind zusammen 40 Jahre alt. Der Vater ist 26 Jahre älter als der Sohn. Wie alt ist der Sohn, wie alt ist der Vater?

5. Wie alt sind Peter, Paul und Mary?

6. Ein Designer entwirft Topfuntersetzer, die aus Edelstahlstangen hergestellt werden sollen. Wie groß werden diese, wenn jeder aus einer 1,50 m langen Stange hergestellt werden soll?

7. Gib zu den folgenden Gleichungen eine Rechengeschichte an.
   a) $x + x + 30 = 400$
   b) $20 - 0,5x = 0$
   c) $x + 2x + x - 3 = 30$

8. Um die Bestände der Seehunde in der Nordsee zu überwachen, werden jährlich Zählungen mit Flugzeugen durchgeführt. Von 2011 zu 2012 nahm die Anzahl der Seehunde an der niedersächsischen Nordseeküste um ungefähr 13 % zu, von 2012 zu 2013 allerdings wieder um 315 Tiere ab. Bei der Zählung im Jahr 2013 wurden 8 082 Tiere gezählt.

Ermittle die Anzahl der Seehunde, die 2011 im niedersächsischen Wattenmeer lebten.

3.5 Verhältnisgleichungen

Einstieg

Bei einem Foto beträgt das Verhältnis der Seitenlängen 9:13. Bestimmt durch Lösen einer Gleichung, wie lang die andere Seite sein kann, wenn eine Seite 8,4 cm lang ist.

Aufgabe 1

Ein Firmen-Logo hat als Umriss ein Rechteck, dessen Höhe und Breite im Verhältnis 3:2 zueinander stehen.
a) Für einen Briefkopf soll es so verkleinert werden, dass die Breite nur 0,9 cm lang ist.
   Bestimme die Höhe mithilfe einer Gleichung.
b) Für den Briefumschlag soll das Logo 4,2 cm hoch sein.
   Bestimme seine Breite mithilfe einer Gleichung.

Lösung

a) Wir bezeichnen die gesuchte Höhe mit x. Für das verkleinerte Logo muss das Verhältnis der Seitenlängen mit dem vorgegebenen Verhältnis übereinstimmen, also:

$x:0,9 = 3:2$ oder mit Brüchen geschrieben:

$\frac{x}{0,9} = \frac{3}{2}$

Zum Lösen dieser Gleichung multiplizieren wir beide Seiten mit 0,9 und erhalten:

$x = \frac{3}{2} \cdot 0,9 = 1,35$

Ergebnis: Das Logo auf dem Briefkopf ist 1,35 cm hoch.

b) Für die Breite b des Logos auf dem Briefumschlag muss gelten:

$4,2:b = 3:2$ oder mit Brüchen geschrieben:

$\frac{4,2}{b} = \frac{3}{2}$ $| \cdot b$

$4,2 = \frac{3}{2} \cdot b$ $| :\frac{3}{2}$ bzw. $\cdot \frac{2}{3}$ und Seitentausch

$b = 4,2 \cdot \frac{2}{3} = 2,8$

Ergebnis: Das Logo auf dem Briefumschlag ist 2,8 cm hoch.

Information

Gleichungen, die auf der linken und rechten Seite Verhältnisse (auch als Bruch geschrieben) haben, nennt man **Verhältnisgleichungen**.

Beispiele: $3:x = 5:4$ $\qquad$ $x:2 = 4:9$ $\qquad$ $\frac{x}{4} = \frac{6}{7}$ $\qquad$ $\frac{3}{2} = \frac{4}{y}$

Weiterführende Aufgaben

Lösen von Verhältnisgleichungen durch Überkreuz-Multiplizieren
2. Begründe das Vorgehen rechts beim Lösen einer Verhältnisgleichung.
   Löse die Gleichung dann.

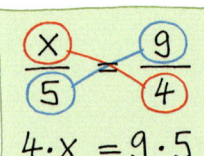

3.5 Verhältnisgleichungen

Verhältnisgleichungen bei proportionalen Zuordnungen

3. Du weißt aus Klasse 6: Bei proportionalen Zuordnungen haben die Quotienten einander zugeordneten Größen stets den gleichen Wert. Löse folgende Aufgaben mithilfe einer Gleichung.
   Aus 50 kg Orangen kann man 14 Flaschen Orangensaft herstellen.
   (1) Wie viel Flaschen erhält man aus 113 kg Orangen?
   (2) Wie viel Orangen benötigt man zur Herstellung von 25 Flaschen Saft?

Übungsaufgaben

4. Löse folgende Verhältnisgleichungen.
   a) $\frac{x}{4} = \frac{2}{3}$ c) $\frac{x}{3} = \frac{4}{7}$ e) $\frac{2}{x} = \frac{4}{9}$ g) $\frac{2}{7} = \frac{3}{x}$
   b) $x : 5 = 3 : 4$ d) $x : 2 = 2 : 3$ f) $4 : x = \frac{5}{9}$ h) $4 : 5 = 2 : x$

5. Durch Anzupfen einer Saite kann man einen Ton erzeugen. Verkürzt man die Saite (z. B. durch Fingerdruck), so erhält man einen höheren Ton. Grundton und höhere Töne bilden zusammen ein Tonintervall. Bestimmte Tonintervalle haben eigene Namen: Sekunde (10:9), Terz (5:4), Quarte (4:3), Quinte (3:2), Sexte (5:3), Septime (15:8), Oktave (2:1) usw. In Klammern steht jeweils das Längenverhältnis der langen zur verkürzten Saite.

   a) Gib den Text mit eigenen Worten wieder.
   b) Eine Saite ist 60 cm lang. Wie lang muss jeweils die verkürzte Saite sein, damit man die einzelnen Tonintervalle erhält?
   c) Die verkürzte Saite ist 36 cm lang. Wie lang muss die längere Saite sein, damit man die angegebenen Tonintervalle erhält?

6. Bestimme die Lösungsmenge folgender Verhältnisgleichungen.
   Beschreibe die Besonderheiten auch mit Worten.
   a) $\frac{4}{x} = \frac{0}{2}$ b) $\frac{x}{3} = \frac{2 \cdot x}{6}$ c) $5 : x = 4 : 3$ d) $2 : x = 4 : 2 \cdot x$

7. Gib eine Verhältnisgleichung an, die die vorgegebene Lösungsmenge hat.
   a) $L = \{3\}$ b) $L = \{1\}$ c) $L = \{-2\}$ d) $L = \{\ \}$ e) $L = \mathbb{Q}$ f) $L = \mathbb{Q}\setminus\{5\}$

8. Ein Lkw soll 360 m³ Kies ausliefern. Mit 18 Fuhren hat er schon 216 m³ Kies weggebracht.
   a) Wie viele Fuhren benötigt er noch für das Ausliefern des restlichen Kieses?
   b) Wie viele Fuhren sind nötig, um 258 m³ Kies zu transportieren?

9. Frau Meier tankt 56,4 ℓ Superbenzin und zahlt dafür 72,76 €.
   a) Herr Schmidt hat nur noch 50 € im Portemonee. Wie viel Superbenzin erhält er dafür an dieser Tankstelle?
   b) Der Tank eines Motorrads fasst 12,7 ℓ. Wie viel kostet das Volltanken mit Superbenzin an dieser Tankstelle?

10. Ein 4,80 m langer Eisenträger wiegt 73,5 kg. Wie viel wiegt ein 3,90 m langer Eisenträger desselben Querschnitts?

3.6 Lösen von Betragsgleichungen

Einstieg Notiert das Zahlenrätsel rechts als Gleichung und löst es.

Addiere ich 5 zu meiner gedachten Zahl, so hat das Ergebnis den Abstand 3 von null.

Aufgabe 1 Bestimme die Lösungsmenge der Gleichung.
    a) $|x - 7| = 5$ b) $3 \cdot |a + 2| = 12$

Lösung

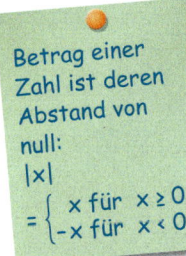
Betrag einer Zahl ist deren Abstand von null:
$|x| = \begin{cases} x & \text{für } x \geq 0 \\ -x & \text{für } x < 0 \end{cases}$

a) Es gibt zwei Möglichkeiten dafür, dass der Betrag von $x - 7$ den Wert 5 hat:
   1. Fall: $x - 7 = 5 \;\;|+7$ 2. Fall: $x - 7 = -5 \;\;|+7$
             $x = 12$ $x = 2$
Lösungsmenge: $L = \{2; 12\}$

b) Wir wenden zunächst die Umformungsregeln an: $3 \cdot |a + 2| = 12 \;\;|:3$
                                                                            $|a + 2| = 4$
Wie in Teilaufgabe a) unterscheiden wir zwei Fälle:
   1. Fall: $a + 2 = 4 \;\;|-2$ 2. Fall: $a + 2 = -4 \;\;|-2$
             $a = 2$ $a = -6$
Lösungsmenge: $L = \{-6; 2\}$

Information

> **Strategie zum Lösen von Gleichungen mit Beträgen**
> Man führt eine Fallunterscheidung durch: Stimmt der Betrag eines Terms mit einer Zahl überein, so stimmt der Term mit dieser Zahl überein oder mit ihrer entgegengesetzten Zahl.

Übungsaufgaben

2. Bestimme die Lösungsmenge. Führe eine Probe durch.
  a) $|x - 5| = 9$ c) $|x + 5| = 3$ e) $|12y| = 18$ g) $|3x| = 0$
  b) $|x - 3| = 2$ d) $|4x| = 8$ f) $|-2z| = 6$ h) $\left|-\tfrac{1}{2}x\right| = 2$

3. a) $|2x - 4| = 6$ b) $|2 - 3x| = 6$ c) $|5z - 2 + 3z| = 1$ d) $|3x + 5x - 2x| = 4$

4. Warum hat die Betragsgleichung $|3x - 6| = -4$ keine Lösung?

5. a) $|x| + 5 = 12$ b) $|x| - 6 = 18$ c) $2 \cdot |x| = 14$ d) $4 \cdot |x| + 5 = 21$

6. a) $|2x - 3| - 5 = 17$ b) $|12x - 5| + 6 = 25$ c) $2 + |x - 2| = 8$ d) $4 \cdot |4 - x| = 32$

7. Welche Fehler hat Jan gemacht? Korrigiere.

a) $|x - 5| = 7$
   $|x| - |5| = 7$
   $|x| - 5 = 7$
        $x = 2$
   $L = -2,2$

b) $|3x + 1| = |2x|$
   $3x + 1 = 2x$
     $x + 1 = 0$
         $x = -1$
   $L = -1$

c) $\tfrac{1}{2} \cdot |2x| = 7$
     $|x| = 7$
   $L = -7,7$

d) $|x + 3| + 2 = 2$
   $|x + 3| = 0$
    $x + 3 = 0$
        $x = -3$
   $L = -3$

3.7 Lösen von Ungleichungen

Einstieg

a) Betrachtet das Bild rechts. Notiert eine Ungleichung dazu. Löst sie; ihr könnt sie euch auch an einer Waage vorstellen.
b) Für welche Zahlen gilt $-2 \cdot x > -4$?

Leermasse
Masse des Fahrzeuges mit einem zu 90% gefüllten Tank und einem 75 kg schweren Fahrer.

Die Masse der fünf Motoren und die Leermasse von 1195 kg müssen weniger als die höchstzulässige Gesamtmasse von 1530 kg ergeben.

Wie viel darf ein Motor wiegen?

Aufgabe 1

Jonas stellt gerne Zahlenrätsel.
a) Welche Zahlen erfüllen diese Bedingung? Notiere dazu eine Ungleichung für x. Bestimme deren Lösungsmenge und veranschauliche dein Vorgehen an der Zahlengeraden.
b) In Teilaufgabe a) hast du die von den Gleichungen bekannten Umformungsregeln für Ungleichungen angewendet. Zeige aber anhand der Ungleichungen $-2 \cdot x < 6$ und $x < -3$:
Die Multiplikations- und Divisionsregel gilt bei Ungleichungen nicht für die Multiplikation mit einer *negativen* Zahl (bzw. für die Division durch eine *negative* Zahl).
Wie muss die Regel dann abgeändert werden?

Wenn ich eine Zahl x mit 2 multipliziere und dann 3 addiere, erhalte ich eine Zahl, die kleiner als 11 ist.

Lösung

a) Die Ungleichung lautet: $2 \cdot x + 3 < 11$
Zum Lösen der Ungleichung kann man verschieden vorgehen:

Überlegung zum Lösen der Ungleichung	*Umformen der Ungleichung*	*Veranschaulichung an der Zahlengeraden:*
Das Ergebnis von $2 \cdot x + 3$ ist kleiner als 11.	$2 \cdot x + 3 < 11 \quad \vert -3$	
Das Zweifache von x ist kleiner als 8.	$2 \cdot x < 8 \quad \vert :2$	
x ist kleiner als 4.	$x < 4$	

Die Lösungsmenge der Ungleichung besteht aus allen Zahlen, die kleiner als 4 sind. Die Zahl 4 selbst gehört nicht zur Lösungsmenge. Dies zeigt eine Probe; sie führt auf die falsche Aussage $36 < 36$.

b) Dividiert man beide Seiten der Ungleichung −2·x < 6 durch −2, so erhält man die Ungleichung x < −3. Diese beiden Ungleichungen sind aber nicht äquivalent zueinander, wie die Probe mit der Zahl 1 zeigt:

Probe:
Ist 1 Lösung der Ungleichung −2·x < 6?
−2·x < 6
−2·1 $\overset{?}{<}$ 6
−2 < 6   wahr

Probe:
Ist 1 Lösung der Ungleichung x < −3?
x < −3
1 $\overset{?}{<}$ −3   falsch

Die Multiplikations- und Divisionsregel gilt daher nicht für *negative* Zahlen.
Offensichtlich muss man bei der Multiplikation mit einer negativen Zahl zusätzlich das Zeichen umdrehen, da hierbei eine Spiegelung am Ursprung erfolgt (Bild rechts):
Aus < wird > und aus > wird <.

Information

(1) Beschreibende Form zur Vorgabe einer Menge
Die Ungleichung 2x + 3 < 11 hat so viele Lösungen, dass man ihre Lösungsmenge nicht mehr in aufzählender Form angeben kann. Statt *Menge aller rationalen Zahlen, die kleiner als 4 sind,* schreiben wir daher kurz: $\{x \in \mathbb{Q} \mid x < 4\}$
(gelesen: *Menge aller x aus $\mathbb{Q}$, für die gilt: x kleiner als 4*).
Diese **beschreibende Form** verwenden wir, um die Lösungsmenge, z. B. für die obige Ungleichung L = $\{x \in \mathbb{Q} \mid x < 4\}$ anzugeben.

Darstellung auf der Zahlengeraden

4 gehört nicht zur Menge.

(2) Umformungsregeln für Ungleichungen
Ähnlich wie bei Gleichungen gelten Umformungsregeln für Ungleichungen.

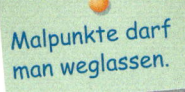
Malpunkte darf man weglassen.

Additions- und Subtraktionsregel
Addiert oder subtrahiert man auf beiden Seiten einer Ungleichung dieselbe Zahl, so ändert sich die Lösungsmenge nicht. Die Ungleichungen sind äquivalent zueinander.

−4 (+4 (x − 4 < 17   ) +4) −4
         x − 4 + 4 < 17 + 4
                x < 21

Multiplikations- und Divisionsregel
(1) Multipliziert (dividiert) man beide Seiten einer Ungleichung mit derselben *positiven* Zahl (durch dieselbe *positive* Zahl), so ändert sich die Lösungsmenge nicht. Die Ungleichungen sind äquivalent zueinander.

·3 (:3 (3x > 48   ) :3) ·3
         3x : 3 > 48 : 3
            x > 16

(2) Multipliziert (dividiert) man beide Seiten einer Ungleichung mit derselben *negativen* (durch dieselbe *negative)* Zahl, so muss man das Zeichen < bzw. > umdrehen.

·(−4) (:(−4) (−4x < 20   ) :(−4)) ·(−4)
            −4x : (−4) > 20 : (−4)
                   x > −5

(3) Strategie beim Bestimmen der Lösungsmenge einer Ungleichung

Wie bei Gleichungen bestimmt man die Lösungsmenge einer Ungleichung, indem man die Variable auf einer Seite isoliert. Dazu verwendet man Termumformungen und Umformungsregeln für Ungleichungen.

Steht die Variable isoliert auf einer Seite, so kann man die Lösungsmenge unmittelbar ablesen.

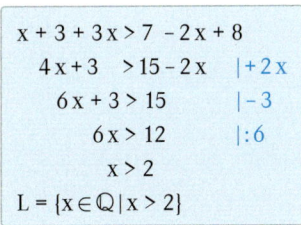

$$\begin{aligned} x + 3 + 3x &> 7 - 2x + 8 \\ 4x + 3 &> 15 - 2x \quad |+2x \\ 6x + 3 &> 15 \quad |-3 \\ 6x &> 12 \quad |:6 \\ x &> 2 \end{aligned}$$
$L = \{x \in \mathbb{Q} \mid x > 2\}$

(4) Ungleichungen mit dem Zeichen ≤ bzw. ≥

$a \leq b$ bedeutet $a < b$ oder $a = b$;
$a \geq b$ bedeutet $a > b$ oder $a = b$.

Ungleichungen mit dem Zeichen ≤ (bzw. ≥) sind also Kombinationen von Ungleichungen mit dem Zeichen < (bzw. >) und von Gleichungen. Daher gelten dieselben Umformungsregeln wie für Ungleichungen mit dem Zeichen < (bzw. >).

Beispiel: Zu bestimmen ist die Lösungsmenge von $3x + 7 \leq 22$.

$$\begin{aligned} 3x + 7 &\leq 22 \quad |-7 \\ 3x &\leq 15 \quad |:3 \\ x &\leq 5 \end{aligned}$$
$L = \{x \in \mathbb{Q} \mid x \leq 5\}$

Darstellung der Lösungsmenge auf der Zahlengeraden.

Auch die 5 gehört hier zur Lösungsmenge.

Bei einer Ungleichung kann man die Probe nur für einzelne Beispiele durchführen.

Probe für die Zahl 2:

$3 \cdot 2 + 7 \stackrel{?}{\leq} 22$
$6 + 7 \stackrel{?}{\leq} 22$
$13 \leq 22$ wahr

Wegen $13 < 22$ gilt erst recht $13 \leq 22$. Also gehört 2 zur Lösungsmenge.

Probe für die Zahl 5:

$3 \cdot 5 + 7 \stackrel{?}{\leq} 22$
$15 + 7 \stackrel{?}{\leq} 22$
$22 \leq 22$ wahr

Wegen $22 = 22$ gilt erst recht $22 \leq 22$. Also gehört 5 zur Lösungsmenge.

Probe für die Zahl 6:

$3 \cdot 6 + 7 \stackrel{?}{\leq} 22$
$18 + 7 \stackrel{?}{\leq} 22$
$25 \leq 22$ falsch

Wegen $25 > 22$ gilt *nicht* $25 \leq 22$. Also gehört 6 nicht zur Lösungsmenge.

Weiterführende Aufgabe

Sonderfälle für die Lösungsmenge bei Ungleichungen

2. Bestimme die Lösungsmenge:

   a) $5 + 3x < x + 8 + 2x$ **b)** $5 - x < 2x + 1 - 3x$

Übungsaufgaben

3. Lies die Mengenangabe. Markiere die Menge auf der Zahlengeraden.

   a) $\{x \in \mathbb{Q} \mid x < -1\}$ **b)** $\{x \in \mathbb{Q} \mid x < 3{,}5\}$ **c)** $\{x \in \mathbb{Q} \mid x > -2\}$ **d)** $\{x \in \mathbb{Q} \mid x > 1{,}5\}$

4. Welche Menge wird veranschaulicht? Notiere sie in der beschreibenden Form.

   a)
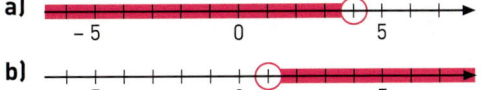

   c)
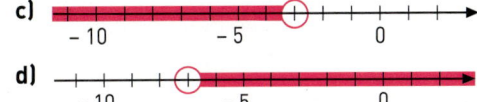

5. Bestimme die Lösungsmenge. Notiere auch jede Art der Umformung.

   a) $2x + 8 < 18$ **c)** $13x - 7 < 84$ **e)** $2{,}3 + 1{,}4x < 9{,}3$ **g)** $0 < \frac{2}{5} + \frac{1}{3}x + 0{,}6$

   b) $6r - 9 > -3$ **d)** $16x - 1{,}7 > 4{,}7$ **f)** $\frac{1}{8}x - 0{,}2 > -7{,}45$ **h)** $1 > \frac{3}{4}x + \frac{3}{4} - x$

6. a) Drei Schüler sind unterschiedlich vorgegangen, um die Lösungsmenge der Ungleichung $41 - 3x < 35$ zu bestimmen. Erkläre und vergleiche ihre Wege.

Stefan
$41 - 3x < 35 \quad |-41$
$-3x < -6 \quad |:3$
$-x < -2 \quad |\cdot(-1)$
$x > 2$
$L = \{x \in \mathbb{Q} \mid x > 2\}$

Laura
$41 - 3x < 35 \quad |+3x$
$41 < 35 + 3x \quad |-35$
$6 < 3x \quad |:3$
$2 < x$
$L = \{x \in \mathbb{Q} \mid x > 2\}$

Bastian
$41 - 3x < 35$
$35 > 41 - 3x \quad |+3x$
$3x + 35 > 41 \quad |-35$
$3x > 6$
$x > 2$
$L = \{x \in \mathbb{Q} \mid x > 2\}$

b) Bestimme die Lösungsmenge von   **(1)** $18 - 8x < -6$;   **(2)** $-24 - 7x > 11$.

7. Bestimme die Lösungsmenge.
- **a)** $-5x + 3 > -17$
- **c)** $9x + 4x > 5x - 1$
- **e)** $-0{,}2x - 8 < 1$
- **g)** $-7x - 13x < -\frac{1}{5}$
- **b)** $2x - 8x < -42$
- **d)** $0{,}6 - 3x < 3x - 2{,}4$
- **f)** $-\frac{5}{9}x - 1 > -\frac{2}{3}$
- **h)** $0{,}6 - 8x > 11x - \frac{3}{5}$

8. Welche Zahlen kommen infrage? Löse mithilfe einer Ungleichung.
- **a)** Wenn man zu 12 eine der Zahlen addiert, erhält man weniger als 3.
- **b)** Wenn man eine der Zahlen durch 3 dividiert, erhält man weniger als -10.
- **c)** Subtrahiert man vom Dreifachen einer der Zahlen 18, erhält man eine negative Zahl.

9. Der Umfang eines Rechtecks ist größer als 20 cm. Die längere Seite ist um 2 cm länger als die kürzere Seite. Was kannst du über die Länge der kürzeren Seite aussagen?

10. Notiere Ungleichungen, deren Lösungsmenge dargestellt wird.

a)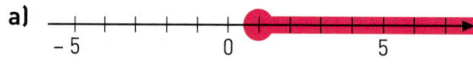
   b)

11. Veranschauliche die Menge auf der Zahlengeraden.
- **a)** $\{x \in \mathbb{Q} \mid x \leq -1\}$
- **b)** $\{x \in \mathbb{Q} \mid x \geq -1\}$
- **c)** $\{x \in \mathbb{Q} \mid x \leq 2{,}5\}$
- **d)** $\{x \in \mathbb{Q} \mid x \geq -3\tfrac{1}{5}\}$

12. Löse die Ungleichung.
- **a)** $2x + 8 \leq 18$
- **c)** $4a - 3{,}9 \geq -8{,}7$
- **e)** $-\frac{1}{2}x + 3 \leq 5$
- **g)** $\frac{8}{3} - \frac{7}{3}z \leq 5$
- **b)** $3a - 4 \geq 17$
- **d)** $\frac{1}{2}z + 8 \leq 10$
- **f)** $-2 - \frac{1}{3}y \leq 0$
- **h)** $-\frac{1}{8} - \frac{1}{8}u \geq \frac{1}{8}$

13. Welche der Ungleichungen hat die leere Menge bzw. die Menge $\mathbb{Q}$ als Lösungsmenge?
- **(1)** $x < x + 1$
- **(2)** $x > x$
- **(3)** $2x \geq x$
- **(4)** $29x - 3 < 29x + 3$
- **(5)** $\frac{3}{4}x + 1 > 0{,}75x$

14. Bestimme die Lösungsmenge beider Ungleichungen. Was fällt dir auf?
- **a)** **(1)** $x + 9 - 4x \leq 9 - 3x$
- **b)** **(1)** $5x + 1{,}1 - 2x \geq 0{,}2 + 3x + 0{,}9$
- **c)** **(1)** $3x + \frac{2}{3} - 2x < x + \frac{8}{3}$
-      **(2)** $x + 9 - 4x > 9 - 3x$
-      **(2)** $5x + 1{,}1 - 2x < 0{,}2 + 3x + 0{,}9$
-      **(2)** $3x + \frac{2}{3} - 2x \geq x + \frac{8}{3}$

15. Bestimme die Lösungsmenge. Rechne nur so weit, bis du diese erkennst.
- **a)** $23x + 5 < 17x + 6x + 2$
- **d)** $8x + 9 - 14x \geq 4 - 6x + 5$
- **b)** $38x + 5 - 7x < 49x + 16 - 18x$
- **e)** $0{,}4x + 3{,}8 - 2{,}9x \leq 5{,}1 - 2{,}5x + 1{,}3$
- **c)** $7x + 5 - 19x < 24x + 12 - 36x$
- **f)** $7{,}1x + 4{,}3 - 0{,}5x > 5{,}6 + 6{,}6x - 1{,}3$

3.8 Umformen von Formeln

Einstieg

Von zwei quadratischen Säulen sind jeweils der Oberflächeninhalt A_O und die Quadratseitenlänge gegeben.

a) Berechnet die Höhe h für:
   (1) $A_O = 168\,cm^2$; $a = 6\,cm$
   (2) $A_O = 166{,}32\,cm^2$; $a = 4{,}2\,cm$

b) Erstellt eine Formel zur Berechnung der Höhe h.

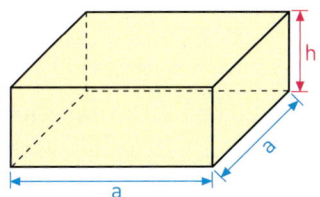

Aufgabe 1

Umformen einer Formel von Hand

Von drei Rechtecken sind jeweils der Umfang u und die Seitenlänge b gegeben (Maße in cm):
(1) $u = 17{,}4$; $b = 4{,}6$ (2) $u = 20{,}3$; $b = 5{,}2$ (3) $u = 37{,}8$; $b = 9{,}5$

Berechne die Seitenlänge a. Wie kann man dabei vorgehen?

Lösung

1. Möglichkeit:

Zur Lösung könnte man die gegebenen Werte in die Formel $u = 2 \cdot a + 2 \cdot b$ einsetzen.
In jeder dieser drei Gleichungen muss dann die Variable a isoliert werden.

(1) $17{,}4 = 2 \cdot a + 2 \cdot 4{,}6$
    $2 \cdot a + 9{,}2 = 17{,}4$
    $2 \cdot a \quad = 8{,}2$
    $a \quad\quad = 4{,}1$

(2) $20{,}3 = 2 \cdot a + 2 \cdot 5{,}2$
    $2 \cdot a + 10{,}4 = 20{,}3$
    $2 \cdot a \quad = 9{,}9$
    $a \quad\quad = 4{,}95$

(3) $37{,}8 = 2 \cdot a + 2 \cdot 9{,}5$
    $2 \cdot a + 19 = 37{,}8$
    $2 \cdot a \quad = 18{,}8$
    $a \quad\quad = 9{,}4$

In allen drei Fällen wurden gleichwertige Umformungen durchgeführt.

2. Möglichkeit:

Es ist günstiger, in der Formel $u = 2a + 2b$ die Lösungsvariable a zu isolieren und dann die Werte einzusetzen:

$u = 2a + 2b$ \quad Zunächst vertauschen wir beide Seiten.
$2a + 2b = u \quad |-2b$ \quad Die Subtraktion von 2b und die Division von 2 jeweils auf
$2a = u - 2b \quad |:2$ \quad beiden Seiten sind Äquivalenzumformungen.
$a = \frac{u - 2b}{2}$ \quad Beachte, dass der Bruchstrich dasselbe wie das Divisionszeichen : bedeutet.

Punktrechnung vor Strichrechnung. Der Bruchstrich wirkt wie eine Klammer um Zähler und Nenner.

Beispiel (Maße in cm):

(1) $u = 17{,}4$; $b = 4{,}6$
$a = \frac{17{,}4 - 2 \cdot 4{,}6}{2}$
$= \frac{17{,}4 - 9{,}2}{2}$
$= \frac{8{,}2}{2} = 4{,}1$

(2) $u = 20{,}3$; $b = 5{,}2$
$a = \frac{20{,}3 - 2 \cdot 5{,}2}{2}$
$= \frac{20{,}3 - 10{,}4}{4}$
$= \frac{9{,}9}{2} = 4{,}95$

(3) $u = 37{,}8$; $b = 9{,}5$
$a = \frac{37{,}8 - 2 \cdot 9{,}5}{2}$
$= \frac{37{,}8 - 19}{2}$
$= \frac{18{,}8}{2} = 9{,}4$

Ergebnis: Die Seite a des Rechtecks (1) ist 4,1 cm, die des Rechtecks (2) ist 4,95 cm und die des Rechtecks (3) ist 9,4 cm lang.

Weiterführende Aufgabe `CAS`

Umformen von Formeln mit CAS

2. Du kannst die Variable a bzw. die Variable b in der Formel für den Umfang eines Rechtecks auch mithilfe eines Computer-Algebra-Systems isolieren. Probiere das aus.

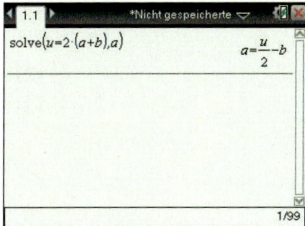

Übungsaufgaben

3. Die Formel für das Volumen eines Quaders lautet: $V = a \cdot b \cdot c$.
   Isoliere die Variable a [die Variable b; die Variable c] auf einer Seite der Gleichung.
   (1) $V = 900\,m^3$; $b = 3\,m$; $c = 8\,m$ (2) $V = 720\,cm^3$; $a = 3{,}5\,cm$; $c = 4{,}5\,cm$
   Berechne die fehlende Seitenlänge.

4. Stelle eine Formel für die Gesamtlänge k aller Kanten eines Quaders auf.
   Isoliere in der Formel die Variable a [die Variable b; die Variable c] auf der einen Seite.
   Bilde selbst Zahlenbeispiele.

5. In einem gleichschenkligen Dreieck ist die Winkelgröße γ gegeben.
   Stelle eine Formel für die Winkelgröße α auf.
   Berechne α für (1) $\gamma = 70°$ (2) $\gamma = 56°$.

   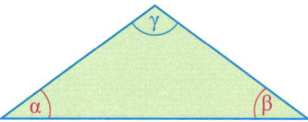

6. a) Welche Umformungen wurden gemacht?

   (1) $4 \cdot a = u$
       $a = \frac{u}{4}$

   (2) $A = a \cdot b$
       $\frac{A}{a} = b$

   (3) $u = a + b + c$
       $c = u - a - b$

   (4) $u = a + 2b + c$
       $a = u - (2b + c)$

   b) Auf welche Figuren könnten sich die Formeln aus Teilaufgabe a) beziehen?

7. Stelle für den rechts abgebildeten Körper eine Formel für den Oberflächeninhalt und das Volumen auf.
   a) Forme die Formel für das Volumen nach der Höhe um.
   b) Forme die Formel für den Oberflächeninhalt nach der Höhe um.
   c) Forme die Formel für das Volumen nach der Seitenlänge a um.

   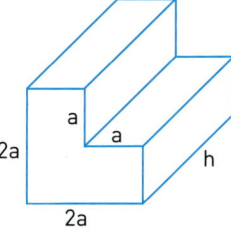

8. Betrachte die Formeln aus der Physik.
   (1) $v = \frac{s}{t}$ (2) $F_1 \cdot l_1 = F_2 \cdot l_2$ (3) $P = \frac{E}{t}$ (4) $\rho = \frac{m}{V}$ (5) $l_{ges} = l_1 + l_2$
   a) Was bedeuten die verwendeten Buchstaben?
   b) Isoliere in den Formeln jede auftretende Variable.

9. Fabienne hat umgeformt. Berichtige ihre Fehler.
   a) $R = \frac{U}{I}$ $|:U$
      $I = \frac{R}{U}$
   b) $U = U_1 + U_2 + U_3$
      $U_1 = U - U_2 + U_3$
   c) $W = U \cdot I \cdot t$
      $\frac{W}{U:I} = t$
   d) $E_{pot} = F_G \cdot h$
      $F_G = E_{pot} - h$

10. Stelle eine Formel für den Umfang u der Figur auf.
    Isoliere jede Variable auf einer Seite der Gleichung.
    Berechne den Wert für die fehlende Variable.
    (1) $u = 48\,cm$; $a = 10\,cm$; $b = 7\,cm$
    (2) $u = 37\,cm$; $b = 6\,cm$; $a = 7\,cm$
    (3) $u = 68\,cm$; $b = 16\,cm$; $c = 6\,cm$

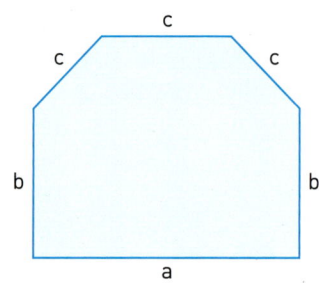

3.9 Aufgaben zur Vertiefung

Diophant
griechischer Mathematiker der 2. Hälfte des 3. Jahrhunderts n. Chr. Er behandelte erstmals algebraische Probleme ohne geometrische Einkleidung.

1. In einer Sammlung Epigramme wird überliefert, dass die nebenstehende Grabinschrift dem Mathematiker Diophant gewidmet gewesen sein soll.

   > DIESES GRABMAL BEDECKT DIOPHANTOS, EIN WUNDER ZU SCHAUEN:
   > DURCH ARITHMETISCHE KUNST LEHRT SEIN ALTER DER STEIN.
   > KNABE ZU SEIN, GEWÄHRTE EIN SECHSTEL SEINES LEBENS DER GOTT IHM;
   > NACH EINEM ZWÖLFTEL SODANN LIESS ER IHM SPRIESSEN DEN BART,
   > LIESS IHM NACH WEITEREM SIEBTEL DIE FACKEL DER HOCHZEIT ENTZÜNDEN.
   > NACH FÜNF JAHREN DARAUF SCHENKTE ER IHM EINEN SOHN.
   > ACH, DER GELIEBTE, UNGLÜCKLICHE SOHN! ALS ER HALB DAS ALTER
   > DES VATERS HATT ERREICHT, WARD ER, VOM FROSTE ENTRAFFT, VERBRANNT.
   > NOCH VIER JAHRE DEN SCHMERZ DURCH KUNDE DER ZAHLEN BESCHWICHTEND,
   > LANGTE AM ZIEL DES SEINS ENDLICH ER SELBER AUCH AN.

2. **a)** Betrachte die Folge von Figuren und beschreibe, wie eine Figur aus der vorherigen entsteht.

   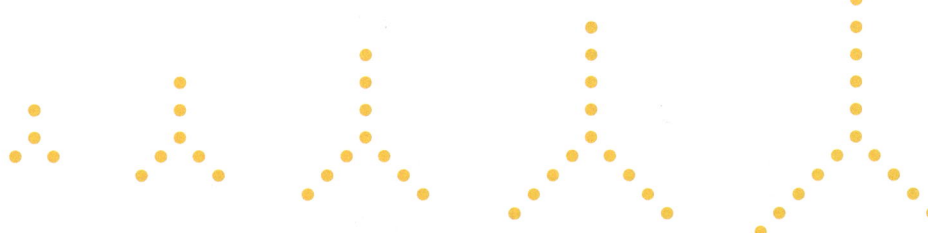

   b) Erstelle eine Folge für die Anzahl der Punkte in der n-ten Figur der Reihe.
   c) Aus wie vielen Punkten besteht die hundertste Figur?
   d) Berechne, welche Figur aus 1234 Punkten besteht.

3. Rechts siehst du eine Übersicht der Taxigebühren in verschiedenen Städten bzw. Landkreisen in Sachsen-Anhalt.
   Beantworte die folgenden Fragen durch Lösen einer Ungleichung.

   a) Wie weit kommt man für
   (1) 10 €, (3) 20 €,
   (2) 15 €, (4) 7,50 €
   höchstens mit einem Taxi in Wittenberg?

   b) Wie weit kommt man für 20 € in Hanlle
   (1) um 10:30 Uhr;
   (2) um 22:15 Uhr?

   c) Stelle deinem Partner eine ähnliche Aufgabe und lasse sie lösen.

Stadt/Landkreis	Grundpreis in €	km – Preis tagsüber in €	km – Preis Nacht/So in €
Halle	2,50	≤ 2 km: 2,10 ≤ 10 km: 1,50 > 10 km: 1,40	≤ 2 km: 2,20 ≤ 10 km: 1,60 > 10 km: 1,50
Wittenberg	3,60	2,20	
Magdeburg	2,80	≤ 1 km: 2,60 > 1 km: 1,60	
Anhalt-Bitterfeld	2,50	≤ 5 km: 2,00 > 5 km: 1,20	
Börde	3,00	≤ 1 km: 2,00 > 1 km: 1,40	≤ 1 km: 2,00 > 1 km: 1,50

Das Wichtigste auf einen Blick

Lösungsmenge einer Gleichung (Ungleichung)	Eine Zahl heißt *Lösung* einer Gleichung (Ungleichung), wenn beim Einsetzen der Zahl eine wahre Aussage entsteht. Alle Lösungen einer Gleichung (Ungleichung) ergeben die *Lösungsmenge L*. Hat eine Gleichung (Ungleichung) keine Lösung, so ist die *Lösungsmenge leer*. Man schreibt L = { }. Wird eine Gleichung (Ungleichung) von *jeder Zahl* der Grundmenge $\mathbb{Q}$ erfüllt, ist die Lösungsmenge L = $\mathbb{Q}$.	*Beispiel:* $2x = 8$ hat die Lösungsmenge L = {4}. $x \cdot x = 4$ hat die Lösungsmenge L = {−2; 2} $x = x + 2$ hat die Lösungsmenge L = { }. $2x = x + x$ hat die Lösungsmenge L = $\mathbb{Q}$.
Probe	Ob eine Zahl Lösung einer Gleichung ist, überprüft man mit der *Probe*. Dazu wird die Zahl in die Ausgangsgleichung eingesetzt und festgestellt, ob eine wahre Aussage entsteht.	*Beispiel:* Ist 4 die Lösung von $2 \cdot x + 6 = 14$? Probe: $2 \cdot 4 + 6 \stackrel{?}{=} 14$ $ 14 = 14$ w
Äquivalente Gleichungen und Umformungen	Gleichungen heißen *äquivalent* zueinander, wenn sie dieselbe Lösungsmenge besitzen. Die Lösungsmenge ändert sich nicht, wenn man • auf beiden Seiten der Gleichung dieselbe Zahl addiert oder subtrahiert • auf beiden Seiten der Gleichung mit derselben Zahl (ungleich 0) multipliziert oder dividiert	*Beispiel:* $2x + 6 = 14 \quad |-6$ $2x = 8 \quad |:2$ $x = 4$ L = {4}
Malpunkte	Malpunkte dürfen fortgelassen werden, wenn keine Missverständnisse möglich sind. Es gilt: $1 \cdot x = x$.	*Beispiel:* $0{,}5 \cdot (4 - 1 \cdot x) = 0{,}5 \,(4 - x)$
Zusammenfassen	Vielfache einer Variablen addiert (subtrahiert) man, indem man die Zahlfaktoren addiert (subtrahiert).	*Beispiel:* $3x + 5x = 8x \qquad -7x - x = -8x$
Strategie zum Lösen einer Gleichung	Strategie zum Lösen einer Gleichung: (1) Fasse gleichartige Glieder auf beiden Seiten der Gleichung zusammen. (2) Sortiere die Summanden: mit Variable auf eine Seite, ohne Variable auf die andere Seite. (3) Isoliere die Variable durch Division durch den Vorfaktor.	*Beispiel:* $5 + 3x - 17 = 6x - 6 - x$ $3x - 12 = 5x - 6 \quad |-5x$ $-2x - 12 = -6 \quad |+12$ $-2x = 6 \quad |:(-2)$ $x = -3$
Modellieren einer Sachsituation	Strategie zum Lösen einer Sachsituation: (1) Veranschauliche den Sachverhalt z. B. durch eine Skizze. Vereinbare eine Variable für eine gesuchte Größe. (2) Stelle eine Gleichung auf und löse diese. (3) Kontrolliere, ob es einschränkende Bedingungen gibt. (4) Führe eine Probe an der Sachsituation durch. (5) Runde sinnvoll und finde einen Antwortsatz.	*Beispiel:* Tabea ist doppelt so alt wie Benny, zusammen sind sie 27 Jahre alt. x: Alter von Benny (in Jahren) $2x + x = 27$ $3x = 27 \quad |:3$ $x = 9$ Benny ist 9 Jahre, Tabea 18 Jahre alt.

Umformen von Formeln	Das *Umformen von Formeln* erfolgt nach den Umformungsregeln für Gleichungen.	*Beispiel:* $A = \frac{g \cdot h}{2} \quad \vert \cdot 2 \quad \vert :h \quad$ liefert $\quad g = \frac{2 \cdot A}{h}$
Betragsgleichungen	Beim Lösen von *Betragsgleichungen* müssen zwei Fälle unterschieden werden. Der Term in den Betragsstrichen kann positiv oder negativ sein.	*Beispiel:* $\vert x - 3 \vert = 8$ 1. Fall: $x - 3 = 8 \qquad$ 2. Fall: $x - 3 = -8$ $\qquad\quad x = 11 \qquad\qquad\qquad\quad x = -5$
Lösen von Ungleichungen	Ungleichungen können wie Gleichungen gelöst werden. Beachte aber: *Multipliziert (dividiert)* man beide Seiten einer Ungleichung mit derselben *negativen* Zahl (durch dieselbe *negative*) Zahl, so muss man das *Zeichen* < *bzw.* > *umdrehen*.	*Beispiel:* $-2x + 3 < 11 \qquad \vert -3$ $\quad -2x < 8 \qquad\quad \vert :(-2)$ $\qquad x > -4$

Bist du fit?

1. Bestimme die Lösungsmenge der Gleichung durch systematisches Probieren.
   a) $x^2 + x = 12$
   b) $3x - 10 = -x^2$

2. Vereinfache.
   a) $7x + 3x$
   b) $5x - x$
   c) $z + 3z - 2$
   d) $4z - 5 - z + 3 - 3z + z$

3. Bestimme die Lösungsmenge der Gleichung durch Umformen.
   Führe auch eine Probe durch, wenn möglich.
   a) $21x - 6x = 75$
   b) $14y = 8y - 30$
   c) $4x = -28 + 8x$
   d) $6z + 1 - 2z = 2z + 17$
   e) $1{,}6x + 0{,}4 - x = 5{,}2 - 0{,}6x$
   f) $12a - 7 - 3a = 3 + 4a - 10$
   g) $14 - 7x + 3 - 2x = 5x + 17 - 14x$
   h) $3x + 9 - 1x = 1x + 25$

4. Löse das Zahlenrätsel.
   a) Wenn man vom Zwanzigfachen einer Zahl die Zahl 68 subtrahiert, erhält man 172.
   b) Wenn ich die Zahl verdreifache und dann 8 addiere, erhalte ich dasselbe, wie wenn ich zum Doppelten 5 addiere.
   c) Addiert man zur Hälfte einer Zahl 78, so erhält man 36 mehr als das 4fache der gesuchten Zahl.

5. Gib zu der Gleichung ein Zahlenrätsel an. Bestimme dann die gesuchte Zahl.
   a) $36 - 3a = 15$
   b) $\frac{1}{3} \cdot x + 4 = 55$
   c) $19 + \frac{1}{2}a = 34 - \frac{1}{3}a$

6. In einem Dreieck soll die kleinste Seite 2 cm kürzer sein als die mittlere und diese wiederum 2 cm kürzer als die längste Seite. Der Umfang des Dreiecks soll 36 cm überschreiten. Was kannst du über die Längen der einzelnen Seiten des Dreiecks aussagen?

7. Löse die Gleichung.
   a) $\vert 3x + 1 \vert = 7$
   b) $4 \cdot \vert x - 2 \vert = 8$
   c) $4 : x = 8 : 12$
   d) $x : 3 = 2x : 7$

8. Löse die Ungleichung.
  a) $2x + 3 < 19$ 　　**b)** $-3x + 5 > 20$ 　　**c)** $5x + 4 \leq 4x + 3$ 　　**d)** $-2x + 6 \geq 4x - 12$

9. Notiere jeweils zwei Gleichungen mit der angegebenen Lösungsmenge.
  a) $L = \{2\}$ 　　**b)** $L = \{1,5\}$ 　　**c)** $L = \{-3\}$ 　　**d)** $L = \left\{-\frac{2}{5}\right\}$

10. Ute kauft bei einem Bäcker 7 Stücke Kuchen der gleichen Art und außerdem ein Brot zu 1,85 €. Sie zahlt insgesamt 6,40 €.
Wie viel kostet ein Stück Kuchen? Stelle dazu eine Gleichung auf.

11. Ein Paket, das doppelt so lang wie breit und genauso hoch wie breit ist, wird mit 3 m Geschenkband wie in der Abbildung verziert. 20 cm Geschenkband werden für die Schleife und die Knoten benötigt. Bestimme die Maße des Pakets.

12. Frau Müller tankt ihr Auto voll. Der Tank fasst 50 ℓ Benzin.
Etwa zwei Fünftel der gefahrenen Strecken legt sie innerorts im Stadtverkehr zurück, den Rest außerorts auf Land- und Bundesstraßen.
Wie weit kann Frau Müller fahren, bis sie wieder nachtanken muss?

VERBRAUCH
Stadtverkehr 6,8 ℓ / 100 km
Landstraßen 5,2 ℓ / 100 km

13. Der Mönch Alkuin (735 bis 804), Berater Karls des Großen, stellte diese Aufgabe:

Ein Wanderer trifft mit Schülern zusammen und fragt sie:
Wie viele seid ihr in der Schule?
Da antwortet einer von ihnen:
Nimm unsere Zahl doppelt, multipliziere sie mit 3 und dividiere (das Produkt) durch 4.
Rechnest du mich noch dazu, dann sind es im ganzen 100.

14. Herr Masch hat drei Geldbeträge angelegt: 5 000 €, 7 000 € und 20 000 €.
Insgesamt erhält er im ersten Jahr 1 167,50 € Zinsen. Für den höchsten Anlagebetrag erhält er 607,50 € mehr Zinsen als für den mittleren, für den niedrigsten Anlagebetrag erhält er 17,50 € weniger Zinsen als für den mittleren. Berechne die Zinssätze.

15. a) Erstelle eine Formel für den Umfang u der abgebildeten Figur.
  b) Isoliere in der Formel die Variable a.
  Berechne a für $u = 34\,cm$, $b = 3,5\,cm$ und $c = 3\,cm$.
  c) Isoliere in der Formel die Variable b.
  Berechne b für $u = 41\,cm$, $a = 6,2\,cm$ und $c = 3,8\,cm$.

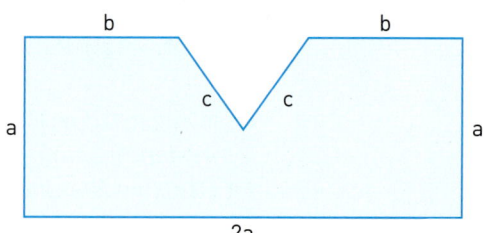

4. Kreise

Geometrische Formen wie Kreise und Geraden werden
in der Kunst, Architektur und anderen Situationen im Alltag eingesetzt.

Eine Großgemeinde will einen Park anlegen lassen. Auf dem Gelände stehen bereits drei alte Eichen, die Naturdenkmäler sind. Sie sollen durch einen kreisrunden Naturlehrpfad verbunden werden.

➜ Wie findet man den Mittelpunkt des Kreises?

In diesem Kapitel ...
beschäftigst du dich mit geometrischen Problemen, die den Kreis im Zusammenhang mit Geraden betreffen. Du lernst Sätze über Winkel in Kreisen kennen und berechnest den Flächeninhalt und Umfang von Kreisen.

Lernfeld: Rund und eckig

Umfang eines Kreises

→ Untersucht die Abhängigkeit des Umfangs eines Kreises von seinem Durchmesser. Ermittelt Daten. Messt möglichst genau. Ihr könnt als Hilfe auch einen Faden benutzen. Wählt auch größere Gegenstände. (Warum wohl?)

→ Stellt die Ergebnisse übersichtlich in einer Tabelle zusammen und zeichnet einen Graphen. Vergleicht in der Klasse. Versucht, die Ergebnisse durch eine Formel zu beschreiben

Mit Abstand am besten

In einer Wüste befinden sich drei Forschungsstationen A, B und C. Für ihre Entfernungen gilt: $\overline{AB}$ = 8 km, $\overline{BC}$ = 6,1 km, $\overline{AC}$ = 9,9 km.
Es soll ein Depot angelegt werden, von dem aus die drei Stationen versorgt werden können. Das Depot soll von den Stationen gleich weit entfernt sein. Bestimmt den Standort des Depots und seine Entfernung zu den Forschungsstationen zeichnerisch.

→ Zeichnet alle Punkte, die von drei gegebenen, nicht auf einer Gerade liegenden Punkten den gleichen Abstand haben.

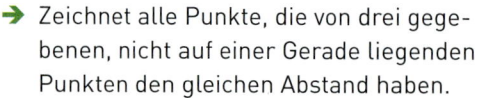

→ Probiert mithilfe eines DGS, ob ihr einen Punkt findet, der von vier gegebenen Punkten, die ein Viereck bilden, den gleichen Abstand hat.

Kreise wiegen

Kopierpapier wird häufig mit der Angabe 80 g/m² verkauft. Dies bedeutet, dass 1 m² dieses Papiers 80 g wiegt.
Mit dieser Angabe kann man den Flächeninhalt eines Kreises mithilfe einer Waage bestimmen.

→ Führt dies in Gruppen durch und protokolliert eure Ergebnisse.

→ Wie kann man die Genauigkeit der Ergebnisse verbessern?

→ Welcher Zusammenhang besteht zwischen dem Radius r eines Kreises und seinem Flächeninhalt A?

Zum Selbstlernen 4.1 Kreise

4.1 Kreise

Ziel Kreise kennst du aus dem Alltag.
In diesem Abschnitt lernst du, welche Eigenschaften Kreise aufweisen.

Zum Erarbeiten **Eigenschaft der Punkte auf einem Kreis**

Auf dem linken Bild siehst du, wie auf einem Fußballfeld der Mittelkreis markiert wird. Beschreibe, wie das geschieht und worauf geachtet werden muss.
Auf dem rechten Bild siehst du, wie ein Mädchen mit einem Band einen Kreis zeichnet. Beschreibe, worauf sie achten muss.

 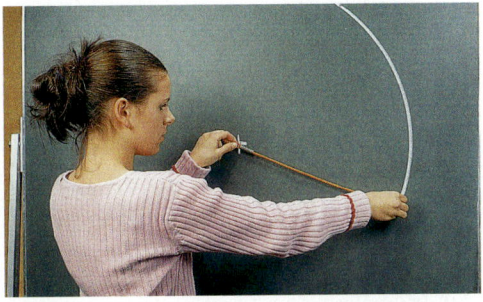

→ Der Kreidewagen ist mit einem Seil fest verbunden mit einem Pflock in der Mitte. Der Platzwart fährt mit dem Kreidewagen, wobei er darauf achten muss, dass das Seil stets straff gespannt sein muss.
Auch das Mädchen muss darauf achten, dass das Band immer straff gespannt ist, damit das Kreidestück immer denselben Abstand vom Mittelpunkt hat. Es gilt nämlich:

Auf einem **Kreis** liegen alle Punkte P, die von einem festen Punkt M die gleiche Entfernung r haben.
Der Punkt M heißt **Mittelpunkt des Kreises**, r heißt **Radius des Kreises**.

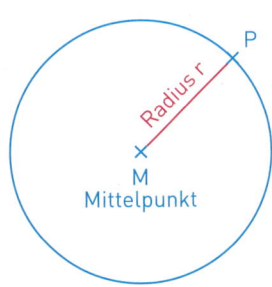

Zeichnen eines Kreises mit dem Zirkel – Sehne und Durchmesser

Markiere einen Punkt M.
Zeichne den Kreis um den Punkt M mit dem Radius r = 4 cm. Zeichne dann eine Strecke, die zwei Punkte auf diesem Kreis verbindet und
(1) 6 cm;   **(2)** 8 cm   lang ist.
Beschreibe die Lage des Kreismittelpunktes zu diesen beiden Strecken.
Leo behauptet, dass er in diesen Kreis eine 9 cm lange Strecke zeichnen kann. Was meinst du dazu?

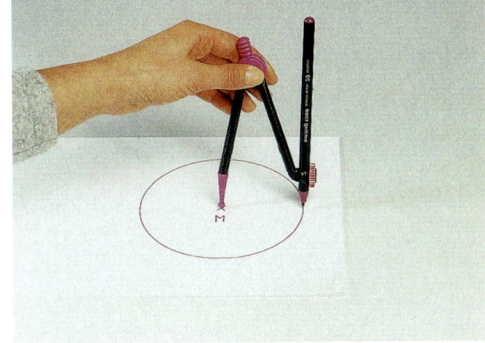

→ Du kannst die gesuchte Strecke mit dem Geodreieck durch Probieren in den Kreis einpassen oder dir einen Punkt auf dem Kreis wählen und um ihn einen Kreis mit der Streckenlänge als Radius zeichnen. Hier sind die Zeichnungen verkleinert dargestellt.

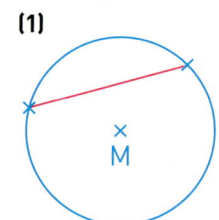 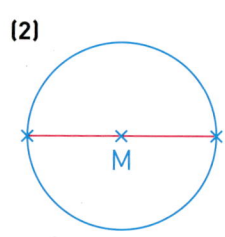

Der Mittelpunkt des Kreises liegt nicht auf der 6 cm lange Strecke, aber auf der 8 cm langen Strecke. Eine längere Strecke kann man nicht in den Kreis zeichnen, da 8 cm doppelt so lang sind wie der Radius von 4 cm. Leos Behauptung ist falsch.

Information

„Radius" und „Durchmesser" sind Teekesselchen. Sie bedeuten sowohl eine Strecke als auch deren Länge.

Allgemein gilt:

Eine **Sehne** eines Kreises ist eine Strecke, die zwei Kreispunkte verbindet.
Ein **Durchmesser** eines Kreises ist eine besondere Sehne, die durch den Mittelpunkt des Kreises geht.
Ein Durchmesser d ist doppelt so lang wie ein Radius:
$d = 2 \cdot r$

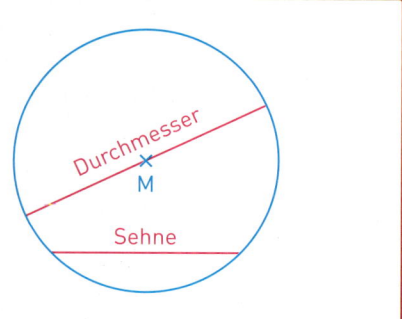

Zum Üben

1. Zeichne mit dem Zirkel einen Kreis. Markiere zuerst den Mittelpunkt M. Gib auch den Durchmesser d bzw. den Radius r an.
   a) r = 3 cm **b)** r = 4,5 cm **c)** d = 8 cm **d)** d = 8,2 cm

2. Zeichne drei Kreise mit demselben Mittelpunkt M. Die Durchmesser sollen 4 cm, 7 cm und 10 cm betragen.

3. Zeichne mithilfe einer Dose einen Kreis; schneide ihn aus. Finde nun den Mittelpunkt des Kreises.

4. Zeichne einen Kreis mit r = 5 cm.
   a) Passe mit dem Lineal zwei Sehnen mit den Längen 4 cm und 7 cm ein.
   b) Passe mit dem Zirkel zwei Sehnen mit den Längen 3 cm und 16 cm ein.

5. **a)** Übertrage die Figur in dein Heft. Du kannst sie auch färben.

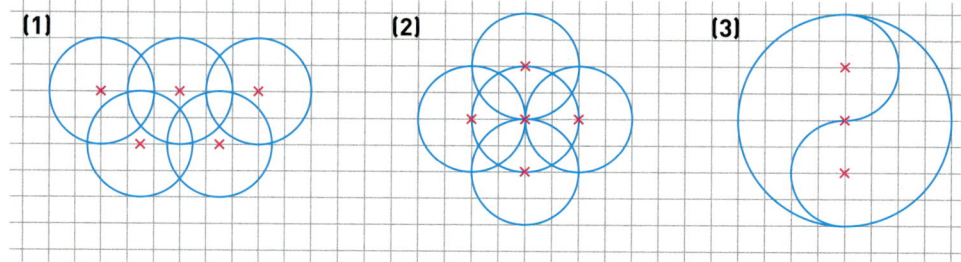

   b) Erfinde selbst schöne Kreisfiguren und färbe sie. Du kannst auch ein DGS verwenden.

Zum Selbstlernen 4.1 Kreise

6. Zeichne in ein Koordinatensystem mit der Einheit 1 Kästchenlänge einen Kreis mit dem Mittelpunkt M(5|6). Der Radius soll 5 Kästchenlängen betragen. Zeichne folgende Punkte ein: A(5|1), B(8|4), C(3|2), D(10|12), E(1|9), F(8|2), G(5|10), H(1|2). Welche dieser Punkte liegen **(1)** auf dem Kreis; **(2)** im Inneren [außerhalb] des Kreises?

7. In Magdeburg, Nordhausen und Leipzig steht je ein Rettungshubschrauber bereit. Sie können Orte bis zu einer Entfernung von 70 km anfliegen (Einsatzradius).
   a) Übertrage die Standorte der vier Rettungshubschrauber auf Transparentpapier und bestimme mit dem Zirkel die Einsatzgebiete.
   b) Lege das Transparentpapier auf die Karte. Welche Städte können von keinem [welche von einem; welche nur von einem] dieser Rettungshubschrauber erreicht werden.
   c) Welche Städte können von zwei dieser Rettungshubschrauber erreicht werden?

Maßstab 1 : 4 000 000

8. Ein Hund wird mit einer 5 m langen Leine an einer Ecke eines quadratischen Brunnentrogs mit der Kantenlänge 3 m gebunden. Welchen Bereich kann der Hund erreichen? Konstruiere mit dem Zirkel im Maßstab 1 : 100.

9. Zeichne zwei Kreise mit den Radien 2 cm und 3 cm, die
   (1) keinen Punkt gemeinsam haben;
   (2) sich in einem Punkt berühren;
   (3) sich in zwei Punkten schneiden.

10. Viele Figuren bestehen nicht aus ganzen, sondern aus Teilen von Kreisen. Zeichne die Figuren in dein Heft.

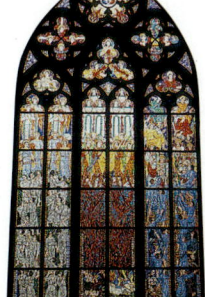

(1) 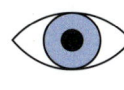 (2)  (3)  (4) 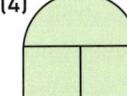 (5)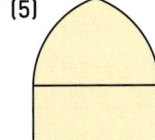

11. Entwerft ein Maßwerk-Fenster wie auf dem Foto links. Hängt die Entwürfe im Klassenraum aus.

4.2 Kreis und Geraden – Kreistangenten

Einstieg

Zeichne mit einer kleinen Dose einen Kreis. Konstruiere den Mittelpunkt des Kreises.

Aufgabe 1

Konstruktion des Kreismittelpunkts
Zeichne mit einem Geldstück einen Kreis.
Konstruiere den Mittelpunkt des Kreises.
Erläutere deine Überlegungen.

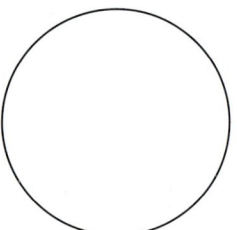

Lösung

Wir wissen, dass jeder Punkt des Kreises vom Mittelpunkt M gleich weit entfernt ist.
Wählen wir zwei Punkte A und B auf dem Kreis, dann ist das Dreieck ABM gleichschenklig. Die Symmetrieachse dieses Dreiecks ist senkrecht zur Basis AB und halbiert sie; sie ist die Mittelsenkrechte von $\overline{AB}$. M muss also auf der Mittelsenkrechten der Strecke $\overline{AB}$ liegen.
Wir markieren nun noch einen dritten Punkt C auf dem Kreis. Dann liegt M auch auf der Mittelsenkrechten der Strecke $\overline{BC}$. Der Schnittpunkt dieser beiden Mittelsenkrechten ist der Mittelpunkt des Kreises.

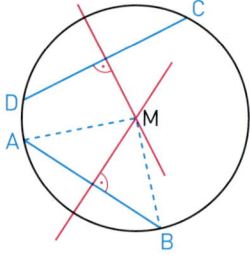

Aufgabe 2

Kreistangente
Zeichne einen Kreis und eine Gerade t, die nur einen Punkt P mit dem Kreis gemeinsam hat.

Lösung

Denke dir parallele Geraden zur gesuchten Tangente t.
Der Kreis schneidet Sehnen mit den Endpunkten A und B aus diesen Parallelen aus, wenn sie näher am Mittelpunkt liegen als t. Diese Sehnen haben alle dieselbe Gerade m als Mittelsenkrechte; denn ihre Mittelsenkrechten sind alle parallel zueinander und haben den Mittelpunkt M gemeinsam. m ist dann auch senkrecht zu t und geht durch P.

Konstruktion der Tangente:
Verbinde den Punkt P mit dem Kreismittelpunkt M.
Konstruiere dann die Senkrechte zur Geraden MP durch den Punkt P. Sie hat nur den Punkt mit dem Kreis gemeinsam.

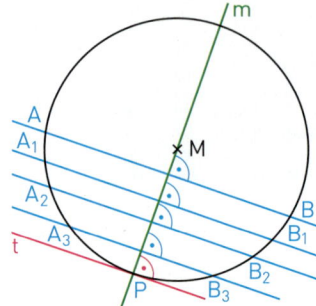

4.2 Kreis und Geraden – Kreistangenten

Information

(1) Mittelsenkrechte einer Kreissehne

> **Satz**
> Die Mittelsenkrechte einer Sehne geht durch den Mittelpunkt des Kreises.

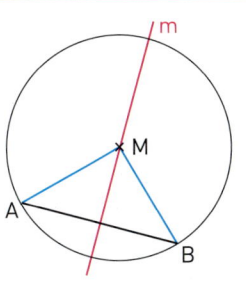

(2) Kreistangente
Die in Aufgabe 2 konstruierte Gerade t heißt Tangente, die den Kreis in P berührt.

tangere (lat.)
berühren, anrühren

secare (lat.)
schneiden, zer-, abschneiden

passant (franz.)
Vorübergehende(r)

> **Definition**
> (1) Eine Gerade heißt **Tangente** des Kreises, wenn sie genau einen Punkt mit dem Kreis gemeinsam hat. Dieser Punkt heißt **Berührungspunkt** der Tangente.
> (2) Eine Gerade heißt **Sekante** des Kreises, wenn sie den Kreis in zwei Punkten schneidet.
> (3) Eine Gerade heißt **Passante** des Kreises, wenn sie mit dem Kreis keinen Punkt gemeinsam hat.
>
> **Satz**
> Die Tangente t, die einen Kreis mit Mittelpunkt M im Punkt P berührt, ist senkrecht zum Berührungsradius $\overline{MP}$.

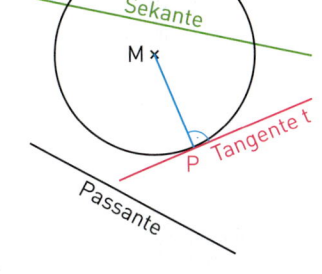

Weiterführende Aufgabe

Gegenseitige Lage zweier Kreise

3. Zeichne mit einem dynamischen Geometrie-System zwei Kreise. Verschiebe den einen Kreis und untersuche, welche Lagebeziehungen zwei Kreise haben können. Präsentiere deine Ergebnisse auf einem Plakat.

Übungsaufgaben

4. Übertrage die Punkte A(2|3), B(6|1) und C(11|6) in dein Heft und zeichne den Kreis durch diese drei Punkte.

5. Gegeben sind die Punkte A(1|3) und B(5|2) sowie die Gerade PQ mit P(1|7) und Q(7|1). Konstruiere den Kreis durch A und B, dessen Mittelpunkt auf der Geraden PQ liegt.

6. Notiere alle Sekanten, Tangenten, Passanten und Durchmesser des Kreises in der Figur rechts.

7. Welche Sekanten eines Kreises sind Symmetrieachsen des Kreises?

8. Zeichne einen Kreis mit dem Mittelpunkt M und einen Punkt P auf dem Kreis. Konstruiere durch P eine Tangente des Kreises. Beschreibe dein Vorgehen.

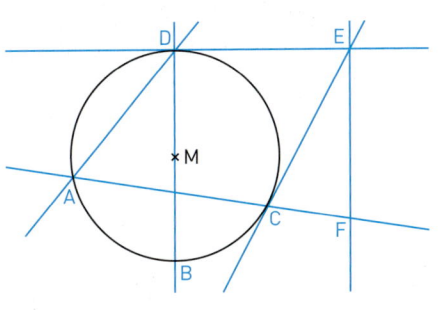

9. Zeichne zunächst einen Kreis mit dem Mittelpunkt M und dem Radius r = 3 cm.
   Konstruiere nun eine Gerade g so, dass M von g den Abstand
   (1) 2 cm;   **(2)** 3 cm;   **(3)** 5 cm hat.
   Gib auch an, ob die Gerade g eine Passante, Sekante oder Tangente des Kreises ist.

10. Zeichne in einem Koordinatensystem mit der Einheit 1 cm einen Kreis um M(5|3) mit
    dem Radius r = 5 cm. Die Punkte A(8|), B(9|), C(|8), D(|3) liegen auf dem Kreis.
    Bestimme die fehlenden Koordinaten.
    Konstruiere die Tangenten in A, B, C und D an den Kreis.

11. Gegeben sind eine Gerade g und ein Punkt M, der nicht auf g liegt. Konstruiere einen
    Kreis, der M als Mittelpunkt und die Gerade g als Tangente hat. Beschreibe dein Vorgehen.

12. Zeichne eine Gerade g, markiere einen Punkt A auf g und einen Punkt B, der nicht auf g
    liegt. Konstruiere einen Kreis, der die Gerade g in A berührt und durch B geht.

13. Zeichne einen Kreis um einen Punkt A mit dem Radius r = 2 cm.
    Konstruiere dann einen Kreis mit dem Radius 3 cm um einen Punkt B, sodass sich beide
    Kreise in einem Punkt berühren.
    Beschreibe die Lage der gemeinsamen Tangente an beide Kreise.
    Suche möglichst viele Lösungen.

14. Zeichne einen Kreis mit dem Radius r = 2,5 cm und eine Sekante g des Kreises.
    Konstruiere nun die Tangenten an den Kreis, die zu der Sekante g
    (1) parallel;   **(2)** senkrecht sind.

15. Zwei Autobahnen kreuzen sich unter einem Winkel von 110°. Die Verbindung der beiden
    Autobahnen soll durch Kreisbögen dargestellt werden. Konstruiere.

16. **a)** Zeichne eine Gerade g und markiere einen Punkt P auf g. Konstruiere einen Kreis,
       der g im Punkt P berührt. Wo liegen die Mittelpunkte aller Kreise, die eine gegebene
       Gerade in einem gegebenen Punkt berühren? Beschreibe.
    b) Zeichne zwei Geraden g und h. Konstruiere einen Kreis, der beide Geraden berührt.
       Unterscheide die Fälle g ∥ h und g ∦ h.
       Wo liegen die Mittelpunkte aller Kreise, die zwei gegebene Geraden berühren?
    c) Zeichne eine Gerade g. Konstruiere einen Kreis mit dem Radius r = 3,4 cm, der g
       berührt. Wo liegen die Mittelpunkte aller Kreise mit dem Radius r, die g berühren?

17. **a)** Gegeben ist ein Kreis mit dem Mittelpunkt M. Zeichne zwei Radien $\overline{MA}$ und $\overline{MB}$; miss
       den Winkel bei M zwischen ihnen. Konstruiere die Tangenten in A und B an den Kreis.
       Wie groß ist der Winkel, den die Tangenten einschließen?
       Verallgemeinere das Ergebnis.
    b) Bezeichne den Schnittpunkt der beiden Tangenten mit P. Wie ändert sich der Zentri-
       winkel α, wenn P auf der Geraden PM zum Kreis hin [vom Kreis weg] wandert?
    c) Gegeben ist ein Kreis mit dem Radius r = 4,1 cm.
       Konstruiere Tangenten an den Kreis, die einen 30° großen Winkel einschließen.
       Beschreibe dein Vorgehen.

4.3 Satz des Thales

Einstieg 1

Beim Sportunterricht steht eine Gruppe der Klasse 7c zu Beginn der Stunde rund um den Mittelkreis des Sportplatzes. Dabei gibt es zwei besondere Schüler. Sie tragen zur besseren Erkennung rote T-Shirts und stehen genau da, wo sich Mittelkreis und Mittellinie schneiden.
Die Schüler werfen sich einen Ball zu. Dabei gilt als Regel, dass ein Schüler mit einem roten T-Shirt irgendeinem Schüler mit blauem T-Shirt den Ball zuwirft. Dieser muss den Ball zu dem anderen Schüler mit dem roten T-Shirt werfen, usw.
Welcher Schüler mit einem blauen T-Shirt muss sich zwischen Fangen und Werfen am stärksten drehen? Probiert es aus.

Einstieg 2

Zeichnet mit einem dynamischen Geometrie-System einen Kreis mit dem Mittelpunkt M und dem Durchmesser $\overline{AB}$. Platziert auf dem Kreis einen weiteren Punkt C und verbindet ihn mit A und B. Messt jetzt die Größe des Winkels γ am Punkt C. Bewegt anschließend den Punkt C auf dem Kreis. Was stellt ihr fest? Formuliert einen entsprechenden Zusammenhang.

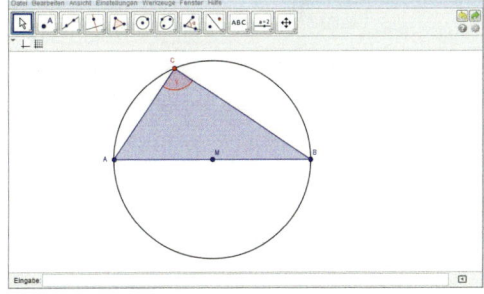

Aufgabe 1 **Satz des Thales – Hinführung und Beweis**

Zeichne einen Kreis und zwei Durchmesser. Zeichne nun ein Viereck, das die beiden Durchmesser als Diagonalen besitzt. Um was für ein Viereck handelt es sich? Begründe.

Lösung

Die Zeichnung lässt vermuten, dass es sich um ein Rechteck handelt, also ein Viereck mit vier rechten Winkeln.
Wir wissen: Der Punkt C liegt auf dem Halbkreis über $\overline{DB}$.
Wir wollen zeigen: $\gamma = 90°$
Wir notieren unsere Überlegungen übersichtlich in Tabellenform:

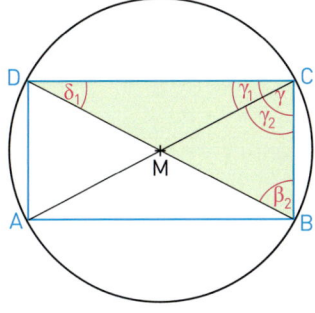

Behauptung		Begründung
$\delta_1 = \gamma_1$	**(1)**	Da der Punkt C auf dem Kreis mit dem Durchmesser $\overline{BD}$ liegt, gilt $\overline{MD} = \overline{MC}$, also sind im gleichschenkligen Dreieck DMC die Basiswinkel δ_1 und γ_1 gleich groß.
$\beta_2 = \gamma_2$	**(2)**	Die gleiche Begründung gilt für das Dreieck MBC.
$\delta_1 + \beta_2 + \gamma = 180°$	**(3)**	Innenwinkelsatz im Dreieck DBC
$\gamma_1 + \gamma_2 + \gamma = 180°$		Aus **(1)** und **(2)** folgt, dass man in **(3)** die Winkel δ_1 und β_2 entsprechend ersetzen kann.
$\gamma + \gamma = 180°$	**(4)**	Aus der Zeichnung folgt natürlich: $\gamma_1 + \gamma_2 = \gamma$
$\gamma = 90°$		γ ist halb so groß wie 180°

Information

(1) Satz des Thales

Die Lösung der Aufgabe 1 führt uns auf einen Satz, der nach dem griechischen Philosophen, Astronomen und Mathematiker Thales von Milet (um 600 v.Chr.) benannt ist.

Definition
Zu jeder Strecke $\overline{AB}$ mit dem Mittelpunkt M kann man den Kreis zeichnen, der M als Mittelpunkt hat und durch die Punkte A und B geht.
Dieser Kreis heißt **Thaleskreis** der Strecke $\overline{AB}$.

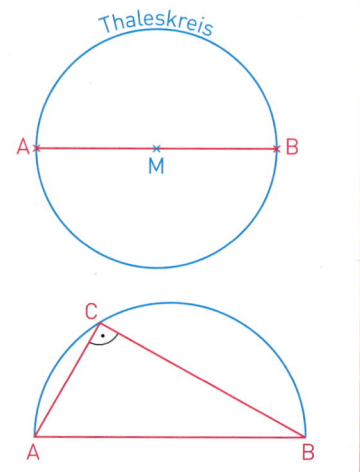

Satz des Thales
Wenn der Punkt C eines Dreiecks ABC auf dem Thaleskreis der Strecke $\overline{AB}$ liegt, dann ist das Dreieck rechtwinklig mit γ als rechtem Winkel.

> Wegen der Symmetrie des Kreises betrachtet man häufig nur einen Halbkreis.

(2) Umkehrung des Satzes des Thales

Wir zeichnen eine 6 cm lange Strecke $\overline{AB}$ und darüber verschiedene rechtwinklige Dreiecke. Wir vermuten den folgenden Satz:

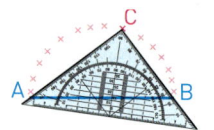

Umkehrung des Thalessatzes
Wenn ABC ein rechtwinkliges Dreieck mit γ = 90° ist, dann liegt C auf dem Thaleskreis über der Seite $\overline{AB}$.

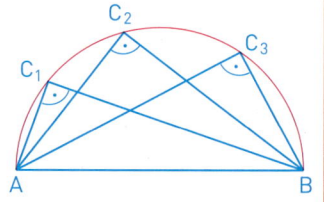

Beweis: Liegt der Punkt C nicht auf dem Halbkreis über $\overline{AB}$, dann gibt es zwei Möglichkeiten:
(1) C liegt innerhalb des Thaleskreises. **(2)** C liegt außerhalb des Thaleskreises.

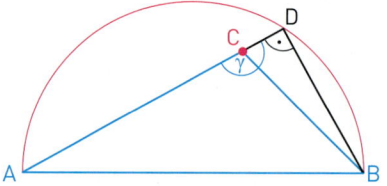 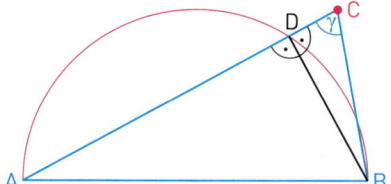

Das Dreieck BDC besitzt bei D einen rechten Winkel, also ist in diesem Dreieck nach dem Winkelsummensatz der Innenwinkel bei C spitz. Dann ist aber der Winkel γ im Dreieck ABC stumpf: γ > 90°.

Das Dreieck ABD besitzt bei D einen rechten Winkel, ebenso das Dreieck BCD. Somit ist nach dem Winkelsummensatz der Winkel γ bei C spitz: γ < 90°.

Liegt also der Punkt C *nicht* auf dem Halbkreis über $\overline{AB}$, dann ist das Dreieck ABC *nicht* rechtwinklig. Ist es aber rechtwinklig, dann muss C auf dem Halbkreis liegen.

(3) Umkehrung von Wenn-dann-Sätzen

Wir vergleichen den Satz des Thales mit seiner Umkehrung.

Satz des Thales: Wenn Punkt C auf dem Halbkreis über der Strecke $\overline{AB}$ liegt, dann hat das Dreieck ABC einen rechten Winkel bei C.

Umkehrung des Satzes des Thales: Wenn das Dreieck ABC einen rechten Winkel bei C hat, dann liegt C auf dem Halbkreis über der Strecke $\overline{AB}$.

Wir erkennen daran:

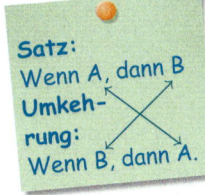

> Man erhält die Umkehrung eines Wenn-dann-Satzes, indem man Voraussetzung und Behauptung vertauscht.

Die Umkehrung eines wahren Satzes ist nicht in jedem Fall ein wahrer Satz, wie folgendes Beispiel zeigt: Wir betrachten ein Trapez ABCD mit $\overline{AB} \parallel \overline{CD}$.

Satz: Wenn $\alpha = \beta$, dann $\overline{AD} = \overline{BC}$.

Umkehrung des Satzes: Wenn $\overline{AD} = \overline{BC}$, dann $\alpha = \beta$.

Diese Umkehrung ist offensichtlich falsch, wie das Beispiel eines besonderen Trapezes, des Parallelogramms rechts zeigt.

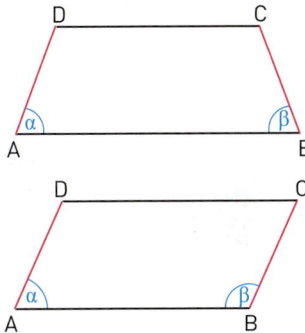

Weiterführende Aufgaben

Konstruktion eines rechtwinkligen Dreiecks mithilfe des Thalessatzes

2. Konstruiere ein Dreieck ABC aus den gegebenen Stücken.
   a) $c = 4{,}8\,\text{cm}$, $a = 2{,}5\,\text{cm}$, $\gamma = 90°$
   b) $c = 4{,}7\,\text{cm}$, $h_c = 1{,}9\,\text{cm}$, $\gamma = 90°$

Konstruktion der Tangenten von einem Punkt außerhalb des Kreises mithilfe des Thalessatzes

3. Gegeben ist ein Kreis mit dem Mittelpunkt M und dem Kreisradius r sowie ein Punkt P außerhalb des Kreises.
   Konstruiere die Tangenten von P an den Kreis.

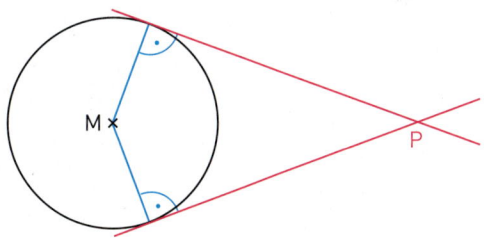

Widerlegen eines Satzes durch ein Gegenbeispiel

4. a) Widerlege den Satz: Wenn in einem Viereck die Diagonalen gleich lang sind, dann ist das Viereck ein Parallelogramm.
   b) Gib die Umkehrung des folgenden wahren Satzes an und widerlege ihn:
      Wenn in einem Viereck zwei Winkel rechte sind, dann besitzt das Viereck keine überstumpfen Winkel.

> Ein Satz ist falsch, wenn man (wenigstens) ein Beispiel finden kann, für das die Voraussetzung zutrifft, nicht aber die Behauptung.
> Ein solches Beispiel heißt *Gegenbeispiel*.

Übungsaufgaben

5. Rechts siehst du eine Zirkusarena mit zwei gegenüberliegenden Ein- bzw. Ausgängen. Julia sitzt an der Stelle C und will den Auftritt des Clowns filmen. Sie erwartet ihn am Eingang A. Doch der Clown betritt die Arena bei B.
Um wie viel Grad muss Julia ihre Filmkamera drehen?
Untersuche das auch für andere Stellen am Rand der Arena.
Formuliere dein Ergebnis.

6. a) Konstruiere aus den gegebenen Stücken ein rechtwinkliges Dreieck ABC.
   (1) $c = 5{,}3\,\text{cm}$, $b = 4{,}3\,\text{cm}$, $\gamma = 90°$ **(2)** $h_b = 8\,\text{cm}$, $h_c = 5\,\text{cm}$, $\gamma = 90°$
b) Stelle deinem Partner weitere Aufgaben wie in Teilaufgabe a) und kontrolliere anschließend seine Lösung.

7. Konstruiere ein rechtwinkliges Dreieck ABC aus den gegebenen Stücken.
a) $c = 8\,\text{cm}$, $h_c = 3\,\text{cm}$, $\gamma = 90°$ **b)** $b = 6{,}4\,\text{cm}$, $h_b = 2{,}3\,\text{cm}$, $\beta = 90°$

8. Gegeben ist eine Gerade g und ein Punkt P, der nicht auf g liegt. Konstruiere mithilfe des Thalessatzes die Senkrechte zu g durch P. Beschreibe dein Vorgehen.

9. Gegeben ist ein Kreis mit dem Radius $r = 3{,}4\,\text{cm}$. Jeder konstruiert zunächst alleine ein Rechteck, dessen Ecken auf dem Kreis liegen; eine Seite des Rechtecks soll 2,1 cm lang sein. Vergleiche dann deine Vorgehensweise mit der deines Nachbarn.

10. Wenn ein Tischler einen rechtwinkligen Fensterrahmen baut, so braucht er zur Überprüfung der rechten Winkel keinen Winkelmesser. Es reicht, wenn er kontrolliert, ob die Diagonalen gleich lang sind.
a) Begründe, warum man so feststellen kann, ob rechte Winkel vorliegen.
b) Untersuche auch, ob eine kleine Abweichung vom rechten Winkel mit diesem Verfahren bemerkt wird. Zeichne dazu ein Parallelogramm mit $a = 9\,\text{cm}$, $b = 12\,\text{cm}$ und $\alpha = 92°$.

11. Zeichne eine Gerade g und zwei Punkte A und B auf derselben Seite von g. Konstruiere nun einen Punkt C auf g so, dass der Winkel zwischen $\overline{CA}$ und $\overline{CB}$ genau 90° groß ist. Unterscheide hinsichtlich der Lage von A und B verschiedene Fälle.

12. Stellt verschiedene Möglichkeiten zusammen, wie man ohne Geodreieck einen rechten Winkel konstruieren kann und präsentiert eure Ergebnisse in der Klasse.

13. Zeichne ein beliebiges Dreieck ABC und zu den beiden Seiten $\overline{AB}$ und $\overline{BC}$ jeweils den Thaleskreis. Wo schneiden sich die beiden Kreise? Begründe.

14. ABC soll ein rechtwinkliges Dreieck mit γ = 90° sein;
M soll der Mittelpunkt der Seite $\overline{AB}$ sein.
Konstruiere die Winkelhalbierenden der beiden
Winkel δ_1 und δ_2.
Wie groß ist der Winkel, den diese beiden Winkelhalbierenden miteinander bilden? Begründe.

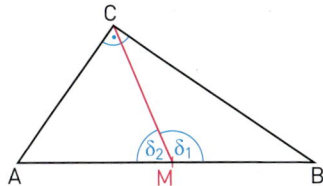

15. Begründe:
In einem rechtwinkligen Dreieck ABC mit γ = 90° gilt:
Wenn α = 30°, dann ist die Seite $\overline{BC}$ halb so lang wie die Seite $\overline{AB}$.

16. Gegeben sind in einem Koordinatensystem mit der Einheit 1 cm zwei Punkte P(1,5|2) und Q(6|1,5). Konstruiere eine Gerade durch P, die von Q den Abstand 2,5 cm hat.

17. Zeichne eine 4,3 cm lange Strecke $\overline{AB}$. Konstruiere die Gerade durch A, die von B den Abstand 1,8 cm hat. Welche Gerade durch A hat von B den größten Abstand?

18. Zeichne in einem Koordinatensystem mit der Einheit 1 cm einen Kreis um den Punkt M(10|6) mit dem Radius r = 3 cm.
Konstruiere von den Punkten
(1) P(4|3);   **(2)** Q(10|1);   **(3)** R(16|6);   **(4)** S(6|8)
aus die Tangenten an den Kreis.
Gib näherungsweise die Koordinaten der Berührungspunkte an.

19. Gib zu folgenden Sätzen jeweils die Umkehrung an.
Falls die Umkehrung falsch ist, widerlege sie.
(1) Wenn eine Zahl durch 10 (ohne Rest) teilbar ist, dann ist sie auch durch 5 teilbar.
(2) Wenn eine natürliche Zahl durch 6 (ohne Rest) teilbar ist, dann ist sie auch durch 3 teilbar.
(3) Wenn eine Zahl durch 2 und durch 3 teilbar ist, dann ist sie auch durch 6 teilbar.
(4) Wenn zwei natürliche Zahlen durch 7 (ohne Rest) teilbar sind, dann ist auch die Summe der beiden Zahlen durch 7 teilbar.
(5) Wenn eine Zahl a Teiler einer Zahl b ist, dann ist a ≤ b.
(6) Wenn es regnet, dann ist die Straße nass.
(7) Wenn jemand 18 Jahre alt ist, dann ist er volljährig.
(8) Wenn Sonntag ist, dann ist schulfrei.

20. a) Gib jeden Satz in der Wenn-dann-Formulierung an.
Notiere jeweils zunächst Voraussetzung und Behauptung.
(1) Für jeden Rhombus gilt: Gegenüberliegende Winkel sind gleich groß.
(2) Für jeden Rhombus gilt: Die Diagonalen halbieren die Innenwinkel.
(3) Für jeden Rhombus gilt: Die Diagonalen sind gleich lang und halbieren einander.
(4) Für jedes Parallelogramm gilt: Die Diagonalen halbieren einander.
(5) Für jedes Parallelogramm gilt: Gegenüberliegende Seiten sind gleich lang.
(6) Für jedes Drachenviereck gilt: Die Diagonalen sind senkrecht zueinander.
(7) Für jedes gleichschenklige Trapez gilt: Die Diagonalen sind gleich lang.
b) Notiere jeweils die Umkehrung der Sätze aus Teilaufgabe a).
Falls die Umkehrung eine falsche Aussage ist, begründe dies.

 Im Blickpunkt

Thales von Milet

Thales (von Milet)
* um 624 v. Chr.
† um 547 v. Chr.

Der erste namentlich bekannte griechische Mathematiker ist Thales. Er stammte aus einer Kaufmannsfamilie in der ionischen Handelsstadt Milet und verfügte über Zeit und Mittel, Reisen nach Babylonien, Persien, Ägypten zu unternehmen, um sich das Wissen der damaligen Zeit anzueignen.

1. Es gibt Hinweise darauf, dass Thales den Basiswinkelsatz, den Scheitelwinkelsatz, den Winkelsummensatz für Dreiecke und natürlich den Thalessatz bewiesen hat.
Gib die Aussagen dieser Sätze mit eigenen Worten an.

2. Bei einer Reise nach Ägypten soll Thales auf die Bitte nach einer Schätzung der Pyramidenhöhe geantwortet haben: „Ich will sie nicht schätzen, sondern messen." Dazu soll er sich in den Sand gelegt haben, um einen Abdruck seines Körpers zu erhalten. „Wenn ich mich jetzt an ein Ende des Abdrucks stelle und warte, bis mein Schatten so lang ist wie der Abdruck, dann kann ich auch die Höhe der Pyramide bestimmen".
Wie erhält Thales die Höhe der Pyramide?

3. Thales soll auch ein Gerät entwickelt haben, um die Entfernung zu Schiffen auf See zu bestimmen. Dieses Gerät besteht aus zwei Stäben mit einem gemeinsamen Drehpunkt. Man steigt damit auf einen Turm und hält den einen Stab senkrecht. Der zweite Stab wird so gedreht, dass er genau auf das Schiff zeigt. Der Winkel zwischen beiden Stäben wird nun nicht mehr verändert und man dreht sich um, sodass der zweite Stab auf einen Punkt im Gelände zeigt. Überlege, wie man die Entfernung zum Schiff erhält.

4. Seiner wissenschaftlichen Leistungen wegen zählte Thales zu den „Sieben Weisen". Eine seiner großartigsten Leistungen soll die Vorhersage der Sonnenfinsternis vom 28. Mai 585 v. Chr. gewesen sein, bei der er wohl das Wissen anderer Gelehrter verwendete, die er auf seinen Reisen getroffen hatte. Informiere dich über Sonnenfinsternisse. Weitere Informationen über Thales kannst du auch im Internet erhalten.

4.4 Sätze über Peripheriewinkel und Zentriwinkel

Einstieg 1

a) Rechts seht ihr eine kreisförmige Zirkusarena mit den Eingängen A und B. Marc sitzt an der Stelle C und will den Auftritt des Clowns filmen. Er erwartet ihn am Gang A, doch der Clown kommt durch B.
Um wie viel Grad muss Marc seine Filmkamera drehen?
Untersucht dies auch für andere Stellen am Rand der Arena. Stellt eine Vermutung auf.

b) Untersucht auch andere Radien und andere Eingänge.

Einstieg 2

Zeichnet mit eurem dynamischen Geometrie-System einen Kreis. Erzeugt dann drei Punkte A, B, C auf dem Kreis und verbindet sie zu einem Dreieck. Lasst den Winkel bei C messen.
Verändert die Lage von Punkt C auf dem Kreis und beobachtet, wie sich der Winkel bei C ändert.

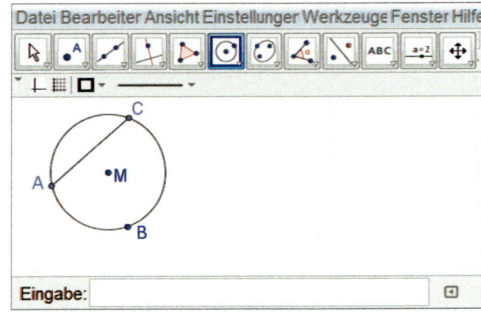

Einführung

Hinführung zum Peripheriewinkelsatz

Der Satz des Thales besagt: Zeichnet man Winkel, deren Scheitel auf einem Kreis liegen und deren Schenkel durch die Endpunkte A und B eines Durchmessers gehen, dann sind diese Winkel alle rechte Winkel.
Gilt etwas Ähnliches, wenn die Schenkel durch die Endpunkte einer Sehne gehen, die nicht unbedingt ein Durchmesser ist?
Wir messen in der Figur rechts die Winkel γ, γ' und γ''.
Sie heißen *Peripheriewinkel* zur Sehne $\overline{AB}$ des Kreises; ihre Scheitel liegen auf dem Kreis, ihre Schenkel gehen durch die Endpunkte der Sehne $\overline{AB}$. Wir stellen fest: $\gamma = \gamma' = \gamma''$
Wir messen nun auch die Peripheriewinkel δ, δ' auf der anderen Seite der Sehne $\overline{AB}$: $\delta = \delta'$

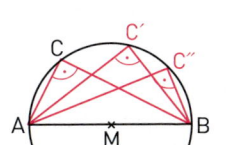

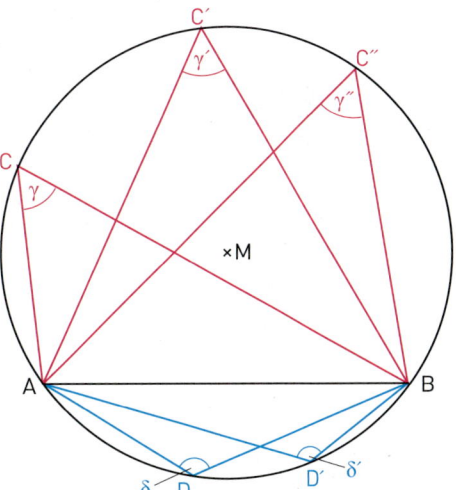

Information

(1) Bezeichnung für Kreisbogen

Zur Angabe eines Bogens auf dem Kreis mithilfe der Kreispunkte A und B nennt man diese Punkte entgegen dem Uhrzeigersinn. Im Bild bezeichnet $\overset{\frown}{AB}$ den blauen Bogen, $\overset{\frown}{BA}$ den roten.

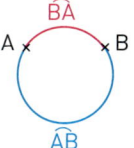

(2) Peripheriewinkel über einem Kreisbogen

In der Einführung haben wir Winkel betrachtet, deren Scheitelpunkte auf einem Kreis liegen und deren Schenkel durch zwei Kreispunkte gehen. Diese Winkel haben einen besonderen Namen.

Peripherie
Umfangslinie;
Rand

> **Definition**
> Ein Winkel, dessen Scheitelpunkt auf dem Kreis liegt und dessen Schenkel durch die Kreispunkte A und B gehen, heißt **Peripheriewinkel** (auch *Umfangswinkel*) über dem Bogen $\widehat{AB}$.

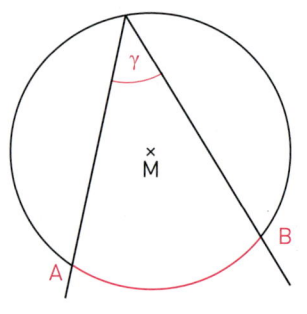

(3) Peripheriewinkelsatz

Betrachte die Figur in der Einführung auf Seite 165. Die Gleichheit der Winkel γ, γ' und γ'' einerseits sowie der Winkel δ und δ' andererseits lässt folgenden Satz vermuten:

> **Peripheriewinkelsatz**
> Wenn zwei Peripheriewinkel über *demselbem* Bogen liegen, dann sind diese Winkel gleich groß.

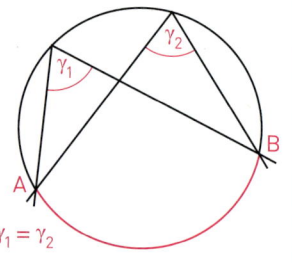

Beweis:
Wie beim Beweis des Thalessatzes verbinden wir den Punkt C mit dem Kreismittelpunkt M sowie M mit den Endpunkten A und B der Sehne. Wir zeigen nun, dass für jede beliebige Lage des Punktes C die Winkelgröße von γ bzw. $\gamma_1 + \gamma_2$ gleich bleibt.
Es entstehen wegen $\overline{MA} = \overline{MB} = \overline{MC}$ die beiden gleichschenkligen Dreiecke AMC und MBC. Deshalb gilt nach dem Basiswinkelsatz:
$\alpha_1 = \gamma_1$ und $\beta_2 = \gamma_2$.
Lässt man nun den Punkt C auf dem Kreis zwischen A und B „wandern", dann ändert sich zwar die Größe der Winkel γ_1, α_1, φ_1 bzw. γ_2, β_2, φ_2 in den beiden Dreiecken, jedoch bleibt die Summe $\varphi_1 + \varphi_2$ immer gleich groß, da das Dreieck ABM und damit auch sein Innenwinkel bei M unverändert bleibt.

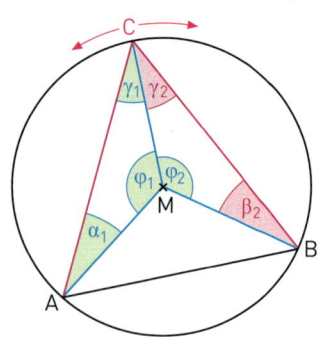

Wegen $\varphi_1 = 180° - 2 \cdot \gamma_1$ und $\varphi_2 = 180° - 2 \cdot \gamma_2$ und somit $\gamma_1 = 90° - \frac{1}{2} \cdot \varphi_1$ und $\gamma_2 = 90° - \frac{1}{2} \cdot \varphi_2$ gilt:

$\gamma = \gamma_1 + \gamma_2$
$ = (90° - \frac{1}{2} \cdot \varphi_1) + (90° - \frac{1}{2} \cdot \varphi_2)$
$ = 180° - \frac{1}{2} \cdot (\varphi_1 + \varphi_2)$

Da $\varphi_1 + \varphi_2$ immer gleich groß bleibt, gilt dies auch für den Winkel γ.

4.4 Sätze über Peripheriewinkel und Zentriwinkel

Weiterführende Aufgaben

Vollständiger Beweis des Peripheriewinkelsatzes

1. In der Information auf Seite 166 haben wir nur den Fall bewiesen, dass der Mittelpunkt M des Kreises innerhalb des Dreiecks liegt.
   Zum vollständigen Beweis müssen wir noch zwei weitere Fälle unterscheiden:
   (1) M liegt auf der Seite $\overline{BC}$ oder $\overline{AC}$.
   (2) M liegt außerhalb des Dreiecks ABC.

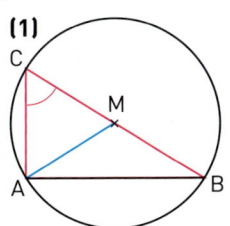
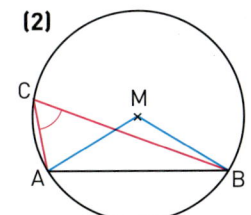

Peripherie-Zentriwinkelsatz

2. Verbindet man den Mittelpunkt M eines Kreises mit zwei Punkten A und B auf der Kreislinie, so entstehen zwei Zentriwinkel.
   a) Stelle einen Zusammenhang zwischen den Zentriwinkeln und den Peripheriewinkeln zur Sehne $\overline{AB}$ her.
   b) Welchen Satz erhältst du für den Spezialfall $\varepsilon = 180°$?

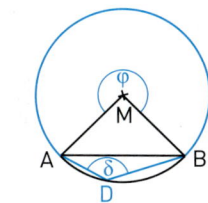

Information

Dreht man den Radius $\overline{MA}$ des Bogens $\widehat{AB}$ gegen den Uhrzeigersinn auf Radius $\overline{MB}$, so wird dabei der zugehörige **Zentriwinkel** überstrichen.

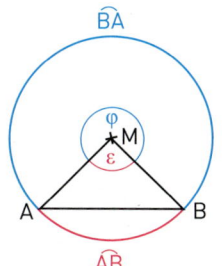

ε ist Zentriwinkel zu $\widehat{AB}$
φ ist Zentriwinkel zu $\widehat{BA}$

Peripherie-Zentriwinkelsatz

Der Zentriwinkel über dem Bogen $\widehat{AB}$ ist doppelt so groß wie der zugehörige Peripheriewinkel über $\widehat{AB}$.

$\varepsilon = 2 \cdot \gamma$ und $\varphi = 2 \cdot \delta$

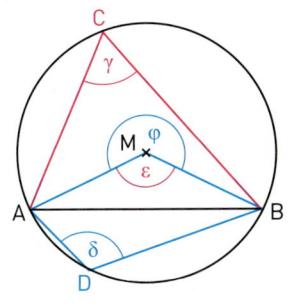

Aus dem Peripherie-Zentriwinkelsatz ergibt sich sofort:
Liegen zwei Peripheriewinkel auf verschiedenen Seiten einer Sehne, so ergeben die beiden Winkel zusammen 180°: **$\gamma + \delta = 180°$**

Übungsaufgaben

3. Zeichne einen Kreis r = 3 cm. Konstruiere eine Sehne $\overline{AB}$ des Kreises, sodass für den Peripheriewinkel γ über dem Bogen $\widehat{AB}$ gilt:
   a) $\gamma = 80°$ b) $\gamma = 100°$ c) $\gamma = 25°$ d) $\gamma = 145°$

4. Zeichne eine Strecke $\overline{AB}$ der angegebenen Länge. Konstruiere dann einen Kreis mit $\overline{AB}$ als Sehne so, dass die Peripheriewinkel über dem Bogen $\overset{\frown}{AB}$ die Größe γ besitzen.
   a) $\overline{AB}$ = 3,6 cm; γ = 35° c) $\overline{AB}$ = 2,9 cm; γ = 110° e) $\overline{AB}$ = 7,3 cm; γ = 90°
   b) $\overline{AB}$ = 4,8 cm; γ = 70° d) $\overline{AB}$ = 5,8 cm; γ = 135° f) $\overline{AB}$ = 6,1 cm; γ = 60°

5. Der Zentriwinkel über dem Bogen $\overset{\frown}{AB}$ hat die Größe (1) ε = 110°; (2) ε = 58°.
   Wie groß ist ein Peripheriewinkel über demselben Bogen?

6. Die Wandtafel ist 4 m lang.
   Ermittle durch Konstruktion alle Punkte, von denen aus man die Tafel unter einem Sehwinkel von 30° sieht.

7. Ein Haus ist 25 m lang. Im Abstand von 20 m verläuft eine Straße.
   Von welchen Punkten der Straße aus sieht man die Hausfront unter einem Sehwinkel von (1) 20°; (2) 40°; (3) 50°?

8. a) Gegeben ist
   (1) α = 35°; (2) β = 78°; (3) γ = 126°.
   Berechne jeweils die übrigen Winkel.
   b) Gegeben ist
   (1) α = 42°; (3) β = 78°;
   (2) γ = 134°; (4) δ = 248°.
   Berechne jeweils die übrigen Winkel.

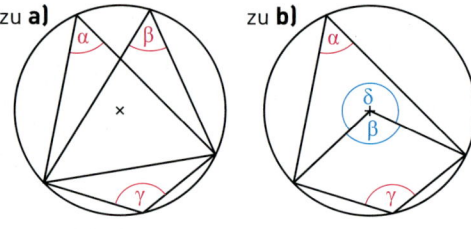

9. Konstruiere ein Dreieck ABC aus c = 5 cm; b = 3,5 cm; a = 2,7 cm. Von welchen Punkten aus sieht man die Seite $\overline{AC}$ unter einem Winkel von 40° und die Seite $\overline{AB}$ unter einem Winkel von 30°?
   Gibt es einen Punkt, von dem aus man alle Dreiecksseiten unter demselben Winkel sieht?

10. Ein Kreis ist (wie beim Zifferblatt einer Uhr) in 12 gleiche Teile unterteilt.
    Die beiden Kreissehnen bilden den Schnittwinkel α. Berechne den Winkel α.

    a) 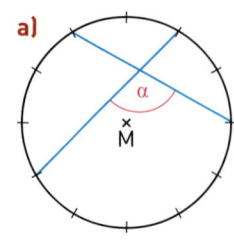 b) 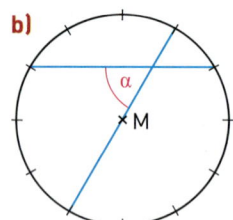 c) 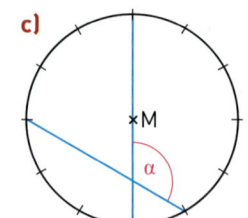 d)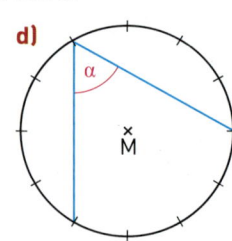

Das kann ich noch!

A) Berechne.
1) $\frac{1}{2} + \frac{2}{3}$
2) $\frac{2}{3} - \frac{1}{2}$
3) $\frac{1}{2} \cdot \frac{2}{3}$
4) $\frac{1}{2} : \frac{2}{3}$
5) $\left(\frac{2}{3}\right)^4$
6) $1\frac{1}{2} + \frac{3}{4}$
7) $1\frac{1}{2} - \frac{3}{4}$
8) $1\frac{1}{2} \cdot \frac{3}{4}$

Auf den Punkt gebracht

Beweisen mathematischer Sätze

In diesem Abschnitt erfährst du, wie man beim Beweisen mathematischer Behauptungen vorgehen kann. Als Beispiel wählen wir den Sehnen-Tangentenwinkel-Satz.

> **Sehnen-Tangentenwinkel-Satz**
> Gegeben ist ein Kreis mit einer Sehne $\overline{AB}$ und der Tangente durch den Endpunkt A der Sehne.
> Der Winkel τ zwischen der Sehne $\overline{AB}$ und der Tangente ist genauso groß wie jeder Peripheriewinkel γ über dieser Sehne.

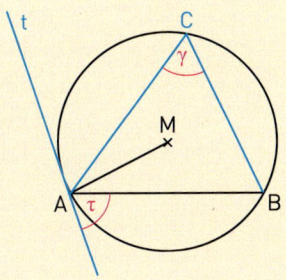

τ griechischer Buchstabe, gelesen: tau

Beweisidee:
Wir wollen beweisen, dass γ = τ gilt. Der Sehnen-Tangenten-Winkel τ ist nicht direkt mit dem Peripheriewinkel γ verbunden. Nach dem Zentri-Peripheriewinkel-Satz ist der Peripheriewinkel γ halb so groß ist wie der Zentriwinkel ε zur Sehne $\overline{AB}$:
2 · γ = ε.
Zu der Behauptung γ = τ könnten wir gelangen, wenn wir zeigen könnten: 2 · τ = ε.
Auf die Idee 2 · τ = ε sind wir durch Rückwärtsschließen von der zu zeigenden Behauptung γ = τ aus gekommen.

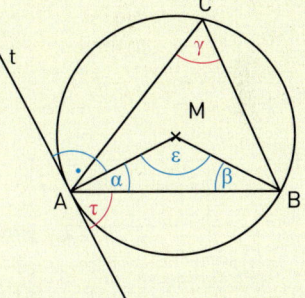

Wir ergänzen dazu Winkel α am Punkt A. α ist Basiswinkel im gleichschenkligen Dreieck ABM. Weiter steht die Tangente senkrecht zum Berührungsradius, d. h. beide bilden einen rechten Winkel miteinander. Somit gilt α + τ = 90°, also τ = 90° − α. Daraus folgt:
2 · τ = 2 · (90° − α) = 2 · 90° − 2 · α = 180° − 2 · α
Im Dreieck ABM gilt α + β + ε = 180°. Da Dreieck ABM gleichschenklig ist, ist α = β. Wir können also auch schreiben: 2 · α + ε = 180°
Folglich gilt: ε = 180° − 2 · α
Da auch 2 · τ = 180° − 2 · α gilt, folgt 2 · τ = ε.
Vom Zusammenhang zwischen Peripheriewinkel und Zentriwinkel sind wir durch Vorwärtsarbeiten zu dieser Gleichung gelangt. Wir haben damit eine Idee für den Beweis des Satzes gefunden, die wir nun übersichtlich in Tabellenform so notieren, dass sich jeder Schritt aus dem vorherigen ergibt.

Behauptung		Begründung
τ = 90° − α	(1)	Die Tangente steht senkrecht auf dem Radius $\overline{MA}$.
α = β	(2)	Das Dreieck ABM ist gleichschenklig, daher sind die Basiswinkel gleich groß.
ε = 180° − α − β	(3)	Das folgt aus dem Innenwinkelsatz für Dreiecke.
ε = 180° − 2 · α	(4)	Das folgt aus **(2)** und **(3)**.
$\frac{ε}{2}$ = 90° − α	(5)	Halbieren der Gleichung **(4)**
$\frac{ε}{2}$ = τ	(6)	Das folgt aus **(1)** und **(5)**.
$\frac{ε}{2}$ = γ	(7)	Das gilt wegen des Zentri-Peripheriewinkelsatzes.
τ = γ		Das folgt aus **(6)** und **(7)**.

Auf den Punkt gebracht

Der Beweis ist streng logisch aufgebaut. Wir gehen von den Voraussetzungen aus und leiten daraus die Behauptung $\tau = \gamma$ ab.

Aber sicherlich stellst du dir eine Frage: Wie kommt man darauf?

Du hast an der Beweisidee gesehen: Mithilfe von Rückwärtsarbeiten, von Vermutungen und durch Anknüpfen an Bekannten baut man sich schrittweise einen Beweis zusammen.

Die meisten Beweise werden so gefunden. Danach werden sie systematisiert und in der zweiten Form aufgeschrieben und veröffentlicht.

1. Für den vollständigen Beweis des Sehnen-Tangentenwinkelsatzes sind noch zwei Sonderfälle für die Lage von Sehne und Tangente zueinander zu betrachten. Führe auch für diese den Beweis durch.

   (1) M liegt auf AB. **(2)** M liegt außerhalb von ABC.

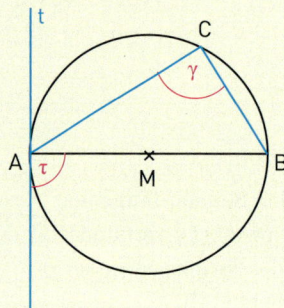 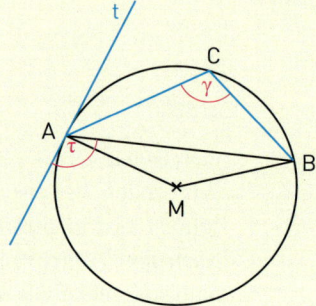

2. Beweise:
   a) Wenn ein Punkt P auf der Mittelsenkrechten der Strecke $\overline{AB}$ liegt, dann gilt $\overline{PA} = \overline{PB}$.
   b) Wenn für einen Punkt P $\overline{PA} = \overline{PB}$ gilt, dann liegt P auf der Mittelsenkrechten der Strecke $\overline{AB}$.

3. Beweise:
   a) Wenn ein Punkt P auf der Winkelhalbierenden eines gegebenen Winkels liegt, dann hat P zu beiden Schenkeln des Winkels den gleichen Abstand.
   b) Wenn ein Punkt P zu beiden Schenkeln eines gegebenen Winkels den gleichen Abstand besitzt, dann liegt P auf der Winkelhalbierenden dieses Winkels.

4.
   > **Definition**
   > Ein Viereck, dessen Seiten zugleich Sehnen eines Kreises sind, heißt **Sehnenviereck**.

   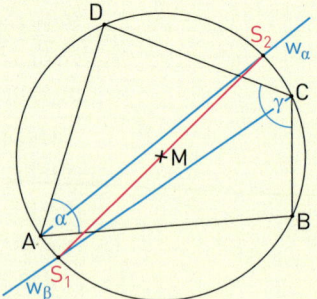

   Beweise: Im Sehnenviereck schneiden die Winkelhalbierenden zweier gegenüber liegender Winkel den Umkreis in zwei Endpunkten eines Durchmessers. Dieser ist senkrecht zur Diagonalen durch die beiden anderen Viereckswinkel.

5. Zeichne ein beliebiges Dreieck. Konstruiere die Höhen durch die beiden Eckpunkte A und B. Die Fußpunkte der Höhen sollen D und E sein. Zeichne das Viereck ABDE. Beweise: Das Viereck ABDE ist einen Sehnenviereck.

4.5 Umfang eines Kreises

Einstieg

Der Umfang von Vielecken ist einfach zu bestimmen und zu berechnen. Experimentiert mit runden Gegenständen, wie z. B. Münzen, Teelichter, Konservendosen, um Erkenntnisse über den Umfang eines Kreises zu gewinnen.

Aufgabe 1

Mirko hat einen Fahrradcomputer gekauft. Dieser kann die Geschwindigkeit bestimmen, indem er die Umdrehungen des Rades zählt und die Zeit misst. Nach der Montage muss der Fahrradcomputer noch auf den richtigen Radumfang eingestellt werden. Mirko hat ein 27"-Rad, d. h. der Durchmesser der Räder beträgt 27 Zoll. Leider ist der Umfang eines 27"-Rades nicht in der Bedienungsanleitung angegeben.

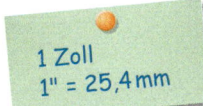

1 Zoll
1" = 25,4 mm

Fahrradcomputer

Um die Geschwindigkeit genau zu messen, muss der tatsächliche Radumfang gespeichert werden. Du kannst diesen messen oder der folgenden Tabelle entnehmen:

Raddurchmesser in Zoll	Radumfang in mm
20	1596
22	1756
24	1915
26	2075
28	2234

a) Ermittle einen Schätzwert für den Umfang eines 27"-Rades.
b) Rechne den Raddurchmesser in mm um und zeichne den Graphen der Zuordnung *Durchmesser → Umfang*. Formuliere die Abhängigkeit mit Worten und ermittle eine Formel für die Zuordnung. Überprüfe deine Vermutung auf grafischem Wege.

Lösung

a) Der Tabelle entnimmt man: Wenn der Raddurchmesser um 2" vergrößert wird, vergrößert sich der Radumfang um 159 mm bis 160 mm. Daher schätzt man den Radumfang eines 27"-Rades auf $2075\,\text{mm} + \frac{1}{2} \cdot 160\,\text{mm}$, also 2155 mm.

b) Wir erhalten folgende Raddurchmesser:
   20" = 508 mm
   22" = 558,8 mm
   24" = 609,6 mm
   26" = 660,4 mm
   28" = 711,2 mm

Da die Punkte auf einer Geraden durch den Ursprung liegen, vermuten wir, dass die

Für den Graphen folgt damit:

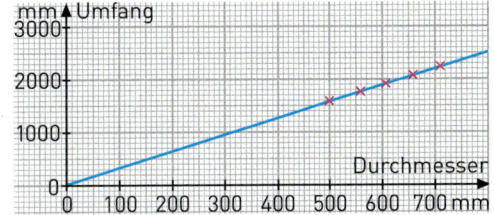

Zuordnung proportional ist, also der Quotient $\frac{\text{Umfang}}{\text{Durchmesser}}$ konstant ist.

Näherungsweise ergibt sich für alle Punkte: $\frac{\text{Umfang}}{\text{Durchmesser}} \approx 3{,}14$

Für den Umfang u in Abhängigkeit vom Durchmesser d erhalten wir die Formel: $u \approx 3{,}14 \cdot d$

Information

Umfang eines Kreises

Der Umfang eines Kreises ist etwa 3-mal so groß wie sein Durchmesser. Den genauen Proportionalitätsfaktor bezeichnet man als die **Kreiszahl** π (gelesen: pi): $\pi \approx 3{,}14$

Die Kreiszahl π kann nur als ein unendlicher Dezimalbruch, der nicht periodisch ist, geschrieben werden.

Zum Rechnen verwendet man nur Näherungswerte.

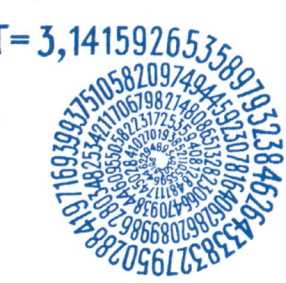

π steht als Abkürzung für das griechische Wort περιφέρεια Umkreis, Peripherie

Satz

Für den **Umfang u eines Kreises** mit dem Radius r bzw. dem Durchmesser d gilt:

$u = 2 \cdot \pi \cdot r$ bzw. $u = \pi \cdot d$

Zum Überschlag rechnet man: Der Umfang ist etwa das 3-fache des Durchmessers.

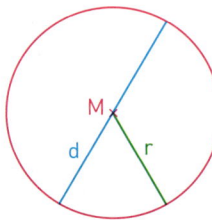

Beispiel:
r = 1,4 cm
$u = 2 \cdot \pi \cdot 1{,}4$ cm
$\approx 8{,}8$ cm

Beachte: Auch der Taschenrechner liefert mit der Taste π nur einen Näherungswert für π.

Übungsaufgaben

2. Die Fahrstrecken der Modelleisenbahn beim Geschenkpaket sind Kreise unterschiedlicher Größe.
Es gibt Geschenkpakete für die Spur N mit folgenden Fahrstrecken:
120 cm; 140 cm; 250 cm; 270 cm.
Im Katalog sind die Radien der Kreise angegeben:
19,2 cm; 22,6 cm; 39,6 cm; 43 cm.
Untersuche, wie die Fahrstrecke vom Kurvenradius abhängt.

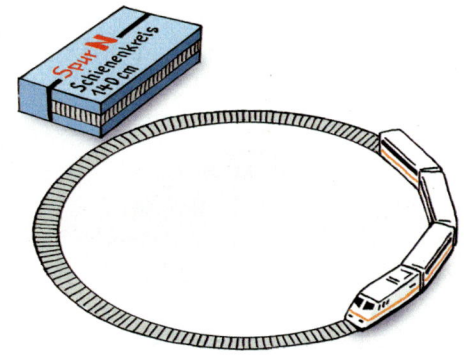

3. Berechne den Umfang eines Kreises mit dem Radius r bzw. Durchmesser d. Überschlage zuerst im Kopf, bevor du schriftlich oder mit dem Taschenrechner rechnest.
  a) r = 2 m   **b)** d = 34 cm   **c)** r = 0,65 m   **d)** $r = 2\frac{1}{2}$ m   **e)** d = 12 mm   **f)** d = 1,7 km

4. Berechne den Umfang des Gegenstandes. Überschlage zunächst.
  a) Blu-ray Disc
  d = 12 cm
  b) Basketball-Ring
  d = 45 cm
  c) Meisterschale des DFB
  d = 59 cm
  d) Inline-Skate-Rollen
  d = 72 mm

4.5 Umfang eines Kreises

5. Der Stamm einer Buche hat den Umfang 170 cm.
   a) Berechne den Durchmesser; überschlage zunächst.
   b) Man kann das Alter eines Baumes an der Anzahl der Jahresringe erkennen. Die durchschnittliche Dicke eines Jahresringes beträgt 2 mm. Wie alt ist die Buche ungefähr?

6. Ein Kreis hat den Umfang u. Wie groß sind Durchmesser und Radius? Überschlage zuerst im Kopf.
   a) u = 27 cm   b) u = 1,20 m   c) u = 810 mm   d) u = 12,3 m   e) u = 10 m

7. Der Raddurchmesser (samt Reifen) bei einem Mountainbike ist 65 cm, beim Citybike 71 cm.
   a) Wie weit ist das Mountainbike gerollt, wenn sich die Räder 50-mal gedreht haben?
   b) Wie oft drehen sich auf der gleichen Strecke die Räder des Citybikes?

8. Das Rad eines Förderturms hat einen Radius von 2,80 m. Bei einer Radumdrehung wird der Förderkorb um eine Strecke angehoben, die dem Umfang des Rades entspricht.
   Wie viele Umdrehungen muss das Rad machen, damit der Förderkorb 500 m gehoben wird?

Riesenrad an der Themse

London. Das London Eye dreht sich mit einer Geschwindigkeit von 0,26 m pro Sekunde und hat eine Höhe von 135 m.

9. Betrachte die Angaben zum Riesenrad. Stelle selbst geeignete Aufgaben. Löse sie.

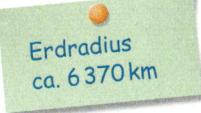

Erdradius ca. 6370 km

10. Ein Satellit umkreist die Erde auf einer Kreisbahn mit einer Geschwindigkeit von $8 \frac{km}{s}$.
    Für eine Erdumkreisung benötigt er 1 h 28 min.
    In welcher Höhe fliegt der Satellit?

11. Eine Raumstation umkreist die Erde in 200 km Höhe in 90 Minuten. Welche Entfernung legt die Raumstation bei einem Erdumlauf zurück? Welche Entfernung legt sie in 1 Stunde zurück?

12. Die Erde durchläuft während eines Jahres (etwa 365 Tage) um die Sonne angenähert eine Kreisbahn, deren Radius ungefähr 150 000 000 km beträgt.
    a) Welchen Weg legt die Erde in einem Jahr (an einem Tag; in einer Sekunde) zurück?
    b) Mit welcher Durchschnittsgeschwindigkeit (Angabe in $\frac{km}{h}$) bewegt sich die Erde auf ihrer Bahn?

13. a) Hannes hat einen Taillenumfang von 80 cm. Denke dir einen 1,80 m langen Gürtel um seine Taille gelegt. Wie weit steht er ab? Schätze zunächst.
    b) Denke dir nun längs des Äquators ein Seil um die Erde gespannt. Seine Länge betrage genau 40 000 km. Denke dir nun das Seil um 1 m verlängert. Schätze zunächst, rechne dann: Ist jetzt genügend „Luft" vorhanden, dass eine Maus zwischen Seil und Erdboden durchschlüpfen kann?
    c) Formuliere eine Vermutung zu deinen Ergebnissen. Begründe sie.

4.6 Flächeninhalt eines Kreises

Einstieg

Zeichnet Kreise mit verschiedenen Durchmessern auf Karopapier und bestimmt den Flächeninhalt durch Auszählen der Kästchen. (Ihr könnt die Arbeit verringern, wenn ihr nur einen Viertelkreis auszählt.)
Könnt ihr Zusammenhänge zwischen dem Radius und dem Flächeninhalt entdecken?
Wie könnt ihr ein möglichst genaues Ergebnis erhalten?

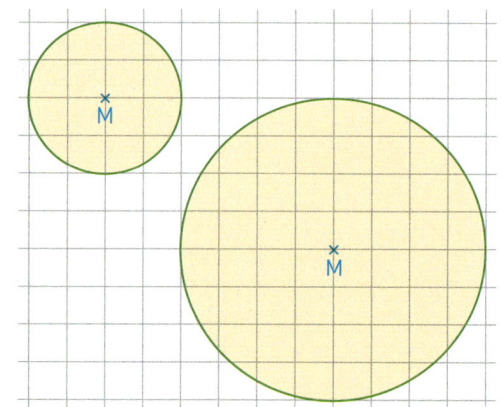

Aufgabe 1

a) Wie kann man die Stücke einer in 6 bzw. 12 Stücke geschnittenen Torte so anordnen, dass sie auf ein rechteckiges Tablett passen?
b) Welche Abmessungen muss das Tablett ungefähr haben, damit alle Stücke insbesondere bei einer größeren Anzahl von Stücken daraufpassen?
c) Da die Fläche nicht verändert wird, kann man mit den Formeln für den Flächeninhalt des Parallelogramms und den Umfang des Kreises die Formel für den Flächeninhalt des Kreises herleiten. Führe dies durch.

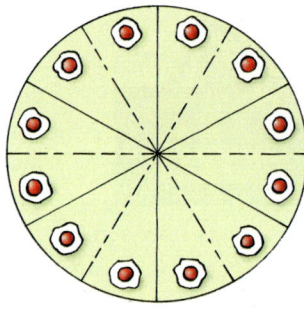

Lösung

a) Folgende Zeichnungen zeigen, wie dies möglich ist.

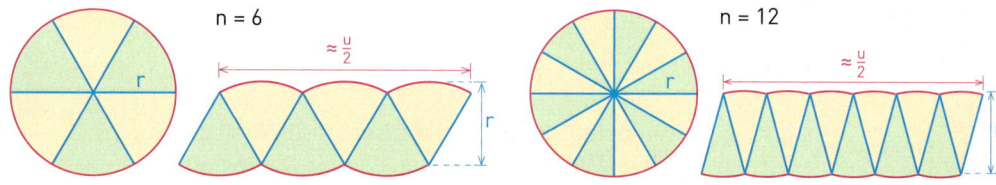

b) Das Tablett muss mindestens so lang sein wie der halbe Tortenumfang und mindestens so breit wie der Tortenradius. Anschaulich ist klar:
Je größer die Anzahl der Teile ist, desto genauer nähert sich die Form der zusammengesetzten Tortenstücke einem Parallelogramm, und damit sogar einem Rechteck mit den Seitenlängen $\frac{u}{2}$ und r an.

c) Der Kreis hat denselben Flächeninhalt wie das Rechteck. Für dessen Flächeninhalt gilt:
$$A_R = \frac{u}{2} \cdot r$$
Mit $u = 2 \cdot \pi \cdot r$ folgt daraus:
$$A_R = \frac{2 \cdot \pi \cdot r}{2} \cdot r = \pi \cdot r^2$$

Damit gilt auch für den Flächeninhalt des Kreises $A_K = \pi \cdot r^2$ mit genau derselben Kreiszahl π wie beim Umfang.

4.6 Flächeninhalt eines Kreises

Information

Satz
Für den **Flächeninhalt A eines Kreises** mit dem Radius r gilt:
$A = \pi \cdot r^2$
Beispiel: r = 1,5 cm
$A = \pi \cdot (1{,}5\,\text{cm})^2 = \pi \cdot 2{,}25\,\text{cm}^2 \approx 7{,}07\,\text{cm}^2$

Zum Überschlagen rechnet man auch: $A \approx 3 \cdot r^2$

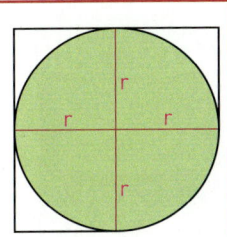

Weiterführende Aufgaben

Berechnen des Flächeninhalts des Kreises aus dem Durchmesser

2. **a)** Die Querschnittsfläche eines Bolzens hat den Durchmesser d = 2 cm. Wie groß ist die Querschnittsfläche?
   b) Häufig kann man den Durchmesser d eines Kreises leichter bestimmen als den Radius.
   Es ist daher günstig, eine Formel für den Flächeninhalt des Kreises zu haben, in die man statt des Radius den Durchmesser einsetzen kann.
   Überprüfe folgende Formel an Zahlenbeispielen.

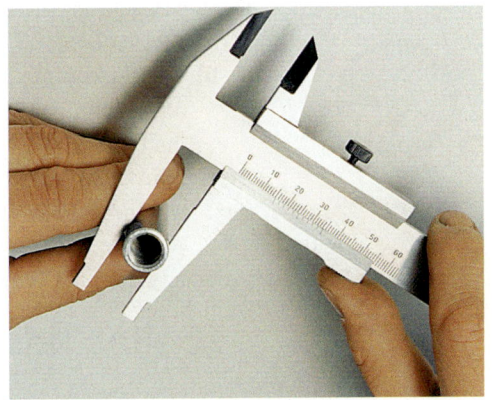

Für einen Kreis mit dem Durchmesser d gilt: $A = \dfrac{\pi}{4} d^2$

Übungsaufgaben

3. Berechne den Flächeninhalt des Kreises.
   a) r = 5 cm   **b)** r = 1,3 m   **c)** d = 9 cm   **d)** d = 1,45 m   **e)** d = 3,7 km

4. Der Aktionsradius eines Rettungshubschraubers beträgt 70 km. Wie groß ist das Gebiet, in dem er eingesetzt werden kann?

5. Ein kreisrunder Tisch hat den Durchmesser 1,40 m. Wie groß ist die Tischfläche?

6. Frau Siede kauft einen runden Esstisch mit einem Durchmesser von 1,20 m.
   a) Wie groß ist die Tischfläche?
   b) Die Tischdecke soll auf jeder Seite 20 cm überstehen. Wie groß ist deren Fläche?

7. In der Tiefkühlabteilung werden zum gleichen Preis zwei verschiedene Packungen mit Pizzen angeboten: Die eine Packung enthält *zwei* Pizzen mit je 17 cm Durchmesser; die andere Packung enthält nur *eine* Pizza mit dem Durchmesser 25 cm.
   Für welche Packung würdest du dich entscheiden, wenn du möglichst viel essen willst?

8. Welchen Flächeninhalt hat ein Kreis mit dem Umfang u?
   a) u = 18 m   **b)** u = 15,6 cm   **c)** u = 34 km   **d)** u = 1 cm   **e)** u = 1 km

9. Ein kreisförmiges Rasenstück (Durchmesser 32 m) soll gekalkt werden. Wie teuer ist das?

10. Auf das Wievielfache wächst der Flächeninhalt des Kreises an, wenn der Radius anwächst
    a) auf das Doppelte;   b) auf das Dreifache;   c) auf das Fünffache?

11. Aus einem rechteckigen Streifen Blech mit der Länge 32 cm und der Breite 8 cm werden vier Kreise mit dem Radius 3,8 cm ausgestanzt. Wie groß ist der Abfall?

12. Aus einem kreisrunden Blech wird ein möglichst großes Quadrat ausgestanzt. Wie viel Prozent Abfall fallen an?

13. Der Durchmesser eines Kupferdrahtes beträgt 1,2 mm [3,6 mm; 0,6 mm].
    a) Berechne den Flächeninhalt der kreisförmigen Querschnittsfläche.
    b) Die Zuordnung *Größe des Querschnitts → elektrischer Widerstand* ist antiproportional. Wie verändert sich der Widerstand, wenn der Drahtdurchmesser verdreifacht oder halbiert wird?
    c) Der Kupferdraht soll mit einer 1 mm dicken Isolierschicht versehen werden. Wie groß ist die Querschnittsfläche dieser Gesamtfläche?

14. Welche der vier Pizzen ist am preisgünstigsten?

Bellas knusprige Pizza-Klassiker

Jeweils mit würziger Tomatensauce und herzaftem Gouda.

Pizza	Junior ⌀ 20 cm	Classic ⌀ 28 cm	Maxi ⌀ 38 cm	Family 40 cm × 50 cm
Salami	4,30 €	5,90 €	10,50 €	16,90 €

Solche Flächen nennt man Kreisring.

15. Gegeben sind zwei Kreise mit gleichem Mittelpunkt und den Radien r_1 und r_2.
    Berechne den Flächeninhalt der farbig markierten Fläche.
    a) $r_1 = 2,8$ cm; $r_2 = 5,3$ cm
    b) $r_1 = 5,5$ cm; $r_2 = 7,0$ cm
    c) $r_1 = 3,5$ cm; $r_2 = 3,75$ cm
    d) $r_1 = 11$ cm; $r_2 = 14$ cm

16. Ein kreisrunder Platz hat einen Durchmesser von 46 m. In der Mitte befindet sich eine Brunnenanlage mit 9,5 m Durchmesser. Wie viel Platz bleibt zur freien Verfügung übrig?

17. In einem Park ist ein kreisrunder Teich. Im Abstand von 50 cm vom Rand des Teiches ist ringsum ein Schutzgeländer. Es ist 22 m lang. Unmittelbar vor dem Geländer ist ringsum ein 2 m breiter Asphaltweg angelegt.
    a) Wie groß ist die Wasserfläche?
    b) Wie groß ist die asphaltierte Fläche?

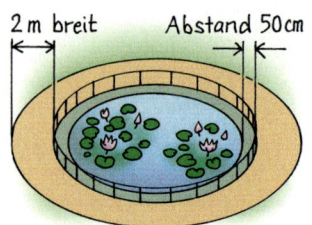

18. Ein Kreis hat den Umfang u = 38 cm.
  a) Wie groß ist sein Flächeninhalt?
  b) Um wie viel Prozent übertrifft der Kreis ein Quadrat mit gleichem Umfang an Flächeninhalt?

19.

Reifengrößen bei Fahrrädern
In Europa sind zwei Möglichkeiten der Größenangaben üblich:
1. Das zöllige Maß (") nach der englischen Norm, z. B. 28" × 1,75", das erste Maß gibt den ungefähren äußeren Reifendurchmesser an, das zweite Maß die ungefähre Reifenbreite.
2. Das metrische Maß (mm) nach der DIN-Norm ETRTO, wie z. B. 47– 622, ist insbesondere unter Fachleuten üblich. Dabei gibt die erste Zahl die Reifenbreite im aufgepumpten Zustand (in mm) und die zweite Zahl den inneren Reifendurchmesser, also Felgendurchmesser, (ebenfalls in mm) an.

  a) Berechne den äußeren Durchmesser eines Reifens der Größe 37– 622 für ein 28-Zoll-Rad. Bestimme seinen Umfang. Nimm an, dass Reifenbreite und -höhe übereinstimmen.
  b) Um wie viel Prozent ist der Umfang eines Reifens mit der Aufschrift 47– 622 größer als der Reifen in Teilaufgabe a)?

20. Die Laufbahnen eines Stadions bestehen aus zwei Halbkreisen (Kurven) und zwei Strecken (Zielgerade, Gegengerade). Die Laufbahnen werden so angelegt, dass die Läufer auf der Innenbahn (1. Bahn) im Abstand von 30 cm von der Innenkante genau 400 m zurücklegen. Die einzelnen Laufbahnen sind 1,22 m breit.
  a) Wie lang ist die Zielgerade?
  b) Wie lang ist die Innenkante der Laufbahnen?
  c) Welchen Vorsprung muss eine Läuferin auf der 2. Bahn erhalten, wenn man annimmt, dass sie ebenfalls 30 cm von der inneren Linie entfernt läuft?

21. Rebecca backt Plätzchen. Sie walzt einen Klumpen Teig auf dem Tisch zu einer fast kreisförmigen Schicht mit dem Durchmesser von etwa 30 cm aus. Mit einem kreisrunden Förmchen vom Durchmesser 4,5 cm sticht sie die Plätzchen aus. Den Rest des Teigs knetet sie noch einmal und rollt ihn wieder aus, formt Plätzchen und fährt so fort, bis kein Teig mehr da ist. Wie viele Plätzchen erhält sie ungefähr? Woran könnte es liegen, wenn die berechnete Zahl der Plätzchen von der tatsächlich erhaltenen *stark* abweicht?

22. In einem Park werden kreisrunde Beete mit dem Durchmesser d = 4,90 m angelegt.
  a) Ein Beet soll mit Buchsbaum eingefasst werden. Man rechnet mit 5 Pflanzen pro Meter. Berechne die Kosten.
  b) Ein Beet soll mit Rosen bepflanzt werden. Man rechnet mit 8 Rosen pro Quadratmeter. Berechne die Kosten.
  c) Um das Beet wird ein 1,20 m breiter Weg angelegt. 1 m² kostet 26 € zuzüglich 19 % Mehrwertsteuer. Berechne die Kosten.

23. Die Abbildung rechts ist zeigt eine Matte, wie sie bei Wettkämpfen im Ringen verwendet wird (Abmessungen in Meter). Stellt euch gegenseitig Aufgaben und löst diese.

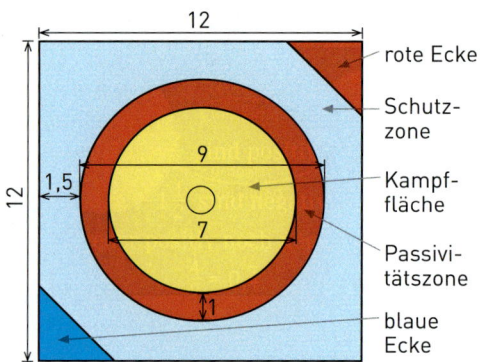

24.
Reifenbezeichnungen und was sie bedeuten
Eigenschaften eines Reifens sind in einer weltweit geltenden Verschlüsselung am Reifen eingeprägt. Am Beispiel 185/60 R 15 84 H im Foto sieht man, wie diese Bezeichnung gelesen werden kann:

185	Reifenbreite beträgt 185 mm
60	Verhältnis Reifenhöhe : Reifenbreite in % (Reifenhöhe = 60% von 185 mm)
R	Radialreifen
15	Felgendurchmesser in Zoll (1 Zoll = 25,4 mm)
84	Kennzahl für Reifentragfähigkeit (z. B. 84 für 500 kg pro Reifen)
H	Symbol für zulässige Geschwindigkeit (z. B. H für bis zu 210 km/h)

a) Rechne nach, dass der äußere Durchmesser dieses Reifens 603 mm beträgt.
b) Welchen Weg legt ein Fahrzeug mit diesem Reifen bei einer Radumdrehung zurück?
c) Der Wagen hat einen Weg von 1 km zurückgelegt. Wie oft hat sich das Rad gedreht?
d) Der Wagen fährt mit einer Geschwindigkeit von 150 km/h. Berechne die Anzahl der Radumdrehungen pro Minute [pro Sekunde].
e) Das Reifenprofil beträgt statt 7 mm nur noch 1 mm. Um wie viel Prozent ist der Reifenumfang kleiner geworden? Wie wirkt sich dies auf die Geschwindigkeitsanzeige durch den Tacho aus?

25. Berechne den Flächeninhalt und den Umfang der gefärbten Fläche (d = 12 cm; r = 6 cm).

a)	b)	c)	d)
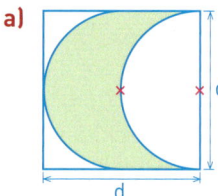	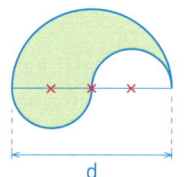	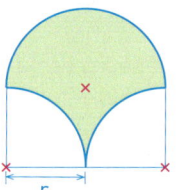	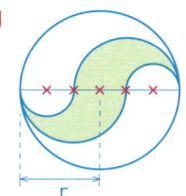

26. a) Berechnet jeweils Flächeninhalt und Umfang der gefärbten Flächen (r = 24 cm).
b) Denkt euch die Folge der Figuren (1), (2), (3) weiter fortgesetzt. Was könnt ihr über Flächeninhalt und Umfang der gefärbten Fläche aussagen?

(1)	(2)	(3)
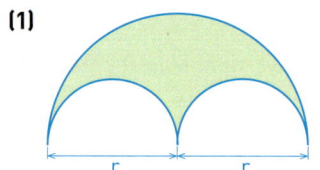	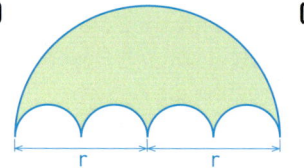	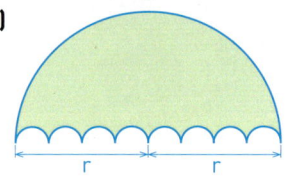

 **Im Blickpunkt**

Die Zahl π in der Geschichte der Menschheit

Die Berechnung der Kreiszahl π hat die Menschen schon jahrtausendelang beschäftigt:
- Die Babylonier (um 2000 v. Chr.) verwendeten als Näherungswert für π die Zahl **3**.
- Der ägyptische Mathematiker Ahmes gab den erstaunlich genauen Wert $\left(\frac{16}{9}\right)^2 \approx 3{,}16$ an.
- Der griechische Mathematiker Archimedes (287–212 v. Chr.) verwendete zur Berechnung des Kreisumfanges neben den einbeschriebenen regelmäßigen Vielecken auch umbeschriebene. Er zeigte am regelmäßigen 96-Eck: $3\frac{10}{71} < \pi < 3\frac{1}{7}$.

    Als Näherungswert für π wurde dann häufig $\frac{22}{7} \approx 3{,}143$ verwendet.
- Der ägyptische Geograph, Astronom und Mathematiker Claudius Ptolemäus (um 150 n. Chr.) fand für π den Näherungswert $3\frac{17}{120}$.
- Der chinesische Mathematiker Liu Hui ermittelte im 3. Jahrhundert n. Chr. aus dem 3072-Eck den Näherungswert $3\frac{3}{16} \approx 3{,}14159$.
- Ein Vieleck mit $3 \cdot 2^{28} = 805306368$ Ecken verwendete 1424 der arabische Mathematiker Al-Kasi. Er erhielt $2 \cdot \pi = 6{,}2831853071795865$, wobei alle angegebenen Stellen richtig sind. Mit $4 \cdot 2^{60}$ Ecken erreichte Ludolf van Ceulen (1610) eine Genauigkeit von 35 Dezimalstellen.
- Im Jahre 1671 entdeckte James Gregory, dass man mit den Kehrwerten der ungeraden Zahlen den Wert von π beliebig genau berechnen kann, wenn man nur genügend viele Summanden berücksichtigt: $\frac{\pi}{4} = \frac{1}{1} - \frac{1}{3} + \frac{1}{5} - \frac{1}{7} + \frac{1}{9} - \frac{1}{11} + \ldots$ (Leibniz'sche Reihe)
- Der Philosoph und Mathematiker Gottfried Wilhelm Leibniz (1646–1716) war über diesen Zusammenhang zwischen der Folge der ungeraden Zahlen und der Kreiszahl π so beeindruckt, dass er notierte: „Gott freut sich der ungeraden Zahlen!". Kreis und Kugel galten nämlich seit dem Altertum als göttliche Formen.
- Johann Heinrich Lambert bewies 1761, dass die Zahl π kein endlicher Dezimalbruch ist, sondern unendlich viele Nachkommastellen ohne Periode hat.

Im Internet findest du weitere Näherungswerte.

G. W. Leibniz
1646 – 1716

1. Im nebenstehenden Text aus der Bibel wird mit Meer ein kreisrundes Becken bezeichnet.
Begründe, welchen Näherungswert für π man diesem Text entnehmen kann.

> Und er machte das Meer gegossen, von einem Rand zu anderen zehn Ellen weit ... und eine Schnur von dreissig Ellen war das Mass ringsherum.
> 1. Buch der Könige 7,23

2. Al-Kasi hatte sich die Aufgabe gestellt, den Wert von 2π so genau zu bestimmen, dass bei der Berechnung des Umfangs des Universums der Fehler die Dicke eines Pferdehaares (0,5 mm) nicht übersteigt. Al-Kasi dachte, dass der Durchmesser des Universums das 600 000-fache des Erddurchmessers sei, für den er 7 500 km benutzte.
Zeige, dass der von Al-Kasi berechnete Wert von 2π (siehe oben) diese Bedingung erfüllt.

3. Der Wert von $\frac{\pi}{4}$ kann mithilfe der Leibniz'schen Reihe näherungsweise berechnet werden (siehe oben).
Führe die nebenstehenden Rechnungen fort, bis sich die erste Nachkommastelle von π nicht mehr ändert.

$\frac{1}{1} - \frac{1}{3} + \frac{1}{5} = \frac{13}{15}$, also $\pi \approx 4 \cdot \frac{13}{15} = 3{,}4666\ldots$

$\frac{1}{1} - \frac{1}{3} + \frac{1}{5} - \frac{1}{7} = \frac{76}{105}$, also $\pi \approx 4 \cdot \frac{76}{105} = 2{,}8952\ldots$

4.7 Vermischte Übungen

1. Gegeben ist eine 3,4 cm lange Strecke $\overline{AB}$. Konstruiere Kreise mit $r = 2{,}0$ cm [$r = 1{,}7$ cm] und $\overline{AB}$ als Sehne. Konstruiere die Tangenten an die Kreise in den Punkten A und B.

2. Zeichne einen Kreis mit dem Radius $r = 3{,}7$ cm und einen Punkt P im Abstand 6,0 cm vom Kreismittelpunkt. Konstruiere von P aus die Tangenten an den Kreis.

3. Die Strecken $\overline{AP}$ und $\overline{BP}$ heißen *Tangentenabschnitte*.
Zeichne einen Kreis mit dem Mittelpunkt M und dem Radius $r = 3$ cm.
Konstruiere nun einen Punkt P außerhalb des Kreises so, dass die Länge der Tangentenabschnitte 4 cm beträgt.

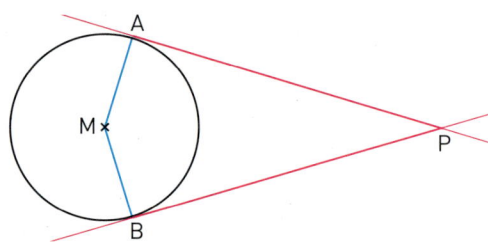

4. Betrachte die Figur rechts: Die beiden Tangenten t_1 und t_2 heißen *äußere Tangenten* an die beiden Kreise, die beiden Tangenten t_3 und t_4 *innere Tangenten*.
Zeichne zwei Kreise k_1 und k_2 mit $r_1 = 2{,}1$ cm und $r_2 = 1{,}3$ cm.
Der Abstand der beiden Mittelpunkte soll 5,2 cm betragen.

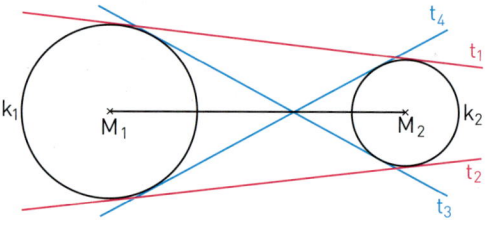

  a) Konstruiere die äußeren Tangenten t_1 und t_2.
  Anleitung: Zeichne zunächst einen Hilfskreis um M_1 mit dem Radius $r_1 - r_2$ und konstruiere die Tangenten von M_2 an diesen Kreis.
  b) Konstruiere die inneren Tangenten t_3 und t_4.
  Anleitung: Zeichne zunächst einen Hilfskreis um M_2 mit dem Radius $r_1 + r_2$ und konstruiere dann die Tangenten von M_1 an diesen Kreis.

5. a) Gegeben sind die Punkte A(4|6) und B(1|0). Konstruiere einen Kreis mit dem Radius $r = 4{,}5$ cm durch A und B.
  b) Gegeben sind die Punkte A(0,5|3), B(6|1) und C(3,5|5).
  Konstruiere einen Kreis durch A, B und C.
  c) Gegeben sind die Punkte A(0|2), B(5|0,5), C(1|5,5) und D(6,5|6). Der Mittelpunkt M des Kreises soll auf der Geraden CD liegen und durch die Punkte A und B gehen.

6. Zeichne einen Kreis und markiere einen Punkt P
  a) außerhalb des Kreises; **b)** innerhalb des Kreises; **c)** auf dem Kreis.
  Konstruiere nun einen zweiten Kreis, der durch den Punkt P geht und den ersten Kreis berührt.

7. Zeichne in ein Koordinatensystem mit der Einheit 1 cm einen Kreis um den Punkt M(7|3) mit dem Radius $r = 3$ cm.
Konstruiere von P(1|0) [Q(13|3)] aus die Tangenten an den Kreis.
Gib näherungsweise die Koordinaten der Berührpunkte an.

4.7 Vermischte Übungen

8. a) Zeichne eine Gerade g und markiere einen Punkt P auf g. Konstruiere einen Kreis, der g im Punkt P berührt. Wo liegen die Mittelpunkte aller Kreise, die eine gegebene Gerade in einem gegebenen Punkt berühren? Beschreibe.
   b) Zeichne zwei Geraden g und h. Konstruiere einen Kreis, der beide Geraden berührt. Unterscheide die Fälle g ∥ h und g ∦ h.
   Wo liegen die Mittelpunkte aller Kreise, die zwei gegebene Geraden berühren?
   c) Zeichne eine Gerade g. Konstruiere einen Kreis mit dem Radius r = 3,4 cm, der g berührt.
   Wo liegen die Mittelpunkte aller Kreise mit dem Radius r, die g berühren?

9. Durch eine punktförmige Lichtquelle L wird von einer Kugel mit dem Radius r = 10 cm ein Schatten auf dem Schirm S erzeugt. Welchen Durchmesser hat der Schatten?

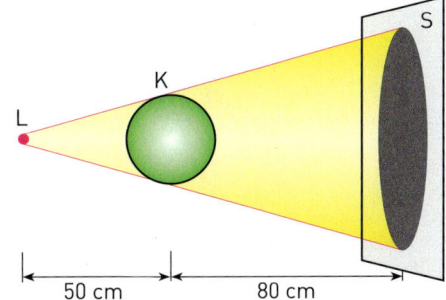

10. Zeichne einen Kreis mit dem Radius r = 3,2 cm und eine Passante g. Konstruiere Tangenten an den Kreis, die mit g einen Winkel von 30° bilden.

11. Julian behauptet: Ich kann einen Punkt C auf dem Halbkreis über der Strecke $\overline{AB}$ finden, bei dem die Winkelsumme α + β möglichst groß ist.
    Was meinst du dazu?

12. Im Dreieck ABC soll W der Mittelpunkt des Inkreises sein. Die Punkte D, E und F sollen die Berührpunkte der Seiten des Dreiecks ABC und des Inkreises sein.
    Beweise: Die Vierecke ADWF, BEWD und CFWE sind Sehnenvierecke.

13. Gegeben sind in einem Koordinatensystem die Punkte A(6|9), B(8|6), C(10|3), D(0|5). Von welchen Punkten auf der Geraden CD sieht man die Strecke $\overline{AB}$ unter einem Winkel von 48°?

14. Gegeben ist ein gleichseitiges Dreieck.
    Von welchem Punkt aus sieht man alle drei Seiten unter dem gleichen Winkel?

15. Löse durch Konstruktion:
    Eine 90 cm hohe Figur steht auf einem Podest, das selbst 1,70 m hoch ist.
    a) Die Statue soll bildfüllend mit einer Kamera (Öffnungswinkel 45°) aus einer Augenhöhe von 1,80 m fotografiert werden.
       Welchen Abstand zur Figur muss man dazu wählen?
    b) Für eine Stativaufnahme (Augenhöhe 1,60 m) soll die Statue bildfüllend unter einem möglichst großen Öffnungswinkel fotografiert werden. Welchen Abstand zur Figur muss man dazu wählen und wie groß ist dieser Öffnungswinkel?

16.

Beim Hallenhandball gibt es vor den Toren die Torraumlinie und die Freiwurflinie.
Sie bestehen aus Kreisteilen und Strecken.
a) Beschreibe den Verlauf der Linien. Fertige eine Zeichnung an. (1 m entspricht 1 cm).
b) Ist der Torwurf von allen Stellen der Torraumlinie gleich günstig?
c) Wo liegen alle Punkte, die denselben Wurfwinkel wie beim Siebenmeterwurf haben? Zeichne.

17. Berechne jeweils die markierten Winkel. Begründe dein Vorgehen.

a) 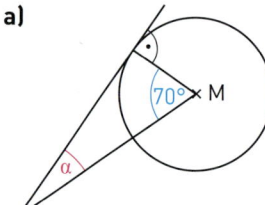 **b)** 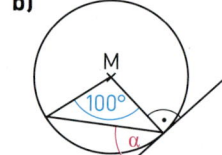 **c)**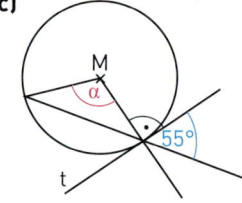

d) 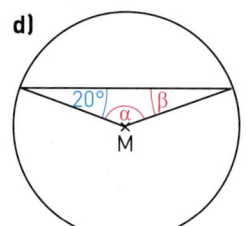 **e)** 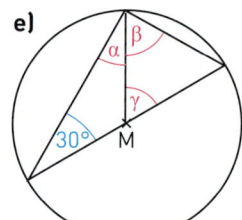 **f)**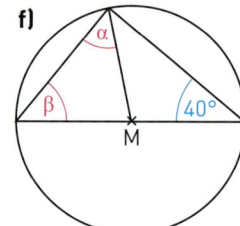

18. In den griechischen Theatern waren die Sitzreihen auf einem Kreis angeordnet.
Jan und Tim besuchen eine Aufführung in einem solchen Theater.
Jan sagt: „Wir setzen uns in die Mitte; da sieht man das Geschehen auf der Bühne besser."
Tim entgegnet: „Wir können uns auch an die Seite setzen. Man sieht das Geschehen auf allen Plätzen der Sitzreihe gleich gut."
Was meinst du dazu?

19. Beweise, dass in jedem gleichschenkligen Trapez die gegenüberliegenden Winkel zusammen 180° groß sind.

Das Wichtigste auf einen Blick

Kreis
Alle Punkte eines *Kreises* haben vom dem festen Punkt M denselben Abstand r. Der Punkt M heißt *Mittelpunkt* des Kreises.
Der *Radius* r eines Kreises ist die Länge einer Strecke, die einen Kreispunkt mit dem Mittelpunkt verbindet.

Kreise und Geraden
Die Verbindungsstrecke zweier Kreispunkte heißt *Sehne* des Kreises. Eine Sehne durch den Mittelpunkt des Kreises nennt man *Durchmesser* des Kreises.
Der *Durchmesser* d eines Kreises ist doppelt so groß wie der Radius: $d = 2 \cdot r$
Eine *Tangente* ist eine Gerade, die mit dem Kreis genau einen Punkt gemeinsam hat, dieser heißt *Berührungspunkt* der Tangente. Jede Tangente steht auf ihrem *Berührungsradius* senkrecht.
Eine *Sekante* ist eine Gerade, die einen Kreis in zwei Punkten schneidet.
Eine *Passante* ist eine Gerade, die mit dem Kreis keinen Punkt gemeinsam hat.

Satz des Thales
Wenn der Punkt C eines Dreiecks ABC auf dem Kreis mit der Seite $\overline{AB}$ als Durchmesser (dem sogenannten Thaleskreis) liegt, dann ist das Dreieck rechtwinklig mit γ als rechtem Winkel.

Kehrsatz des Thalessatzes
Wenn ABC ein rechtwinkliges Dreieck mit γ = 90° ist, dann liegt C auf dem Thaleskreis über der Seite $\overline{AB}$.

Peripheriewinkel und Zentriwinkel

Peripheriewinkelsatz
Peripheriewinkel über demselben Bogen sind gleich groß.
$γ_1 = γ_2 = γ$

Peripherie-Zentriwinkelsatz
Der Zentriwinkel über dem Bogen $\overset{\frown}{AB}$ ist doppelt so groß wie jeder Peripheriewinkel über $\overset{\frown}{AB}$.
$ε = 2γ$

Flächeninhalt und Umfang eines Kreises
Für den Flächeninhalt A und den Umfang u eines Kreises mit dem Radius r gilt:
$A = π \cdot r^2$
$u = 2 \cdot π \cdot r$

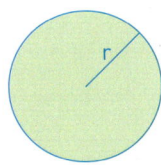

Beispiel:
r = 0,5 cm
$A = π \cdot (0{,}5\,\text{cm})^2 ≈ 0{,}79\,\text{cm}^2$
$u = 2 \cdot π \cdot (0{,}5\,\text{cm}) ≈ 3{,}14\,\text{cm}$

Bist du fit?

1. Gegeben ist in einem Koordinatensystem mit der Einheit 1 cm ein Kreis um den Punkt M(5|4) mit dem Radius r = 2,5 cm.
   a) Konstruiere die Tangente an den Kreis im Punkt P(7|5,5).
   b) Konstruiere die Tangenten an den Kreis, die zu der Geraden AB durch die Punkte A(0|2) und B(7|0)   (1) parallel;   (2) senkrecht sind.
   c) Konstruiere vom Punkt O(0|0) die Tangenten an den Kreis.

2. Zeichne einen Kreis und eine Passante g des Kreises. Konstruiere einen zweiten Kreis, der denselben Mittelpunkt wie der erste Kreis hat und die Gerade g als Tangente besitzt.

3. Zeichne eine 2,5 cm lange Strecke $\overline{AB}$.
   a) Konstruiere einen Kreis so, dass der zur Sehne $\overline{AB}$ gehörende Zentriwinkel 120° [150°; 90°] beträgt.
   b) Konstruiere einen Kreis mit $\overline{AB}$ als Sehne, sodass für einen Peripheriewinkel γ über dem Bogen $\overset{\frown}{AB}$ gilt: γ = 65° [γ = 125°].

4. Gegeben ist eine 2,7 cm lange Strecke $\overline{AB}$. Konstruiere alle Punkte, von denen man diese Strecke unter einem Winkel von 90° [30°] sieht.

5. Ein Laufrad dient zum Messen von Entfernungen, z. B. bei Verkehrsunfällen. Der Durchmesser des Laufrades beträgt 15 cm. Wie viele Umdrehungen macht das Rad beim Messen einer Weglänge von 7,54 m?

6. Eine Firma für Gartengeräte bietet verschiedene Rasensprenger an. Prüfe, ob die Angaben im Katalog die Fläche angenähert richtig angeben.

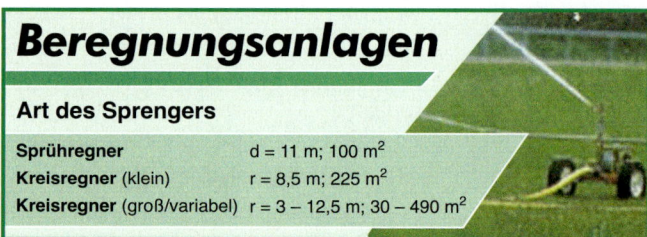

7. Ein Baumstamm hat einen Umfang von 1,90 m. Welchen Druchmesser hat er?

8. Von einem Stoffrest der Breite 1,40 m und der Länge 1,60 m soll eine möglichst große kreisrunde Tischdecke hergestellt werden. Wie viel Prozent Verschnitt entsteht?

9. Berechne die Größe der Querschnittsfläche folgender Werkstücke.

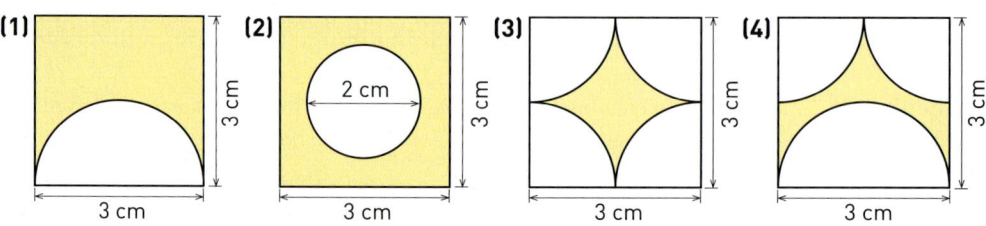

5. Prismen und Zylinder

Viele Körper im Alltag, z. B. Gebäude und Verpackungen, sind nicht quaderförmig.

➜ Beschreibe Gemeinsamkeiten und Unterschiede der Käsestücke.

In diesem Kapitel ...
lernst du Körper, die durch Zerschneiden von Quadern hergestellt werden können, zu beschreiben. Weiterhin wirst du Zylinder darstellen und ihre Oberfläche und ihr Volumen berechnen.

Lernfeld: Körper herstellen und damit experimentieren

Verpackungen
Verpackungen werden überall gebraucht. Oft findet man ungewöhnliche, interessante Verpackungen. Besonders einfallsreiche Firmen benutzen ausgefallene Körperformen.

→ Seht euch mal zu Hause oder in Geschäften nach Verpackungen um und bringt sie mit, insbesondere solche mit interessanten Formen.

→ Nach welchen Eigenschaften kann man diese Verpackungen einteilen?
Nehmt eine solche Einteilung vor.

Konservendosen
Konservendosen gibt es in unterschiedlichen Größen.

→ Sammelt und vergleicht Konservendosen. Was stellt ihr fest?

→ Welche Form haben die Etiketten? Trennt sie ab und berechnet ihren Materialverbrauch.

→ Vergleicht die aufgedruckten Füllmengen. Von welchen Maßen sind sie abhängig?

Körper kneten
Für dieses Experiment benötigt ihr Modelliermasse sowie zwei Lineale oder Brettchen.

→ Formt aus drei gleichen Teilen Modelliermasse drei möglichst genau gleiche Würfel.

→ Formt aus einem Würfel einen neuen Quader, indem ihr den Würfel an zwei gegenüberliegenden Flächen möglichst parallel zusammenpresst (siehe Bild).
Was passiert mit dem Würfel?
Messt und berechnet auch für den Quader den Oberflächeninhalt und das Volumen.

→ Nun soll aus dem dritten Würfel ein neuer Körper geformt werden. Er soll so aussehen wie die Verpackung einer Dreiecksschokolade (siehe Foto). Bestimmt den Oberflächeninhalt und das Volumen des Körpers.

5.1 Prisma – Netz und Oberflächeninhalt

Einstieg

Zerschneiden von Quadern – Prismen
Von einem Quader aus Schaumstoff kann man Stücke abschneiden. Schneidet man parallel zu einer Seitenkante, so entstehen Körper der folgenden Art. Beschreibt die entstandenen Körper; achtet auf gemeinsame Eigenschaften.

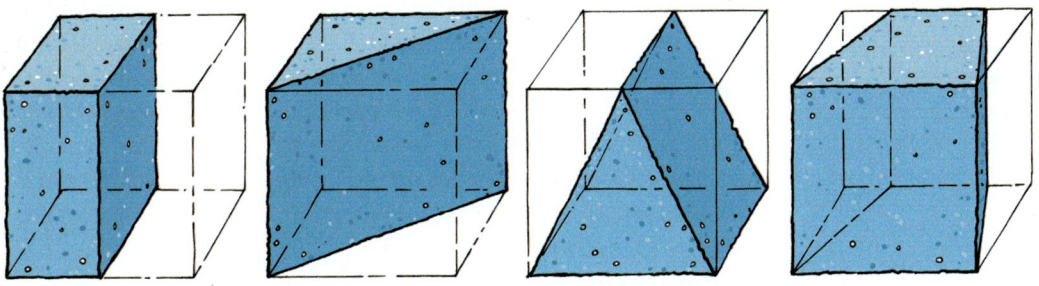

Information

Ein (gerades) **Prisma** ist ein Körper, der von zwei zueinander parallelen und kongruenten Vielecken sowie von Rechtecken begrenzt wird.

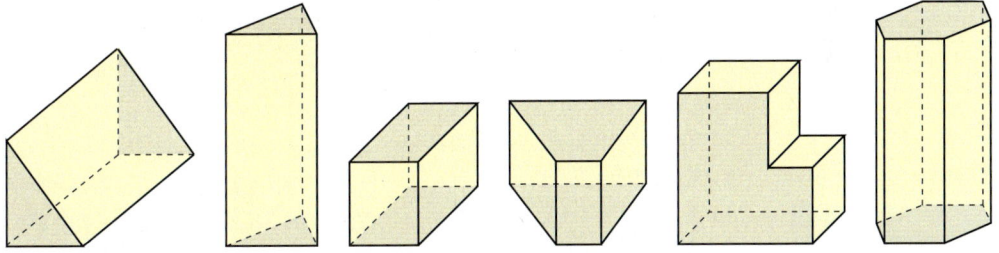

Die beiden zueinander parallelen und kongruenten Vielecke heißen **Grundflächen**, die Rechtecke heißen **Seitenflächen**.
Die Seitenflächen bilden zusammen die **Mantelfläche** des Prismas.
Ist die Grundfläche ein Dreieck (Viereck, ...), so heißt das Prisma dreiseitiges (vierseitiges, ...) Prisma. Der Abstand der beiden Grundflächen voneinander heißt **Höhe** des Prismas.
Prismen nennt man auch *Säulen*. Man kann sie durch Zerschneiden von Quadern erhalten.
Beachte: Quader sind besondere Prismen.

Aufgabe 1

Netz und Oberflächeninhalt eines Prismas
Ein Kunsthandwerker benötigt für eine Wandverzierung eine größere Zahl von Körpern aus Blech, die die Form des Prismas rechts haben.
Wie viel Blech benötigt man für ein solches Prisma?

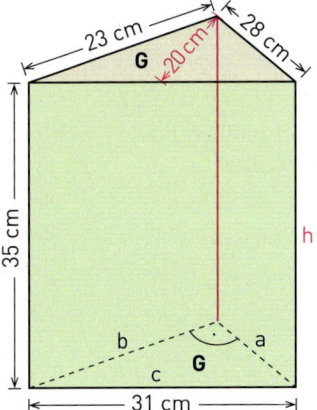

Lösung

Das Prisma hat als Grundfläche ein Dreieck mit den Seitenlängen a = 28 cm, b = 23 cm, c = 31 cm und der zugehörigen Höhe h_c = 20 cm. Die Höhe des Prismas beträgt h = 35 cm.

(1) Zeichne ein Netz des Prismas. Es besteht aus drei Rechtecken, die die Mantelfläche bilden, und den beiden dreieckigen Grundflächen.

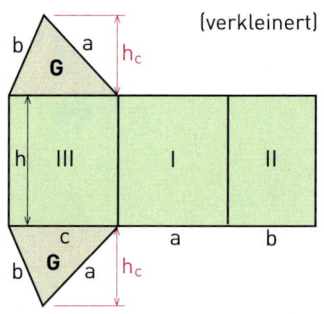

(2) Zur Berechnung des Blechbedarfs bestimmst du den Oberflächeninhalt A_O des Prismas.

Flächeninhalt A_G einer Grundfläche (Grundflächeninhalt):
$A_G = \frac{1}{2} \cdot c \cdot h_c = \frac{1}{2} \cdot 31 \text{ cm} \cdot 20 \text{ cm} = 310 \text{ cm}^2$

> Der Oberflächeninhalt ist die Größe der Oberfläche.

Flächeninhalt A_M der Mantelfläche (Mantelflächeninhalt):
$A_I = a \cdot h = 28 \text{ cm} \cdot 35 \text{ cm} = 980 \text{ cm}^2$
$A_{II} = b \cdot h = 23 \text{ cm} \cdot 35 \text{ cm} = 805 \text{ cm}^2$
$A_{III} = c \cdot h = 31 \text{ cm} \cdot 35 \text{ cm} = 1085 \text{ cm}^2$
$A_M = A_I + A_{II} + A_{III}$
$ = 980 \text{ cm}^2 + 805 \text{ cm}^2 + 1085 \text{ cm}^2 = 2870 \text{ cm}^2$

Du kannst auch zunächst den Umfang der Grundfläche berechnen:
u = 28 cm + 23 cm + 31 cm = 82 cm

Damit erhältst du dann sofort für den Mantelflächeninhalt A_M:
$A_M = 82 \text{ cm} \cdot 35 \text{ cm}$
$ = 2870 \text{ cm}^2$

Oberflächeninhalt A_O des Prismas:
$A_O = 2 \cdot A_G + A_M$
$A_O = 2 \cdot 310 \text{ cm}^2 + 2870 \text{ cm}^2$
$ = 3490 \text{ cm}^2 = 34{,}90 \text{ dm}^2$

Ergebnis: Der Kunsthandwerker benötigt für jedes Prisma ungefähr 35 dm² Blech.

Information

Für den **Oberflächeninhalt A_O eines Prismas** mit dem Grundflächeninhalt A_G, dem Mantelflächeninhalt A_M, der Höhe h und dem Umfang u der Grundfläche gilt:
$$A_O = 2 A_G + A_M \quad \text{bzw.} \quad A_O = 2 A_G + u \cdot h$$

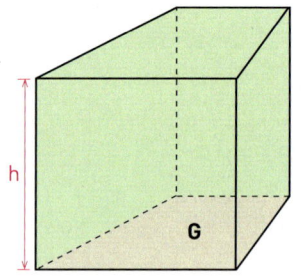

Weiterführende Aufgabe

Schiefe Prismen

2. In der Abbildung siehst du einen Zettelblock. Wie nennt man den Körper (1)? Welche Eigenschaften des Zettelblocks ändern sich, wenn er in die Position (2) verschoben wird? Wie könnte ein solcher Körper heißen?

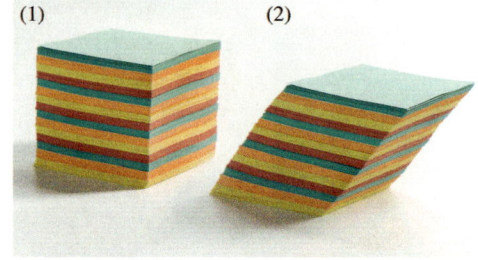

5.1 Prisma – Netz und Oberflächeninhalt

Information

Ein **schiefes Prisma** ist ein Körper, der von zwei zueinander parallelen und kongruenten Vielecken (Grund- und Deckfläche) und Parallelogrammen (als Seitenflächen) begrenzt wird.

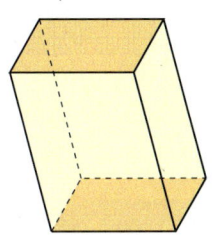 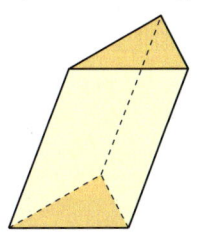 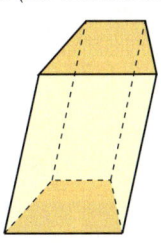 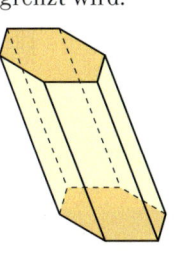

Übungsaufgaben

3. Süßigkeiten und Pralinen werden in unterschiedlichen Verpackungen angeboten. Beschreibe und vergleiche folgende Schachteln.

  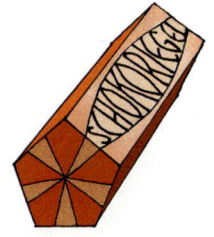

4. Sammelt Gegenstände aus dem Alltag, die die Form eines Prismas haben. Vergleicht sie. Bereitet damit eine Ausstellung vor.

5. Welche der Körper sind Prismen?
Gib bei den Prismen auch die Grundfläche und die Höhe an.

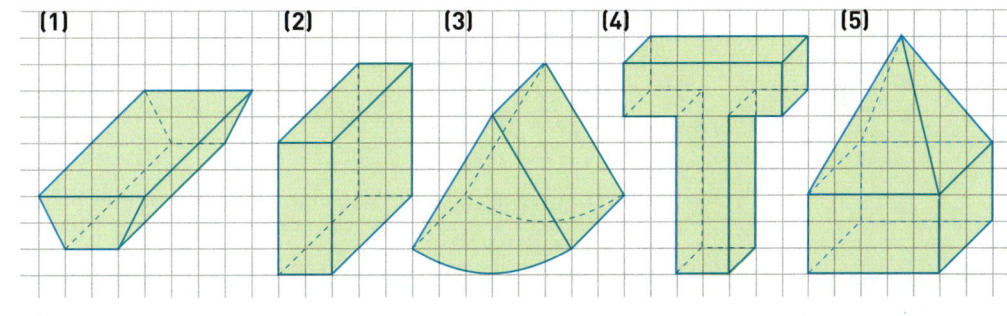

6. Beim Bauen werden Betonfertigteile verwendet. Welche der Elemente sind Prismen?

(1)   (2)   (3)   (4)   (5)

7. Aus dem Quader wird durch Schneiden längs der angegebenen Linien ein Prisma erzeugt. Zeichne ein Netz des Prismas.

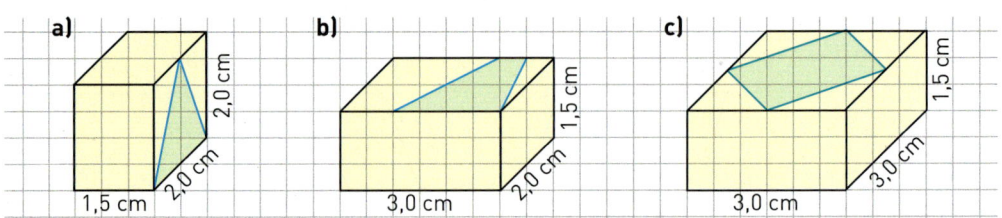

8. a) Wie viele Ecken und wie viele Kanten hat ein
   (1) dreiseitiges,   **(2)** vierseitiges   **(3)** fünfseitiges   Prisma?
b) Verallgemeinere die Ergebnisse aus Teilaufgabe a).
   Versuche, eine Begründung dafür zu finden.

9. Marie hat für verschiedene Prismen das Netz gezeichnet. Kontrolliere.

10. Ein Prisma ist 15 cm hoch; eine Grundfläche ist
   a) ein Dreieck;   **b)** ein Parallelogramm;   **c)** ein Trapez;   **d)** ein Drachenviereck.

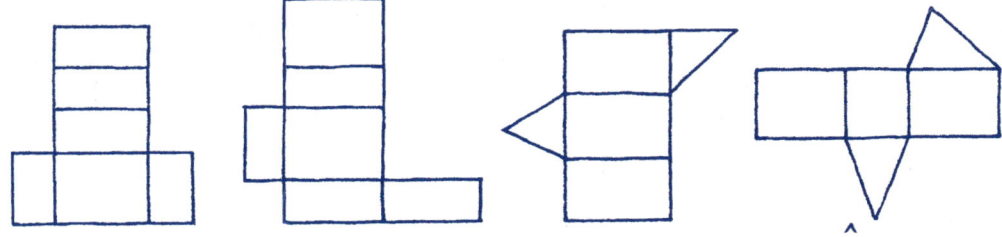

Berechne den Oberflächeninhalt des Prismas (Maße im Bild in mm).

11. Die abgebildeten Kartons werden als Verpackungsmaterial benutzt (Maße in mm).
Skizziere ein Netz des Kartons und berechne den Materialbedarf.

a)   **b)**   **c)**   **d)**

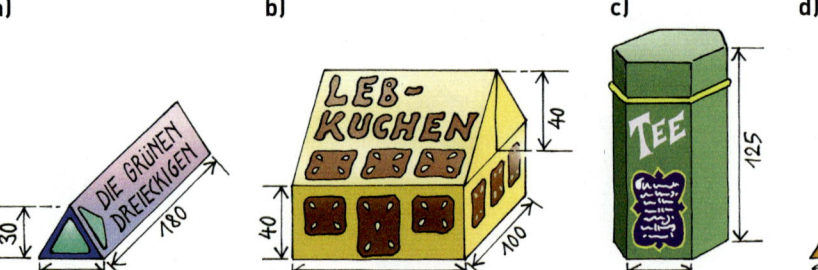

Zum Berechnen musst du dem Netz noch weitere Maße entnehmen.

12. Zur Verpackung von Lebkuchen benutzt eine Firma Kartons mit einer (regelmäßigen) sechseckigen Grundfläche.
  a) Es soll ein Papiermodell hergestellt werden.
  Fertige dazu ein Netz des Prismas an.
  b) Berechne den Materialbedarf (ohne Verschnitt); stelle zunächst eine Formel auf.

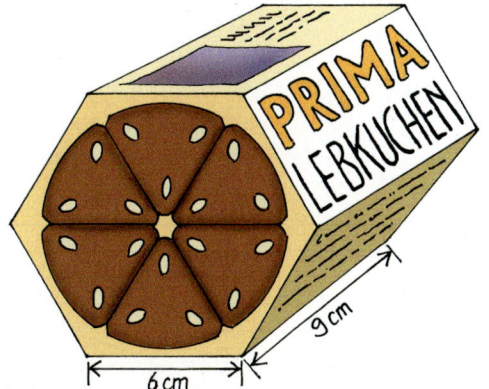

13. Die Abbildung zeigt das unvollständige Netz eines Prismas. Zeichne es ab und vervollständige das Netz. Stelle den Körper her und berechne seinen Oberflächeninhalt.

a) 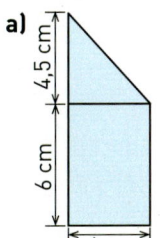 b) 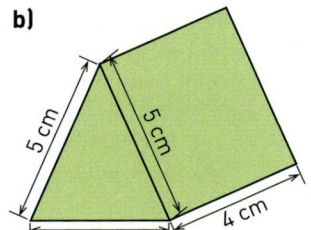 c)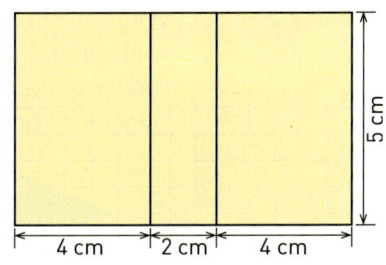

14. Der Umfang u der Grundfläche eines Prismas ist 50 cm lang. Das Prisma ist 12 cm hoch. Wie groß ist die Mantelfläche des Prismas?

15. Bei einem Prisma sind u der Umfang, A_G der Flächeninhalt einer Grundfläche, h die Höhe, A_M der Mantelflächeninhalt und A_O der Oberflächeninhalt. Berechne die fehlenden Größen.

a) h = 9,5 dm
A_G = 94,5 dm²
u = 56,8 dm

b) h = 22,5 cm
A_M = 518,75 cm²
A_G = 63,8 cm²

c) u = 6,35 cm
A_M = 36,83 cm²
A_O = 54,63 cm²

d) u = 42 cm
h = 23 cm
A_O = 1225 cm²

16. Erstelle eine Formel für den Oberflächeninhalt. Ein Prisma besitzt eine quadratische Grundfläche mit der Seitenlänge a. Weiter gilt:
  a) Das Prisma ist doppelt so hoch wie breit.
  b) Das Prisma ist halb so hoch wie breit.

17. a) Wie verändert sich der Oberflächeninhalt eines Würfels, wenn man die Kantenlänge verdoppelt [verdreifacht]?
  b) Wie verändert sich der Oberflächeninhalt eines Quaders, wenn man die Länge jeder Kante verdoppelt [verdreifacht]?
  c) Bei einem dreiseitigen Prisma ist der Flächeninhalt der Grundfläche A_G = 25 cm² und der Mantelflächeninhalt A_M = 50 cm².
  Wie verändert sich der Oberflächeninhalt, wenn man die Höhe verdoppelt [wenn man die Höhe verdreifacht]?
  d) Stelle selbst Fragen und untersuche die Veränderungen bei weiteren Prismen.

5.2 Schrägbild eines Prismas

Einstieg

Aus dem Quader rechts wird mit zwei Schnitten ein Prisma hergestellt. Zeichne ein Schrägbild des Prismas und vergleiche mit deinem Nachbarn.

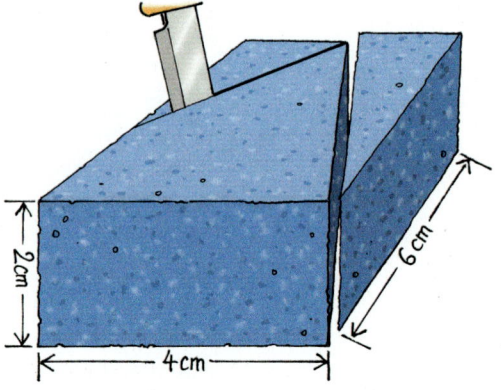

Aufgabe 1

Längen von Strecken im Schrägbild

Auf kariertem Papier kann man das Schrägbild eines Quaders mit ganzzahligen Kantenlängen (in cm) besonders einfach zeichnen.

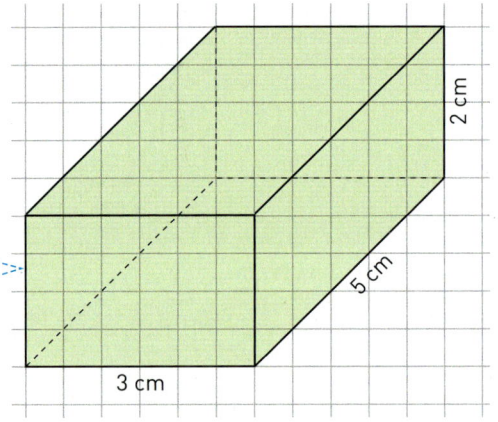

Tiefenstrecken längs der Kästchendiagonalen:
1 Kästchendiagonale für 1 cm in der Wirklichkeit

Bei nicht ganzzahligen Kantenlängen oder nicht kariertem Papier ist folgende Vereinbarung für die Tiefenstrecken günstiger:
Zeichne die Tiefenstrecken
– unter einem Winkel von 45°;
– verkürzt auf die Hälfte ihrer wahren Länge.

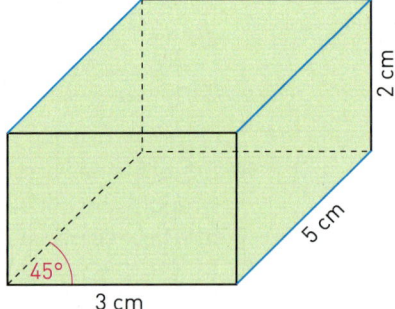

a) Zeichne nun mit dieser Vereinbarung das Schrägbild eines Würfels mit der Kantenlänge 3,8 cm. Zeichne auch alle Raumdiagonalen ein und betrachte ihre Länge. Was fällt auf?

b) Im Schrägbild gibt es
  (1) Strecken, die so lang sind wie in Wirklichkeit;
  (2) Strecken, die genau halb so lang sind wie in Wirklichkeit;
  (3) andere Strecken.
  Finde solche Strecken am Schrägbild des Würfels.

Lösung a) In Wirklichkeit sind alle vier Raumdiagonalen des Würfels gleich lang. Im Schrägbild sind sie aber verschieden gezeichnet.

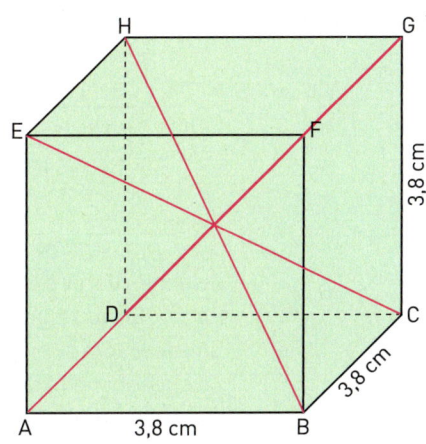

b) (1) In wahrer Länge erscheinen im Schrägbild z.B. die Kanten $\overline{AB}$, $\overline{CD}$, $\overline{EF}$, $\overline{GH}$, $\overline{AE}$, $\overline{BF}$, $\overline{CG}$, $\overline{DH}$, also alle Strecken, die parallel zur Zeichenebene verlaufen.

(2) Genau halb so lang wie in Wirklichkeit sind die Kanten $\overline{AD}$, $\overline{BC}$, $\overline{EH}$, $\overline{FG}$, also alle Strecken, die senkrecht zur Zeichenebene in die Tiefe zeigen.

(3) Strecken, die weder parallel noch senkrecht zur Zeichenebene verlaufen, sind verkürzt gezeichnet. Die Verkürzung hängt ab von der Richtung der Strecke im Raum.

Aufgabe 2 **Schrägbild eines Prismas**
Ein dreiseitiges Prisma ist 3,0 cm hoch und hat nebenstehende dreieckige Grundfläche.
Zeichne ein Schrägbild des Prismas; wähle für die Tiefenstrecken den Verzerrungswinkel 45° und den Verkürzungsfaktor $\frac{1}{2}$.
Das Prisma soll auf der Grundfläche stehen.

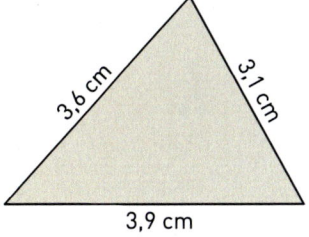

Lösung 1. Schritt:  2. Schritt: 3. Schritt:

Nicht sichtbare Kanten werden gestrichelt gezeichnet.

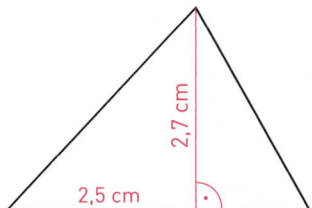

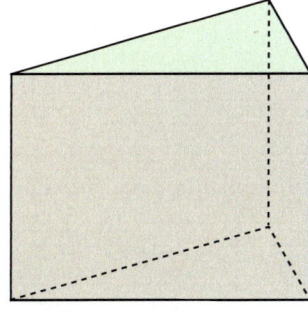

Zum Zeichnen des Schrägbildes der Grundfläche kann man nur die Kante verwenden, die parallel zur Zeichenebene verläuft. Zum weiteren Zeichnen verwendet man die Höhe im Dreieck, da diese senkrecht zur Zeichenebene verläuft. Zeichne daher zunächst die Grundfläche in wahrer Größe und miss diese Höhe.

Zeichne die Vorderkante (blau) in wahrer Größe und die Tiefenstrecken (rot) unter einem Winkel von 45° und auf die Hälfte verkürzt. Ergänze die fehlenden Grundkanten.

Zeichne die nach oben verlaufenden Seitenkanten in wahrer Länge und ergänze die fehlenden Kanten.

| Information | Zeichnen des Schrägbildes eines Prismas, das auf der Grundfläche steht |

 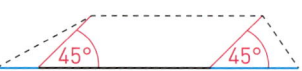 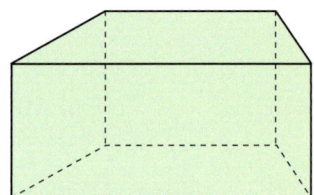

Zeichne zuerst die Grundfläche. Ergänze geeignete Strecken, die senkrecht zur Zeichenebene in die Tiefe verlaufen. Bestimme ihre Längen und ihre Lage. Nicht sichtbare Kanten werden gestrichelt gezeichnet.

Zeichne ein Schrägbild der Grundfläche mithilfe der ermittelten Tiefenstrecken; zeichne diese in einem Winkel von α = 45° und nur halb so lang wie in Wirklichkeit.

Zeichne die nach oben verlaufenden Seitenkanten mit den richtigen Maßen. Auch hier werden nicht sichtbare Kanten gestrichelt gezeichnet. Zeichne anschließend die Deckfläche.

Weiterführende Aufgabe

Verschiedene Verzerrungswinkel – verschiedene Verkürzungsfaktoren

3. In den Aufgaben 1 und 2 wurde α = 45° als Verzerrungswinkel und q = $\frac{1}{2}$ als Verkürzungsfaktor gewählt. Dabei erhält man oft, aber nicht in jedem Fall, ein informatives Schrägbild (siehe linken Quader).
In solchen Fällen kann man andere Verzerrungswinkel und Verkürzungsfaktoren wählen, um ein besseres Bild zu erhalten (siehe rechten Quader).

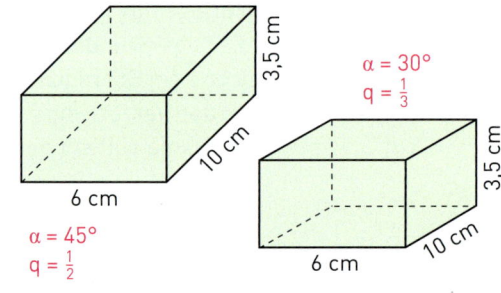

Zeichnet Schrägbilder eines Würfels (4 cm Kantenlänge). Wählt für die Tiefenstrecken
(1) α = 45°, q = $\frac{1}{2}$; **(2)** α = 30°, q = $\frac{1}{3}$; **(3)** α = 60°, q = $\frac{2}{3}$.
Beurteilt die Bilder.

Übungsaufgaben

4. Zeichne ein Schrägbild des Prismas auf einer Grundfläche stehend (Maße in mm).

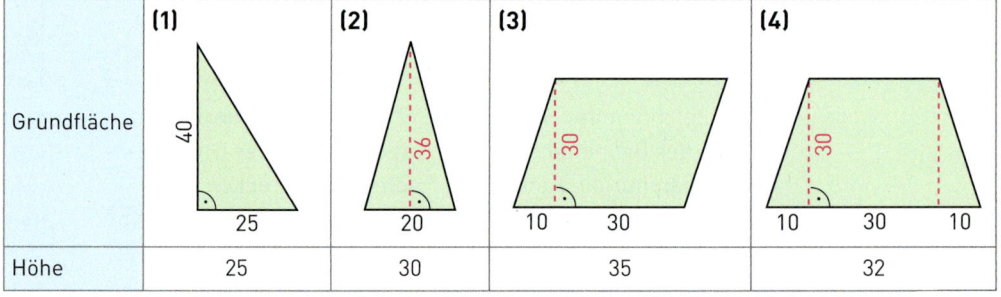

	(1)	(2)	(3)	(4)
Höhe	25	30	35	32

5. Ein Prisma kann auch auf einer Seitenfläche liegen.
Ein Prisma ist 11 cm hoch und die Seiten der gleichseitigen Dreiecke sind 3 cm lang.
Zeichne das Prisma auf einer Seitenfläche liegend.
Beachte: Wähle als vordere Fläche das Dreieck.

6. Die Abbildungen zeigen die Grundflächen von Prismen mit der Höhe h = 5 cm.
   a) Skizziere die Schrägbilder der Prismen
   (1) auf einer Grundfläche stehend;   **(2)** auf einer Seitenfläche liegend.

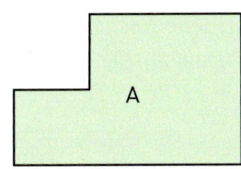 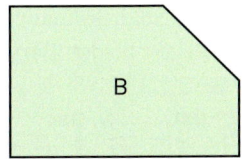 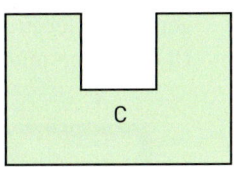 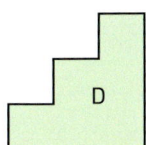

   b) Berechne den Oberflächeninhalt der Prismen.

7. Das Standardverfahren zum Zeichnen von Schrägbildern erzeugt Bilder, die den Eindruck vermitteln, als „sehe" man den Körper von „vorn, rechts, oben". Zeichne für ein Prisma aus der Einführung drei Schrägbilder so, dass der Eindruck entsteht, man sehe es
   (1) von vorne, links, oben;   **(2)** von vorne, rechts, unten;   **(3)** von vorne, links, unten.

8. Karolin hat das Schrägbild eines dreiseitigen Prismas mit der oberen Grundfläche begonnen.
   a) Beschreibe ihr Vorgehen.
   b) Zeichne ein Schrägbild des Prismas aus Aufgabe 2 auf Seite 193. Beginne mit der oberen Grundfläche.

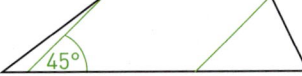 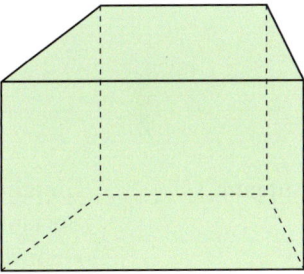

9. Zeichne ein Schrägbild des Prismas mit der angegebenen Grundfläche und der Höhe h = 5 cm. Wähle als Verzerrungswinkel α = 45° und als Verkürzungsfaktor $q = \frac{1}{2}$.

a) **b)** **c)**

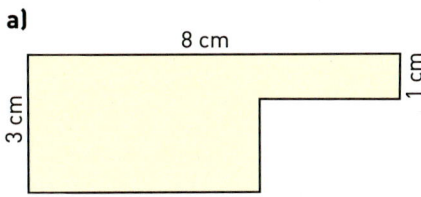 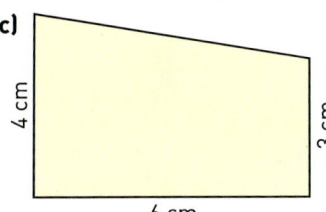

10. a) Baue aus drei gleichen Quadern verschiedene Körper auf. Entscheide, welche Körper Prismen sind. Begründe.
   b) Wähle drei unterschiedliche Quader und setze daraus Prismen zusammen. Worauf musst du bei der Auswahl der Quader achten? Skizziere zu jedem Prisma die Ansicht von oben (Grundriss), wenn es auf einer Grundfläche steht.

5.3 Zweitafelbild eines Prismas

Einstieg Wir haben zur Darstellung von Körpern Schrägbilder gezeichnet. Architekten zeichnen dagegen von geplanten Gebäuden einen Grundriss und verschiedene Ansichten.
Überlegt Vor- und Nachteile der beiden Darstellungsmöglichkeiten eines Körpers.

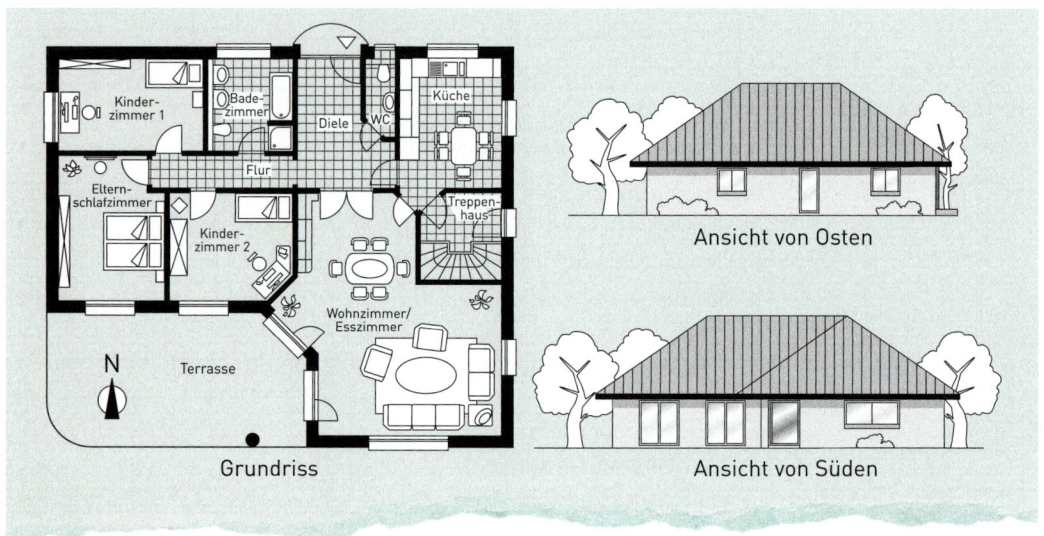

Aufgabe 1   **Gleiche Zweitafelbilder verschiedener Körper**
Bei einer Ballonfahrt sieht Tom das Dach eines Hauses aus seinem Wohnviertel direkt von oben. Skizziere mögliche Hausformen, die zu der rechts skizzierten Ansicht von oben, dem sogenannten Grundriss, passen.

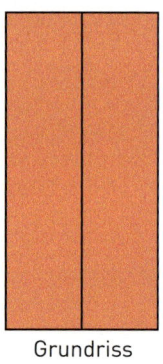

Lösung   Verschiedene Körper können den gleichen Grundriss, d. h. Ansicht von oben haben.
Die abgebildeten Häuser haben den gleichen Grundriss, aber dennoch verschiedene Gestalt.

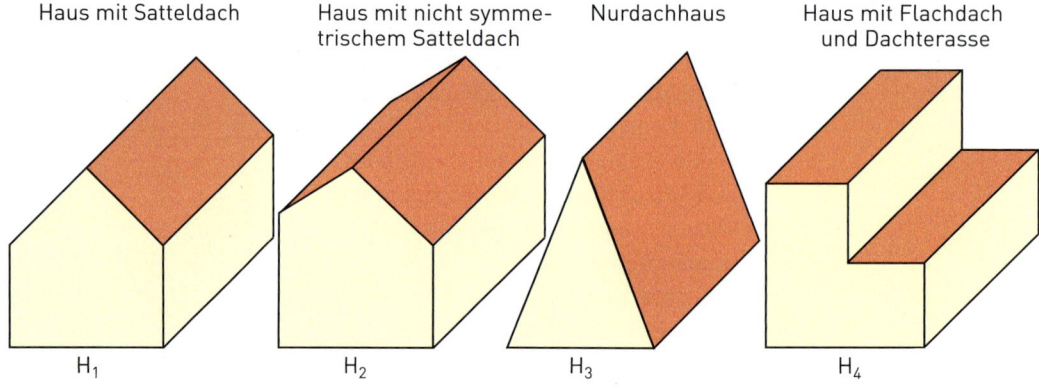

Haus mit Satteldach — H_1
Haus mit nicht symmetrischem Satteldach — H_2
Nurdachhaus — H_3
Haus mit Flachdach und Dachterasse — H_4

5.3 Zweitafelbild eines Prismas

Information

Zweitafelbild

Schrägbilder vermitteln einen guten räumlichen Eindruck eines Körpers. Allerdings sind schräg zur Zeichenebene liegende Kanten und Flächen verzerrt dargestellt.
Eine Alternative dazu liefert das Zeichnen von Ansichten eines Körpers.
Man kann sich Körper besser vorstellen, wenn man außer der Draufsicht noch die Vorderansicht zeichnet.
Grundriss (Draufsicht) und **Aufriss** (Vorderansicht) nennt man zusammen das **Zweitafelbild** des Körpers.
Die Schnittgerade beider Ebenen (Tafeln) ist die **Rissachse**.
Grund- und Aufriss eines Punktes liegen auf einer Ordnungslinie, die senkrecht zur Rissachse verläuft. Der Grundriss und der Aufriss werden in zwei zueinander senkrechten Ebenen E_1 und E_2 dargestellt *(senkrechte Zweitafelprojektion)*.
Damit Grundriss und Aufriss eines Körpers in der Zeichenebene dargestellt werden können, denkt man sich die Aufrissebene in die Grundrissebene geklappt.

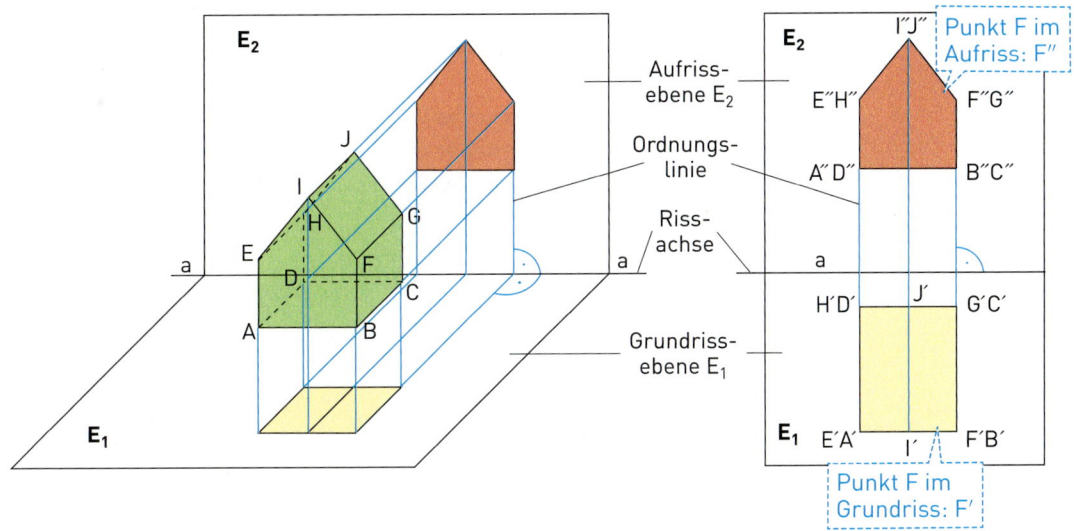

Weiterführende Aufgabe

Verschiedene Zweitafelbilder eines Körpers

2. Zeichne ein Zweitafelbild dieses dreiseitigen Prismas. Bezeichne die Bildpunkte.
   a) Das Prisma steht auf der Grundfläche ABC, die Grundkante $\overline{AB}$ verläuft parallel zur Rissachse.
   b) Das Prisma liegt auf der Fläche ABED, die Kante $\overline{AD}$ verläuft parallel zur Rissachse.
   Beachte: Bestimme die Höhe der Grundflächen zeichnerisch.

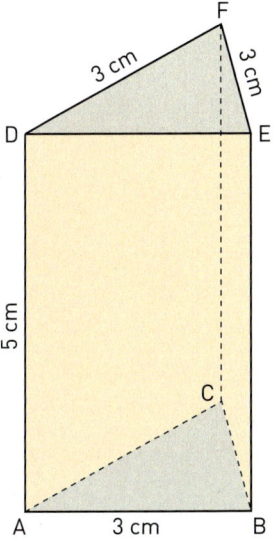

Übungsaufgaben

3. Betrachte das Haus auf dem Foto rechts. Es soll auf verschiedene Weise zeichnerisch dargestellt werden. Wähle dafür den Maßstab 1:100, d. h. zeichne nur 1 cm für 100 cm = 1 m in der Wirklichkeit.
   a) Zeichne ein Schrägbild des Hauses.
   b) Zeichne eine Ansicht des Hauses
      (1) von oben,
      (2) von vorne,
      (3) von rechts.
   c) Vergleiche Vor- und Nachteile der Darstellungen aus den Teilaufgaben a) und b).

4. Stelle einen Quader mit den Seitenlängen 6 cm, 5 cm und 7 cm mittels senkrechter Zweitafelprojektion dar. Beginne mit dem Grundriss. Bezeichne alle Bildpunkte.

5. Der Körper rechts ist aus sechs Würfeln mit der Kantenlänge 2 cm zusammengesetzt. Zeichne den Grundriss und den Aufriss des Körpers.

6. Zeichne das Zweitafelbild eines Würfels. Vergleiche die Form und die Größe von Grund- und Aufriss. Was fällt dir auf? Gibt es noch andere Körper, die in dieser Darstellung dieselbe Eigenschaft haben?

7. Zeichne das begonnene Zweitafelbild in dein Heft und vervollständige es. Entnimm die Maße (in mm) dem Schrägbild.

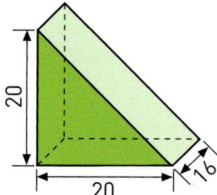 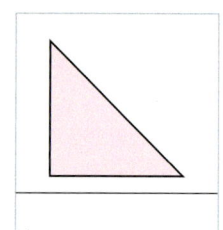

8. a) Jana meint, dass hier ein Würfel in Zweitafelprojektion dargestellt wurde. Marie sieht aber einen anderen Körper. Was meinst du dazu? Fallen dir weitere Körper dazu ein?

   b) Gegeben ist der Grundriss eines Körpers. Zeichne mögliche Aufrisse dazu.

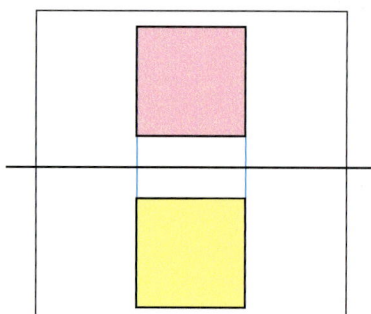 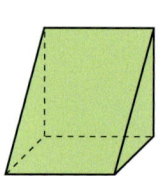 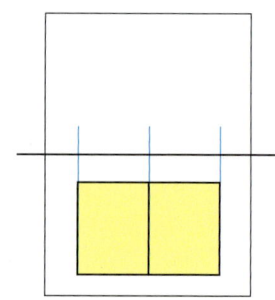

5.3 Zweitafelbild eines Prismas

9. Verschiedene Körper können den gleichen Grundriss oder den gleichen Aufriss haben. Skizziere zu der angegebenen Ansicht das Schrägbild von zwei passenden Körpern und ergänze zu einem Zweitafelbild.

   a) Aufriss 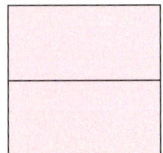   **b)** Grundriss 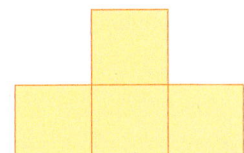   **c)** Grundriss

10. Zeichne das Schrägbild eines Körpers mit dem angegebenen Zweitafelbild.

    a) **b)** 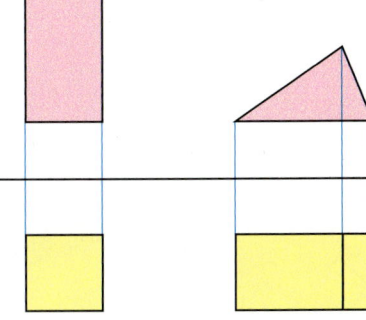   **c)** 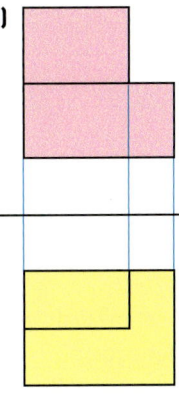   **d)**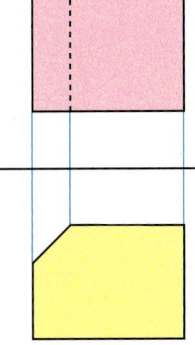

11. Ein Prisma besitzt die abgebildete Grundfläche und ist 6 cm hoch.
    Zeichne Schrägbild und Zweitafelbild des Körpers
    (1) auf der Grundfläche stehend;   **(2)** auf einer Seitenfläche liegend.

    a) 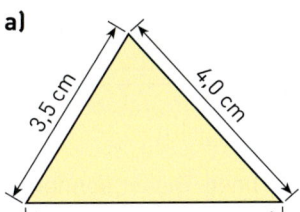   **b)** 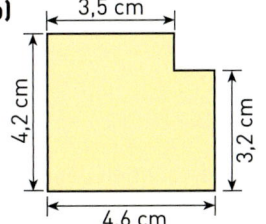   **c)**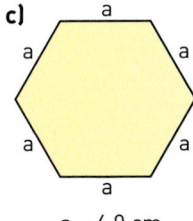

 12. Skizziert das Zweitafelbild eines Körpers.
    Tauscht die Blätter aus und skizziert dann ein passendes Schrägbild.

13. Eine Firma stellt die rechts abgebildete Geschenk-
    verpackung her (Maße in mm).
    a) Berechne den Materialverbrauch.
    b) Stelle selbst eine solche Verpackung her.

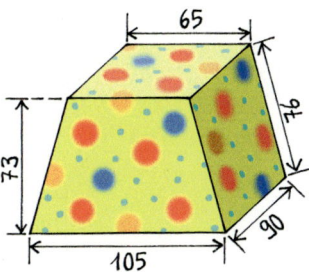

5.4 Volumen eines Prismas

Einstieg Zerlegt das Prisma so, dass ihr die Teilkörper zu einem Quader zusammensetzen könnt. Skizziert das Schrägbild in eurem Heft und zeichnet die Schnittlinien ein.
Berechnet dann das Volumen.

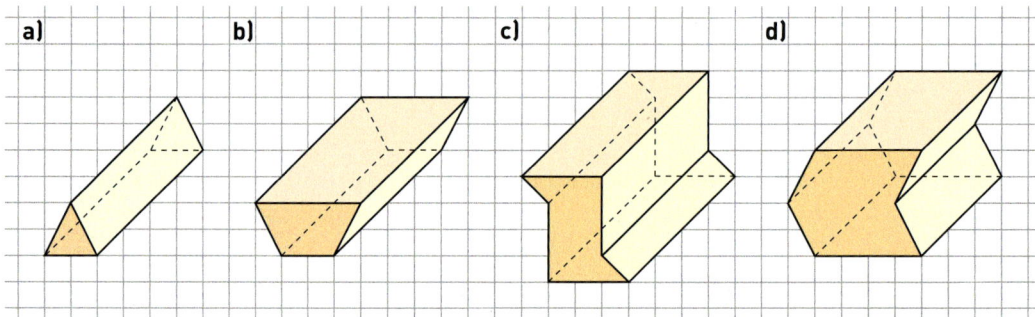

Aufgabe 1

Die Baugrube eines Ausstellungspavillons hat die Form eines dreiseitigen Prismas.
a) Wie viel m³ Erde werden ausgebaggert?
b) Erstelle eine allgemeine Formel zur Berechnung des Volumens V eines dreiseitigen Prismas.

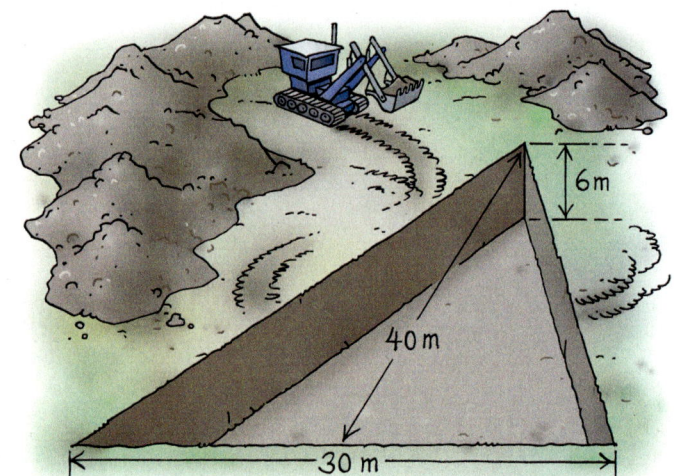

Lösung

a) Es ist das Volumen des Prismas P zu berechnen. Bisher können wir nur das Volumen eines Quaders berechnen. Daher versuchen wir, das Prisma P so zu zerlegen, dass wir die Teile zu einem Quader zusammensetzen können.

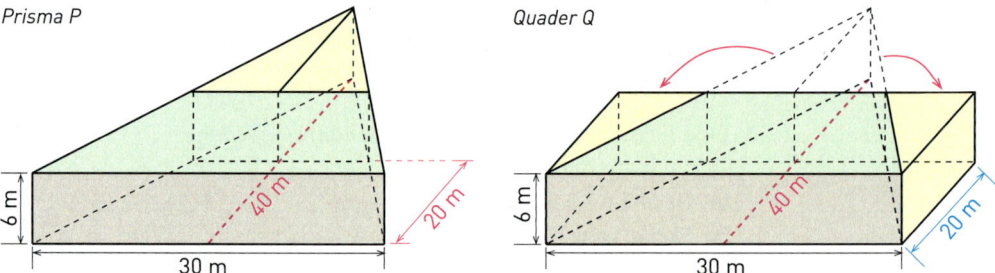

Das dreiseitige Prisma P hat dasselbe Volumen wie der entstandene Quader Q.
Der Quader hat die Seitenlängen 30 cm, $\frac{1}{2} \cdot 40$ cm = 20 cm und 6 cm.
Damit ergibt sich für das Volumen V_P des Prismas: $V_P = V_Q = 30\,\text{m} \cdot 20\,\text{m} \cdot 6\,\text{m} = 3\,600\,\text{m}^3$
Ergebnis: Es müssen 3 600 m³ Erde ausgebaggert werden.

b) Die oben durchgeführte Zerlegung des dreiseitigen Prismas ist stets möglich. Damit ergibt sich für dessen Volumen:

$V = a \cdot \frac{h_a}{2} \cdot h$

Das Produkt der ersten beiden Faktoren ergibt den Flächeninhalt A der Grundfläche G.

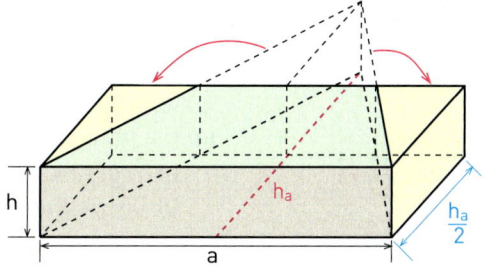

> Ein dreiseitiges Prisma mit dem Grundflächeninhalt A_G und der Höhe h hat das Volumen:
> $V = A_G \cdot h$

Weiterführende Aufgabe

Strategie: Zerlegen des Körpers

Formel zur Volumenberechnung eines beliebigen Prismas

2. a) Folgende Prismen haben alle die gleiche Höhe. Ferner liegen ihre Grundflächen in einem gemeinsamen Streifen.

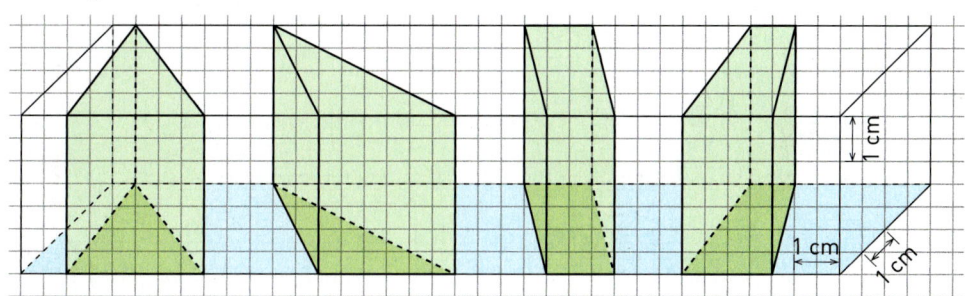

Berechne das Volumen der Prismen. Berechne auch jeweils die Größe der Grundfläche. Was fällt dir auf?

b) Begründe allgemein:

> Prismen mit gleich großen Grundflächen und gleicher Höhe haben dasselbe Volumen.

c) Begründe: Ist die Grundfläche eines Prismas ein beliebiges Vieleck, so gilt für das Volumen des Prismas: $V = A_G \cdot h$.

Information

Statt Volumen sagt man auch Rauminhalt.

Für das **Volumen V eines Prismas** mit dem Grundflächeninhalt A_G und der Höhe h gilt:
$V = A_G \cdot h$

Größe der Grundfläche mal Höhe

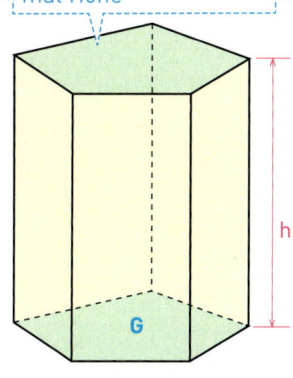

Übungsaufgaben

Bruttorauminhalt
(früher auch
Umbauter Raum)
Volumen eines Gebäudes

3. a) Durch einen Fehler einer Baufirma wurde die Baugrube in Aufgabe 1 auf Seite 202 um 1,5 m zu tief ausgebaggert.
Wie viel Erde wurde zu viel ausgebaggert?
b) Die Höhe des Pavillons (ab Oberkante der Baugrube) beträgt 8 m.
Berechne den Bruttorauminhalt des ganzen Gebäudes.

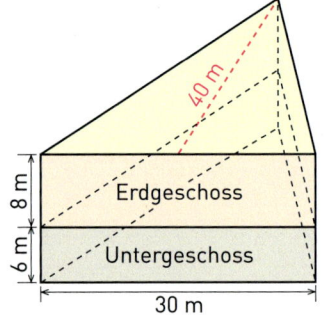

4. Berechne das Volumen des dreiseitigen Prismas.

	a)	b)	c)	d)	e)
Länge der Grundseite	6 cm	12,4 dm	27,3 m	8,7 dm	0,45 m
Höhe der Grundfläche	4 cm	8,6 dm	15,8 m	83 cm	3,8 dm
Höhe des Prismas	5 cm	5,3 dm	8,5 m	4,5 dm	47 cm

5. Ordnet die Prismen nach dem Volumen.

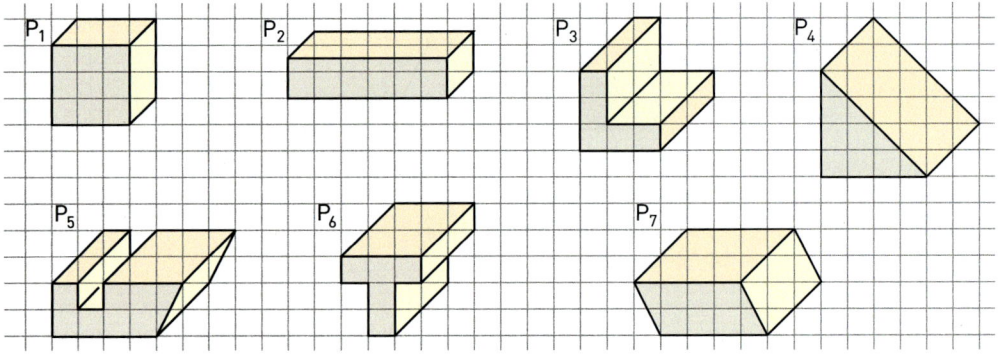

6. Der Flächeninhalt der Grundfläche eines Prismas beträgt 27,8 dm². Das Prisma hat das Volumen 180,7 dm³. Wie hoch ist das Prisma?

7. Berechne das Volumen der Körper.

a) 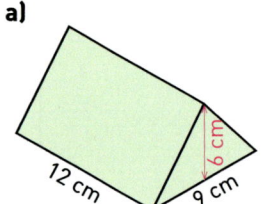   **b)** 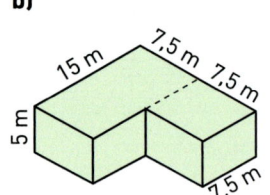   **c)** 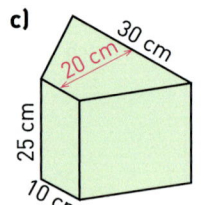   **d)**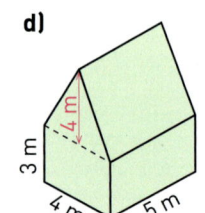

8. Wie verändert sich das Volumen eines Prismas, wenn man die Größe der Grundfläche nicht verändert, aber
(1) die Höhe verdoppelt;   **(2)** die Höhe verdreifacht;   **(3)** die Höhe halbiert.

5.4 Volumen eines Prismas

Vermischte Übungen

9. Die Körper sind oben offen. Wie viel Liter fasst der Körper? Wie viel Blech benötigt man für die Herstellung?

a)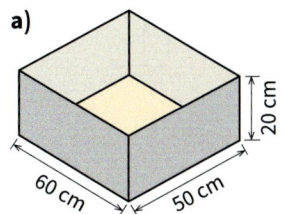
b)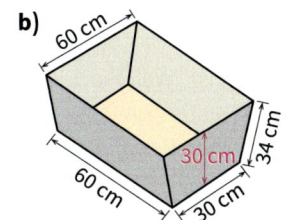
c)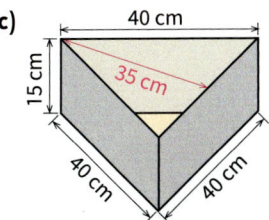

10. Berechne den Bruttorauminhalt des Gebäudes.

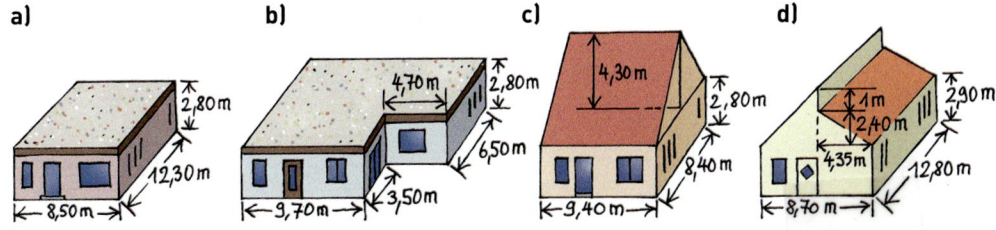

11. Berechne das Volumen und den Oberflächeninhalt des Körpers (Maße in cm).

a)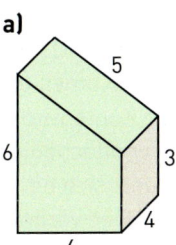
b)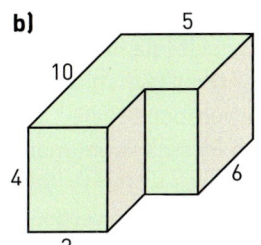
c)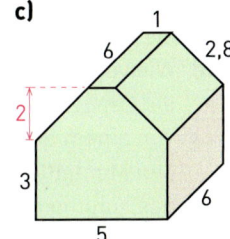
d)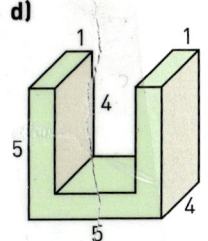

12. Parfüm, Badeöl, Cremes und ähnliche Kosmetikartikel werden in der Regel in Fläschchen oder Dosen verkauft, die zusätzlich in einer Schachtel aus Feinkarton verpackt sind. Dabei wird die Verpackung oft recht großzügig gestaltet. Berechne zu den Artikeln den Anteil des Volumens des Inhalts am Gesamtvolumen der Verpackung. Gib diesen Anteil auch in Prozent an.

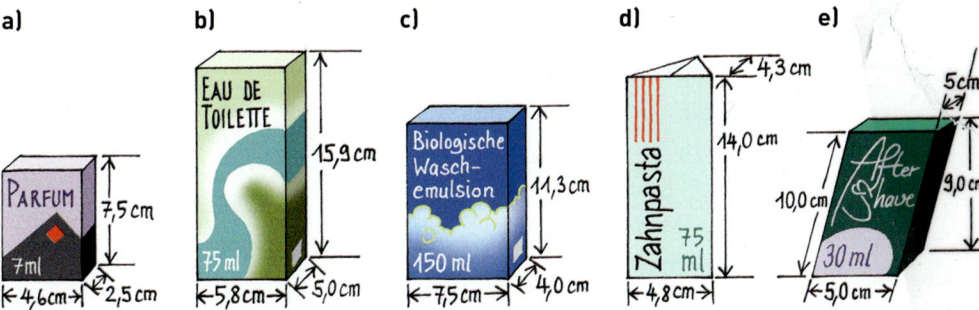

13. Sammelt Verpackungen von aufwendig verpackten Produkten. Berechnet, welchen Anteil der Inhalt an dem Gesamtvolumen der Verpackung einnimmt. Stellt die Ergebnisse in der Klasse aus.

14. Im Bild sind die Querschnitte von Eisenträgern gegeben (Maße in cm). Die Länge jedes Trägers beträgt 3,5 m. 1 cm³ Eisen wiegt 7,9 g.
    Schätze zunächst: Welcher Eisenträger wiegt am wenigsten, welcher am meisten? Berechne anschließend genau.

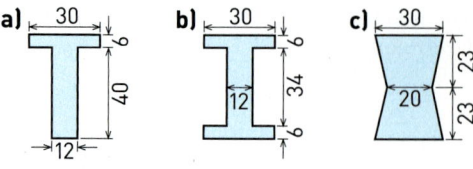

15. Berechne das Volumen, den Oberflächeninhalt und die gesamte Kantenlänge des Prismas (Maße in mm). Bestimme fehlende Maße zeichnerisch. Zeichne ein Schrägbild des Prismas.

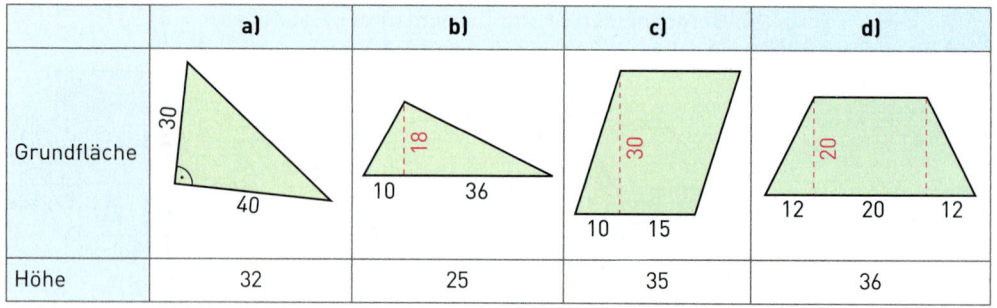

	a)	b)	c)	d)
Grundfläche	30 / 40	18 / 10 / 36	30 / 10 / 15	20 / 12 / 20 / 12
Höhe	32	25	35	36

16. a) Wie verändert sich der Oberflächeninhalt bzw. das Volumen eines Würfels, wenn man die Kantenlänge verdoppelt [die Kantenlänge verdreifacht]?
    b) Wie verändert sich der Oberflächeninhalt bzw. das Volumen eines Quaders, wenn man die Länge jeder Kante verdoppelt [die Länge jeder Kante verdreifacht]?
    c) Von einem dreiseitigen Prisma kennt man den Grundflächeninhalt $A_G = 25\,cm^2$ und den Mantelflächeninhalt $A_M = 50\,cm^2$. Wie verändert sich der Oberflächeninhalt bzw. das Volumen, wenn man die Höhe verdoppelt [die Höhe verdreifacht]?

17. Das Werkstück besteht aus Grauguss (Angaben im Bild in cm). 1 cm³ Grauguss wiegt 7,3 g. Wie viel wiegt das Werkstück?

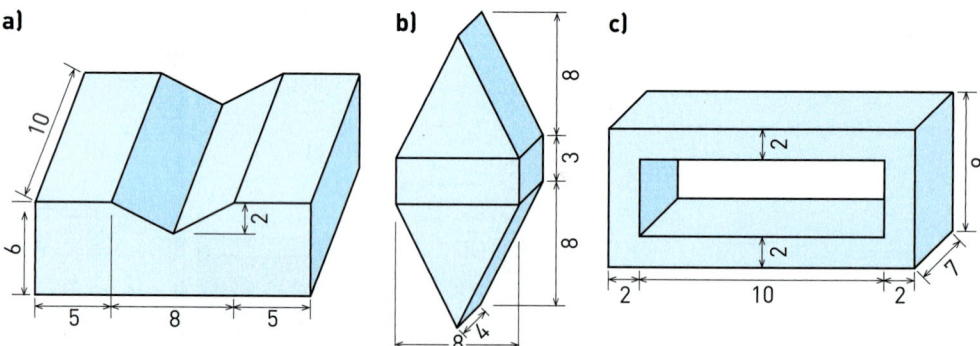

18. a) Wie viel Wasser wird für eine Füllung des Schwimmbeckens benötigt?
    b) Das Becken soll neu gefliest werden. Eine Firma berechnet pro m² Fliesen 47,90 €. Wie viel ist zu zahlen?

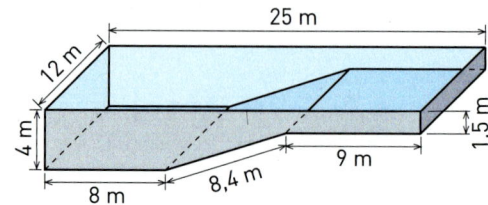

19. Einfahrten werden häufig mit Verbundsteinen gepflastert. Rechts siehst du die Maße eines Steines, der 7 cm hoch ist. Er wird aus Beton hergestellt; 1 cm³ Beton wiegt 2,5 g.
    a) Eine 30 m² große Einfahrt soll mit diesen Steinen gepflastert werden. Zur Sicherheit und wegen des Verschnittes werden 3 % mehr Steine bestellt als mindestens nötig.
    Berechne, wie viele Steine bestellt werden müssen.
    b) Ein gemieteter Kleinlaster hat eine Zuladung von 3 t. Wie viele Fahrten sind für den Transport der benötigten Steine erforderlich?

20. Für die Flächengestaltung mit Pflastersteinen macht der Hersteller folgende Angaben:

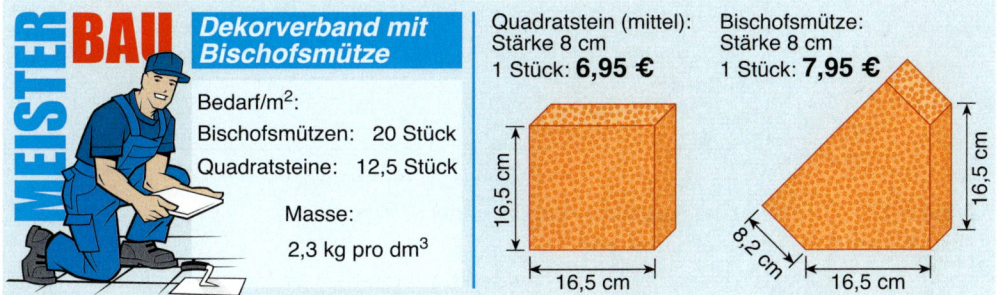

Familie Grobe will ihre Terrasse mit Pflastersteinen gestalten.
Die rechteckige Terrasse ist 8,5 m lang und 4,7 m breit. Die Pflastersteine wurden mit einem 2,5-t-Lkw transportiert. Bildet selbst geeignete Aufgaben und löst sie.

21. Zum Schutz vor Straßenlärm wurde ein 340 m langer geradliniger Erdwall aufgeschüttet und mit Sträuchern bepflanzt. Bildet selbst geeignete Aufgaben und löst sie.

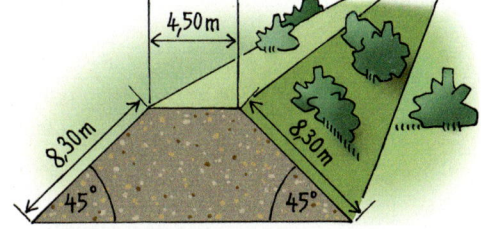

Das kann ich noch!

A) In einer Großküche werden in 12 Tagen 840 kg Kartoffeln verbraucht.
   1) Wie viel Kartoffeln benötigt man in 3 Tagen, in 5 Tagen, in 11 Tagen? Von welcher Voraussetzung gehst du bei deiner Antwort aus?
   2) Wie lange reicht eine Lieferung von 250 kg Kartoffeln?
   3) Wie lange reicht ein Rest von 125 kg Kartoffeln, wie lange eine neue Lieferung von 750 kg Kartoffeln?

B) Ein Entsorgungsunternehmen soll 168 m³ Bauschutt abtransportieren. Mit 12 Fahrten hat es schon 84 m³ Bauschutt abgefahren.
   1) Wie viele Fahrten sind für den Rest noch erforderlich?
   2) Wie viele Fahrten sind notwendig, um 228 m³ Bauschutt abzutransportieren?

5.5 Zylinder – Netz und Oberflächeninhalt

Einstieg

Poster werden zum Versand in zylinderförmigen Rollen verpackt. Der Durchmesser der Grundfläche ist 5,2 cm und die Höhe beträgt 52,0 cm.
Wie viel Pappe wird zur Herstellung einer Posterrolle benötigt?
Ihr könnt auch eine Rolle herstellen.

Information

> Ein **Zylinder** ist ein Körper, dessen **Grundflächen** Kreisflächen sind, die parallel und kongruent zueinander sind.
> Die **Mantelfläche** eines Zylinders ist gewölbt.
> Der Abstand der beiden Grundflächen ist die **Höhe** des Zylinders.

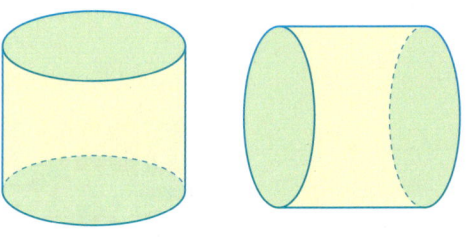

Aufgabe 1

Rechts siehst du eine besondere Verpackung für Kartoffelchips.
a) Es soll ein Papiermodell hergestellt werden. Fertige dazu ein Netz des Zylinders an.
b) Berechne den Materialbedarf (ohne Verschnitt und Klebefalze); stelle zunächst eine Formel auf.

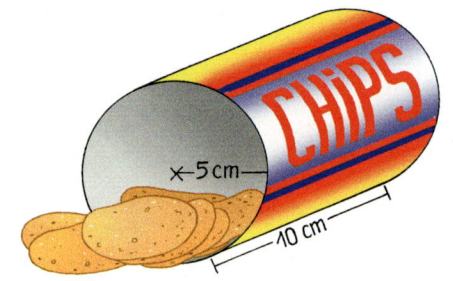

Lösung

Die Verpackung hat die Form eines Zylinders.
a) Wenn man die Mantelfläche des Zylinders in die Ebene abwickelt, erhält man ein Rechteck. Das Netz des Zylinders besteht aus dem Rechteck und den beiden kreisförmigen Grundflächen.

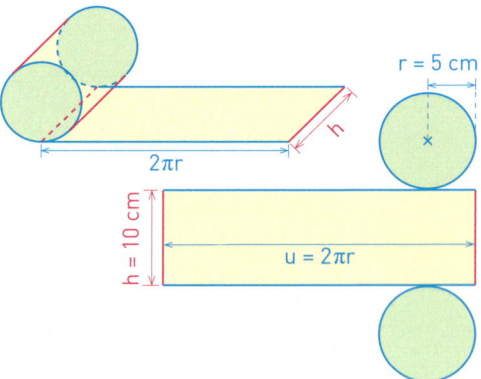

b) (1) *Mantelflächeninhalt*
$A_M = u \cdot h = 2\pi r \cdot h$
$A_M = 2\pi \cdot 5\,\text{cm} \cdot 10\,\text{cm}$
$A_M \approx 314{,}2\,\text{cm}^2$

(2) *Grundflächeninhalt*
$A_G = \pi r^2$
$A_G = \pi \cdot (5\,\text{cm})^2$
$A_G \approx 78{,}5\,\text{cm}^2$

(3) *Oberflächeninhalt*
$A_O = 2 \cdot A_G + A_M$
$A_O \approx 2 \cdot 78{,}5\,\text{cm}^2 + 314{,}2\,\text{cm}^2$
$A_O \approx 471{,}2\,\text{cm}^2$

Ergebnis: Man benötigt ungefähr 472 cm² Pappe.

5.5 Zylinder – Netz und Oberflächeninhalt

Information

> **Satz**
> Für den **Oberflächeninhalt A_O eines Zylinders** mit dem Grundflächeninhalt A_G, dem Mantelflächeninhalt A_M, dem Umfang u der Grundfläche und der Höhe h gilt:
> $A_O = 2\,A_G + A_M$ bzw. $A_O = 2\,A_G + u \cdot h$
> Bezeichnet r den Radius bzw. d den Durchmesser des Grundkreises des Zylinders, so gilt insbesondere:
> $A_O = 2\,\pi\,r^2 + 2\,\pi\,r \cdot h$ bzw. $A_O = \frac{\pi}{2} d^2 + \pi\,d \cdot h$

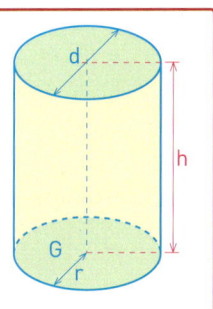

Übungsaufgaben

2. Berechne den Mantelflächeninhalt und den Oberflächeninhalt des Zylinders.
   a) r = 21,3 cm; h = 15,7 cm b) d = 12,6 cm; h = 4,9 cm c) r = 9,4 cm; h = d

3. Sucht zylinderförmige Gegenstände aus eurer Umwelt.

4. Eine Limonadendose hat einen Durchmesser von 58 mm und ist 146 mm hoch. Schätze, wie viel Aluminiumblech zu ihrer Herstellung benötigt werden. Kontrolliere deine Schätzung durch Rechnung.

5. Ein zylindrischer Behälter aus Stahlblech ist oben offen. Er hat einen Durchmesser von 1,40 m und ist 2,50 m hoch. 1 m² dieses Stahlblechs wiegt 36,5 kg. Wie viel wiegt er?

6. In Formelsammlungen findet man für den Oberflächeninhalt eines Zylinders häufig auch nebenstehende Formeln. Begründe diese Formeln.

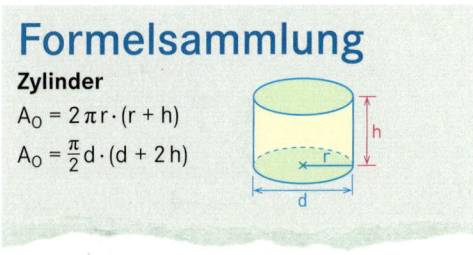

7. Ein Zylinder hat den Radius r = 6,5 cm. Der Oberflächeninhalt beträgt A_O = 551,35 cm². Wie hoch ist der Zylinder?

8. a) Ein Zylinder hat eine Höhe von 20 cm und einen Radius von 20 cm. Wie viel Prozent des Oberflächeninhalts entfallen auf den Grundflächeninhalt?
   b) Untersuche, ob das Ergebnis von Teilaufgabe a) bei allen Zylindern gültig ist, bei denen Radius r und Höhe h übereinstimmen? Begründe deine Aussage.

9. Ein Zylinder hat einen Oberflächeninhalt von 1 dm².
   a) Berechne seinen Radius, wenn seine Höhe 0,5 cm beträgt.
   b) Berechne seine Höhe, wenn sein Durchmesser 0,5 cm beträgt.

10. a) Vergleiche die Größe der rundherum aufgeklebten Etiketten.
    b) Vergleiche den Materialverbrauch für beide Konservendosen.
    c) Verändere entweder Radius oder Höhe so, dass beide Dosen gleichen Materialverbrauch haben.

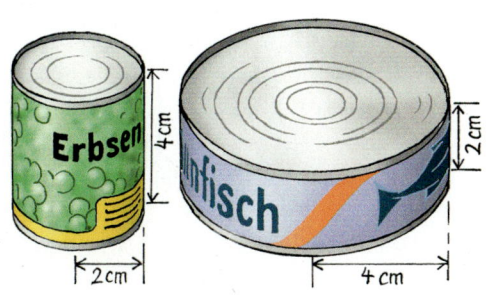

5.6 Zweitafelbild eines Zylinders

Ziel Du kannst bereits das Zweitafelbild von Würfel, Quader und Prisma zeichnen. Hier lernst du, wie man das Zweitafelbild eines Zylinders zeichnet.

Zum Erarbeiten

Zweitafelbild eines Zylinders
Gegeben ist ein 3 cm hoher Zylinder. Der Radius beträgt 2 cm.
Zeichne das Zweitafelbild des stehenden Zylinders.

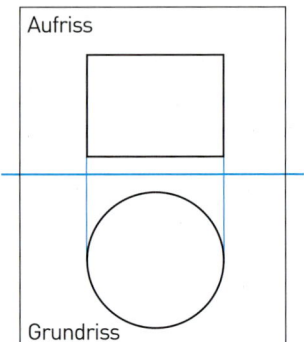

→ Steht der Zylinder auf der Grundfläche, so zeichne im Grundriss einen Kreis mit dem Radius 2 cm.

→ Trage dann die Ordnungslinien ein.

→ Zeichne im Aufriss ein Rechteck mit den Seitenlängen 4 cm und 3 cm.

Zum Üben

1. Gegeben ist ein Zylinder mit dem Radius 4 cm und der Höhe 7 cm.
   a) Zeichne ein Zweitafelbild.
   b) Berechne den Oberflächeninhalt des Zylinders.

2. Im Auftrag steht der Zylinder auf einer Grundfläche. Zylinder werden aber häufig auch liegend dargestellt.
   Zeichne den Zylinder aus Aufgabe 1 liegend im Zweitafelbild.

3. Ein Zylinder hat den Radius $r = 2$ cm und die Höhe $h = 5{,}4$ cm.
   Zeichne den Zylinder im Zweitafelbild
   a) stehend,   b) liegend.

4. Entnimm die Maße des Zylinders dem Zweitafelbild rechts.
   Zeichne ein passendes Netz und berechne den Oberflächeninhalt.

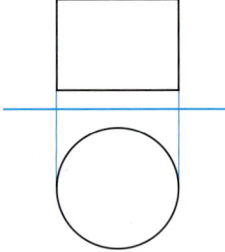

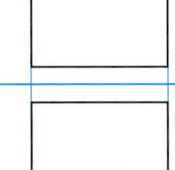

5. Paul und Tim zeichnen abwechselnd Zylinder im Zweitafelbild. Paul versichert, dass das Zweitafelbild links aber nur ein Quader sein kann.
   Was meinst du dazu?

6. Skizziere die zusammengesetzten Körper im Zweitafelbild.

a) 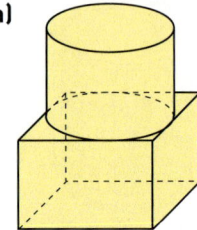   b) 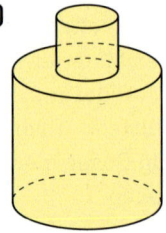   c)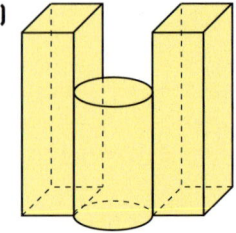

5.7 Volumen eines Zylinders

Einstieg

Mithilfe der beiden Fotos mit den Schmelzkäse-Ecken könnt ihr eine Formel für das Volumen eines Zylinders ermitteln.
Beschreibt die unterschiedlichen Anordnungen.
Stellt euch dann auch noch eine Unterteilung des Zylinders in mehr schmalere Käse-Ecken vor.

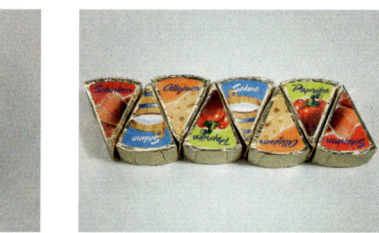

Aufgabe 1

Formel für das Volumen eines Zylinders
Eine zylinderförmige Konservendose hat den Radius $r = 5\,cm$ und die Höhe $h = 11,5\,cm$.
a) Begründe, dass für das Volumen des Zylinders gilt:
$V_Z = A_G \cdot h$
also: $V_Z = \pi r^2 \cdot h$
b) Berechne das Volumen der Dose.

Lösung

a) Zeichnet man in die kreisförmige Grundfläche ein regelmäßiges Sechseck, so erhält man ein Prisma, das fast genauso groß ist wie der Zylinder.
Wählt man statt des Sechsecks ein regelmäßiges Achteck, so unterscheidet sich das Prisma mit diesem Achteck als Grundfläche noch weniger von dem Zylinder.
Je mehr Ecken man für das Vieleck der Grundfläche wählt, desto weniger unterscheidet sich das Prisma vom Zylinder.
Das Volumen der Prismen kann man mit der Formel $V_P = A_G \cdot h$ berechnen. Diese Formel gilt auch, wenn die Eckenzahl n beliebig wächst. Mit wachsendem n nähert sich der Flächeninhalt A_G der n-Ecke beliebig genau dem Kreisflächeninhalt A_K, das Volumen des Prismas nähert sich beliebig genau dem Volumen des Zylinders.
Somit muss auch für den Zylinder gelten:
$V_Z = A_G \cdot h = \pi r^2 \cdot h$

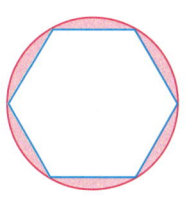
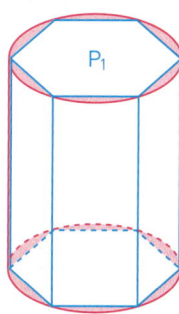
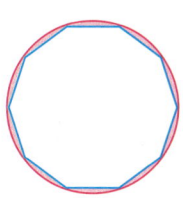
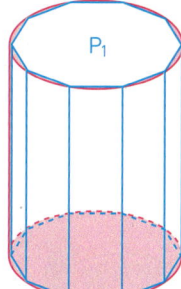

b) $V = \pi r^2 \cdot h = \pi \cdot (5\,cm)^2 \cdot 11,5\,cm$
$= \pi \cdot 287,5\,cm^3$
$\approx 903\,cm^3$
Ergebnis: Die Konservendose hat ein Volumen von ungefähr $903\,cm^3$.

Information

Satz
Für das **Volumen V eines Zylinders** mit dem Grundflächeninhalt A_G und der Höhe h gilt:
$$V = A_G \cdot h$$
Bezeichnet r den Radius bzw. d den Durchmesser des Grundkreises des Zylinders, so gilt insbesondere:
$$V = \pi r^2 \cdot h \quad \text{bzw.} \quad V = \frac{\pi}{4} d^2 \cdot h$$

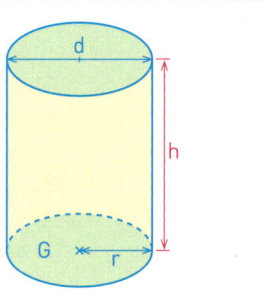

Weiterführende Aufgabe

Volumen eines Hohlzylinders

2. Ein Eisenring hat die Form eines Hohlzylinders.
   a) Berechne das Volumen des Ringes für $r_1 = 19\,\text{cm}$; $r_2 = 23\,\text{cm}$ und $h = 8\,\text{cm}$.
   b) Begründe die Formel aus der Formelsammlung für das Volumen eines Hohlzylinders.

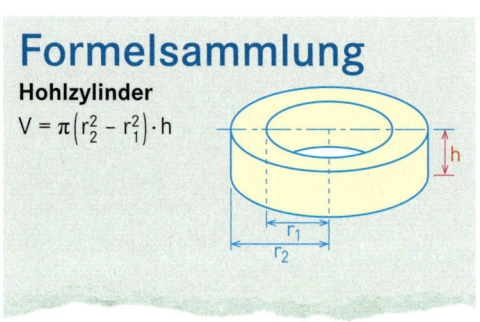

Formelsammlung
Hohlzylinder
$$V = \pi(r_2^2 - r_1^2) \cdot h$$

Übungsaufgaben

3. Berechne das Volumen des Zylinders.
   a) $r = 17{,}2\,\text{cm}$, $h = 23{,}8\,\text{cm}$
   b) $d = 8{,}2\,\text{cm}$, $h = 11{,}2\,\text{cm}$
   c) $h = 35\,\text{cm}$, $r = 3 \cdot h$

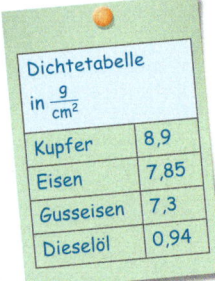

4. Ein zylinderförmiges Trinkglas hat einen Durchmesser von 6 cm und eine Höhe von 9 cm. Berechne, wie viel Flüssigkeit in das Glas passt. Schätze zunächst.

5. Wie schwer ist ein 100 m langer Kupferdraht mit dem Durchmesser 1 mm?

6. Der Durchmesser eines 1,40 m langen Fasses für Dieselöl beträgt 90 cm (Innenmaße). Das leere Fass wiegt 26 kg. Wie viel wiegt das Dieselölfass, wenn es halb gefüllt ist?

7. a) Wie viel wiegt das im Bild dargestellte Rohr aus Gusseisen (Maße in mm)?
   b) Wie viel wiegt das Rohr, wenn es vollständig mit Wasser gefüllt ist?

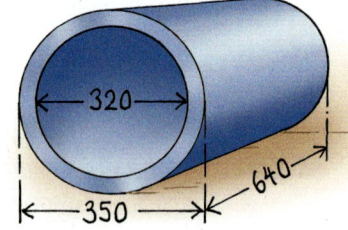

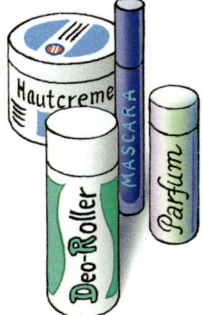

8. Kosmetik wird oft aufwändig verpackt. Bei welcher Verpackung übertreibt der Hersteller am meisten?

Artikel	Durchmesser	Höhe	Inhaltsangabe
Hautcreme	5,5 cm	5,0 cm	50 ml
Deo-Roller	3,5 cm	10,0 cm	50 ml
Mascara	1,4 cm	12,0 cm	10 ml
Parfüm	2,6 cm	5,4 cm	5 ml

Dichtetabelle in $\frac{g}{cm^2}$

Kupfer	8,9
Eisen	7,85
Gusseisen	7,3
Dieselöl	0,94

5.7 Volumen eines Zylinders

9. Verschiedene zylinderförmige Verpackungen für Nougatkonfekt sollen alle das Volumen 150 cm³ haben. Der Radius ist **(1)** 1,5 cm; **(2)** 2 cm **(3)** 2,5 cm.
Wie hoch sind die Verpackungen?
Stelle für die gesuchte Größe zunächst eine Formel auf; berechne dann.

10. Herr Weigel möchte ein Blumenbeet mit Granit-Palisaden einfassen. Diese haben einen Durchmesser von 12 cm und eine Höhe von 60 cm. Er benötigt davon 50 Stück. Granit wiegt 2,7 g pro cm³. Sein Auto darf maximal 450 kg zuladen. Kann er die Granitpalisaden mit einer Autofahrt vom Baustoffhandel holen?

11. a) Janice hat Formeln zum Zylinder umgeformt. Kontrolliere.

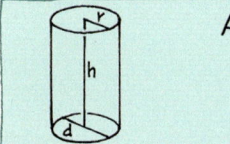
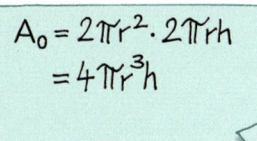

b) Erstellt eine Übersicht der Formeln beim Zylinder. Denkt dabei beispielsweise an eine Plakatwand, eine Lernkarte für die Klassenarbeit oder eine Mindmap.

12. a) Wie verändert sich das Volumen des Zylinders, wenn man den Radius
  (1) verdoppelt; **(2)** verdreifacht und die Höhe unverändert bleibt?
b) Wie verändert sich das Volumen eines Zylinders, wenn man den Radius verdoppelt und die Höhe halbiert?
c) Stellt euch Fragen und untersucht die Veränderung des Volumens.

Vermischte Übungen

1 Zoll
1" = 25,4 mm

13. Der Flachkollektor einer Solaranlage enthält ein Kupferrohr mit 20 m Länge und einem Innendurchmesser von $\frac{3}{4}$ Zoll. In diesem Rohr wird Flüssigkeit erwärmt. Wie viel Liter Flüssigkeit können im Flachkollektor gleichzeitig erwärmt werden? Schätze zunächst.

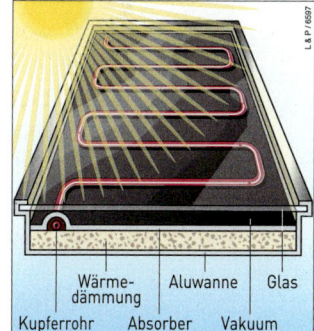

14. In einen zylinderförmigen Blechbehälter mit dem Durchmesser 60 cm und der Höhe 1 m werden 50 ℓ Wasser eingefüllt.
  a) Wie viel Blech benötigt man für die Herstellung des Behälters (ohne Deckel und ohne Verschnitt)?
  b) Wie viel Prozent des Behälters sind gefüllt?
  c) In den Behälter werden weitere 30 ℓ Wasser eingefüllt. Um wie viel wird er schwerer?
  d) In dem Behälter steht das Wasser 20 cm unter dem Rand. Wie viele 10-ℓ-Gießkannen können mit dem Wasser gefüllt werden?

Das kann ich noch!

A) Herr Meier hat für einen Autokauf einen einjährigen Kredit über 15 000 € aufgenommen. Der Zinssatz beträgt 6 %. Wie viel Zinsen muss er zahlen?
B) Frau Müller hat 6 500 € auf dem Sparbuch und erhält dafür 97,50 € Zinsen. Wie hoch ist der Zinssatz?

15. Manche Bakterien wie die Erreger von Tuberkulose haben die Gestalt eines Zylinders. Der Durchmesser einer Bakterie beträgt 0,000094 mm und die Länge 0,00038 mm. Gib das Volumen und die Größe der Oberfläche der Bakterie an.

16.

Litfaßsäule

Die Litfaßsäule wurde um 1850 vom Berliner Drucker Ernst Litfaß erfunden, um zu verhindern, dass an allen möglichen Stellen wild Plakate aufgehängt werden. Die Stadt Berlin erteilte daraufhin im Dezember 1854 die Genehmigung zum Aufstellen der ersten damals so genannten Annoncier-Säulen.

Eine Litfaßsäule hat den Durchmesser 1,30 m. Sie ist 3,20 m hoch. Der 20 cm hohe Sockel soll nicht beklebt werden. 1 m² Werbefläche kostet 99 € zuzüglich Mehrwertsteuer.

17. Wie viel wiegt der abgebildete Ring, der zu 70 % aus Gold und zu 30 % aus Silber besteht?
Hinweis: Die Dichte der Gold-Silber-Legierung kannst du berechnen (siehe Tabelle).

Dichtetabelle in $\frac{g}{cm^3}$

Buchenholz	0,7
Gold	19,1
Silber	10,5
Stahl	7,9

18. Eine über 100 Jahre alte Rotbuche musste gefällt werden. Der annähernd zylinderförmige Stamm war 25 m hoch und hatte einen Umfang von 4,5 m. Wie viele Lkw-Fahrten waren zum Abtransport des Stammes bei einer Tragfähigkeit von 6 t nötig?

19. Lies die Zeitungsmeldung rechts. Formuliere selbst Aufgaben und rechne.

Frühjahrsputz unter Wasser

2 Arbeitstage braucht ein Taucher, um die 5 cm dicken Glaswände des mit 32 000 ℓ Meerwasser gefüllten Aquariums in Osterholz bei Bremen von innen zu reinigen. Das zylinderförmige Meerwasser-Aquarium gehört mit 6,70 m Höhe und einem Durchmesser von 2,50 m zu den größten der Welt.

20. Deutschlands längster Autotunnel, der Rennsteigtunnel, besteht aus zwei getrennten Röhren, die annähernd die Form von Halbzylindern besitzen. Eine Röhre ist 7920 m lang und in Höhe der Fahrbahn 9,50 m breit.

Verschalen mit Brettern verkleiden

a) Wie viel Gestein musste etwa herausgebohrt werden? Welche Kantenlänge hätte ein Würfel mit dem gleichen Volumen? Schätze zunächst.
b) Die Innenwände des Tunnels wurden verschalt. Wie groß war die zu verschalende Fläche?

21. Eine Konservenfabrik benötigt zylinderförmige Blechdosen mit dem Fassungsvermögen 850 ml, 425 ml und 314 ml. Gib für jede Sorte zwei verschiedene Entwürfe an. Entscheide dich für jeweils ein Modell und begründe deine Entscheidung.

Auf den Punkt gebracht

Modellieren

Konservendosen

sind heute aus dem Alltag als Verpackung für viele Lebensmittel nicht mehr weg zu denken. Eine solche Dose wird aus Weißblech hergestellt, einem ca. 0,2 mm dünnen Blech, das zum Schutz vor Korrosion mit einer sehr dünnen Schicht Zinn (0,3 µm) versehen ist. Die Innenseite der Dose hat zusätzlich einen Kunststoffüberzug, der eine chemische Reaktion des Metalls mit dem Doseninhalt verhindert. Die Konservendose wurde 1810 von dem britischen Kaufmann Peter Durand erfunden. Die erste Konservenfabrik wurde 1813 von den Engländern Bryan Donkin und John Hall eröffnet, die die britische Armee mit Konserven versorgte. Die damals vergleichsweise dickwandigen Dosen wurden mit starken Messern, aber auch mit Hammer und Meißel oder einem Beil geöffnet. Der Dosenöffner wurde erst 1855 von Robert Yeates aus England erfunden.

Im Folgenden soll untersucht werden, wie viel Weißblech für die Herstellung einer 850-cm^3-Konservendose benötigt wird.

Einfachstes Modell
1. Wir betrachten die Konservendose als Zylinder.
   a) Beschreibe anhand einer realen Dose, was bei der Betrachtung vernachlässigt wird.
   b) Wir messen bei einer handelsüblichen 850-cm^3-Dose eine Höhe von $h_1 = 11{,}2\,cm$ und einen Kreis-Durchmesser von $d_1 = 10{,}0\,cm$.
   Berechne daraus das Volumen der Dose. Überlege, warum es zu einer Abweichung von dem vom Hersteller angegebenen Fassungsvermögen von 850 cm^3 kommt.
   c) Welches Volumen ergibt sich, wenn wir oben und unten jeweils 3 mm für die Falzränder abziehen?
   d) Berechne den Materialbedarf für die Dose als Oberflächeninhalt des Zylinders.

Verbessertes Modell unter Berücksichtigung der Falze
2. Der Mantel einer Dose entsteht, indem ein rechteckiges Blechstück aus einem Stück Blech herausgestanzt wird. Dieses wird zunächst rundgebogen; dann werden die beiden gegenüberliegenden Kanten umgebogen und miteinander verschweißt. Auch die beiden anderen Kanten des Dosenmantels werden umgebogen, damit sie mit dem Dosenboden und dem Dosendeckel verbunden werden können. Für Boden und Deckel werden also größere Kreisscheiben benötigt als man beim ersten Hinschauen vermutet: Boden und Deckel werden mit den Kanten des Dosenmantels gefalzt und dann zusammengepresst.
   a) Begründe an der Abbildung, dass der Mehrbedarf an Material für den Dosenmantel aufgrund der Schweißnaht mit der doppelten Falzbreite abgeschätzt werden kann.
   b) Wie kann man den Mehrbedarf für die Falznaht am Dosendeckel und -boden abschätzen?
   c) Wir messen, dass alle Falze 3 mm breit sind. Wie viel cm^2 Weißblech benötigt man tatsächlich, um die Konservendose (Dosenmantel, Deckel und Boden) herzustellen?
   d) Wie viel Prozent mehr sind dies im Vergleich zu unserem einfachen Modell?

Schweißnaht des Dosenrumpfs

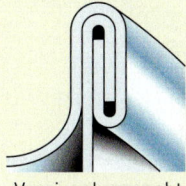

Versiegelungsnaht Dosenrumpf / Deckel

Auf den Punkt gebracht

Weiter verbessertes Modell unter Berücksichtigung der Rillen

3. Die Oberfläche der Dosen ist nicht glatt, sondern gerillt. Diese Querrillen dienen dazu, die Stabilität der Dosen zu erhöhen. Ohne diese Rillen im Dosenmantel, in Deckel und Boden müsste wesentlich dickeres Weißblech verwendet werden. Jede Rille vergrößert den Bereich mit Rillen jeweils um ca. 20 %.
   a) Schätze, wie sich der Materialverbrauch für Deckel und Boden durch drei Rillen erhöht.
   b) Schätze, wie sich der Materialverbrauch für den Dosenmantel durch 15 Rillen erhöht.
   c) Weißblech hat eine Dichte von ca. $7{,}3\,\frac{g}{cm^3}$. Berechne, wie viel Gramm Weißblech man insgesamt für die Herstellung einer 850 cm³-Konservendose benötigt.
   d) Kontrolliere die Rechnung durch Wiegen einer leeren Konservendose. Müssen Schätzwerte für den Mehrbedarf für die Rillen korrigiert werden?

Mathematisches Modellieren

Wir haben am Beispiel der Konservendose gesehen, wie man sich – ausgehend von der *idealen* geometrischen Form des Zylinders – schrittweise dem *realen* Objekt einer Konservendose „nähern" kann. Aus gemessenen Werten konnten wir Volumina oder Flächeninhalte bestimmen und diese berechneten Werte mit den Vor-Informationen abgleichen. Erste einfache Annahmen über die Form wurden schrittweise präzisiert, um so abschließend zu einer realistischen Einschätzung des Materialverbrauchs zu kommen.

Prozess des mathematischen Modellierens

Anfangs versucht man, die Wirklichkeit mithilfe eines einfachen mathematischen Modells zu beschreiben. Rechnungen (also mathematische Operationen) geben Hinweise auf Abweichungen, die interpretiert werden müssen. Man wird so veranlasst, das ursprüngliche mathematische Modell abzuändern, aufgrund von neuen Berechnungen auch dieses gegebenenfalls wieder zu korrigieren, bis man schließlich eine befriedigende, für die Anwendung akzeptable Beschreibung der Realität gefunden hat.

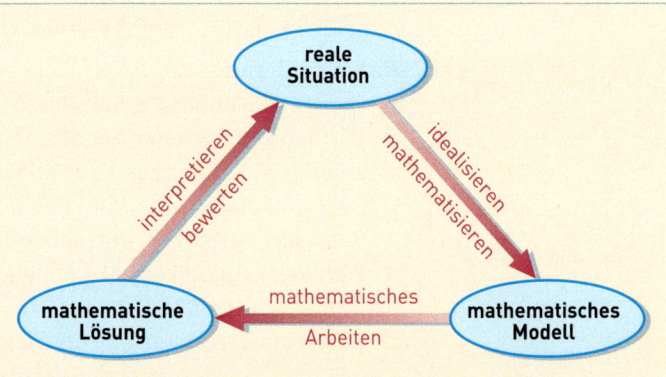

4. Betrachte die folgenden Verpackungen, die eine bekannte geometrische Form haben: Welcher Materialaufwand ist tatsächlich notwendig, um sie herzustellen? Notiere die Schritte, die schließlich zu einer angemessenen Beschreibung der Verpackung führen.

5.8 Aufgaben zur Vertiefung

1. Manche Container für Luftfracht sind im Gegensatz zu anderen Containern nicht quaderförmig. Damit der Laderaum eines Flugzeuges besser genutzt werden kann, sind diese Container abgeschrägt (Maße im Bild in m).
   a) Wie viel Laderaum nimmt der Container ein (äußeres Volumen V_a)?
   b) Berechne den Materialbedarf für die Außenverkleidung des Containers (äußere Oberfläche O_a).
   c) Die Wände des Containers sind 5 cm dick. Berechne das innere Volumen V_i und den Materialbedarf für die Innenverkleidung (innere Oberfläche O_i).

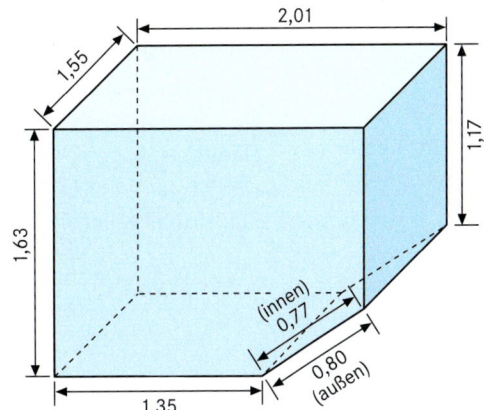

2. Erstellt Zylinder aus einem DIN-A3-Blatt, einem DIN-A4-Blatt und einem DIN-A5-Blatt. Bestimmt jeweils das Volumen der Zylinder.
   Ihr wisst, dass die DIN-A-Blätter mit aufsteigender Formatangabe immer halb so groß sind wie das vorhergehende. Gilt das auch für das Volumen?
   Stimmen die Volumina überein, wenn ihr das Blatt in der anderen Richtung verwendet?
   Gibt es Gemeinsamkeiten bei den unterschiedlichen Papierformaten?
   Könnt ihr die Ergebnisse für alle DIN-A-Formate verallgemeinern?

3. Tonnen zum Sammeln von Regenwasser gibt es auch in Form von Zylindern.
   a) Gebt mögliche Maße für eine Tonne mit
      (1) 330 ℓ;   **(2)** 500 ℓ;   **(3)** 1000 ℓ;   **(4)** 2000 ℓ   an.
      Achtet darauf, dass die Tonne höher als 1 m ist.
   b) Wie groß ist das Fassungsvermögen bei einer Füllhöhe von jeweils 1 m?
      In welchem Verhältnis stehen dann die jeweiligen Durchmesser der Tonnen und die Füllmengen zueinander?
   c) Könnt ihr Gesetzmäßigkeiten erkennen und begründen?

4. Führt Berechnungen für die Säule aus Sandstein durch, die von Marcella (12 Jahre) umarmt wird.

Das Wichtigste auf einen Blick

Prisma

Ein Prisma wird von zwei zueinander parallelen und kongruenten Vielecken (**Grundflächen G**) sowie von Rechtecken (**Seitenflächen**) begrenzt.
Die Seitenflächen zusammen bilden die **Mantelfläche A_M**.
Der Abstand der beiden Grundflächen voneinander heißt **Höhe h** des Prismas.

Beispiel:
Schrägbild:

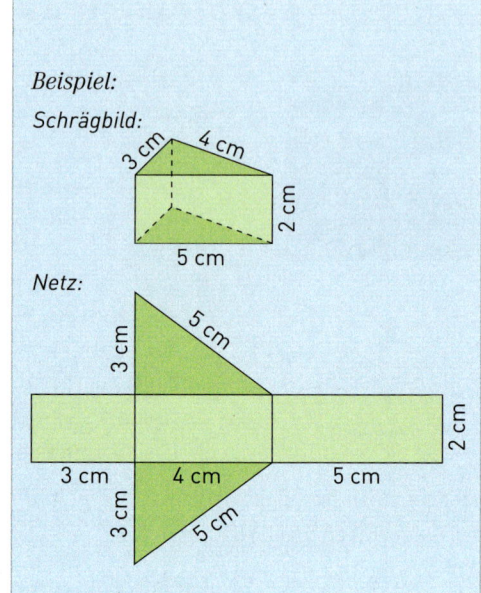

Netz:

Oberflächeninhalt eines Prismas

Der Oberflächeninhalt eines Prismas ist der Flächeninhalt der Grundflächen und Seitenflächen zusammen: $A_O = 2 \cdot A_G + A_M$

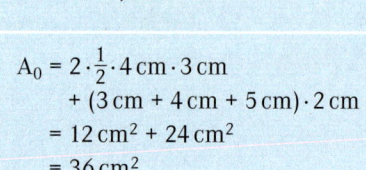

$A_O = 2 \cdot \frac{1}{2} \cdot 4\,cm \cdot 3\,cm$
$\quad + (3\,cm + 4\,cm + 5\,cm) \cdot 2\,cm$
$= 12\,cm^2 + 24\,cm^2$
$= 36\,cm^2$

Volumen eines Prismas

Für das Volumen eines Prismas mit dem Grundflächeninhalt A_G und der Höhe h gilt:
$V = A_G \cdot h$

$V = \frac{1}{2} \cdot 4\,cm \cdot 3\,cm \cdot 2\,cm = 12\,cm^3$

Zweitafelbild

Das *Zweitafelbild* eines Körpers besteht aus dem **Grundriss** (Draufsicht) und dem **Aufriss** (Vorderansicht).
Die Schnittgerade von Grundriss- und Aufrissebene bezeichnet man als **Rissachse**.
Grund- und Aufriss eines Punktes liegen auf einer Ordnungslinie, die senkrecht zur Rissachse verläuft.

Schrägbild

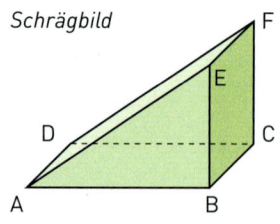

Zweitafelbild

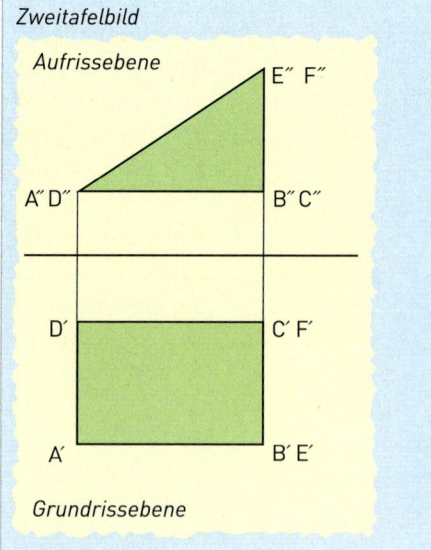

Zylinder	Ein **Zylinder** wird von zwei zueinander parallelen und kongruenten Kreisflächen (**Grundflächen G**) sowie von einer gewölbten Seitenfläche (**Mantelfläche M**) begrenzt. Der Abstand der beiden Grundflächen voneinander heißt **Höhe h** des Zylinders. Die Mantelfläche ist ein Rechteck mit den Seitenlängen u (Umfang der Grundfläche) und h (Höhe des Zylinders).	*Beispiel:* Schrägbild:
Oberflächeninhalt eines Zylinders	Für den **Oberflächeninhalt A_O** eines Zylinders mit dem Radius r bzw. dem Durchmesser d, dem Grundflächeninhalt A_G, dem Mantelflächeninhalt A_M und der Höhe h gilt: $A_O = 2\,A_G + A_M$ bzw. $A_O = 2\pi r^2 + 2\pi r \cdot h$	*Netz:*
Volumen eines Zylinders	Für das **Volumen V** eines Zylinders mit dem Radius r, dem Grundflächeninhalt A_G und der Höhe h gilt: $V = A_G \cdot h$ bzw. $V = \pi r^2 \cdot h$	$A_O = 2\pi \cdot (4\,\text{cm})^2 + 2\pi \cdot 4\,\text{cm} \cdot 10\,\text{cm}$ $\approx 351{,}86\,\text{cm}^2$ $V = \pi \cdot (4\,\text{cm})^2 \cdot 10\,\text{cm}$ $\approx 502{,}655\,\text{cm}^3$

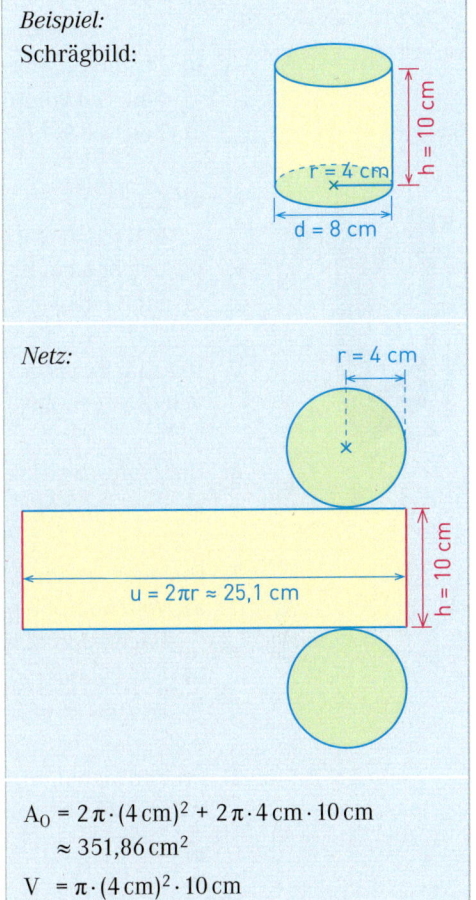

Bist du fit?

1. Von welchem Körper ist das Netz dargestellt? Begründe.

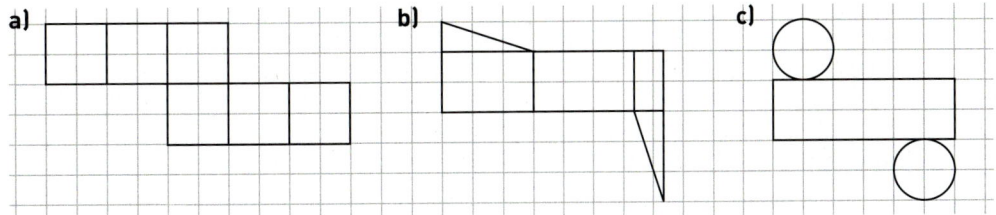

2. Berechne die fehlenden Werte des Prismas.

Prisma	a)	b)	c)	d)	e)
Grundflächengröße	16,5 cm²	64 dm²	127,4 m²	73,8 dm²	
Körperhöhe	11 cm	1,3 m			180 cm
Volumen			637 m³	1107 ℓ	43,2 dm³

3. Der Umfang u der Grundfläche eines Prismas ist 40 cm lang. Das Prisma ist 8 cm hoch.
   a) Wie groß ist die Mantelfläche des Prismas?
   b) Zeichne zwei verschiedene Grundflächen. Berechne für beide Prismen Oberflächeninhalt und Volumen.
   c) Zeichne Schrägbilder der Prismen aus Teilaufgabe b).

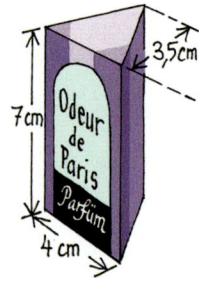

4. a) Betrachte die Verpackung links. Zeichne ein Netz der Verpackung und berechne den Materialbedarf (ohne Falze). Berechne auch das Volumen.
   b) Zeichne ein Schrägbild der Verpackung.
   c) Stelle die Verpackung im Zweitafelbild dar.

5. Der Flächeninhalt der Grundfläche eines Prismas beträgt 14,6 dm². Das Prisma hat ein Volumen von 109,5 dm³. Wie hoch ist das Prisma?

6. Berechne den Oberflächeninhalt und das Volumen des Zylinders.
   a) r = 7 cm und h = 4 cm
   b) r = 12 dm und h = 1,4 m
   c) r = 5,6 cm und h = 0,7 dm

7. Gegeben ist ein Zylinder mit r = 6 cm und h = 10 cm.
   a) Welche Höhe muss ein Zylinder mit r = 7 cm haben, damit beide gleichen Oberflächeninhalt haben?
   b) Der Zylinder wird in eine Schachtel mit quadratischer Grundfläche verpackt. Wie viel Prozent der Schachtel sind ausgefüllt?

8. Im Bild siehst du die Grundfläche eines 21 mm hohen Metallteils (Maße in mm). Wie schwer ist der Inhalt einer Kiste mit 40 Metallteilen? 1 cm³ dieses Metalls wiegt 8,4 g.

a)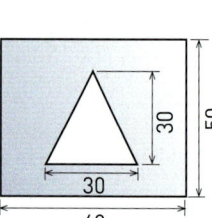
b)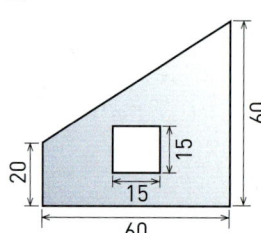
c)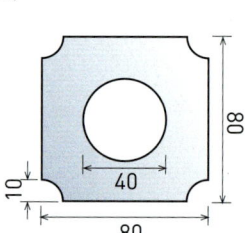
d)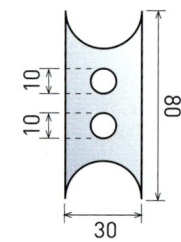

9. Eine Rolle Kupferdraht wiegt 17,5 g. Der Draht hat einen Durchmesser von 2,7 mm. Die Dichte beträgt 8,9 $\frac{g}{cm^3}$. Wie lang ist der Draht?

10. Eine Tomatenmark-Dose hat die Form eines Zylinders mit r = 2 cm und h = 8 cm.
    a) Zeichne das Zweitafelbild.
    b) Berechne den Oberflächeninhalt und das Volumen.

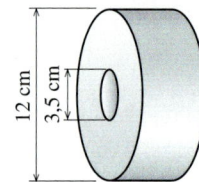

11. Die Schale im Bild rechts ist aus Messing (Maße in mm). 1 cm³ Messing wiegt 8,6 g. Wie schwer ist die Schale?

12. Der links abgebildete Eisenring für eine Hantel soll 1,25 kg wiegen. Wie hoch muss er sein, wenn 1 cm³ Eisen 7,9 g wiegt?

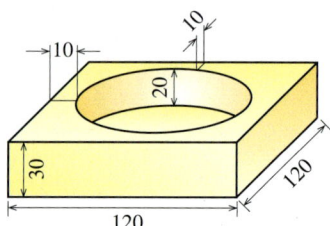

6. Zufall und Wahrscheinlichkeit

Viele Ereignisse im Alltag sind nicht vorhersagbar,
da der Zufall eine Rolle spielt.

An einem gewöhnlichen Schultag wird vieles nach festen Regeln ablaufen. Zum Beispiel wirst du morgens aufstehen, ins Bad gehen, zur Schule gehen oder fahren, usw.
Und doch wirst du im Kleinen und im Großen immer wieder auf Ereignisse stoßen, die du nicht vorhersagen kannst.
Ist das Bad besetzt oder frei?
Musst du vor einer roten Ampel warten? Und wenn du warten musst, wie lange dauert es, bis du die Straße überqueren kannst?
Als wievielter betrittst du den Klassenraum?

→ Nenne und beschreibe weitere Beispiele von zufälligen Ereignissen in deinem Tagesablauf.

In diesem Kapitel ...
untersuchst du Vorgänge, bei denen der Zufall eine
Rolle spielt, z.B. Glücksspiele.

Lernfeld: Häufigkeiten und Zufälle

Euro, Euro, du musst wandern

Seit dem Jahr 2002 ist in vielen, aber nicht allen Ländern der Europäischen Union der EURO als Währung eingeführt. In weiteren Ländern ist die Einführung vorgesehen.

Die EURO-Münzen haben eine Seite, die für alle Länder gleich ist; sie unterscheiden sich aber durch eine „nationale" Seite, für die jedes Land selbst verantwortlich ist.

→ Welche Symbole findet ihr auf der „nationalen Seite" der deutschen Münzen? Welche anderen „nationale Seiten" kennt ihr?

→ Bestimmt für jede Münze, die ihr bei euch habt, das Land, aus dem die Münze stammt. Wenn ihr nicht genügend Münzen bei euch habt, notiert ihr zu Hause, welche Münzen dort vorhanden sind, oder „kauft" in der Bank einige Rollen Festgeld und zählt diese aus. Tragt eure Ergebnisse in der Klasse zusammen; legt eine Tabelle an. Stellt die Ergebnisse möglichst anschaulich dar.

Die beteiligten europäischen Länder haben untereinander vereinbart, welche Münzen mit welchem Anteil geprägt werden. Ungefähr jede dritte Münze wird in Deutschland hergestellt. Die Vereinbarung für das Jahr 2002 ist in der Tabelle rechts angegeben.

Land	Anteil	Land	Anteil
Deutschland	32,9 %	Österreich	3,5 %
Frankreich	15,8 %	Griechenland	2,6 %
Italien	15,4 %	Portugal	2,5 %
Spanien	13,7 %	Finnland	2,1 %
Niederlande	5,4 %	Irland	2,1 %
Belgien	3,8 %	Luxemburg	0,2 %

→ Woran kann es liegen, dass die Anteile in eurer Tabelle von diesen Anteilen abweichen?

Schweine-Würfel

Bei einem Würfelspiel werden kleine Plastikschweinchen geworfen. Die Schweinchen können nach dem Werfen in sechs unterschiedlichen Positionen liegen. Für jede Lage erhält der Spieler eine bestimmte Punktzahl.

→ Ordnet jeder Position eine Punktzahl zu und probiert aus, ob ihr damit eine Spielregel für ein spannendes Spiel erhaltet.

→ Findet andere Gegenstände, mit denen sich würfeln lässt. Ordnet auch hier den einzelnen Wurfergebnissen Punktzahlen zu und probiert euer Würfelspiel aus.

6.1 Absolute und relative Häufigkeiten und deren Darstellung

Einstieg

In einer 7. Klasse wurde eine Umfrage zum Freizeitverhalten durchgeführt.
a) Wie groß ist der Anteil der Sportler an der Gesamtzahl?
b) Stellt die berechneten Anteile in einem Kreisdiagramm dar.

Aufgabe 1

Häufigkeiten und ihre Darstellung

Die Klasse 7b möchte sich auf einem Elternabend den Eltern genauer vorstellen. Dazu führen die Schüler und Schülerinnen eine Umfrage in der Klasse durch.
Rechts siehst du die Ergebnisse zur Frage, wie die Schülerinnen und Schüler zur Schule kommen. Zeichne dafür verschiedene Diagramme.

Lösung

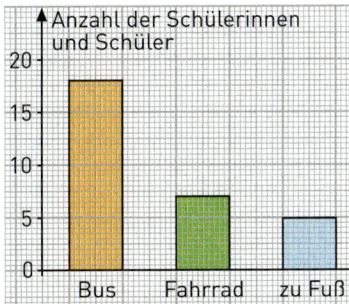

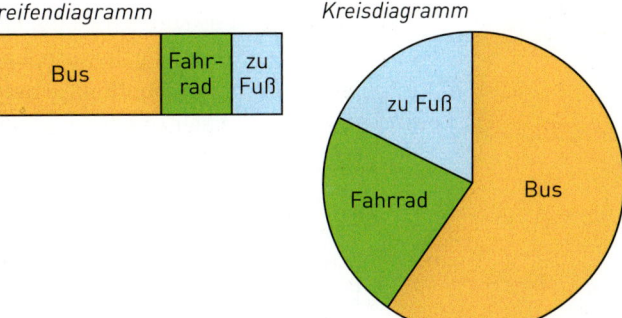

Dem Säulendiagramm kann man auf einen Blick entnehmen, dass die meisten Schüler mit dem Bus zur Schule kommen.
Aus dem Streifendiagramm kann man gut entnehmen, dass mehr als die Hälfte der Schülerinnen und Schüler mit dem Bus zur Schule kommen. Anteile kann man noch deutlicher in einem Kreisdiagramm erkennen. In ihm wird für jede mögliche Antwort ein Kreisausschnitt gezeichnet. Die Größe des Kreisausschnittes richtet sich nach dem Winkel am Kreismittelpunkt.
Insgesamt wurden 18 + 7 + 5, also 30 Kinder befragt.
18 von 30 Kindern kommen mit dem Bus; der Anteil für die Busfahrer ist damit $\frac{18}{30} = \frac{6}{10} = 0{,}6$.

Der zugehörige Zentriwinkel beträgt $\frac{18}{30}$ vom Vollwinkel (360°), das sind $\frac{18}{30} \cdot 360° = 216°$.
Es ergibt sich die untenstehende Tabelle:

Verkehrsmittel	Bus	Fahrrad	zu Fuß
Zentriwinkel	216°	84°	60°

Aufgabe 2

Planen einer Umfrage

Das Albert-Einstein-Gymnasium plant die Einrichtung einer Schülerbibliothek.
Dafür werden genaue Informationen über die Interessen und Lesegewohnheiten der Schüler und Schülerinnen benötigt.

a) Beschreibe verschiedene Möglichkeiten, wie man vorgehen kann, um diese Informationen zu erhalten. Nenne auch deren Vor- und Nachteile.

b) Da eine ausführliche Befragung aller 760 Schülerinnen und Schüler zu aufwändig ist, soll nur $\frac{1}{5}$ der Schülerschaft als Stichprobe betrachtet werden.
Um dennoch zuverlässige Ergebnisse zu erhalten, muss die Auswahl der Stichprobe genau geplant werden. Die nebenstehende Tabelle gibt die Zusammensetzung der Schülerschaft des Albert-Einstein-Gymnasiums wieder.
Plane damit eine Stichprobe.

Klasse	Anzahl der Mädchen	Jungen
5	55	46
6	44	47
7	49	42
8	68	40
9	55	39
10	52	40
11	48	35
12	53	47

Lösung

a) Zunächst ist es sinnvoll, einen Fragebogen zu entwickeln, in dem nach Lieblingslektüre, Lesehäufigkeit, Wünschen für eine Schülerbibliothek, ... gefragt wird. Man könnte dann alle Schüler und Schülerinnen des Albert-Einstein-Gymnasiums befragen. Das würde ein genaues Ergebnis liefern, wäre aber sehr aufwändig.
Eine andere Möglichkeit ist es, nur einen Teil der Schülerschaft *(Stichprobe)* zu befragen und die Ergebnisse auf alle Schüler(innen) der Schule hochzurechnen. Dies ist für die Umfrage weniger aufwändig, bedarf aber genauer Planung: Eine solche Stichprobe darf nicht zu klein sein und muss ausgewogen die Zusammensetzung der Schülerschaft widerspiegeln.

b) Vermutlich hängen die Leseinteressen sowohl vom Alter als auch vom Geschlecht ab. Daher muss die Stichprobe in ihrer Zusammensetzung die Zusammensetzung der Gesamtschülerschaft nach Alter und Geschlecht getreu widerspiegeln.
Also ist $\frac{1}{5}$ der Mädchen aus Klasse 7 zu befragen:
$\left(\frac{1}{5} \text{ von } 49\right) = \frac{1}{5} \cdot 49 = 9{,}8 \approx 10$
Ebenso $\frac{1}{5}$ der Jungen aus Klasse 7:
$\left(\frac{1}{5} \text{ von } 42\right) = \frac{1}{5} \cdot 42 = 8{,}4 \approx 8$

Klasse	Anzahl der Mädchen	Jungen
5	11	9
6	9	9
7	10	8
8	14	8
9	11	8
10	10	8
11	10	7
12	11	9

Damit ergibt sich die nebenstehende Zusammensetzung der Stichprobe. Innerhalb jeder Gruppe sollten die Schüler und Schülerinnen nach dem Zufallsprinzip ausgewählt werden.

Information

(1) Statistische Erhebungen – Stichprobe

Zählungen von Fahrzeugen, Personen oder Gegenständen, Befragungen von Personen nach Daten, Verhaltensgewohnheiten oder Meinungen sind Beispiele für **statistische Erhebungen**. Die Menge aller Personen oder Gegenstände, über die man Erkenntnisse gewinnen möchte, nennt man die **Grundgesamtheit**.

Wenn es zu aufwändig ist, die vollständige Grundgesamtheit zu untersuchen, beschränkt man sich auf eine *Stichprobe*. Diese muss so gewählt werden, dass sie die Verhältnisse in der Grundgesamtheit möglichst genau wiedergibt.

Eine **Stichprobe** soll Aussagen über die Grundgesamtheit ermöglichen. Dazu muss sie bezüglich bestimmter Merkmale (z.B. Alter, Geschlecht, Beruf, Einkommen) ein verkleinertes Bild der Grundgesamtheit möglichst gut wiedergeben. Man sagt auch: Die Stichprobe muss *repräsentativ* sein.

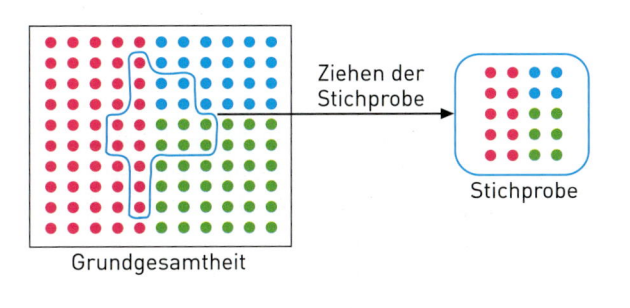

(2) Absolute und relative Häufigkeit

Beim Vergleich statistischer Daten spricht man oft von absoluten und relativen Häufigkeiten. Die absolute Häufigkeit $H_n(A)$ gibt an, wie oft das Ereignis A vorkommt, wenn die Grundgesamtheit aus n Objekten besteht. Um die absolute Häufigkeit zu bestimmen, muss man also zählen. Die relative Häufigkeit $h_n(A)$ gibt an, wie groß der Anteil an der Gesamtzahl ist.

$$\text{relative Häufigkeit} = \frac{\text{absolute Häufigkeit}}{\text{Gesamtanzahl}} \qquad \text{Kurzschreibweise: } h_n(A) = \frac{H_n(A)}{n}$$

Relative Häufigkeiten kann man als Brüche, Dezimalzahlen oder in Prozent angeben.
Beispiel:
75 Schüler der Jahrgangsstufe 7 eines Gymnasiums wurden nach der Anzahl der im letzten Monat gelesenen Bücher befragt.

Anzahl A der gelesenen Bücher	0	1	2	3	mehr als 3
Absolute Häufigkeit $H_{75}(A)$	10	30	20	10	5
Relative Häufigkeit $h_{75}(A)$	$\frac{10}{75} = \frac{2}{15}$	$\frac{30}{75} = \frac{2}{5}$	$\frac{20}{75} = \frac{4}{15}$	$\frac{10}{75} = \frac{2}{15}$	$\frac{5}{75} = \frac{1}{15}$
Relative Häufigkeit $h_{75}(A)$ in Prozent	13,3 %	40 %	26,7 %	13,3 %	6,7 %

Beachte: In der Statistik und in der Bruchrechnung verwendet man verschiedene Begriffe für gleiche Sachverhalte.

Statistik:	Gesamtanzahl	absolute Häufigkeit	relative Häufigkeit
Bruchrechnung:	Ganzes	Teil des Ganzen	Anteil

Weiterführende Aufgabe

Erhebung mit sich gegenseitig ausschließenden bzw. nicht ausschließenden Antworten

3. In einer 7. Klasse mit 30 Schülerinnen und Schülern wurde nach Folgendem gefragt:

(1)

Anzahl A der Geschwister	absolute Häufigkeit $H_{30}(A)$
0	17
1	10
2	2
mehr als 2	1

(2)

Freizeitaktivitäten A	absolute Häufigkeit $H_{30}(A)$
Lesen	9
Fußball	6
Reiten	4
Fernsehen	16
Tennis	5

a) Berechne die relativen Häufigkeiten als Bruch. Was stellst du fest?

b) Berechne für die Umfrage zu (1) die relativen Häufigkeiten in Prozent. Runde auf ganzzahlige Prozentsätze. Berechne dann die Summe der relativen Häufigkeiten. Vergleiche mit Teilaufgabe a).

c) Stelle die Ergebnisse zu (1) und (2) in Diagrammen dar. Welche Schwierigkeit ergibt sich, wenn du ein Kreisdiagramm zu (2) zeichnen willst?

Information

Summenprobe

Sind bei einer Umfrage *Mehrfachnennungen* möglich, so kann die Summe der relativen Häufigkeiten größer als 1 (100 %) sein. In diesem Fall kann man kein Kreisdiagramm zeichnen, sondern nur ein Säulendiagramm.

Summenprobe für relative Häufigkeiten

Die Summe der relativen Häufigkeiten einer vollständigen Erhebung *ohne* Mehrfachnennungen ist gleich 1, also 100 %.

Mit dieser *Summenprobe* kann man die Vollständigkeit einer Erhebung oder die Richtigkeit der Rechnung überprüfen.

Rundet man relative Häufigkeiten bei einer vollständigen Erhebung ohne Mehrfachnennung, kann es vorkommen, dass ihre Summe nicht genau 100 % ergibt. In diesem Fall ist es geschickt, eine relative Häufigkeit anders zu runden, sodass ihre Summe genau 100 % ergibt.

Übungsaufgaben

4. In einer Schülerzeitung soll über die Ernährung in den Pausen berichtet werden.

Die Schülerinnen und Schüler wurden dazu befragt, welches Getränk sie zu sich nehmen.

Getränk	Anzahl in Klasse		
	5	6	7
Milch	11	9	7
Kakao	17	15	16
Fruchtsaft	23	21	25
Mineralwasser	7	9	11
Limonade	19	27	26

a) Welches Getränk ist in Klasse 5 [6; 7] am beliebtesten?

b) In welcher Jahrgangsstufe ist Fruchtsaft [Milch, Kakao, ...] relativ gesehen am beliebtesten?

c) Veranschauliche die Ergebnisse der Befragung durch eine grafische Darstellung.

5. Bei einigen Schülern wurde das Körpergewicht (gerundet auf volle kg) bestimmt.

Gewicht G (in kg)	40	41	42	43	44	45	46	47	48	49	50	51
Absolute Häufigkeit H_n (G)	1	2	3	5	6	8	9	9	5	3	1	1

a) Bestimme die relativen Häufigkeiten h_n(G), mit der die einzelnen Gewichte auftreten. Führe die Summenprobe durch.
b) Zeichne ein Säulendiagramm und ein Kreisdiagramm für die relativen Häufigkeiten. Welches ist aussagekräftiger?

6. Der Gemeinderat beschloss, in der Platanenallee Maßnahmen zur Verkehrsberuhigung durchzuführen.
Wie man der nebenstehenden Tabelle entnehmen kann, war dies nicht unumstritten.
a) Hat sich die Meinung der Anwohner geändert, nachdem die Umbaumaßnahmen abgeschlossen waren? (Beachte die unterschiedliche Gesamtanzahl der beiden Stichproben.)

Meinung	absolute Häufigkeit in der Stichprobe	
	vorher	nachher
sehr gut	24	40
gut	108	144
unentschieden	81	56
schlecht	78	72
sehr schlecht	9	8

b) Zeichne zwei Kreisdiagramme für die relativen Häufigkeiten und vergleiche.
c) Führe den Vergleich auch mit Säulendiagrammen (Streifendiagrammen) durch. Benenne Vor- und Nachteile der verschiedenen Diagramme.

7. Laura und Paul werten gemeinsam die Ergebnisse einer Befragung aus.
Laura meint: „Wenn wir die relativen Häufigkeiten als ganzzahlige Prozentsätze angeben, dann ergibt sich bei der Summenprobe 101 %."
Paul sagt: „Das Ergebnis ist viel genauer, wenn wir eine Stelle hinter dem Komma berücksichtigen."
Überprüft beide Aussagen.

Frage: Sollen im Schulkiosk auch Süßigkeiten verkauft werden?
Antwort:
Ja	35
Nein	15
Egal	23

8. Tobias hat seine Mitschüler und Mitschülerinnen nach ihrer Lieblingsfarbe befragt. Leonie meint: „Etwas stimmt da nicht." Kontrolliere.

rot	blau	grün	gelb	braun	violett
33 %	19 %	25 %	13 %	12 %	8 %

9. Entnimm dem Zeitungsartikel rechts eine nicht genannte Angabe.

Neustadt wird immer jünger
In die Neubaugebiete ziehen immer mehr junge Familien mit Kindern. Ein Fünftel der Bevölkerung ist unter 18 Jahre alt. 42 % der Einwohner sind volljährig, aber unter 40. Der Anteil der Personen über 65 liegt bei 15 %.

10. Die Schüler und Schülerinnen einer Schule kommen aus den vier Orten Astadt, Behausen, Cedorf und Dedorf.
Die Schulleiterin schätzt, dass $\frac{1}{4}$ der Schülerschaft aus Astadt, $\frac{1}{3}$ aus Behausen und $\frac{1}{5}$ aus Dedorf kommen.
   a) Lege eine Häufigkeitstabelle an und zeichne ein Kreisdiagramm.
   b) Die Schule hat 753 Schülerinnen und Schüler. Bestimme die Anzahl der Kinder aus den einzelnen Orten, die sich aus dieser Schätzung ergibt.

11. In einer Stichprobe beträgt der Anteil der Fahrschüler $\frac{2}{5}$.
Die Stichprobe enthält 28 Fahrschüler. Wie groß ist die Stichprobe?

12. Führt in eurer Klasse eine Umfrage nach dem Lieblingssong (oder zu einem selbst gewählten Thema) durch. Gestaltet mit den Ergebnissen verschiedene Plakate mit Säulen-, Streifen- und Kreisdiagrammen.
Hängt sie in eurem Klassenraum aus und vergleicht sie.

13. Bei einer Befragung unter 100 zufällig ausgewählten Jugendlichen wurde auch nach den beliebtesten Klubs der Fußball-Bundesliga gefragt. Mehrfachnennungen waren möglich.

   a) Bestimme die relativen Häufigkeiten. Führe die Summenprobe durch.
   Was stellst du fest? Erkläre.
   b) Zeichne ein Säulendiagramm.
   c) Tom schlägt vor, auch ein Kreisdiagramm zu zeichnen. Was meinst du dazu?

14. An einer Ortseinfahrt wird die Höchstgeschwindigkeit auf 50 km/h begrenzt.
Die Polizei kontrolliert die Geschwindigkeit der Fahrzeuge. Hier ist das Ergebnis:

Geschwindigkeit (in km/h)	bis 40	über 40 bis 50	über 50 bis 60	über 60 bis 70	über 70
Anzahl der Fahrzeuge	5	92	66	13	4

   a) Stelle das Ergebnis in einem Säulendiagramm dar.
   b) Zeichne ein Kreisdiagramm zu den Daten.
   c) Schreibe einen Zeitungsartikel über die Messung.

15. Wählt in verschiedenen Büchern eine Seite aus und zählt 100 Wörter ab.
Legt eine Strichliste an, wie viele Buchstaben die einzelnen Wörter haben.
Zeichnet ein Säulendiagramm.
Vergleicht eure Ergebnisse.

16. Auf Schreibmaschinen- und Computertastaturen sind die Buchstaben weder alphabetisch noch nach einem anderen erkennbaren System angeordnet.
Beim Schreiben mit zehn Fingern zeigen die beiden Daumen auf die große Leertaste und die übrigen Finger auf die Buchstaben A, S, D, F, J, K, L, Ö (*Grundstellung*).

Oliver vermutet, dass diese Buchstaben besonders häufig vorkommen.
   a) Überprüfe diese Vermutung. Zähle dazu auf Seite 6 die ersten 500 Buchstaben aus. Ermittle die relativen Häufigkeiten für diese Buchstaben.
   b) Zähle andere Texte aus dem Deutschbuch oder der Zeitung aus.
   c) Zähle einen Text aus dem Englischbuch aus und vergleiche.

17. Die Qualität einer neuen Maschine zur Energiesparlampenherstellung soll überprüft werden. Dazu wird aus 80 000 produzierten Lampen eine Stichprobe von 1200 Lampen entnommen.
Bei der Kontrolle dieser 1200 Lampen fand man 9, bei denen die Farbbeschichtung nicht in Ordnung war. Schätze, wie viele Lampen in der Gesamtproduktion vermutlich unzureichend waren.

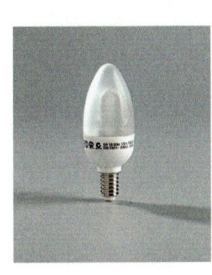

18. In Annas Heimatort soll die Fußgängerzone in der Innenstadt erweitert werden.
Anna hat eine Umfrage unter ihren Mitschülern und Mitschülerinnen durchgeführt: 68 von 112 sind für die Erweiterung.
Christoph hat an einem Nachmittag 86 Passanten in der Fußgängerzone befragt: 62 befürworten eine Erweiterung.
Hanna hat eine Umfrage in ihrer Nachbarschaft durchgeführt: 12 von 64 Personen wünschen eine Erweiterung.
Anna sagt: „Jetzt wissen wir immer noch nicht, ob die Erweiterung gewünscht ist."
   a) Was meinst du dazu?
   b) Beschreibe, wie die drei vorgehen sollten, um ein aussagekräftiges Ergebnis zu erhalten.

19. Nicht nur Ehepaare mit Kindern sondern auch Alleinerziehende mit Kindern und Lebensgemeinschaften mit Kindern bezeichnet man als Familien. Entnimm der nebenstehenden Grafik, wie viele Familien wie viele Kinder haben.
   a) Fasse die Daten zusammen und stelle in einem Kreisdiagramm dar, wie viele Familien mit 1, 2, 3 oder mehr Kindern es gibt.
   b) Ein Meinungsforschungsinstitut möchte eine repräsentative Stichprobe an 500 Familien mit Kindern durchführen. Wie sollte sich diese Stichprobe zusammensetzen?

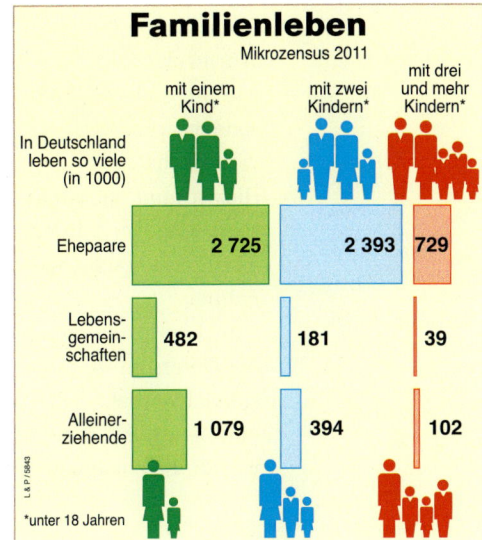

6.2 Wahrscheinlichkeiten bei Zufallsversuchen

Einstieg

Marc und Maria streiten, wer von beiden den Einkauf erledigen soll.

Marc schlägt vor, den Zufall entscheiden zu lassen und eine Reißzwecke zu werfen.

Maria entgegnet: „Aber nur, wenn ich aussuchen darf, worauf ich setze."

a) Überlegt, worauf ihr setzen würdet.
b) Macht eine Prognose: Wie oft erscheint 🪡, wie oft 🌰 bei 500-maligem Werfen?
c) Führt den Versuch des 500-maligen Werfens durch, gebt die Werte in ein Tabellenkalkulationsprogramm ein. Es ist günstig, wenn ihr die Ergebnisse bei der Eingabe schon aufsummiert.
d) Lasst nach jedem Wurf die relative Häufigkeit für 🪡 und 🌰 berechnen. Vergleicht auch mit eurem Ergebnis aus Teilaufgabe b).
Lasst den Graphen der Zuordnung
Anzahl der Würfe → relative Häufigkeit zeichnen. Beschreibt ihn.

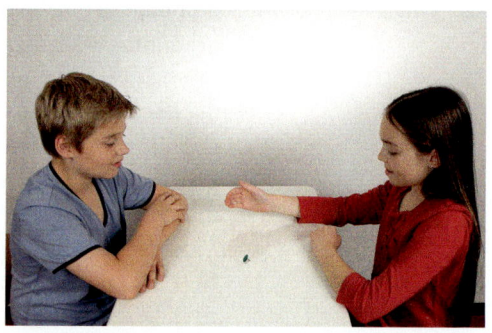

Einführung

Wahrscheinlichkeiten mithilfe von relativen Häufigkeiten bestimmen

Philine und Sebastian wollen Mensch-ärgere-dich-nicht spielen, doch leider ist nirgendwo ein Würfel auffindbar.

Sebastian schlägt vor: „Lass uns doch einen Lego-Vierer zum Würfeln nehmen. Die vier Nippel oben sind vier Augen, der Nippel unten ist ein Auge. Die Seitenflächen beschriften wir mit 2, 3, 5 und 6."

Doch Philine hat Bedenken: „Beim gewöhnlichen Würfel erscheint die Sechs in etwa genauso häufig wie die anderen Augenzahlen auch. Mit diesem sonderbaren Würfel erhält man bestimmt nicht so viele Sechsen."

Hier stimmt Sebastian zu. Doch haben beide verschiedene Vermutungen, welche Augenzahl am häufigsten erscheinen wird.

Philine:

„Am häufigsten werden wir Vieren würfeln, da die Unterseite des Steines am größten und sehr standsicher ist."

Philine schlägt zur Entscheidung vor: „Lass uns vor dem Spiel etliche Male würfeln und schauen, wie oft die einzelnen Augenzahlen erscheinen."

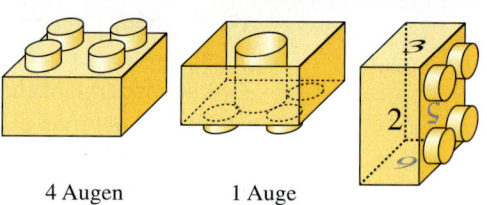

4 Augen   1 Auge

Sebastian:

„Beim Werfen wird es sehr viele Einsen geben, da der Stein oft auf den vier schweren Nippeln landet."

Ergebnisse des Entscheidungsversuchs:

Gesamtzahl der Würfe	Anzahl der Würfe mit Augenzahl					
	1	2	3	4	5	6
20	9	1	1	8	0	1
40	20	1	2	13	2	2
60	28	4	4	18	3	3
80	39	4	7	22	5	3
100	52	4	8	27	5	4
150	72	8	11	43	8	8
200	90	11	14	57	16	12
250	105	12	17	80	22	14
300	126	16	20	92	26	20
350	152	17	20	111	28	22
400	177	19	21	126	31	26
450	201	20	26	140	35	28
500	235	24	27	149	35	30
600	299	29	32	169	39	32
700	343	39	35	197	46	40
800	383	50	46	220	53	48
900	432	52	50	250	59	57
1000	478	58	52	282	69	61

Auswertung:
Um die erhaltenen absoluten Häufigkeiten besser miteinander vergleichen zu können, berechnen Sebastian und Philine jeweils die relativen Häufigkeiten für die einzelnen Augenzahlen. Damit zeichnen sie für jede Augenzahl den Graphen der Zuordnung
Anzahl der Würfe → relative Häufigkeit (Bild rechts).
Zu Beginn der Würfelserie treten noch große Schwankungen der relativen Häufigkeiten auf. Je öfter aber gewürfelt wird, desto weniger ändern sich die relativen Häufigkeiten:
Augenzahl 1 tritt am häufigsten auf in ungefähr 48 % der Fälle, Augenzahl 4 in 28 % der Fälle. Die übrigen Augenzahlen sind gleichberechtigt und treten alle in ungefähr 6 % der Fälle auf.
Ein Mensch-ärgere-dich-nicht-Spiel mit diesem Lego-Vierer als Würfelersatz würde also lange Wartezeiten auf die Sechs ergeben. Aber zu diesem Spiel ist es nun für Sebastian und Philine auch schon zu spät geworden...
Ergebnis: Sebastians Vermutung stimmt. Mit dem Lego-Vierer würfelt man am häufigsten Einsen.
Anregung: Wirf doch selber einmal mit einem Lego-Vierer und vergleiche deine Ergebnisse mit denen von Sebastian und Philine.

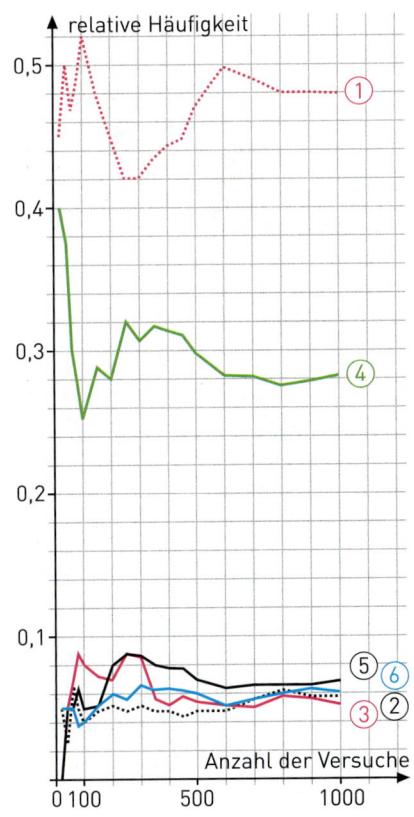

Information	**(1) Zufallsversuche**

Das Werfen einer Münze, eines Würfels usw. sind **Zufallsversuche**; statt Zufallsversuch sagt man auch **Zufallsexperiment**. Bei diesen Vorgängen kennt man die möglichen Ergebnisse, man weiß aber vor der Durchführung nicht, welches dieser Ergebnisse dann tatsächlich auftritt. Dieses hängt vom Zufall ab. Andere derartige Versuche sind das Ziehen einer Kugel aus einer Lotto-Trommel, die Auswahl eines Musik-Titels mit der Random-Funktion eines CD-Players, das Befragen einer Person bei einer Meinungsumfrage usw.

> **Zufallsversuche** sind Versuche mit folgenden Eigenschaften:
> - Man kann nicht vorhersagen, welches **Ergebnis** bei der Durchführung des Versuches auftritt; das hängt vom Zufall ab.
> - Aber schon vor dem Versuch lassen sich alle möglichen Ergebnisse angeben. Man fasst sie zusammen zur **Ergebnismenge Ω**.
>   *Beispiel:* Beim Würfeln ist $\Omega = \{1, 2, 3, 4, 5, 6\}$.
> - Der Versuch kann unter den gleichen Bedingungen (beliebig oft) wiederholt werden.

empirisch (griech.)
aus Erfahrung bekannt

(2) Empirisches Gesetz der großen Zahlen

Am Anfang einer Würfelserie schwanken die relativen Häufigkeiten von Wurf zu Wurf noch sehr stark; je öfter aber gewürfelt wird, desto weniger ändern sie sich. Woran liegt das?

Hat man erst wenige Male gewürfelt und erhält dann zwei gleiche Augenzahlen nacheinander, so erhöht sich die relative Häufigkeit dieser Augenzahl sehr stark. Hat man dagegen schon sehr oft gewürfelt, so bewirken zwei gleiche Augenzahlen nacheinander nur eine geringe Veränderung der relativen Häufigkeit, da durch einen größeren Nenner dividiert wird.

> **Empirisches Gesetz der großen Zahlen**
> Obwohl der Ausgang jeder einzelnen Durchführung eines Zufallsversuchs rein zufällig und daher nicht vorhersehbar ist, schwanken die dabei ermittelten relativen Häufigkeiten mit zunehmender Versuchsanzahl in der Regel immer weniger um einen festen Wert.
>
> *Beispiel:*
> Werfen einer Reißzwecke $\Omega = \{$  $\}$
>
>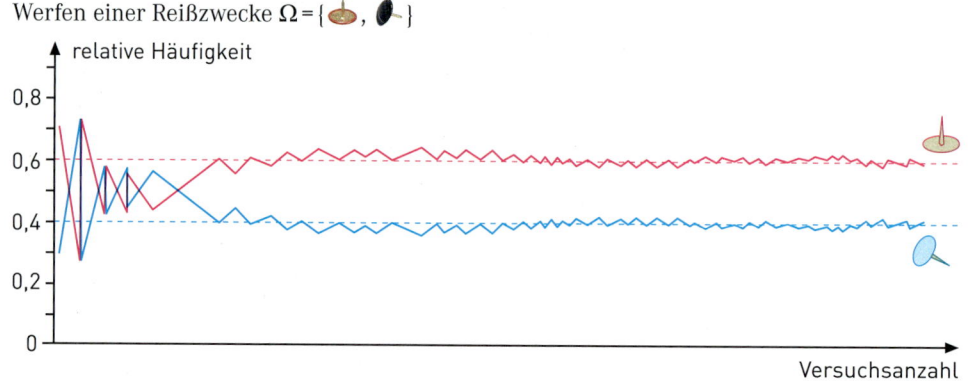

6.2 Wahrscheinlichkeiten bei Zufallsversuchen

Wahrscheinlichkeit
(engl.) probability
(franz.) probabilité
(lat.) probabilitas

(3) Wahrscheinlichkeit

Die beim häufigen Durchführen eines Zufallsversuchs ermittelten relativen Häufigkeiten kann man für eine Prognose zukünftiger Versuchsdurchführungen verwenden.

> Die **Wahrscheinlichkeit** eines Ergebnisses gibt an, welche relative Häufigkeit man bei häufiger Versuchsdurchführung für dieses Ergebnis erwarten kann. Sie ist der Wert, um den die relativen Häufigkeiten schwanken. Daher lassen sich Wahrscheinlichkeiten erst nach vielen Versuchsdurchführungen einigermaßen genau abschätzen.
>
> Legt man Wahrscheinlichkeiten fest, so ist darauf zu achten, dass die Summe der Wahrscheinlichkeiten aller Ergebnisse 1 beträgt.

Beachte: Wahrscheinlichkeit und relative Häufigkeit sind grundsätzlich verschiedene Begriffe: Wahrscheinlichkeiten dienen der Prognose, sie geben Auskunft über die Chancen in bevorstehenden Zufallsversuchen. Dagegen machen relative Häufigkeiten immer Aussagen über bereits durchgeführte Zufallsversuche.

Beim Werfen des Lego-Vierers ergaben sich nach 1 000 Würfen für die Augenzahlen 2, 3, 5, 6 unterschiedliche relative Häufigkeiten: 0,058; 0,052; 0,069 und 0,061.
Da sich diese Werte nur wenig voneinander unterscheiden und die Seitenflächen des Lego-Vierers alle vier völlig gleichberechtigt sind, haben wir für alle vier Seitenflächen dieselbe Wahrscheinlichkeit von 0,06 angesetzt.

Weiterführende Aufgaben

Schätzen von absoluten Häufigkeiten bei gegebener Wahrscheinlichkeit

1. Verwende die folgenden in der Einführung ermittelten Näherungswerte der Wahrscheinlichkeiten für das Werfen eines Lego-Vierers.

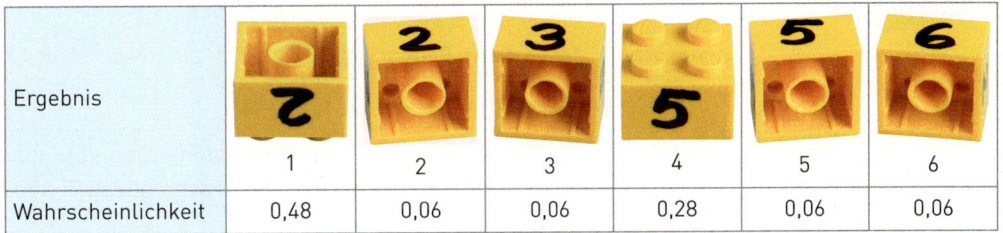

Ergebnis	1	2	3	4	5	6
Wahrscheinlichkeit	0,48	0,06	0,06	0,28	0,06	0,06

Der Lego-Stein wird 2000-mal [1250-mal, 25-mal] geworfen.
Gib Schätzwerte an, wie oft etwa die einzelnen Augenzahlen auftreten werden.

Wahrscheinlichkeit und Gewinnchance

2. Tim und Janina würfeln mit einem Lego-Vierer, wer das letzte Stück Schokolade essen darf. Jeder darf auf eine Augenzahl setzen. Auf welche Augenzahl würdest du setzen? Begründe.
Verwende die in Aufgabe 1 angegebenen Näherungswerte für die Wahrscheinlichkeiten.

> Wahrscheinlichkeiten geben an:
> - die Gewinnchancen beim nächsten Spiel;
> - die bei langen Versuchsserien zu erwartenden relativen Häufigkeiten.

Übungsaufgaben

3. **a)** Zufällig oder nicht?
  (1) Wasser siedet bei 100°C.
  (2) Julias Vater hat „vier Richtige" im Lotto.
  (3) Ein Eisennagel in der Nähe eines Magneten wird angezogen.
  (4) Am 24.12. ist schulfrei.
  (5) Tim wirft eine Münze; sie zeigt Zahl.
  (6) Marie wirft einen Ball in die Luft, er fällt wieder herunter auf die Erde.

b) Geschick oder Zufall oder beides?
  (1) Lukas gewinnt beim Skatspiel.
  (2) Maries Vater gewinnt im Fußballtoto.
  (3) Anne trifft eine Dose bei einer Wurfbude.
  (4) Christians Mutter zieht ein Gewinnlos.

4. Beim Sportfest spielen die Klassen 7a und 7b gegeneinander Fußball. Für die Seitenwahl wird normalerweise eine Münze geworfen. Da aber keine Münze verfügbar ist, schlägt der Spielführer der Klasse 7a vor, einen Kronkorken zu werfen. Die Klasse 7b ist damit nicht einverstanden.

a) Versetzt euch in die Situation. Was würdet ihr machen? Ist die Seitenwahl mit einem Kronkorken fair?

b) Bei einer Versuchsreihe mit einem Kronkorken wurden folgende Ergebnisse erzielt:

Anzahl der Würfe	50	100	200
Ergebnis: *liegt auf dem Rücken*	31	57	118
Ergebnis: *liegt auf dem Rand*	19	43	82

Berechne die relativen Häufigkeiten der beiden Ergebnisse nach 50, 100, 200 Würfen. Gib dann einen Näherungswert für die Wahrscheinlichkeit des Ergebnisses „liegt auf dem Rücken" an.
Beurteile danach die Seitenwahl mit einem Kronkorken.

c) Für eine neue Versuchsreihe schlägt Florian vor, die Versuchsdurchführung zu beschleunigen: „Wir werfen nicht mehrmals mit einem einzelnen Kronkorken, sondern mit mehreren Kronkorken zugleich." Was meinst du dazu?

5. Ermittelt Näherungswerte für die Wahrscheinlichkeiten der einzelnen Ergebnisse beim Werfen eines
  (1) Lego-Sechsers; (2) Lego-Achters.
Schätzt zuvor und vergleicht mit dem Lego-Vierer.

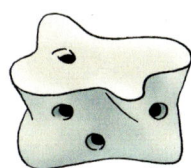

6. Im Altertum wurde oft bei Zufallsentscheidungen ein Astragalus geworfen. Das ist ein Vieraugenwürfel aus dem Fußgelenkknöchel von Lämmern. Ein Astragalus konnte auf 4 Seitenflächen liegen bleiben.
   a) Beim 30-maligen Werfen erhielt man:
      3; 1; 2; 3; 2; 2; 4; 2; 2; 2; 2; 3; 3; 3; 3; 3; 2; 3; 4; 3; 2; 2; 2; 2; 3; 4; 4; 1; 2; 2.
      Bestimme nach jedem Wurf die relative Häufigkeit für jede Augenzahl. Stelle dann die Entwicklung der relativen Häufigkeiten in Abhängigkeit von der Anzahl der Würfe in einem gemeinsamen Diagramm dar.
   b) Ermittle aus dem Diagramm die Wahrscheinlichkeiten.

7. Stelle selbst einen Ersatz-Astragalus aus einer Astgabel her und ermittle für dessen Augenzahl die Wahrscheinlichkeiten. Schätze zuvor.

8. Habt ihr eine Vermutung, ob eine Streichholzschachtel beim Werfen eher auf der Boden- oder auf der Deckfläche liegen bleibt?
   Gebt Schätzwerte für die Wahrscheinlichkeiten an. Überprüft sie.

9. Felix würfelt mit einer Reißzwecke: .
   Er behauptet: „Damit das empirische Gesetz der großen Zahl gilt, muss jetzt die Seitenlage kommen." Was meinst du dazu?

10. Beurteile folgende Aussagen, ob sie wahr oder falsch sind.
    a) Wenn fünfmal eine 6 gefallen ist, muss beim 6. Mal eine andere Zahl fallen, damit das empirische Gesetz der großen Zahl stimmt.
    b) Nach 500 Würfen muss die relative Häufigkeit näher bei der Wahrscheinlichkeit liegen als nach 50.
    c) Sind die relativen Häufigkeiten nach 50 und nach 500 Würfen unterschiedlich, dann sollte man eher den Wert nach 500 Würfen als Schätzung der Wahrscheinlichkeit annehmen.

11. Bei der Speicher-Chip-Produktion geht man aufgrund langer Erfahrung davon aus, dass 2,5 % aller produzierten Chips defekt sind. In einer Serie werden 12 000 Chips produziert.
    a) Schätze ab, wie viele Chips aus dieser Serie einen produktionsbedingten Defekt haben.
    b) 99 % der defekten Chips werden in der Qualitätskontrolle erkannt und gelangen nicht in den Handel. Gib einen Schätzwert an, wie viele Chips mit einem Defekt in den Handel kommen.

12. Die Wahrscheinlichkeit, dass sich bei einem neuen Auto innerhalb der ersten drei Monate ein Mangel herausstellt, der auf Verarbeitungsfehler zurückzuführen ist, liegt bei 0,8 %.
    a) In einer Woche werden 3745 Fahrzeuge fertiggestellt.
       Bei wie vielen dieser Fahrzeuge wird sich voraussichtlich ein Mangel herausstellen?
    b) Bei den Autos, die montags das Band verlassen, ist die Wahrscheinlichkeit eines Verarbeitungsfehlers doppelt so hoch wie an jedem anderen Wochentag. An jedem Arbeitstag (Montag bis Sonntag) werden gleich viele Autos produziert. Wie viele Autos einer Montagsproduktion werden voraussichtlich einen Mangel aufweisen?

13. Ein Handball-Trainer geht davon aus, dass sein bester Spieler Dirk bei 7-Meter-Würfen eine Erfolgswahrscheinlichkeit von 80 % besitzt.
  a) Wie könnte der Trainer zu seiner Meinung gekommen sein?
  b) Schätze, mit wie vielen verwandelten 7-Meter-Würfen der Trainer bei Dirk in einer Serie von 32 Würfen rechnet.
  c) Wie groß ist die Wahrscheinlichkeit, dass nach einer Serie von 8 erfolgreichen 7-Meter-Würfen Dirk auch Wurf Nr. 9 verwandelt?

14. Beim Dominospiel tragen die Spielsteine zwei Felder, die mit zwei Augenzahlen von 0 bis 6 gekennzeichnet sind. Jeder mögliche Spielstein kommt nur einmal vor. Die Spielsteine werden unter den Spielern zufällig und verdeckt ausgeteilt. Wie groß ist die Wahrscheinlichkeit, dass Annika als ersten Stein die Doppelsechs erhält?

15. Bei einer Geburtstagsfeier werden kleine Gewinne durch Werfen eines Würfels ausgelost. Man erhält einen Gewinn, wenn man eine 1 würfelt. Du kannst beim Werfen einen gewöhnlichen Würfel oder ein Tetraeder wählen. Wofür würdest du dich entscheiden?

16. Beschriftet man die Seitenflächen eines Bleistifts, so kann man verschiedene Ergebnisse „rollen".
Wählt einen Bleistift aus und formuliert eine Vermutung für die Wahrscheinlichkeit der einzelnen Ergebnisse. Überprüft eure Vermutung anschließend experimentell.

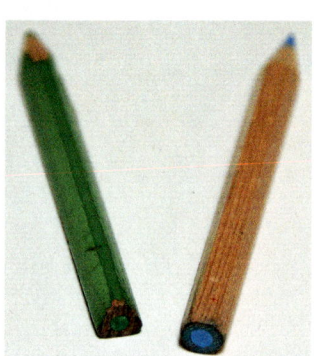

17. Mit einem Würfel kann man sechs gleich wahrscheinliche Ergebnisse erhalten.
  a) Nenne einen regelmäßigen Körper, mit dem man vier gleich wahrscheinliche Ergebnisse erhalten kann.
  b) Untersuche, welche Anzahlen an gleich wahrscheinlichen Ergebnissen man mit anderen regelmäßigen Körpern erhalten kann.
  c) Beschreibe ein Zufallsgerät, mit dem man neun gleichwahrscheinliche Ergebnisse erhalten kann.
  d) Ben behauptet: „Glücksräder kann man so bauen, dass jede gewünschte Anzahl an gleich wahrscheinlichen Ergebnissen möglich ist." Erläutere Bens Überlegung.

Das kann ich noch!

A) Gib den blau markierten Anteil als Bruch, als Dezimalbruch und in der Prozentschreibweise an.

1) 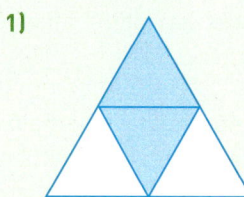   2) 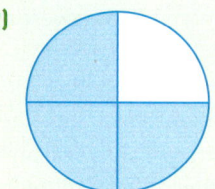   3) 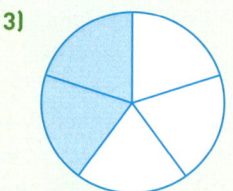   4)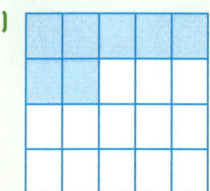

B) Berechne.
  1) $\frac{1}{2} + \frac{2}{3}$
  2) $\frac{2}{3} - \frac{1}{2}$
  3) $\frac{1}{2} \cdot \frac{2}{3}$
  4) $\frac{1}{2} : \frac{2}{3}$
  5) $\left(\frac{2}{3}\right)^4$
  6) $1\frac{1}{2} + \frac{3}{4}$
  7) $1\frac{1}{2} - \frac{3}{4}$
  8) $1\frac{1}{2} \cdot \frac{3}{4}$

6.3 Ereignisse und ihre Wahrscheinlichkeiten

Einstieg

Beim „Schweine Würfeln" (siehe Seite 220) wird ein kleines Plastikschweinchen geworfen. Dabei gibt es sechs mögliche Ergebnisse. Wie groß ist die Wahrscheinlichkeit für folgende Ereignisse?

(1) Das Schwein liegt auf einer Seite.
(2) Das Schwein liegt nicht auf dem Rücken.
(3) Das linke Ohr des Schweins berührt den Boden.

P(Beine) = 0,08	P(rechte Seite) = 0,41	P(linke Seite) = 0,32
P(Rücken) = 0,17	P(Ohr) = 0,01	P(Schnauze) = 0,01

Aufgabe 1

Wahrscheinlichkeit von Ereignissen

Sebastian und Philine würfeln mit dem Lego-Vierer, um zu entscheiden, wer zuerst Klavier spielen darf.

P(1) ≈ 0,48   P(3) ≈ 0,06   P(5) ≈ 0,06
P(2) ≈ 0,06   P(4) ≈ 0,28   P(6) ≈ 0,06

a) Sebastian setzt darauf, dass eine ungerade Augenzahl erscheint, Philine darauf, dass eine gerade Augenzahl erscheint. Ist einer der beiden im Vorteil?
Berechne dazu die Wahrscheinlichkeiten dieser beiden Ereignisse.
b) Berechne die Wahrscheinlichkeit dafür, keine 4 zu werfen.

Lösung

a) In 48 % der Würfe erscheint eine 1, in 6 % der Würfe erscheint eine 3 und in 6 % der Würfe erscheint eine 5.
Also erscheint in 48 % + 6 % + 6 % = 60 % der Würfe eine 1 oder 3 oder 5.
Die Wahrscheinlichkeit für eine ungerade Augenzahl beträgt somit:
P(ungerade Augenzahl) = P(1) + P(3) + P(5) = 0,60
Entsprechend erhält man:
P(gerade Augenzahl) = P(2) + P(4) + P(6) = 0,06 + 0,28 + 0,06 = 0,40
Ergebnis: Sebastian ist im Vorteil, da öfter ungerade Augenzahlen erscheinen werden.

b) In 28 % aller Würfe erscheint eine 4. Also erscheint in den übrigen 72 % aller Würfe eine andere Augenzahl als 4.
P(keine 4) = 1 − P(4) = 1 − 0,28 = 0,72

Information

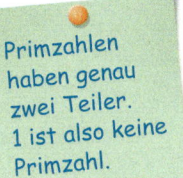

Primzahlen haben genau zwei Teiler. 1 ist also keine Primzahl.

(1) Ereignis, Summenregel

Betrachtet man beim Werfen mit dem Lego-Vierer nur, ob eine Primzahl erscheint, so fasst man die Ergebnisse 2, 3 und 5 zusammen. Erscheint beim Würfeln eines dieser Ergebnisse, so sagt man, das **Ereignis** *„Augenzahl ist Primzahl"* ist eingetreten. Dieses Ereignis E lässt sich durch die Menge der zu ihm gehörenden Ergebnisse beschreiben: E = {2; 3; 5}. Die Wahrscheinlichkeit dieses Ereignisses ist die Summe der Wahrscheinlichkeiten seiner Ergebnisse:
P(E) = P(2) + P(3) + P(5) = 0,06 + 0,06 + 0,06 = 0,18

Summenregel
Die Wahrscheinlichkeit eines Ereignisses ist die Summe der Wahrscheinlichkeiten der zugehörigen Ergebnisse.

(2) Gegenereignis – Komplementärregel

Mit dem Ereignis A kennt man gleichzeitig auch immer das zugehörige *Gegenereignis* $\overline{A}$:

> **Komplementärregel**
>
> Das **Gegenereignis** $\overline{A}$ eines Ereignisses A enthält alle die Ergebnisse der Ergebnismenge Ω, die nicht zu A gehören. Die Wahrscheinlichkeit $P(A)$ und die Wahrscheinlichkeit $P(\overline{A})$ ergänzen sich zu 1: $P(A) + P(\overline{A}) = 1$
>
> *Beispiel:* Werfen eines Würfels
> Ereignis: „Augenzahl durch 3 teilbar": $A = \{3; 6\}$ $P(A) = \frac{1}{3}$
> Gegenereignis: „Augenzahl nicht durch 3 teilbar": $\overline{A} = \{1; 2; 4; 5\}$ $P(\overline{A}) = 1 - P(A) = \frac{2}{3}$

> Verwende die Komplementärregel, wenn es leichter ist, die Wahrscheinlichkeit des Gegenereignisses zu bestimmen.

Weiterführende Aufgabe

Unmögliches und sicheres Ereignis

2. Bestimme die Wahrscheinlichkeit, dass beim Werfen eines Lego-Vierers die Augenzahl
   (1) durch 7 teilbar ist;
   (2) kleiner als 7 ist.

> - Erfüllt *keines* der möglichen Ergebnisse eines Zufallsversuchs die Bedingung, durch die ein Ereignis beschrieben ist, nennt man das Ereignis ein **unmögliches Ereignis**.
>   Die Wahrscheinlichkeit des unmöglichen Ereignisses ist 0.
> - Erfüllen alle möglichen Ergebnisse des Zufallsversuchs die Bedingung, durch die ein Ereignis beschrieben ist, dann nennt man das Ereignis ein **sicheres Ereignis**.
>   Die Wahrscheinlichkeit des sicheren Ereignisses ist 1.

Übungsaufgaben

3. Für das Werfen eines Lego-Vierers haben wir folgende Wahrscheinlichkeiten ermittelt:

Augenzahl	1	2	3	4	5	6
Wahrscheinlichkeit	0,48	0,06	0,06	0,28	0,06	0,06

Bestimme jeweils die Wahrscheinlichkeit dafür,
(1) eine ungerade Zahl zu werfen;
(2) eine durch 2 oder 3 teilbare Zahl zu werfen;
(3) eine durch 2 und durch 3 teilbare Zahl zu werfen;
(4) höchstens 4 zu werfen;
(5) nicht 3 zu werfen;
(6) mindestens 3 zu werfen.

4. Die Wahrscheinlichkeit für den Defekt eines Laptops ist durch die Tabelle angegeben. Berechne die Wahrscheinlichkeit dafür, dass der Laptop
   (1) bis zu 4 Jahre funktioniert;
   (2) bis zu 5 Jahre funktioniert;
   (3) weniger als 3 Jahre funktioniert;
   (4) länger als 4 Jahre funktioniert.

Defekt im Jahr	Wahrscheinlichkeit
1	0,02
2	0,05
3	0,12
4	0,37
5	0,31
6 oder später	0,13

5. Bei einer Fahrzeugkontrolle kommen 178 Autos vorbei. Dabei stellt die Polizei bei 23 Autos Mängel fest. Gib jeweils eine Prognose für die Kontrolle am nächsten Tag.
   a) Wie groß ist die Wahrscheinlichkeit, dass ein zufällig ausgewähltes Auto bei einer Verkehrskontrolle Mängel aufweist? Runde sinnvoll.
   b) Schätze: Wie viele unter den 800 Autos werden Mängel aufweisen?

6.4 Laplace-Versuch

Einstieg

Emma und Tobias streiten sich um das Fernsehprogramm. Emma möchte einen Krimi sehen, Tobias einen Spielfilm.
Emma schlägt vor, zur Entscheidung eine Münze zu werfen. Tobias möchte lieber einen Kronkorken werfen. Was haltet ihr von den beiden Vorschlägen?

Aufgabe 1

Laplace-Versuch

Anton und Victor spielen mit zwei Würfeln, einem runden und einem gewöhnlichen. Nach einiger Zeit bemerkt Victor:
„Ich glaube, mit dem runden Würfel stimmt etwas nicht. Da treten so häufig Sechsen auf."
Die beiden Freunde testen die Würfel. Sie würfeln mit jedem Würfel 100-mal und notieren in einer Tabelle:

Augenzahl		1	2	3	4	5	6
absolute Häufigkeit	runder Würfel	6	17	18	16	18	25
	gewöhnlicher Würfel	14	18	16	17	19	16

a) Was spricht dafür, dass einer der Würfel nicht in Ordnung ist?
b) Schätze die Wahrscheinlichkeit für das Werfen einer Sechs für jeden der beiden Würfel.

Lösung

a) Victor meint, dass der gewöhnliche Würfel in Ordnung ist, da alle Augenzahlen ungefähr gleich oft vorkommen. Bei dem runden Würfel dagegen erscheint die Augenzahl 6 wesentlich häufiger als die Augenzahl 1.

b) Bei diesem runden Würfel beträgt die relative Häufigkeit der Augenzahl 6 bei 100 Versuchen $\frac{25}{100} = 25\%$. Wir schätzen daher, dass die Wahrscheinlichkeit etwa $\frac{1}{4}$ beträgt.
Bei einem guten Würfel kann man damit rechnen, dass die zu erwartende Häufigkeit für alle Augenzahlen gleich ist. Da 6 Zahlen vorkommen, ist die Wahrscheinlichkeit für jede Augenzahl $\frac{1}{6}$.

Information

(1) Laplace-Versuche

Bei vielen Zufallsversuchen, die für Glücksspiele verwendet werden, haben alle Ergebnisse die gleiche Chance. Man sagt auch: Alle Ergebnisse sind *gleich wahrscheinlich*.
Solche Versuche sind benannt nach dem französischen Mathematiker Pierre Simon Marquis de **Laplace** (1749–1827). Er veröffentlichte 1812 eine Zusammenfassung der damaligen Kenntnisse unter dem Titel „Théorie analytique des probabilités".

> Zufallsversuche, bei denen alle Ergebnisse gleich wahrscheinlich sind, nennt man **Laplace-Versuche**.

Wenn man ein Glücksspiel durchführt, z. B. mit einem Würfel oder einem Glücksrad, dann weiß man natürlich nicht, ob das Gerät tatsächlich gleiche Chancen für alle möglichen Ergebnisse bietet. Wenn jedoch kein Grund ersichtlich ist, dass irgendeines der Ergebnisse eine größere Chance hat aufzutreten als ein anderes, dann macht man die Annahme der Gleichwahrscheinlichkeit. Man spricht daher auch von der **Laplace-Annahme** oder vom **Laplace-Modell**.

> Bei einem Laplace-Versuch mit n möglichen Ergebnissen ist die **Wahrscheinlichkeit** eines jeden Ergebnisses $\frac{1}{n}$.
>
> *Beispiel:*
> Bei einem guten Spielwürfel beträgt die Wahrscheinlichkeit für jede einzelne Augenzahl $\frac{1}{6}$.
> $P(\text{Augenzahl } 3) = \frac{1}{6}$.

(2) Bestimmen von Wahrscheinlichkeiten

Bei Zufallsversuchen, bei denen man davon ausgehen kann, dass alle Ergebnisse gleichwahrscheinlich sind, müssen Wahrscheinlichkeiten nicht durch häufige Versuchsdurchführungen bestimmt werden. Bei anderen Zufallsversuchen muss man jedoch experimentell vorgehen.

> Wahrscheinlichkeiten kann man bestimmen
> - aus Symmetriebetrachtungen (beispielsweise bei Würfel, Münze, Becher, Zufallsrad);
> - aus relativen Häufigkeiten bei häufigen Versuchsdurchführungen.

Weiterführende Aufgaben

Laplace-Regel

2. a) Mike und Mia haben zwei Glücksräder, mit denen sie Gewinne auslosen.
Auf Mikes Rad sind die Zahlen von 0 bis 99 notiert. Es gewinnen alle Zahlen, die zwei gleiche Ziffern enthalten.
Auf Mias Rad sind die Zahlen 1 bis 40 notiert. Es gewinnen alle Zahlen, die durch 7 teilbar sind.
Mit welchem Rad würdest du spielen?
Beschreibe dazu bei jedem Glücksrad das Ereignis *Gewinn* durch eine Menge von Ergebnissen. Bestimme die Wahrscheinlichkeit dieses Ereignisses.

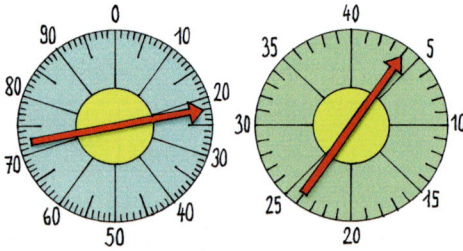

b) Begründe folgende Regel:

> Für *Laplace-Versuche* gilt:
> Wahrscheinlichkeit eines Ereignisses = $\frac{\text{Anzahl der zum Ereignis gehörenden Ergebnisse}}{\text{Anzahl der möglichen Ergebnisse des Zufallsversuchs}}$

Der Zufall hat kein Gedächtnis.

3. Ben würfelt mit einem Spielwürfel und erhält die Augenzahlen 5, 1, 3, 2, 4. Er meint: „Am wahrscheinlichsten kommt als nächstes die 6." Nimm Stellung dazu.

6.4 Laplace-Versuch

Pasch (franz.)
Wurf mit gleicher Augenzahl auf mehreren Würfeln.

Pasch 5

Zurückführen eines Zufallsversuchs auf einen Laplace-Versuch

4. Anneke und Jonas spielen mit zwei Würfeln. Jonas schlägt vor: „Wir betrachten den Unterschied der beiden Augenzahlen. Es gibt sechs Möglichkeiten: 0, 1, 2, 3, 4, 5. Du setzt auf 1, 3 und 4, ich auf 0, 2, 5. Dann hat jeder drei Möglichkeiten. Das ist fair."
Anneke entgegnet: „Das glaube ich nicht. Du hast mehr Möglichkeiten. Für die Augendifferenz 0 gibt es sechs Päsche, Augendifferenz 2 bei 6–4, 5–3, 4–2, 3–1 und Augendifferenz 5 bei 6–1. Du hast also 11 Möglichkeiten.
Ich habe aber nur 10 Möglichkeiten: 6–5, 5–4, 4–3, 3–2, 2–1, 6–3, 5–2, 4–1, 6–2, 5–1."
Spiele dieses Spiel mit deinem Nachbarn. Schlichte dann diesen Streit.

Übungsaufgaben

5. Bei einem Geburtstag werden kleine Gewinne mit einem Würfelspiel verteilt. Worauf würdest du setzen: auf das Erscheinen
   (1) einer Primzahl beim Werfen des Oktaeders oder
   (2) einer geraden Zahl beim Werfen eines gewöhnlichen Würfels?

6. Oliver dreht einen regelmäßigen Glückskreisel mit Feldern, die von 0 bis 9 nummeriert sind. Alexander gewinnt eine Spielmarke, wenn der Kreisel bei einer Primzahl zur Ruhe kommt. Sonst muss Alexander eine Spielmarke an Oliver zahlen.
   a) Ist das Spiel fair (gerecht)?
   b) Oliver und Alexander führen das Spiel 50-mal durch. Was erwartet ihr?

7. In einem Becher befinden sich 6 schwarze, 4 rote und 5 weiße Kugeln. Bestimme die Wahrscheinlichkeit für das Ziehen einer
   a) weißen Kugel;   c) schwarzen Kugel;
   b) roten Kugel;   d) Kugel, die nicht weiß ist.

8. a) Beschreibe, wie man herausfinden kann, ob ein Würfel gezinkt ist, d. h. ob die Ergebnisse 1, 2, 3, 4, 5, 6 nicht gleich wahrscheinlich sind.
   b) Die folgenden Fragen beziehen sich auf einen idealen, völlig regelmäßigen Würfel. Bestimme die Wahrscheinlichkeiten für:
      (1) eine ungerade Zahl;   (5) höchstens 4;
      (2) eine durch 3 teilbare Zahl;   (6) keine 6;
      (3) eine durch 2 oder 3 teilbare Zahl; (7) mindestens 3;
      (4) eine durch 2 und 3 teilbare Zahl; (8) eine Primzahl.
   c) Laura würfelt fünfmal hintereinander. Sie erhält 2, 5, 3, 6, 4. Mit welcher Wahrscheinlichkeit erscheint beim nächsten Wurf eine 6?

Ikosaeder
Zwanzigflächner

9. Ein (regelmäßiges) Ikosaeder ist ein Körper, dessen Oberfläche aus 20 gleich großen gleichseitigen Dreiecken besteht. Auch damit kann man würfeln.
   Wie groß ist die Wahrscheinlichkeit,
   a) eine ganze Zahl;   d) eine Zahl unter 7;
   b) eine einstellige Zahl;   e) keine durch 3 teilbare Zahl;
   c) eine zweistellige Zahl;   f) keine Primzahl zu werfen?

10. Eine Klasse besteht aus 16 Mädchen und 14 Jungen. Jeder schreibt seinen Namen auf einen Zettel und wirft ihn in einen Topf. Für das Verlosen einer Freikarte wird dann ein Zettel gezogen.
Wie groß ist die Wahrscheinlichkeit, dass ein Junge die Freikarte erhält?

11. Anne zieht zufällig zwei der Zahlkärtchen links.
Anne betrachtet die Summe der beiden Zahlen als Versuchsergebnis.
Beschreibe ein Ereignis mit Worten, das
(1) die Wahrscheinlichkeit 0 besitzt;
(2) die Wahrscheinlichkeit 1 besitzt.

12. Beim Roulette-Spiel bleibt die Kugel in einem der 37 Fächer liegen.
Bestimme die Wahrscheinlichkeiten der Ereignisse.
(1) ungerade Zahl (impair);
(2) gerade Zahl außer Null (pair);
(3) die Null erscheint (zero);
(4) rote Zahl (rouge)
(5) schwarze Zahl (noir).

13. In einer Lostrommel liegen 100 Lose, die von 1 bis 100 nummeriert sind.
Bestimme die Wahrscheinlichkeiten für das Eintreten der Ereignisse:
A: Die Zahl ist durch 4 teilbar. D: Die Zahl hat zwei gleiche Ziffern.
B: Die Zahl ist durch 6 teilbar. E: Die Zahl ist weder durch 4 noch durch 6 teilbar.
C: Die Zahl endet auf 0 oder 5. F: Die Zahl ist durch 6 teilbar oder endet auf 0 oder 5.

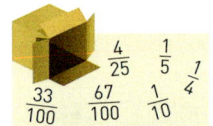

14. Deine Klasse plant für euer Schulfest die Durchführung eines Gewinnspiels.
Erarbeite zusammen mit einem Partner einen Vorschlag.

Das kann ich noch!

A) Untersuche, ob durch die Tabellen zueinander proportionale Größen gegeben sind.
Deutsche Damen- und Herrenschuhgrößen:

Gr.	34	35	36	37	38	39	40	41	42	43	44	45	46	47
cm	22,7	23,3	24,0	24,6	25,3	26,0	26,7	27,3	28,0	28,6	29,3	30,0	30,7	31,4

Englische Damen- und Herrenschuhgrößen:

Gr.	$2\frac{1}{2}$	3	$3\frac{1}{2}$	4	$4\frac{1}{2}$	5	$5\frac{1}{2}$	6	$6\frac{1}{2}$	7	$7\frac{1}{2}$	8	$8\frac{1}{2}$	9	$9\frac{1}{2}$	10	$10\frac{1}{2}$	11	$11\frac{1}{2}$
cm	23,1	23,5	24,0	24,5	24,9	25,3	25,8	26,2	26,7	27,1	27,6	28,0	28,4	28,9	29,3	29,7	30,2	30,6	31,0

Kinderschuhgrößen:

Gr.	18	19	20	21	22	23	24	25
cm	12,1	12,7	13,3	14,0	14,6	15,3	16,0	16,6

Gr.	26	27	28	29	30	31	32	33
cm	17,3	18,0	18,6	19,3	20,0	20,6	21,3	22,0

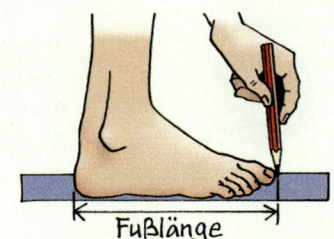

15. Bei vielen Spielen wird mit zwei Spielwürfeln geworfen. Dabei wird als Wurfergebnis die Summe der Augenzahlen betrachtet. Petra behauptet: „Die kleinstmögliche Augensumme ist 2, die größtmögliche 12. Also gibt es 11 verschiedene Augensummen; die Wahrscheinlichkeit für Augensumme 12 ist daher $\frac{1}{11}$."
Paul entgegnet: „Das kann doch nicht sein! Augensumme 12 erscheint viel seltener als Augensumme 7 zum Beispiel. Das liegt daran, dass man die 12 nur aus 2 Sechsen erhalten kann, die 7 aber aus Eins und Sechs, Zwei und Fünf sowie auch Drei und Vier."
Patrick wendet ein: „Ganz so einfach kann das nicht sein: Sowohl für Augensumme 2 als auch 3 gibt es nur eine Zerlegung in Summanden: 2 = 1 + 1 und 3 = 1 + 2. Trotzdem erscheint Augensumme 3 viel häufiger."
  a) Diskutiere mit deinem Partner, welche Aussagen richtig bzw. falsch sind.
  b) Bestimmt die Wahrscheinlichkeit, dass die Augensummen 2; 3; 4; ...; 12 auftreten.
  c) Wie groß ist die Wahrscheinlichkeit, dass die Augensumme
     (1) größer ist als 5,   **(2)** eine gerade Zahl ist,   **(3)** kleiner ist als 2?

16. Bestimme für das Werfen zweier Würfel die Wahrscheinlichkeiten folgender Ereignisse:
  (1) Augensumme 13 werfen   **(5)** Augenprodukt 12 werfen
  (2) gerade Augensumme werfen   **(6)** Augenprodukt 27 werfen
  (3) ungerade Augensumme werfen   **(7)** Pasch (gleiche Augenzahl) werfen
  (4) Augensumme größer 2 werfen   **(8)** benachbarte Augenzahlen werfen

17. In einer Klasse ergab die Umfrage nach der Anzahl der Geschwister folgende Verteilung:

Anzahl der Geschwister	0	1	2	3	4	5
absolute Häufigkeit	4	12	8	3	2	1

  a) Zeichne ein zugehöriges Kreisdiagramm.
  b) Ein zufällig herausgegriffenes Mitglied der Klasse wird nach der Anzahl der Kinder in der Familie befragt. Wie groß ist die Wahrscheinlichkeit, dass die Anzahl
    (1) mehr als 3;   **(2)** weniger als 3 beträgt?

18. Für ein Schulfest hat die Klasse 7a zwei nebeneinander stehende Glücksräder gebastelt. Beide Glücksräder sind mit den Ziffern von 0 bis 9 beschriftet. Das linke Rad gibt die Zehnerziffer, das rechte Rad die Einerziffer der gedrehten „Glückszahl" an. Für einen Einsatz von 0,50 € dürfen Schüler die Räder in Bewegung setzen. Wenn die angezeigte Glückszahl zwei gleiche Ziffern hat, erhält der Schüler einen Gewinn im Wert von 1 €, z.B. Filzstifte, Anspitzer usw.

  a) Wie viele Ergebnisse sind möglich? Wie viele Gewinnergebnisse gibt es?
  b) Die Klasse 7a rechnet damit, dass bei diesem Schulfest 500 Spiele durchgeführt werden. Wie viele Gewinne muss sie einkaufen? Wie groß wird vermutlich der Überschuss sein?

6.5 Bestimmen von Wahrscheinlichkeiten durch Simulation

Einstieg

Mara, Leo und Lukas benötigen für ein besonderes Würfelspiel ein Dodekaeder. Das ist ein völlig regelmäßiger Körper mit 12 fünfeckigen Seitenflächen. Da sie kein Dodekaeder haben, wollen sie sich behelfen. Was haltet ihr von folgenden Vorschlägen:

Leo: „Wir nehmen zwei gewöhnliche Würfel und bilden die Augensumme."

Mara: „Wir basteln uns ein Glücksrad mit 12 Sektoren."

Lukas: „Wir würfeln mit einer Münze und einem gewöhnlichen Würfel. Erscheint Zahl, wird das Würfelergebnis verdoppelt, sonst nicht."

dodeka (griech.) zwölf

Einführung

In einer Gruppe sind 10 Jungen und Mädchen. Zum Weihnachtsfest wird vereinbart, dass jeder ein kleines Geschenk bastelt und eingepackt in einen Sack legt. Bei einer Weihnachtsfeier soll sich dann jeder ein Geschenk blind aus dem Sack herausgreifen. Maria befürchtet, dass bei diesem Verfahren einige Kinder das Geschenk erhalten könnten, das sie selbst gebastelt haben.

Kannst du abschätzen, ob die Wahrscheinlichkeit für das Ereignis, dass ein Kind sein eigenes Geschenk erhält, groß oder klein ist?

Es ist schwierig, diese Wahrscheinlichkeit zu berechnen. Man kann sich dann damit behelfen, dass man das Zufallsexperiment sehr oft simuliert, d. h. nachspielt, um wenigstens näherungsweise herauszufinden, wie groß die gesuchte Wahrscheinlichkeit ist.

Wir vereinfachen das Simulieren des Zufallsversuchs schrittweise:

1. Schritt: Statt Geschenke zu nehmen, könnte jeder seinen Namen auf einen Zettel schreiben und diesen in einen Behälter legen. Dann könnten alle nacheinander einen Zettel herausgreifen und nachschauen, was auf dem Zettel steht.

2. Schritt: Dies könnte auch einer alleine machen: Man nimmt eine Namensliste aus der Gruppe und schreibt jeweils hinter den Namen auf, welcher Name auf dem gezogenen Zettel steht (siehe Tabelle rechts).

3. Schritt: Statt der Namen kann man auch Nummern auf Zettel schreiben. In einer Tabelle notiert man, welche Nummer bei welcher Ziehung gezogen wurde. Das geht schneller und ist übersichtlicher.

Gruppenliste	Namen auf den gezogenen Zetteln	
	1. Simulation	2. Simulation
1. Alexander	Laura	Katharina
2. Anna	Maria	Lukas
3. Leon	Anna	Leon STOP
4. Laura	Tim	
5. Katharina	Lukas	
6. Lukas	Alexander	
7. Maria	Leon	
8. Maximilian	Sophie	
9. Sophie	Katharina	
10. Tim	Maximilian	

Hier sind die Ergebnisse von acht Simulationen:

Ziehung Nr.	1. Simulation	2. Simulation	3. Simulation	4. Simulation	5. Simulation	6. Simulation	7. Simulation	8. Simulation
1	9	2	10	6	5	2	9	6
2	2	6	3	1	1	6	3	10
3		8	1	7	8	4	4	2
4		1	9	3	9	7	5	1
5		4	4	10	2	10	2	8
6		9	7	2	10	3	10	7
7		7	5	8	7	1	8	4
8			6	5		8	7	9
9			8	9			6	5
10			2				1	3

Bei 5 von 8 Simulationen gab es übereinstimmende Nummern; man kann bei dieser geringen Anzahl von Simulationen noch nicht entscheiden, ob es eher wahrscheinlich ist, dass irgendjemand sein eigenes Geschenk erhält. Simuliert man den Zufallsversuch 100-mal, dann stellt man fest, dass ungefähr 63-mal der Fall „Es gibt mindestens eine Übereinstimmung" vorliegt.
Ergebnis: Die Wahrscheinlichkeit für das betrachtete Ereignis ist also ungefähr 63 %.

Weiterführende Aufgabe

Simulation mithilfe von Zufallszahlen bei einem Rechner
1. Für ein Fantasy-Spiel wird ein Oktaeder als Würfel benötigt. Du kannst ersatzweise auch einen Rechner verwenden. Der Rechner verfügt über den Befehl **randInt**, den man mit den alphabetischen Tasten eingeben oder aus dem Befehlskatalog aufrufen kann.
Erzeuge mit dem grafikfähigen Taschenrechner 100 Zufallszahlen zwischen 1 und 8.
Zähle dann aus, wie viele Einsen, Zweien, ..., Achten du erhalten hast. Vergleiche mit deinem Nachbarn.

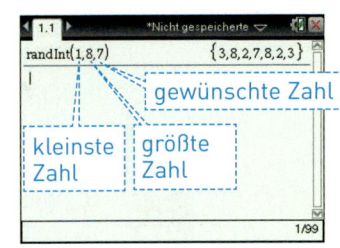

Information

(1) Simulation von Zufallsversuchen
Zufallsversuche kann man mit geeigneten Zufallsgeräten simulieren (nachspielen). Die Simulation eines Zufallsversuchs kann weniger aufwändig sein; oft spart man bei der Simulation auch Zeit. Es kann auch vorkommen, dass der betrachtete Vorgang so kompliziert ist, dass eine einfache Berechnung von Wahrscheinlichkeiten nicht gelingt. Dann ist eine Simulation von Zufallsversuchen besonders sinnvoll.
Man führt den (simulierten) Zufallsversuch oft durch und schätzt dann aus der berechneten relativen Häufigkeit, wie groß die gesamte Wahrscheinlichkeit ist.

| Wahrscheinlichkeit bei einem komplizierten Zufallsversuch | → | Simulation des Zufallsversuchs durch einen vereinfachten Zufallsversuch | → | Bestimmung der relativen Häufigkeit im vereinfachten Zufallsversuch | → | Schätzwert für die Wahrscheinlichkeit im vereinfachten Zufallsversuch |

(2) Simulation mithilfe von Zufallszahlen bei einer Tabellenkalkulation

Viele Taschenrechner erzeugen auf Knopfdruck so genannte Zufallszahlen. Auch Tabellenkalkulationsprogramme können Zufallszahlen erzeugen. Der Excel-Befehl ZUFALLSBEREICH (1;6) liefert eine zufällig gewählte natürliche Zahl zwischen 1 und 6.

Der Befehl ZUFALLSZAHL( ) liefert einen Dezimalbruch zwischen 0 und 1. Multipliziert man diese Zahl mit 6, so erhält man entsprechend einen Dezimalbruch zwischen 0 und 6. Mit dem Befehl GANZZAHL (6* ZUFALLSZAHL( )) werden die Stellen hinter dem Komma abgeschnitten, man erhält also eine der natürlichen Zahlen 0, 1, 2, 3, 4, 5. Addiert man noch die Zahl 1, dann sieht das Ergebnis so aus wie beim Würfeln eines Würfels.

Auch die Auswertung, wie oft ein bestimmtes Ergebnis aufgetreten ist, kann man vom Tabellenkalkulationsprogramm durchführen lassen. Mithilfe des Befehls ZÄHLENWENN kann man auszählen, wie oft eine bestimmte Zahl in einem Bereich des Tabellenblattes steht.

Zum Beispiel liefert ZÄHLENWENN (D1:D10; 3) wie oft die Zahl 3 in den Zellen D1 bis D10 vorkommt.

Übungsaufgaben

2. Für ein Spiel soll mit einem Tetraeder (Vierflächner) gewürfelt werden. Du hast kein Tetraeder zur Hand, aber einen grafikfähigen Taschenrechner.
Wie kannst du dir helfen?

3. Wie kannst du vorgehen, um die Güte der Zufälligkeit der Zufallszahlen deines Rechners zu überprüfen? Diskutiere deine Ideen mit deinem Partner. Tragt eure gemeinsamen Ideen eurer Klasse vor.

4. Mit dem Glücksrad rechts sollten Gewinne bei einem Klassenfest ausgelost werden.
Da es defekt ist, soll die Auslosung mit einem anderen Zufallsgerät erfolgen. Nenne mehrere Möglichkeiten.

5. Zu einer Serie von Sammelbildern in Cornflakes-Packungen gehören 8 verschiedene Bilder.
Jede Packung enthält ein Sammelbild. Anna will 12 Cornflakes-Packungen kaufen, um möglichst viele verschiedene Bilder zu haben.
Simuliere diesen Zufallsversuch. Nimm dazu 12 Zufallszahlen und zähle, wie viele verschiedene Zahlen dabei sind. Führe die Simulation insgesamt 10-mal durch.

Im Blickpunkt

Regenwahrscheinlichkeit

Rätsel um den Regen

Hannover „Die Regenwahrscheinlichkeit beträgt 80 Prozent", heißt es im Wetterbericht. Das klingt dramatisch – aber was bedeutet das eigentlich?
- Werde ich wahrscheinlich zu 80% nass?
- Regnet es in 80 von 100 Minuten?
- Regnet es auf 80 von 100 km²?

„Es ist die Wahrscheinlichkeit dafür, ob es regnet", erklärt Meteorologe Alexander Peters. „Heiter bis wolkig, örtlich Schauer – das sagt den Menschen zu wenig. Für sie sollte ein Wetterbericht so sein, dass ihn meine Oma versteht. Und 100% Regenwahrscheinlichkeit bedeutet halt: Es regnet garantiert.

Wir arbeiten mit folgender Festlegung:
Regenwahrscheinlichkeit ist die Wahrscheinlichkeit des Eintreffens des Regenereignisses an einem bestimmten Ort in dem angegebenen Vorhersagezeitraum.
Als Regenereignis reicht schon ein einzelner Tropfen, der den Ort erreicht.

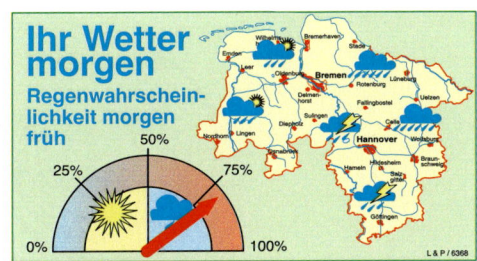

Regenwahrscheinlichkeiten sind Schätzwerte, die aus den Erfahrungen mit entsprechenden Wetterlagen in der Vergangenheit gefolgert werden: Hat es z. B. in 80 von 100 Tagen mit entsprechender Wetterlage am nächsten Tag geregnet, so legt man als Regenwahrscheinlichkeit 80% fest." Viele Menschen befürchten allerdings, dass der Schätzwert meistens nur etwas genauer ist als der, den man durch Würfeln erhält. Darüber hinaus ist der Nutzen der trüben Prozentzahl auch schon deshalb fraglich, weil sie nichts darüber aussagt, ob man von Nieselregen durchweicht wird, oder ob es aus Eimern gießen wird."

1. Was bedeutet die folgende Vorhersage?
   a) Die Regenwahrscheinlichkeit in Göttingen beträgt morgen 30%.
   b) Die Regenwahrscheinlichkeit in Athen beträgt morgen 0%.

2. Eine Wetterstation überprüft die Güte der von ihr vorhergesagten Regenwahrscheinlichkeiten. Rechts siehst du das Ergebnis.
   a) Erläutere, wie die Überprüfung stattgefunden hat.
   b) Was hältst du von der Güte der vorhergesagten Regenwahrscheinlichkeiten?

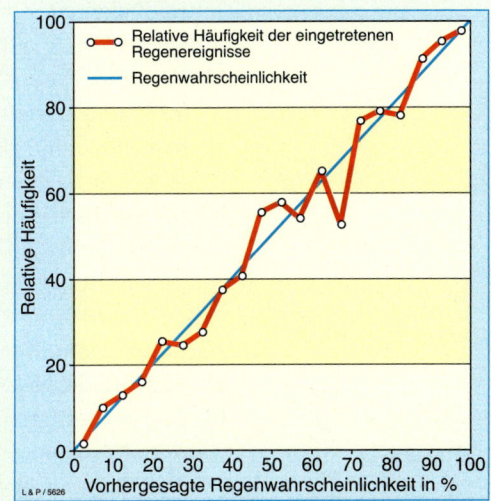

3. Wenn es in einem Vorhersagegebiet im Vorhersagezeitraum bei einer Regenwahrscheinlichkeit von z.B. 60% einmal geregnet hat, ist dann die Regenwahrscheinlichkeit auf 100% gestiegen?
   Hilfe: Vergleiche mit der entsprechenden Behauptung beim Münzwurf oder Würfeln.

6.6 Aufgaben zur Vertiefung

1. Zehn Tage nach Einführung des EURO (1.1.2002) als neuer Währung berichtete die Presse:

   Der Euro ist nicht gerecht

   Polnische Studenten haben entdeckt, dass die belgische 1-Euro-Münze bei 1 000 Würfen knapp 600-mal mit dem Kopf König Alberts II., als der „nationalen" Seite, nach oben zu liegen kam. Journalisten der Süddeutschen Zeitung kamen mit dem deutschen Euro zu einem ähnlichen Ergebnis 250 Würfe, 141-mal Bundesadler oben.
   Bei einem Vergleichstest mit der alten D-Mark kam heraus: 129-mal Zahl, 121-mal Kopf zeigte das Zweimarkstück. Aber die gerechte Mark ist zum Aussterben verurteilt.

   a) Was erwartet man von einer „gerechten" Münze?
      Vergleiche die Ergebnisse miteinander.

   b) Führt in Zweiergruppen mit einer 1-Euro-Münze einen 250-fachen Münzwurf durch.
      Notiert in 10er-Schritten, mit welcher relativen Häufigkeit Zahl erscheint.
      Fertigt eine grafische Auftragung dazu an.
      Vergleicht die Ergebnisse mit denen eurer Mitschüler.

   c) Nehmt nach den eigenen Erfahrungen Stellung zur Überschrift der Pressemeldung.

2. Würfel sind besondere Quader. Auch mit anderen Quadern kann man würfeln, z. B. mit einer Streichholzschachtel oder einem Bauklotz. Besorgt euch einen solchen Quader und beschriftet die Seitenflächen mit den Zahlen 1 bis 6.

   a) Formuliert Erwartungen, mit welcher Häufigkeit die einzelnen Augenzahlen beim Würfeln auftreten werden.

   b) Kontrolliert eure Erwartungen, indem ihr häufig würfelt.

   c) Mia behauptet: „Beim Werfen eines Quaders landet dieser in den meisten Fällen auf einer der beiden größten Seitenflächen. Diese haben die größte Wahrscheinlichkeit. Die Wahrscheinlichkeit für eine bestimmte Seitenfläche entspricht dem Anteil des Flächeninhalts dieser Seitenflächen am Oberflächeninhalt des Quaders."
      Überprüft diese Behauptung anhand eurer Experimente.

3. Auch mit einem Zylinder kann man würfeln.

   a) Beschreibe, welche Ergebnisse möglich sind.

   b) Betrachte verschieden hohe Zylinder mit gleich großer Kreisfläche. Formuliere eine Vermutung, wie die Wahrscheinlichkeiten für die einzelnen Ergebnisse sich ändern, wenn man die Höhe des Zylinders verändert.

Das Wichtigste auf einen Blick

Absolute Häufigkeit $H_n(A)$	Die **absolute Häufigkeit** $H_n(A)$ gibt an, wie oft das Merkmal A bei n Objekten vorkommt.	*Beispiel:* 130 Befragte (in einer Stichprobe von 1 000 Personen) haben als Lieblingsverein den 1. FC Magdeburg angegeben. n = 1 000; A: Lieblingsverein 1. FC Magdeburg; Es gilt: $H_n(A) = 130$ $h_n(A) = \frac{130}{1000} = 0{,}13 = 13\%$
Relative Häufigkeit $h_n(A)$	Die **relative Häufigkeit** $h_n(A)$ gibt den Anteil an. Es gilt: $h_n(A) = \frac{H_n(A)}{n}$ Relative Häufigkeiten gibt man als Brüche, Dezimalbrüche oder in Prozent an. Die Summe der relativen Häufigkeiten ist immer 1.	
Zufallsversuch – Gesetz der großen Zahlen – Wahrscheinlichkeit	Ein *Zufallsversuch* ist ein Versuch, dessen Ausgang nicht vorhersehbar ist. Die möglichen *Ergebnisse* fasst man zur *Ergebnismenge* Ω zusammen. Je häufiger man einen Zufallsversuch durchführt, desto weniger schwanken die relativen Häufigkeiten um einen festen Wert. Diesen Wert nennt man *Wahrscheinlichkeit*. Die Summe der Wahrscheinlichkeiten aller Ergebnisse beträgt 1. Die Wahrscheinlichkeit eines Ereignisses ist die Summe der Wahrscheinlichkeiten der zugehörigen Ergebnisse.	*Beispiel:* Würfeln mit einem Zylinder Ω = {1; 2; 3}  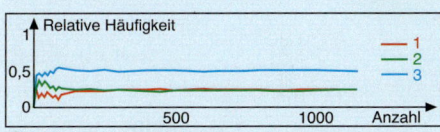 P(1) = P(2) = 0,25; P(3) = 0,5
Laplace-Versuch Laplace-Regel	Zufallsversuche, bei denen alle Ergebnisse gleich wahrscheinlich sind, nennt man *Laplace-Versuche*. Für Laplace-Versuche gilt: Die Wahrscheinlichkeit eines Ereignisses beträgt $\frac{\text{Anzahl der zum Ereignis gehörenden Ergebnisse}}{\text{Anzahl der möglichen Ergebnisse des Zufallsversuchs}}$	*Beispiel:* Werfen mit einem Würfel Ω = {1; 2; 3; 4; 5; 6} $P(1) = P(2) = P(3) = \ldots = P(6) = \frac{1}{6}$ Ereignis: durch 3 teilbare Augenzahl E = {3; 6} $P(E) = \frac{2}{6} = \frac{1}{3}$
Komplementärregel	Das Gegenereignis $\overline{E}$ eines Ereignisses E enthält alle Ergebnisse, die nicht zu E gehören. Somit gilt $P(A) + P(\overline{A}) = 1$.	*Beispiel:* Würfeln mit zwei Würfeln, Pasch bei zwei gleichen Augenzahlen P(kein Pasch) = 1 − P(Pasch) = $1 - \frac{6}{36} = \frac{5}{6}$

Bist du fit?

1. Ein Gymnasium mit 925 Schülern will verschiedene Arbeitsgemeinschaften (AGs) am Nachmittag anbieten.
   Die Schülervertretung führt eine Pausenumfrage zu den Schülerwünschen durch. Rechts das Ergebnis.

HA-Betreuung	24 Schüler
Computer AG	38 Schüler
Sport AG	1 Schüler
keine AG	48 Schüler

   a) Wie groß ist die Grundgesamtheit und wie groß ist der Umfang der Stichprobe?
   b) Bestimme die relativen Häufigkeiten der Schüler, die sich für Angebote interessieren.
   c) Stelle die Ergebnisse in einem Diagramm dar.
   d) Mit wie vielen Schülern kann man jeweils für die Hausaufgabenbetreuung, die Computerkurse und den Sport rechnen?

2. Eine Fabrik stellt Metallstifte her, die eine Länge von 7,0 cm haben sollen. Aus Erfahrung weiß man, dass die maschinell hergestellten Metallstifte nicht immer die gewünschte Länge haben. Bei der Kontrolle der Produktion wird die Länge auf 0,01 cm genau gemessen. Die Tabelle zeigt die Wahrscheinlichkeit für die Stiftlängen. Berechne die Wahrscheinlichkeiten dafür, dass die Stiftlänge
(1) 0,01 cm **(2)** mehr als 0,02 cm **(3)** weniger als 0,03 cm von der Solllänge abweicht.

Länge	Wahrscheinlichkeit
6,97 cm	0,04
6,98 cm	0,07
6,99 cm	0,2
7,00 cm	0,35
7,01 cm	0,23
7,02 cm	0,08
7,03 cm	0,03

3. a) Ein Spielwürfel wird geworfen. Wie groß ist die Wahrscheinlichkeit, eine Zahl zu werfen, die **(1)** kleiner als 5 ist; **(2)** eine Primzahl ist; **(3)** durch 3 teilbar ist?
b) Jan hat zehnmal gewürfelt und dabei bereits dreimal eine 6 geworfen, aber noch keine 1. Wie groß ist die Wahrscheinlichkeit, beim nächsten Wurf eine 6 (eine 1) zu werfen?
c) Ein Würfel wird 1 800-mal geworfen. Was erwartest du: Wie oft erscheint eine 6?

4. Eine Serie von 100 Losen enthält einen Hauptgewinn, 9 mittlere Gewinne und 20 Kleingewinne, die restlichen Lose sind Nieten. Hanna zieht ein Los. Bestimme die Wahrscheinlichkeit für das Ziehen **a)** einer Niete; **b)** des Hauptgewinns; **c)** eines Gewinns.

5. In einer Urne liegen eine rote Kugel, zwei grüne Kugeln, drei gelbe Kugeln und vier blaue Kugeln. Eine Kugel wird zufällig gezogen. Bestimme die Wahrscheinlichkeit:
a) P(die Kugel ist rot)
b) P(die Kugel ist blau)
c) P(die Kugel ist nicht rot)
d) P(die Kugel ist gelb oder grün)
e) P(die Kugel ist weder gelb noch grün)
f) P(die Kugel ist gelb und grün)

6. Die 120 neu angemeldeten Schülerinnen und Schüler für die Klasse 5 wurden nach der Anzahl ihrer Geschwister befragt.

Anzahl der Geschwister	0	1	2	3	4
absolute Häufigkeit	30	48	24	12	6

Die Angaben führten zu der nebenstehenden Häufigkeitstabelle.
Wenn man zufällig eine Schülerin oder einen Schüler auswählt und die Anzahl der Geschwister notiert, so liegt ein Zufallsversuch vor.
a) Begründe, dass es sich nicht um einen Laplace-Versuch handelt.
b) Stelle die zugehörige Wahrscheinlichkeitstabelle grafisch dar.
c) Bestimme die Wahrscheinlichkeiten für
(1) 2 Geschwister; **(2)** mehr als 2 Geschwister; **(3)** weniger als 2 Geschwister.
d) Bei einer anderen Schule liegt bei 80 Neuanmeldungen eine Wahrscheinlichkeit von 35 % für das Ereignis „mehr als zwei Geschwister" vor. Wie viele Familien erfüllen diese Bedingung?

7. Beim Volleyball wird vor Spielbeginn durch Werfen einer Münze ausgewählt, welche Mannschaft als erste aufschlagen darf. Kann man diese Wahl auch mithilfe eines Würfels durchführen?
Welche Vereinbarungen müsste man treffen? Gib mehrere Möglichkeiten an.

7. Aufgabenpraktikum

Vernetze dein Wissen ...

In diesem Kapitel ...
lernst du, dass mathematische Aspekte auf verschiedene Weisen dargestellt werden können. Du wirst Darstellungen umwandeln und geeignete Darstellungsweisen auswählen, um Aufgaben zu lösen.

Mathematische Darstellungen und Symbole verwenden

Einstieg  Führt in eurer Klasse eine Umfrage zu eurem Lieblingscomputerspiel durch. Veranschaulicht das Ergebnis in einer Tabelle, in einem Säulendiagramm und in einem Kreisdiagramm.

Aufgabe 1 Rechts siehst du eine Bastelvorlage für eine Geschenkverpackung.
a) Stelle die zusammengeklebte Verpackung zeichnerisch dar. Die Blüte soll sich dabei vorn befinden.
b) Berechne das Volumen der Verpackung.

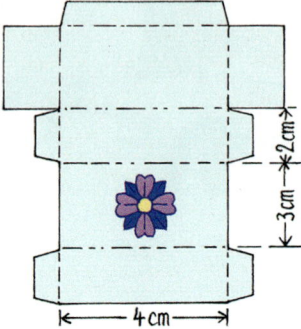

Lösung
a) Wenn wir die Verpackung zusammenkleben, entsteht ein Quader. Für die Lage des Quaders gibt es zwei Möglichkeiten.
b) Wir berechnen das Volumen eines Quaders mithilfe der Formel:
$V = a \cdot b \cdot c$
$V = 3\,cm \cdot 4\,cm \cdot 2\,cm = 24\,cm^3$
Die Verpackung hat ein Volumen von $24\,cm^3$.

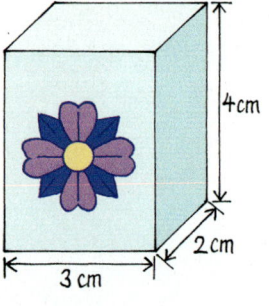 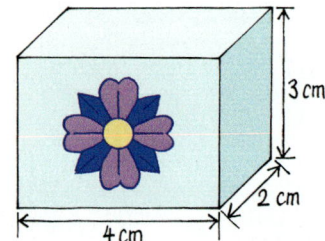

Information Am Beispiel der Geschenkverpackung kann man sehen, dass Sachverhalte auf verschiedene Weisen dargestellt werden können.
Ein Quader lässt sich unter anderem durch ein Netz, durch Angabe von Länge, Breite und Höhe, durch ein Schrägbild oder durch ein Zweitafelbild veranschaulichen.
Für einige Aspekte eignen sich bestimmte Darstellungsformen besser. Die verschiedenen Darstellungsformen können ineinander umgewandelt werden. Um ein Problem zu lösen, muss man häufig eine geeignete Darstellungsform auswählen.

Übungsaufgaben Prozentrechnung
1. Ernährungswissenschaftler empfehlen täglich fünf Mahlzeiten. Die Energiezufuhr sollte über den Tag folgendermaßen verteilt werden:
   1. Frühstück: 20 %;   Mittagessen: 30 %;
   2. Frühstück: 15 %;   Abendessen: 25 %;
   der Rest am Nachmittag.
   a) Stelle die Anteile der Energiezufuhr in einem Kreisdiagramm und in einem Streifendiagramm dar.
   b) Wie viel kcal sollten zu den einzelnen Mahlzeiten von Mädchen und von Jungen aufgenommen werden?

> Empfehlung für die Energiezufuhr:
> Mädchen: 15 Jahre
> 2 200 kcal pro Tag
> Jungen: 15 Jahre
> 2 700 kcal pro Tag

Rationale Zahlen

2. Frau Engel überprüft ihren letzten Kontoauszug. Leider ist eine Stelle unleserlich.
Welcher Betrag muss an dieser Stelle stehen?
Zeige auf verschiedenen Rechenwegen, wie man zur Lösung gelangen kann.

Sparkasse Musterhausen		Kontoauszug 23 Blatt 1
Datum	Erläuterungen	Betrag
	Kontostand in EUR am 12.10.2014	12,37 +
22.10.	Lastschrift Telemobile	42,28 –
22.10.	Überweisung	
23.10.	Zahlungseingang	56,68 +
26.10.	Kartenzahlung	87,49 –
27.10.	Geldautomat	150,00 –
30.10.	Lohn, Gehalt, Rente	1.624,83 +
	Kontostand nach Rechnungsabschluss am 31.10.2014	1.229,72 +

Gleichungen mit einer Variablen

3. Iris fragt Marie: „Wie viele seid ihr in eurer Klasse?" Marie antwortet mit einem Rätsel:

„Die Hälfte sind Mädchen, ein Drittel sind Jungen, die mit dem Fahrrad zur Schule fahren, ein Achtel sind Jungen, die zu Fuß zur Schule gehen, ein Junge wird von den Eltern mit dem Auto zur Schule gebracht."
Wie viele Schüler(innen) sind in Maries Klasse?

Kreise

4. Das kreisförmige Turmzimmer eines Schlosshotels hat einen Durchmesser von 6,80 m. Der Fußboden soll mit Mosaikfliesen ausgelegt werden. Ein Karton Mosaikfliesen reicht für 1 m².
Wie viele Kartons müssen bestellt werden?

Prismen und Zylinder

5. Die nebenstehende Abbildung zeigt, wie ein Körper aus dünnem Blech zusammengefaltet wird.
   a) Zeichne ein Netz des Körpers.
   b) Zeichne ein Schrägbild des zusammengefalteten Körpers.
   c) Vergleiche Vor- und Nachteile der beiden Darstellungen aus a) und b).
   d) Berechne den Materialverbrauch und das Volumen.

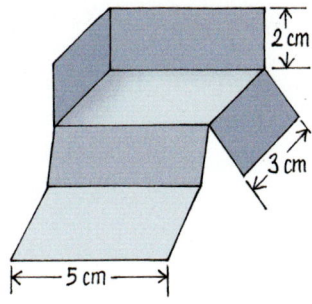

Zufall und Wahrscheinlichkeit

6. 300 zufällig ausgewählte Personen wurden nach ihren Urlaubszielen befragt. Das Ergebnis der Befragung wurde in einem Kreisdiagramm dargestellt.
   Ermittle, wie viele der Befragten sich für die einzelnen Urlaubsziele entschieden haben. Schätze zuerst.

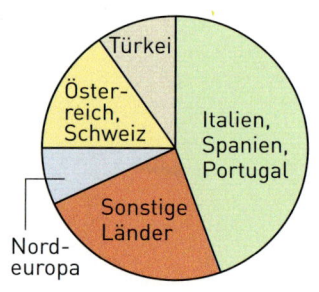

7. Cindy zeichnet einen Holzbaustein im Zweitafelbild.
   a) Skizziere das Schrägbild des Holzbausteins.
   b) Berechne den Oberflächeninhalt und ermittle, wie schwer der Baustein ist (Dichte: 520 kg/m³).

8. Lea hat im Monat Juli für alle Ausgaben ein Haushaltsbuch geführt. Den Einnahmen von 1800 € standen die Ausgaben in der Tabelle unten gegenüber.
   a) Gib die verschiedenen Ausgabenanteile in Prozent an.
   b) Veranschauliche diese Anteile in einem Streifen- bzw. in einem Säulendiagramm.

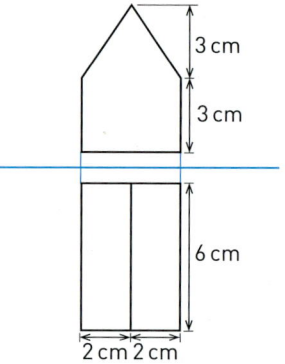

Miete	Lebensmittel	Energie	Freizeit	Kleidung	Sonstiges
450 €	495,50 €	162,50 €	125 €	235 €	332 €

9. Die beschreibbare Fläche einer CD mit dem Innenradius $r_1 = 2{,}2$ cm und dem Außenradius $r_2 = 5{,}8$ cm hat eine Speicherkapazität von 650 MB.
   a) Wie groß ist die Fläche, die für 1 MB zur Verfügung steht?
   b) Welche Speicherkapazität hat eine 1 mm² große Fläche?

10. Bestimme den Wert der Variablen mithilfe einer Gleichung
    a)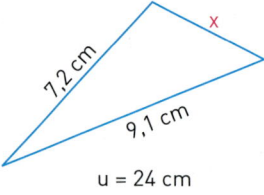
    b)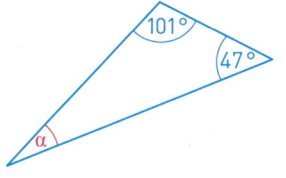
    c)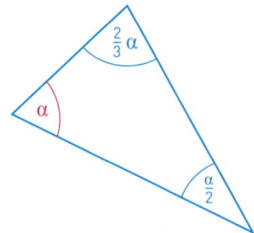

11. Der Umfang eines rechteckigen Bilderrahmens beträgt 86 cm. Die eine Seite ist um 9 cm länger als die andere. Wie lang sind die beiden Seiten des Rahmens?

12. Zeichne in ein Koordinatensystem das Viereck mit den Eckpunkten A(−1|−3), B(2|−4), C(3|−1) und D(1|1).
    a) Verschiebe das Viereck ABCD entlang $\vec{PQ}$ mit P(2|2) und Q(1|5).
    b) Spiegele das Viereck ABCD an der x-Achse.
    c) Gib jeweils die Koordinaten der Bildpunkte an.

13. Zwei Metallwürfel mit den Kantenlängen 3 cm und 5 cm werden eingeschmolzen und zu einem Quader gegossen.
    a) Veranschauliche den Sachverhalt mit Modellen aus Knete.
    b) Welche Kantenlängen kann der neue Quader haben, wenn eine seiner Kanten 4 cm lang ist?

14. Eine Werkstatt hat ihre Auftragslage für das erste Halbjahr untersucht. Dazu wurde bei den Aufträgen unterschieden, ob sie in der Werkstatt oder direkt beim Kunden (Auftraggeber) ausgeführt worden sind.
    a) Berechne die relativen Häufigkeiten der direkt beim Kunden ausgeführten Aufträge bezogen auf die Gesamtzahl der Aufträge im Monat.
    b) Veranschauliche die Auftragslage in Diagrammen. Wie würdest du die Auftragslage beurteilen?

Monat	Anzahl der ausgeführten Aufträge	
	insgesamt	davon beim Kunden
Januar	240	78
Februar	283	91
März	225	75
April	210	71
Mai	227	74
Juni	235	76

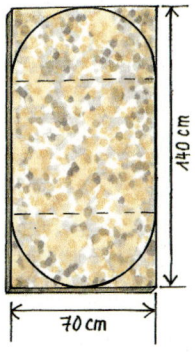

15. Aus einer rechteckigen Granitplatte soll eine Tischplatte ausgeschnitten werden (siehe Abbildung links). Wie viel Prozent der Granitplatte sind Abfall?

16. Das zylinderförmige Springbrunnenbecken hat innen einen Durchmesser von 2,5 m und ist 28 cm tief. Die Seitenwand ist 5 cm dick, der Boden 7 cm.
    a) Wie viel Liter Wasser fasst das Becken?
    b) Das Becken besteht aus Beton mit der Dichte 2,1 g/cm³.
       Berechne die Masse des Betonbeckens.
    c) Skizziere das Becken im Zweitafelbild.

17. Eine Fachzeitschrift schreibt über den Ausbruch eines Vulkans: „Die Wahrscheinlichkeit, dass der Vulkan in den nächsten 5 Jahren ausbrechen wird, liegt in etwa bei 60 %". Beurteile die folgenden Kommentare:

(1) 60 % von 5 Jahren sind 3 Jahre. Von jetzt an gerechnet wird der Vulkan in 3 Jahren ausbrechen.
(2) Man kann nicht sagen, was passiert, weil keiner sicher einen Vulkanausbruch vorhersagen kann.
(3) Die Gefahr, dass der Vulkan in den nächsten 5 Jahren ausbrechen wird, ist groß.
(4) 60 % ist mehr als die Hälfte. Deshalb kann man sicher sein, dass der Vulkan in den nächsten 5 Jahren ausbrechen wird.
(5) Die Wahrscheinlichkeit, dass der Vulkan in den nächsten 5 Jahren ausbrechen wird, ist höher als die Wahrscheinlichkeit für keinen Ausbruch.

18. Aus einer 120 cm langen Holzleiste sollen die Kanten einer quadratischen Säule hergestellt werden. Anschließend soll diese Säule mit Stoff bespannt werden.
Wie hoch wird die Säule, wenn die Seitenlänge der Grundfläche der Säule 5 cm betragen soll? Wie groß ist dann die gesamte Oberfläche der Säule?

19. Die Abbildungen zeigen Drahtmodelle von Körpern (Maße in cm).
Bestimme x aus der Gesamtkantenlänge s des Körpers.

a)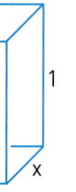
$s = 28$ cm

b)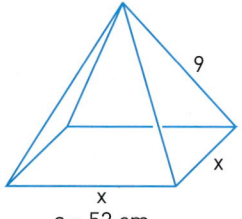
$s = 52$ cm

c)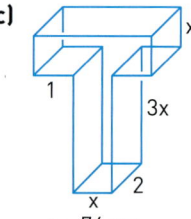
$s = 74$ cm

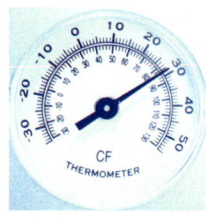

20. Neben der Celsius-Skala gibt es auch noch andere Temperaturskalen:
- In den Naturwissenschaften wird die Kelvin-Skala verwendet:
Man erhält die Kelvin-Angabe, indem man 273 zur Celsiusangabe addiert.
- In den USA wird die Fahrenheit-Skala verwendet: Man erhält die Fahrenheit-Angabe, indem man die Celsius-Angabe mit $\frac{9}{5}$ multipliziert und 32 addiert.
- Früher war bei uns die Réaumur-Skala verbreitet: Man erhält die Réaumur-Angabe, indem man die Celsius-Angabe mit $\frac{4}{5}$ multipliziert.

a) Rechne jeweils in die anderen drei Temperaturangaben um:
45 °C; 0 °C; –18 °C; 298 K; 228 K; 60 °R; –36 °R; 0 °F; 47 °F
Hierbei kannst du auch ein Tabellenkalkulationsprogramm verwenden.

b) Versuche ein Verfahren bzw. eine Formel zu finden, mit der man Fahrenheit-Angaben in Celsius-Angaben umrechnen kann.

21. LOTTO Sachsen-Anhalt fördert jährlich mit mehreren Millionen Euro gemeinnützige Vorhaben im Land. Die Übersicht rechts zeigt, welche gemeinnützigen Bereiche durch einen festen Teil der Spieleinsätze gefördert werden.
Veranschauliche die Prozentsätze durch ein Kreisdiagramm.

Sozialbereich	17 %
Sport	23 %
Denkmalschutz	22 %
Kulturförderung	33 %
Umwelt	5 %

22. Ein Verlag beabsichtigt einen Posten Bücher in 100 Paketen mit den Maßen 20 cm × 20 cm × 30 cm zu versenden. Die Transportfirma wiederum wird die Pakete in Kartons vom Format 40 cm × 40 cm × 60 cm verpacken.
Wie viele Kartons werden benötigt?

23. Ein Holzwürfel der Kantenlänge 3 cm mit polierten Seitenflächen wird mit 6 Schnitten in Einzelwürfel der Kantenlänge 1 cm zersägt. Dadurch entstehen sägerauhe Schnittflächen. Die kleineren Würfel werden in einem Gefäß gesammelt. Daraus wird ein Würfel zufällig herausgegriffen. Mit welcher Wahrscheinlichkeit hat dieser Würfel
a) 3 polierte Außenflächen,
c) 1 polierte Außenfläche,
b) 2 polierte Außenflächen,
d) keine polierte Außenfläche?

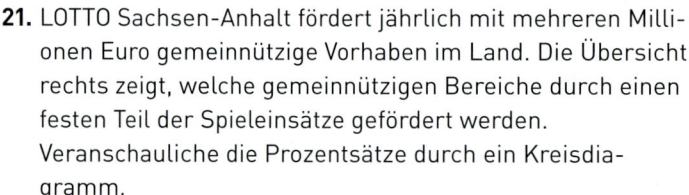

Mathematische Darstellungen und Symbole verwenden

24. a) Beschreibe, was in dem Diagramm dargestellt ist.
b) Wie viele Autos wurden von 2005 bis 2014 im durchschnittlich pro Jahr zugelassen?
c) Wie hoch ist die prozentuale Abnahme der Neuzulassungen im Jahr 2014 bezogen auf 2009?
d) Dürfen die Punkte im Diagramm miteinander verbunden werden? Begründe. Zeichne ein anderes geeignetes Diagramm.

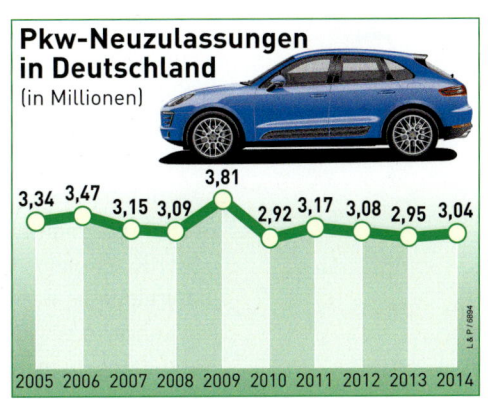

Hier kann DGS verwendet werden.

25. a) Gegeben ist ein Kreis mit dem Mittelpunkt M. Zeichne zwei Radien $\overline{MA}$ und $\overline{MB}$; miss den Winkel AMB zwischen ihnen. Konstruiere in A und B die Tangenten an den Kreis. Wie groß ist der Winkel, den die Tangenten einschließen? Verallgemeinere das Ergebnis.
b) Bezeichne den Schnittpunkt der beiden Tangenten mit P. Wie ändert sich der Zentriwinkel α, wenn P auf der Geraden PM zum Kreis hin [vom Kreis weg] wandert?
c) Gegeben ist ein Kreis mit dem Radius 4,1 cm. Konstruiere Tangenten an den Kreis, die einen 30° großen Winkel einschließen. Beschreibe dein Vorgehen.

26. Gegeben ist ein zusammengesetzter Körper.
a) Zeichne ihn im Zweitafelbild und beschrifte die Punkte. Entnimm die Maße dem Schrägbild. (Angaben in cm)
b) Berechne den Oberflächeninhalt des Körpers.

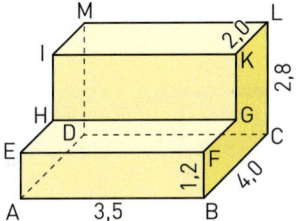

27. Was gehört in die Lücken? Beachte jeweils die Lösungsmenge links.
a) Wenn man zu dem 5fachen einer Zahl die Zahl 46 addiert, erhält man das ■fache der gesuchten Zahl, verringert um 10.
b) Wenn man von 75 das 7fache einer Zahl subtrahiert, erhält man das 11fache der gesuchten Zahl, vermehrt um ■.

28. Gib zu der Gleichung ein Zahlenrätsel an. Bestimme dann die gesuchte Zahl.
a) $4x + 10 = 38$ **b)** $\frac{1}{2}x - 3 = 7$ **c)** $2x + 16 = 26$ **d)** $8z - 3 = 21$

29. In einem Gefäß liegen schwarze und rote Kugeln. Die Wahrscheinlichkeit für das Ziehen einer roten Kugel beträgt:
a) $\frac{2}{5}$ **b)** $\frac{5}{7}$ **c)** 30 % **d)** 0,65

Wie viele schwarze und wie viele rote Kugeln können in dem Gefäß sein? Gib jeweils mehrere Möglichkeiten an.

30. In der Klasse 7c sind 25 Schüler. Für die Klassensprecherwahl haben sich 4 Kandidaten aufstellen lassen. In einer geheimen Wahl gibt jeder Schüler eine Stimme für einen Kandidaten ab. Die Wahlzettel werden durch die Klassenlehrerin ausgezählt; sie präsentiert das Ergebnis im nebenstehenden Diagramm.
Ein Schüler meint: „Wir sehen zwar, dass Maximilian unser Klassensprecher ist, aber nicht, wie viele Stimmen jeder einzelne Kandidat erhalten hat."
Die Lehrerin erwidert: „Das kann für euch doch kein Problem sein, die Stimmen für jeden Kandidaten zu ermitteln. Zeichnet ein passendes Säulendiagramm." Helft der Klasse bei der Lösung.

31. Wähle dir ein Prisma aus. Skizziere sein Schrägbild. Tausche dein Blatt mit deinem Partner und lass ein passendes Netz zeichnen. Kontrolliere anschließend.

32. Der Querschnitt durch ein Wellblech ist eine Linie aus aneinandergesetzten Halbkreisen (Durchmesser 5 cm).
  a) Wie groß ist der Unterschied der Massen von glattem Blech und von Wellblech der gleichen Stärke, das jeweils eine Fläche von 1 m² bedeckt? Ein Quadratmeter Blech wiegt 2,5 kg. Rechne möglichst wenig.
  b) Gib den Unterschied in Prozent an.
  c) Warum verwendet man dennoch Wellblech statt glattem Blech?

33. In einer Lostrommel sind 200 Lose mit den dreistelligen Nummern 001 bis 200. Es wird zufällig ein Los gezogen. Bestimme die Wahrscheinlichkeit für folgende Ereignisse.
  A: Die Zahl ist durch 5 teilbar. D: Alle Ziffern der Zahl sind verschieden.
  B: Die Zahl endet auf 2. E: Die Quersumme der Zahl ist durch 9 teilbar.
  C: Die Zahl ist durch 2 und 3 teilbar. F: Die Zahl ist weder durch 5 noch durch 2 teilbar.

34. Leonhard Euler war nicht nur ein großer Mathematiker, sondern auch ein guter Schachspieler.
1759 veröffentlichte er eine Abhandlung über den sogenannten Rösselsprung.

Gehe zwei Felder voraus und dann ein Feld nach links oder rechts

> Starte mit einem Springer von einem beliebigen Feld des Schachbretts. Ist es möglich, einen Weg so zu finden, dass jedes Feld genau einmal erreicht wird?
> Beispiel: $c_3 - e_4 - d_2 - f_1 - ...$

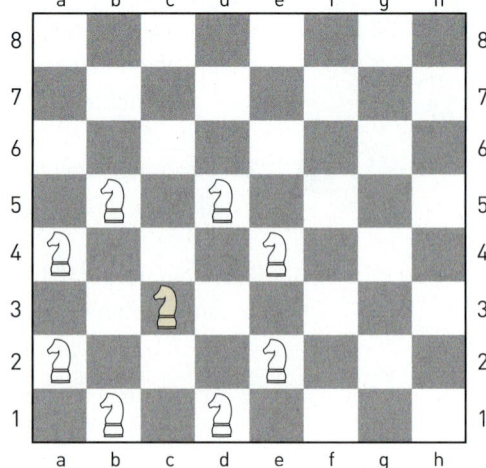

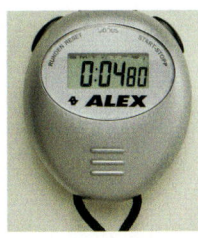

35. a) Maria beobachtet ein Feuerwerk in der Ferne. Den Explosionsknall einer Feuerwerksrakete hört sie 4,8 Sekunden, nachdem die Explosion zu sehen war. Das stellt sie mithilfe der Stoppuhr ihrer Armbanduhr fest. Sie weiß: Für 1000 m benötigt der Schall 3 Sekunden.
Wie weit ist Maria von dem Feuerwerk entfernt?

b) Die Klasse 7a plant eine Busfahrt zum Zoo in Dresden. Jeder der 28 Schüler soll 11,85 € zahlen. Am Fahrttag sind einige Schüler krank. Es fahren nur 21 Schüler mit.
Wie viel Euro entfällt jetzt auf jeden Schüler?

36. In einem Viereck sind zwei Winkel gleich groß. Der dritte Winkel ist so groß wie diese beiden Winkel zusammen. Der vierte Winkel ist nur halb so groß wie einer der beiden gleich großen Winkel.
Wie groß sind die vier Winkel?

37. Haben die beiden Konservendosen (Maße in mm) ein Fassungsvermögen von $\frac{1}{4}$ Liter?
Begründe.

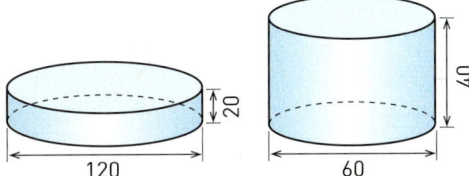

38. Ein Auszubildender muss aus einem Holzwürfel einen Hohlzylinder mit größtmöglicher Höhe herstellen. Der Würfel hat eine Kantenlänge von 75 mm. Der Außendurchmesser des Hohlzylinders soll 66 mm betragen bei einer Wanddicke von 22 mm.
a) Zeichne ein Zweitafelbild des Hohlzylinders.
b) Gib den bei der Herstellung entstandenen Abfall in cm³ an.
c) 1 cm³ des verwendeten Holzes hat eine Masse von 0,9 g. Wiegen 50 solcher Hohlzylinder mehr als ein Kilogramm? Begründe deine Entscheidung.

39. Das Haus wurde nicht im Schrägbild, sondern in einer anderen Darstellung gezeichnet. Diese nennt man Isometrie.
Beschreibe diese Darstellungsart. Vergleiche sie mit der eines Schrägbildes.

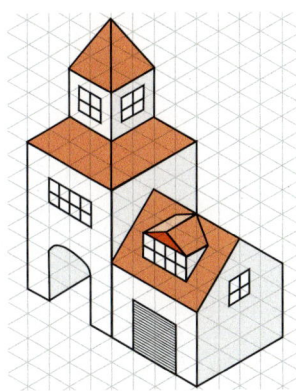

Lösungen zu „Bist du fit?"

Seite 47

1. a) (1) $13\frac{1}{3}\%$ (2) 7,5 %
   b) (1) 43,86 € (2) 205,02 ℓ
   c) (1) 543,48 m (2) 710,00 €

2. 950 · 0,48 = 456   456 Kinder sind Fahrschüler(innen).

3. 132 : 240 = 0,55 = 55 %   55 % der Mitglieder haben das silberne Schwimmabzeichen.

4. 1200 : 0,8 = 15 000   Die Zeitung hat 15 000 Käufer.

Seite 48

5. Miete/Nebenkosten: 7 345,80 € : 12 = 612,15 €
   Auto: 2 098,80 € : 12 = 174,90 €
   Anschaffungen/ Ernährung: 12 330,45 € : 12 = 1027,54 €
   Urlaub: 2 885,85 € : 12 = 240,49 €
   Sonstiges: 1 574,10 € : 12 = 131,18 €

6. a) Streichinstrument: 128 von 324 ≈ 39,5 % ≈ 40 %
   Blasinstrument: 65 von 324 ≈ 20,1 % ≈ 20 %
   Klavierunterricht: 42 von 324 ≈ 13,0 % ≈ 13 %
   Gesangunterricht: 20 von 324 ≈ 6,2 % ≈ 6 %
   Sonstige Instrumente: 69 von 324 ≈ 21,3 % ≈ 21 %

   b) Bei einer Streifenlänge von 10 cm betragen die einzelnen Längen 40 mm, 20 mm, 13 mm, 6 mm und 21 mm.

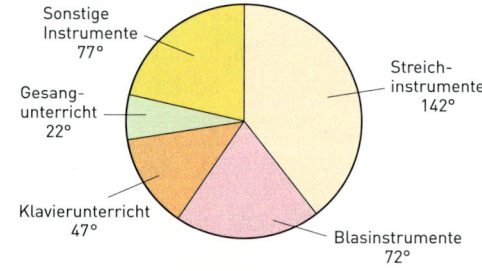

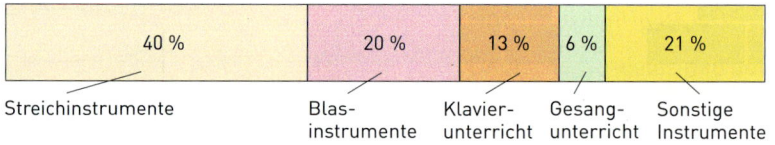

7. $\frac{148 + 28}{148} \approx 1{,}189$ oder $\frac{28}{148} \approx 0{,}189$
   Die Wohnfläche wurde um etwa 19 % vergrößert.

8. 169,10 € : 0,95 = 178 €; 178 € − 169,10 € = 8,90 €
   Sie hat 8,90 € gespart.

9. Warengruppe A: 22,80 € : 0,19 = 120 €
   Warengruppe B: 12,95 € : 0,07 ≈ 185 €
   Rechnungsbetrag ohne Mehrwertsteuer: 185 € + 120 € = 305 €
   Rechnungsbetrag mit Mehrwertsteuer: 305 € + 35,75 € = 340,75 €

10. Preis nach der Erhöhung: 259 € · 1,20 = 310,80 €
    Preis nach der Senkung: 310,80 € · 0,80 = 248,64 €
    Da sich die Erhöhung/Senkung des Preises auf verschieden große Grundwerte bezieht, ist die Aussage falsch.

11. 7350 € · 1,015 = 7 460,25 €

12. 500 € · 1,02⁴ ≈ 541,22 €
    Nach 4 Jahren befinden sich etwa 540 € auf Lukas Konto.

13. 104,50 € · 4 = 418 € Jahreszinsen; 418 € : 0,0275 = 15 200 €
    Sie hat 15 200 € gewonnen.

14. 5 600 € · 0,075 = 420 € Zinsen für ein Jahr; 420 € · $\frac{7}{12}$ = 245 € Zinsen für 7 Monate;
    5 600 € + 245 € = 5 845 € muss er zurückzahlen.

Lösungen zu „Bist du fit?"

Seite 115

1. a) $-3,5 = -3\frac{1}{2}$; $-3,4$; $-\frac{1}{9}$; $-0,1$; 0; $\frac{13}{5}$; $2,8$
   b) $|-3,5| = 3,5$; $|+2,8| = 2,8$; $|-0,1| = 0,1$; $\left|-3\frac{1}{2}\right| = 3\frac{1}{2}$; $\left|\frac{13}{5}\right| = \left|\frac{13}{5}\right|$; $\left|-\frac{1}{9}\right| = \frac{1}{9}$; $|0| = 0$; $|-3,4| = 3,4$

   Geordnet: 0; $0,1$; $\frac{1}{9}$; $\frac{13}{5}$; $2,8$; $3,4$; $3\frac{1}{2} = 3,5$

2. $A'(-3,5|-2)$; $B'(6|6,5)$; $C'(6,6|2,4)$; $D'(4,5|2,1)$; $E'(2,75|-4,7)$

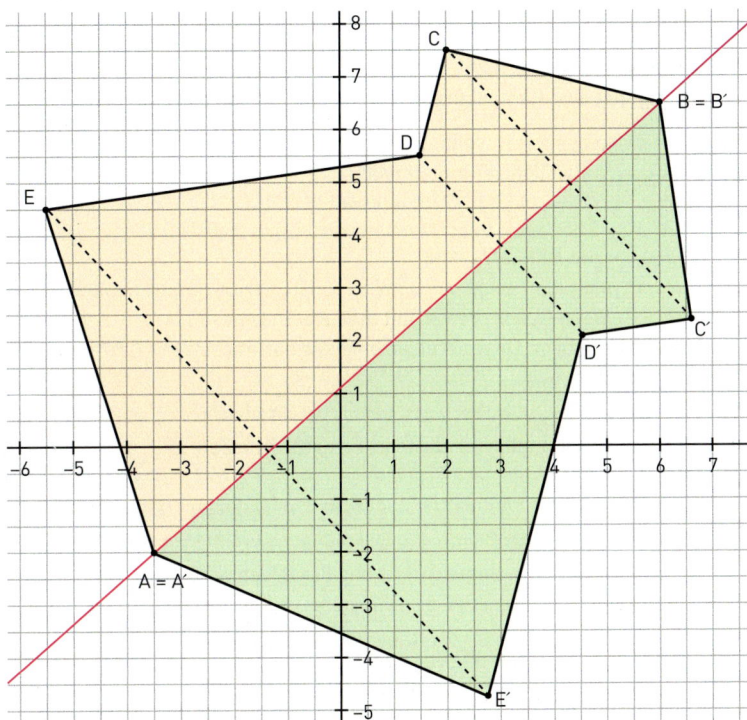

3. a) -48 e) 36 i) $2,8$ m) $-13,5$ q) -2
   b) -24 f) 54 j) $-11,2$ n) $4,5$ r) $\frac{1}{2}$
   c) 432 g) -405 k) $-29,4$ o) $40,5$ s) $\frac{15}{16}$
   d) 3 h) -5 l) $-0,6$ p) $0,5$ t) $\frac{3}{5}$

4. a) -24 d) 95 g) $-5,0$ j) 0 m) $7,4$
   b) -64 e) 7 h) -3 k) $5,8$ n) 0
   c) 35 f) $3,0$ i) $-\frac{1}{2}$ l) $-\frac{7}{4}$ o) 0

Seite 116

5. a) $12 \cdot (-29) = -348$ In einem Jahr werden 348 € abgebucht.
   b) $(-7,1) + (+4,9) = -2,2$ Die Temperatur fiel um 2,2 Grad.
   c) $(-1,5) : 5 = -0,3$ Der Wasserstand ist stündlich um 0,3 dm gesunken.
   d) $(-791) - (-92) = -699$ Korrekt wären 699 € abgebucht worden.

6. a) $-13,2$ c) $2,2$ e) 9 g) $\frac{7}{6}$ i) -69
   b) $-5,7$ d) $-\frac{23}{10}$ f) -1025 h) 7

7. a) $6,6$ b) 4 c) $-12,5$ d) $4,4891$ e) $4,9$ f) -2 g) $-3\frac{1}{10}$ h) $-3\frac{7}{10}$

8. a) Die Behauptung ist falsch, denn durch null darf man nicht dividieren, der Divisor darf nicht gleich null sein. Wenn der Wert des Quotienten null ist, so muss der Dividend null sein.
   b) Die Behauptung ist falsch, denn z. B. ist $(+2) + (-3) = -1$ und $(+2) - (-3) = +5$.

Seite 116

9. a) 9 **b)** 0,5 **c)** $\frac{8}{11}$ **d)** 200 **e)** 3

10. a) 7 cm **c)** 2,7 dm **e)** 150 ha = 1 500 000 m²; $\sqrt{1500000}$ m ≈ 1225 m
b) 13 cm **d)** $\sqrt{8}$ m ≈ 2,83 m

11. a: Kantenlänge des Würfels (in m); O: Größe der Oberfläche (in m²)
O = 6a² = 3, mit a > 0, also a = $\sqrt{\frac{3}{6}}$ = $\sqrt{\frac{1}{2}}$ ≈ 0,707
Volumen (in m³): a³ ≈ 0,707³ ≈ 0,353
Der Würfel hat eine Kantenlänge von ungefähr 71 cm und ein Volumen von ungefähr 353 dm³.

12. a) Zum Beispiel mit Intervallschachtelung.
2² < 7 < 3², also liegt $\sqrt{7}$ im Intervall [2; 3]
2,6² < 7 < 2,7², also liegt $\sqrt{7}$ im Intervall [2,6; 2,7]
2,64² < 7 < 2,65², also liegt $\sqrt{7}$ im Intervall [2,64; 2,65]
Daraus ergibt sich: $\sqrt{7}$ = 2,64...

b) Da man Endnullen weglässt, hätte ein endlicher Dezimalbruch für $\sqrt{7}$ die möglichen Endziffern 1, 2, ..., 9. Beim Quadrieren erhält man die Endziffern 1, 4, 9, 6, 5, 6, 9, 4, 1.
Wir erhalten beim Quadrieren also nie die natürliche Zahl 7. $\sqrt{7}$ kann also kein abbrechender Dezimalbruch sein.

c) *Annahme:* $\sqrt{7} = \frac{m}{n}$, wobei $\frac{m}{n}$ ein gekürzter Bruch ist.
Der Nenner ist ungleich 1, da es keine natürliche Zahl gibt, deren Quadrat 7 ist: 2² = 4 < 7 und 3² = 9 > 7.
Also kann $\sqrt{7}$ keine natürliche Zahl sein und n ist somit ungleich 1.
Quadriert man beide Seiten der Gleichung, so ergibt sich $\frac{m}{n} \cdot \frac{m}{n}$ = 7.
Da der Nenner n·n ungleich 1 ist und der Bruch bereits gekürzt ist, kann $\frac{m}{n} \cdot \frac{m}{n}$ nicht gleich der natürlichen Zahl 7 sein. $\sqrt{7}$ ist nicht als gemeiner Bruch darstellbar, also keine rationale Zahl, also irrational.

13. a) 3,4 = $3\frac{4}{10} = 3\frac{2}{5} = \frac{17}{5}$ **e)** 3,40 = $3\frac{40}{100} = 3\frac{4}{10} = 3\frac{2}{5} = \frac{17}{5}$ **i)** $3 \cdot \sqrt{4} = 3 \cdot 2 = 6$
b) $3,\overline{4} = 3\frac{4}{9} = \frac{31}{9}$ **f)** irrational **j)** $3,\overline{04044} = 3\frac{4044}{99999} = 3\frac{1348}{33333}$
c) irrational **g)** $\sqrt{4} = 2$ **k)** $3,04 = 3\frac{4}{100} = 3\frac{1}{25} = \frac{76}{25}$
d) $3,39 = 3\frac{39}{100} = \frac{339}{100}$ **h)** irrational **l)** $3,040 = 3\frac{40}{1000} = 3\frac{4}{100} = 3\frac{1}{25} = \frac{76}{25}$

Seite 149

1. a) L = {−4; 3} **b)** L = {−5; 2}

2. a) 10 x **b)** 4 x **c)** 4 z − 2 **d)** z − 2

3. a) L = {5} **c)** L = {7} **e)** L = {4} **g)** L = ℚ
b) L = {−5} **d)** L = {8} **f)** L = {0} **h)** L = {16}

4. a) 20 x − 68 = 172; x = 12 **b)** 3x + 8 = 2x + 5; x = −3 **c)** $\frac{x}{2}$ + 78 = 4x + 36; x = 12

5. *Beispiele:*
a) Subtrahiert man von 36 das Dreifache einer Zahl, so erhält man 15. x = 7
b) Der dritte Teil einer Zahl vergrößert um 4 ergibt 55. x = 153
c) Addiert man zu 19 die Hälfte einer Zahl, so erhält man 34 vermindert um ein Drittel der Zahl. x = 18

6. Wir wählen x für die Länge (in cm) der mittleren Seite. Die Länge (in cm) der kleinsten Seite ist dann x − 2, die Länge (in cm) der längsten Seite ist dann x + 2.
(x − 2) + x + (x + 2) > 36, also x > 12
Lösungsmenge: L = {x ∈ ℚ | x > 12}
Die mittlere Seite muss länger als 12 cm sein. Die anderen Seiten sind dann jeweils 2 cm kürzer bzw. 2 cm länger.

7. a) L = $\left\{-\frac{8}{3}; 2\right\}$ **b)** L = {0; 4} **c)** L = {6} **d)** L = {0}

Seite 150

8. a) $L = \{x \in \mathbb{Q} \mid x < 8\}$ **b)** $L = \{x \in \mathbb{Q} \mid x < -5\}$ **c)** $L = \{x \in \mathbb{Q} \mid x \leq -1\}$ **d)** $L = \{x \in \mathbb{Q} \mid x \leq 3\}$

9. *Beispiele:*
- **a)** $4x + 3 = 11$; $(7-x) \cdot \frac{1}{2} = \frac{5}{2}$
- **b)** $2x - 3 = 0$; $(10 - x) \cdot 2 = 17$
- **c)** $(-2x + 1) \cdot \frac{2}{7} = 2$; $8 - x = 11$
- **d)** $5x = -2$; $x + \frac{2}{5} = 0$

10. $7x + 1{,}85 = 6{,}40$; $x = 0{,}65$ Ein Stück Kuchen kostet 0,65 €.

11. x: Breite des Pakets (in cm)
Gleichung: $4 \cdot 2x + 4x + 4x + 20 = 300$
$16x + 20 = 300 \quad |-20$
$16x = 280 \quad |:16$
$x = 17{,}5$
Das Paket ist 35 cm lang, 17,5 cm breit und 35 cm hoch.

12. x: Strecke bis zum Nachtanken (in km)
Verbrauch pro km: Stadtverkehr: $6{,}8\,\ell : 100 = 0{,}068\,\ell$; Bundes- und Landstraßen: $5{,}2\,\ell : 100 = 0{,}052\,\ell$
Gleichung: $\frac{2}{5} \cdot 0{,}068 \cdot x + \frac{3}{5} \cdot 0{,}052 \cdot x = 50$
$0{,}0272 \cdot x + 0{,}0312 \cdot x = 50$
$0{,}0584 \cdot x = 50 \quad |:0{,}0584$
$x \approx 856$
Nach etwa 850 km ist der Tank leer.

13. Wir wählen die Variable x für die Anzahl der Schüler.
$[(x \cdot 2) \cdot 3] : 4 + 1 = 100$, also $x = 66$ Lösungsmenge: $L = \{66\}$
Es sind 66 Schüler.

14. Zinsen für den mittleren Betrag: x (in €);
Gleichung: $x + 607{,}50 + x + x - 17{,}50 = 1167{,}50$; $x = 192{,}50$
Der Betrag über 7000 € bringt 192,50 € Zinsen; Zinssatz 2,75 %.
Der Betrag über 5000 € bringt 175,00 € Zinsen; Zinssatz 3,5 %.
Der Betrag über 20 000 € bringt 800,00 € Zinsen; Zinssatz 4,0 %.

15. a) $u = 4a + 2b + 2c$ **b)** $a = \frac{1}{4}u - \frac{1}{2}b - \frac{1}{2}c$; $a = 5{,}25$ cm   **c)** $b = \frac{1}{2}u - 2a - c$; $b = 4{,}3$

Seite 184

1. a)

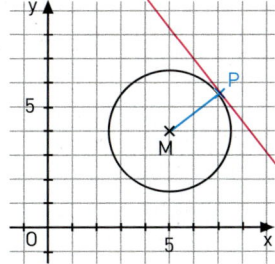

b) (1)

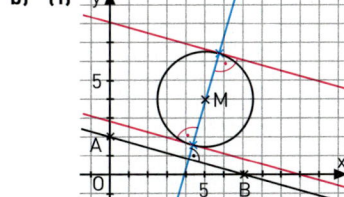

(2)

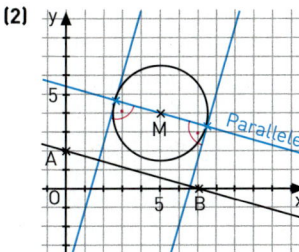

Seite 184

c)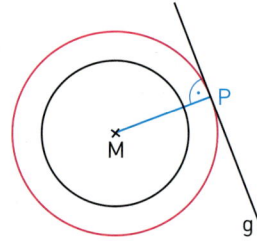

2. (1) Senkrechte zu g durch M; Schnittpunkt P
   (2) Kreis um M durch P

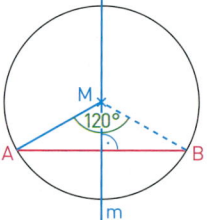

3. a) (1) Mittelsenkrechte m auf $\overline{AB}$ errichten
   (2) Winkel $\alpha = \beta = 30°$ [15°; 45°] an A bzw. B antragen
   (3) Schnittpunkt mit der Geraden m ist Kreismittelpunkt

   b) (1) Mittelsenkrechte m auf $\overline{AB}$ errichten
   (2) Winkel $\alpha = 25°$ [35°] an A bzw. B antragen, da der Zentriwinkel 130° [250°] betragen muss
   (3) Schnittpunkt mit m ist Kreismittelpunkt
   (4) Peripheriewinkel über $\overset{\frown}{AB}$ einzeichnen

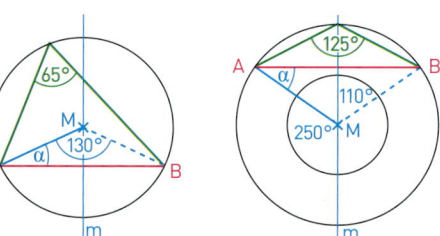

4. $\overline{AB}$ ist der Durchmesser eines Kreises, die Punkte liegen auf dem Thaleskreis über $\overset{\frown}{AB}$.
   (Mittelsenkrechte m auf $\overline{AB}$ errichten, $\alpha = 60°$ an A und B antragen, Schnittpunkt mit m ist Kreismittelpunkt, Peripheriewinkel über $\overset{\frown}{AB}$ einzeichnen)

5. $7{,}54 : (15\pi) \approx 0{,}16$; also 16 Umdrehungen

6. Sprühregner: $A \approx 95{,}0 \, m^2$
   Kreisregner: (klein): $A \approx 227{,}0 \, m^2$
   Kreisregner (groß, Variabel): $A \approx 28{,}3 \, m^2$ bis $490{,}9 \, m^2$

7. $190 : \pi \approx 60{,}5$; ungefähr 60 cm

8. $A_{Stoffrest} = 2{,}24 \, m^2$; Tischdecke mit $r = 70$ cm; $A_{Tischdecke} \approx 1{,}54 \, m^2$; $1{,}54 : 2{,}24 \approx 0{,}6875$. Es ist etwa 31 % Verschnitt.

9. (1) $5{,}47 \, cm^2$ (2) $5{,}86 \, cm^2$ (3) $1{,}93 \, cm^2$ (4) $1{,}93 \, cm^2$

Seite 217

1. a) Würfel (Prisma mit quadratischer Grundfläche)
   b) Prisma mit einem rechtwinkligen Dreieck als Grundfläche
   c) Zylinder

2. a) $181,5\,cm^3$ b) $832\,dm^3$ c) $5\,m$ d) $15\,dm$ e) $240\,cm^2$

Seite 218

3. a) $A_M = 320\,cm^2$
   b) *Beispiele:*

   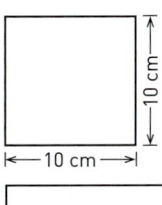
   $A_O = 2 \cdot 100\,cm^2 + 320\,cm^2 = 520\,cm^2$
   $V = 10 \cdot 10 \cdot 8\,cm^3 = 800\,cm^3$

   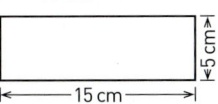
   $A_O = 2 \cdot 75\,cm^2 + 320\,cm^2 = 470\,cm^2$
   $V = 15 \cdot 5 \cdot 8\,cm^3 = 600\,cm^3$

   c)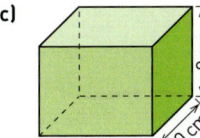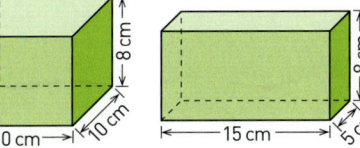

4. a) $O = 2 \cdot G + M$
   $= 2 \cdot \frac{1}{2} \cdot 4\,cm \cdot 3,5\,cm + 3 \cdot 4,0\,cm \cdot 7,0\,cm = 98\,cm^2$
   $V = G \cdot h = \frac{1}{2} \cdot 4\,cm \cdot 3,5\,cm \cdot 7,0\,cm = 49\,cm^3$

   b) 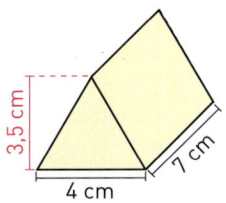   c)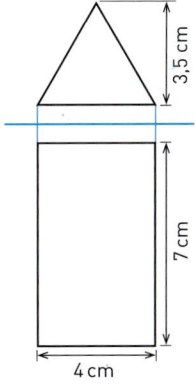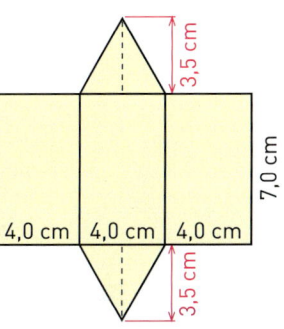

5. $V = G \cdot h$; $109,5\,dm^2 = 14,6\,dm^2 \cdot h$; $h = 7,5\,dm$

6. a) $O \approx 483,81\,cm^2$
      $V \approx 615,752\,cm^3$
   b) $O \approx 1960,35\,dm^2 \approx 19,60\,m^2$
      $V \approx 6333,451\,dm^3 \approx 6,333\,m^3$
   c) $O \approx 443,34\,cm^2 \approx 4,43\,dm^2$
      $V \approx 689,642\,cm^3 \approx 0,69\,dm^3$

7. $O \approx 603,19\,cm^2$; $V \approx 1130,973\,cm^3$
   a) $O = 603,19\,cm^2 = (2 \cdot 7^2 \cdot \pi + 2 \cdot \pi \cdot 7 \cdot h)\,cm^2$; $h \approx 6,7\,cm$
   b) $V_{Quader} = 12\,cm \cdot 12\,cm \cdot 10\,cm = 1440\,cm^3$
      $V_{Zylinder} : V_{Quader} \approx 0,785$
      Ungefähr 78,5 % (knapp 80 %) der Schachtel sind ausgefüllt.

Seite 218

8. a) V = 53 550 mm³ = 53,55 cm³;   Masse: 53,55 · 8,4 g · 40 ≈ 18 000 g = 18 kg
   b) V = 45 675 mm³ = 45,675 cm³;   Masse: 45,675 · 8,4 g · 40 ≈ 15 350 g = 15,35 kg
   c) V ≈ 101 431 mm³ ≈ 101,4 cm³;   Masse: 101,4 · 8,4 g · 40 ≈ 34 070 g ≈ 34 kg
   d) V ≈ 32 257 mm³ ≈ 32,257 cm³;   Masse: 32,257 · 8,4 g · 40 ≈ 10 838 g ≈ 10,8 kg

9. V = 17,5 g : 8,9 $\frac{g}{cm^3}$ ≈ 1,966 cm³ = 1966 mm³
   Länge des Drahtes: V : G = V : $\left(\frac{\pi \cdot d^2}{4}\right) = \frac{4V}{\pi d^2}$ ≈ 343 mm = 34,3 cm

10. a) Zeichnung siehe rechts.
    b) A_O = 2 · π · 2² + 2 · π · 2 · 8 ≈ 125,66 cm²
       V = π · 2² · 8 ≈ 100,53 cm³

11. V = Quader minus Zylinder = 432 cm³ − π · 5² · 2 cm³ ≈ 274,92 cm³
    Masse: 2 364,3 g ≈ 2,36 kg

12. V = π · 6² · h − π · 1,75² · h = 32,9375 · π · h ≈ 103,5 · h
    Masse: V · 7,9 = 1250 ⇒ h = 1,529 cm

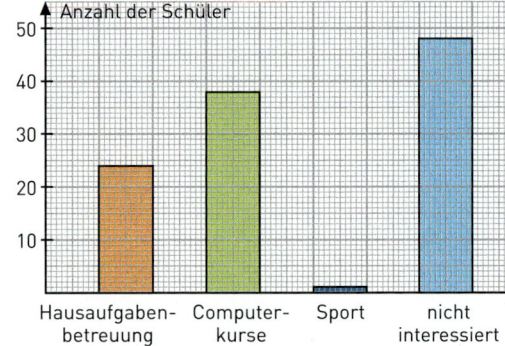

Seite 247

1. a) Grundgesamtheit: 925 Schüler
      Umfang der Stichprobe: 111 Schüler
   b) Hausaufgabenbetreuung: $\frac{24}{111}$ ≈ 21,6 %
      Computerkurse: $\frac{38}{111}$ ≈ 34,2 %
      Sport: $\frac{1}{111}$ ≈ 0,9 %
      kein Angebot: $\frac{48}{111}$ ≈ 43,2 %
      Interesse an einem der drei Angebote: $\frac{24 + 38 + 1}{111} = \frac{63}{111} = \frac{21}{37}$ ≈ 0,568 = 56,8 %
   c) Siehe Bild.
   d) Hausaufgabenbetreuung: 925 · $\frac{24}{111}$ = 200
      Computerkurse: 925 · $\frac{38}{111}$ ≈ 317
      Sport: 925 · $\frac{1}{111}$ ≈ 8
      kein Angebot: 925 · $\frac{48}{111}$ = 400

Seite 248

2. (1) P(0,01 cm Abweichung) = P(6,99 cm) + P(7,01 cm) = 0,2 + 0,23 = 0,43
   (2) P(mehr als 0,02 cm Abweichung) = P(6,97 cm) + P(7,03 cm) = 0,04 + 0,03 = 0,07
   (3) P(weniger als 0,03 cm Abweichung) = 1 − P(0,03 cm Abweichung)
                                         = 1 − P(6,97 cm) − P(7,03 cm) = 1 − 0,04 − 0,03 = 0,93

3. a) (1) $\frac{4}{6} = \frac{2}{3}$ (2) $\frac{3}{6} = \frac{1}{2}$ (3) $\frac{2}{6} = \frac{1}{3}$
   b) jeweils $\frac{1}{6}$
   c) $\frac{1}{6}$ · 1800 ≈ 300. Man kann erwarten, dass man ungefähr 300-mal eine 6 würfelt.

4. a) $\frac{70}{100} = \frac{7}{10}$ b) $\frac{1}{100}$ c) $\frac{1}{100} + \frac{9}{100} + \frac{20}{100} = \frac{30}{100} = \frac{3}{10}$

5. a) $\frac{1}{10}$ b) $\frac{4}{10} = \frac{2}{5}$ c) $\frac{9}{10}$ d) $\frac{2}{10} + \frac{3}{10} = \frac{5}{10} = \frac{1}{2}$ e) $\frac{1}{10} + \frac{4}{10} = \frac{5}{10} = \frac{1}{2}$ f) 0

Seite 248

6. a) Die Ergebnisse haben unterschiedliche Wahrscheinlichkeiten.

b)

Anzahl der Geschwister	0	1	2	3	4
Wahrscheinlichkeit	0,25	0,40	0,20	0,10	0,05

c) **(1)** 0,2
(2) 0,1 + 0,05 = 0,15
(3) 0,25 + 0,40 = 0,65

d) 80 · 0,35 = 28
Es sind 28 Familien.

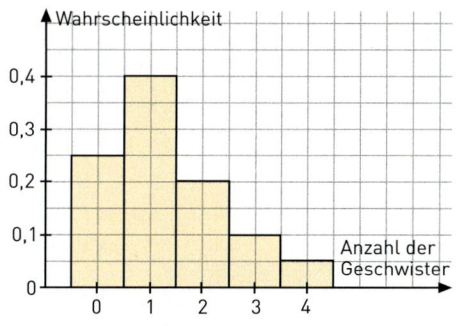

7. Ja, dies ist möglich, wenn jede Mannschaft jeweils 3 Seiten des Würfels zugewiesen bekommt.
Beispiele:

Mannschaft A	Mannschaft B
1, 2, 3	4, 5, 6
2, 4, 6	1, 3, 5

Begründung:
A ist das Ereignis: „Mannschaft A hat den Aufschlag"
B ist das Ereignis: „Mannschaft B hat den Aufschlag"
$P_{Münze}(A) = \frac{1}{2} = P_{Münze}(B)$
$P_{Würfel}(A) = \frac{3}{6} = \frac{1}{2} = \frac{3}{6} = P_{Würfel}(B)$

Verzeichnis mathematischer Symbole

$a = b$	a gleich b
$a \neq b$	a ungleich b
$a < b$	a kleiner b
$a \leq b$	a kleiner oder gleich b
$a > b$	a größer b
$a \geq b$	a größer oder gleich b
$a \approx b$	a ungefähr gleich b
$a + b$	a plus b; Summe aus a und b
$a - b$	a minus b; Differenz aus a und b
$a \cdot b$	a mal b; Produkt aus a und b
$a : b$	a durch b; Quotient aus a und b
a^n	a hoch n; Potenz aus Basis (Grundzahl) a und Exponent (Hochzahl) n
$P\%$	p Prozent
$P‰$	p Promille
π	Kreiszahl pi; 3,14...
$\lvert a \rvert$	Betrag von a
$\sqrt{a}$	Quadratwurzel aus a ($a \geq 0$)
$\sqrt[3]{a}$	Kubikwurzel aus a ($a \geq 0$)
$\{1; 5; 8\}$	Menge mit den Elementen 1, 5, 8
$\{\ \}$	leere Menge
$\mathbb{N}$	Menge der natürlichen Zahlen: $\{0: 1; 2; 3; ...\}$
$\mathbb{Z}$	Menge der ganzen Zahlen
$\mathbb{Z}_+$	Menge der nicht negativen ganzen Zahlen
$\mathbb{Q}$	Menge der rationalen Zahlen
$\mathbb{Q}_+$	Menge der nicht negativen rationalen Zahlen
$\mathbb{R}$	Menge der reellen Zahlen
$a \in \mathbb{N}$	a ist Element von $\mathbb{N}$ (a gehört zu $\mathbb{N}$)
$a \notin \mathbb{N}$	a ist nicht Element von $\mathbb{N}$ (a gehört nicht zu $\mathbb{N}$)
$\{x \in \mathbb{Q} \mid x < a\}$	Menge aller x aus $\mathbb{Q}$, für die gilt: x kleiner a.
AB	Verbindungsgerade durch die Punkte A und B; Gerade durch A und B
$\overline{AB}$	Strecke mit den Endpunkten A und B; Länge der Strecke $\overline{AB}$
$\overrightarrow{AB}$	Strahl, Halbgerade von A ausgehend
$g \parallel h$	g ist parallel zu h
$g \perp h$	g ist senkrecht zu h; g ist orthogonal zu h
ABC	Dreieck mit den Eckpunkten A, B und C
ABCD	Viereck mit den Eckpunkten A, B, C und D
$A(a \mid b)$	Punkt mit der 1. Koordinate a und der 2. Koordinate b
$\alpha, \beta, \gamma, ...$	Winkel
$\angle (BAC)$	Winkel im Dreieck zwischen den Seiten b und c
$\angle (h, g)$	Winkel zwischen den Geraden g und h
$\overset{\frown}{AB}$	Kreisbogen über der Sehne $\overline{AB}$
$H_n(A)$	Absolute Häufigkeit, mit der das Merkmal A bei n Objekten vorkommt
$h_n(A)$	Relative Häufigkeit, mit der das Merkmal A bei n Objekten vorkommt
Ω	Ergebnismenge
E	Ereignis E
$\overline{E}$	Gegenereignis zu E
$P(E)$	Wahrscheinlichkeit für das Ereignis E

Stichwortverzeichnis

A
abbrechender Dezimalbruch 105
Abnahmefaktor 31, 47
absolute Häufigkeit 223, 247
Additionsregel 69
- beim Gleichungslösen 122, 142
äquivalent 122, 148
Assoziativgesetz 74, 87, 114
Aufriss 197, 216

B
Berührungspunkt einer Tangente 157
Betrag 57, 114
Betragsgleichung 140, 149
Beweisen 169
Bruchrechnung 50
Bruttopreis 33

D
Dezimalbruch 9, 105
Diagramme mit dem Computer 23
Distributivgesetz 97, 114
Divisionsregel 89
- beim Gleichungslösen 122, 142
Dreisatz 14
Durchmesser 154, 183

E
Empirisches Gesetz der großen Zahlen 230, 247
entgegengesetzte Zahl 57, 114
Ereignis 236
Ergebnismenge 223
erhöhter Grundwert 28
erweitern 49
Exponent 83

F
Flächeninhalt eines Kreises 175, 183
Formeln 145

G
ganze Zahlen 57
gebrochene Zahlen 49
Gegenereignis 236
Gleichung 120
Grundfläche eines Prismas 187, 216
Grundgesamtheit 223
Grundriss 197, 216
Grundwert 14, 21, 47

H
Häufigkeit 223, 247
Hohlzylinder 210
Hundertstelbruch 9

I
irrationale Zahlen 106, 114

J
Jahreszinsen 40, 47

K
Kehrwert 89
Kommutativgesetz 74, 86, 114
Komplementärregel 236, 247
Koordinatensystem 63
Kreis 153, 185
Kreisbogen 166, 183
Kreisdiagramm 17
Kreisflächeninhalt 175, 183
Kreisumfang 172, 183
Kreiszahl 172, 179
Kubikwurzel 102, 114
kürzen 49

L
Laplace-Versuch 237, 247
leere Menge 132
Lösung einer Gleichung 120
Lösungsmenge 120, 148
- einer Ungleichung 141

M
Mantelfläche 187, 216
- eines Zylinders 206, 217
Mindmap 92
Mittelpunkt eines Kreises 153, 185
modellieren 135, 148, 213
Multiplikationsregel 82
- Gleichungslösen 122, 142

N
Näherungswerte 103, 112
natürliche Zahlen 57, 110
negativer Zahlen 56
Nettopreis 33
Netz
- eines Prismas 188
- eines Zylinders 106

O
Oberflächeninhalt
- eines Prismas 188, 216
- eines Zylinders 207, 217

P
Passante 157, 183
periodischer Dezimalbruch 105
Peripheriewinkel 166, 183
Pi 172, 179
positive Zahlen 56
Potenz 83
Potenzieren 83
Prisma 187
- Schrägbild 193
- Volumen 201, 216
Probe 123, 148
Problemlösestrategie 100
Promille 27
Prozent 9, 36
Prozentpunkt 36
Prozentsatz 14, 47
prozentuale Abnahme 31, 47
prozentuale Steigerung 28, 35, 47
Prozentwert 14, 16, 47

Q
Quadrant 63
Quadratwurzel 101, 114

R
Rabatt 33
Radikand 101, 114
Radius 153, 183
Radizieren 101
rationale Zahlen 56, 110, 114
- addieren 69, 77, 114
- dividieren 88, 114
- multiplizieren 82, 114
- subtrahieren 76, 114
Rechengesetze
- der Multiplikation 86, 114
- für die Addition 74, 114
reelle Zahlen 108, 110, 114
reinperiodischer Dezimalbruch 105
relative Häufigkeit 223, 247
Reziproke 89, 114

S
Satz des Thales 160, 183
Schiefes Prisma 189
Schrägbild eines Prismas 93
Sehne 154, 183
Sekante 157, 183
Simulation 242
Skonto 33
Stichprobe 223

Subtraktionsregel 76
- beim Gleichungslösen 122, 142
Summenprobe 224
Summenregel 235

T
Tangente 157, 183
Terme 79, 94, 114
Thales von Milet 160, 164
Thaleskreis 160

U
Umfang eines Kreises 172, 183
Umfangswinkel 166
Umformen von Formeln 145, 149
Umformungsregeln 122
Ungleichung 141, 149

V
Variable 120
Verbindungsgesetz 74, 87
Verhältnisgleichung 138
Verkürzungsfaktor 194
verminderter Grundwert 31
Vertauschungsgesetz 74, 86
Verteilungsgesetz 97
Verzerrungswinkel 194
Volumen
- eines Prismas 201, 216
- eines Zylinders 210, 217

W
Wahrscheinlichkeit 231, 247
Wenn-dann-Sätze 161

Z
Zahlbereiche 110
Zahlengerade 56, 61, 114, 108
Zahlenmengen 57
Zahlklammern 74, 79
Zentriwinkel 167, 183
Zinseszinsen 45, 47
Zinsfaktor 45
Zinssatz 40, 47
Zufallsversuch 230, 247
- Simulation 243
Zufallszahlen 244
Zunahmefaktor 28, 47
Zustandsänderung 65
Zweitafelbild 196, 208, 216
Zylinder 206, 217
- Volumen 210, 217

Bildquellenverzeichnis

|AC Pots ApS, Holbæk: 211.1. |akg-images GmbH, Berlin: 111.1. |alimdi.net, Deisenhofen: Westend61/Roman Maerzinger 214.2. |Biosphoto, Berlin: 215.1. |bpk-Bildagentur, Berlin: 164.1. |Bundesministerium der Finanzen, Berlin: 246.1. |CHROMORANGE, Berlin: Opelka, Joachim 214.1. |F1online, Frankfurt/M.: Aflo 257.2. |Fabian, Michael, Hannover: 10.1, 19.1, 27.1, 27.2, 55.1, 67.1, 80.1, 84.1, 93.1, 96.1, 152.2, 152.3, 153.2, 156.1, 168.1, 171.1, 172.1, 185.2, 186.5, 186.6, 189.1, 189.2, 189.3, 189.4, 189.5, 195.1, 205.1, 209.1, 209.2, 209.3, 212.2, 213.1, 214.3, 220.3, 222.1, 225.1, 227.1, 227.2, 228.1, 228.2, 228.3, 228.5, 228.6, 228.7, 230.2, 230.3, 231.1, 231.2, 231.3, 231.4, 231.5, 231.6, 231.7, 232.2, 232.3, 232.4, 232.5, 233.1, 233.2, 233.3, 233.4, 233.5, 233.6, 233.7, 234.1, 235.1, 235.2, 235.3, 235.4, 235.5, 235.6, 237.1, 237.2, 239.1, 239.2, 239.3, 242.1, 242.2, 243.2, 244.1, 252.1, 254.1, 257.1. |fotolia.com, New York: gradt 218.1; Hauke-Chr. Dittrich 29.1; Klein, Ralph 68.1; leroy131 40.1; lofik 173.2; scarlett 29.2; Schuppich, M. 41.1; vlabo 71.1. |Gerhard Launer WFL-GmbH, Würzburg: 94.1. |Getty Images, München: Bettmann 237.3; Paul Moore 176.1; Ryan McVay 4.1, 117.1, 249.6. |Getty Images (RF), München: daniel reiter 158.1; Dorling Kindersley 15.2, 18.1, 25.1, 30.1, 33.1, 35.1, 58.1, 61.1, 62.1, 62.2, 70.1, 71.2, 80.2, 91.1, 95.1, 98.1, 124.1, 129.1, 130.1, 133.1, 133.2, 140.1, 146.1, 190.1, 211.2, 225.2; Imre Cikajlo 172.3; iStockvectors 51.2, 57.1, 75.1, 240.1; iStockvectors/Tom Nulens 8.1, 12.1, 12.2, 40.2, 40.3, 40.4, 54.1, 54.3, 63.1, 118.1, 118.2, 152.1, 152.4, 152.5, 153.1, 153.4, 186.1, 186.2, 186.4, 208.1, 220.1, 220.2; Jon Bower at Apexphotos 173.3. |Greenpeace e.V., Hamburg: Ulrich Baatz 173.1. |Imago, Berlin: Imagebroker 232.1; NBL Bildarchiv 4.2, 151.1, 249.8; Rainer Unkel 233.8. |iStockphoto.com, Calgary: Svetlana Braun 5.3, 249.1; Zoonar RF Titel. |JOKER: Fotojournalismus, Bonn: Petersen, Gudrun 139.1. |Kiezbündnis Klausenerplatz e.V., Berlin-Charlottenburg/Wilmersdorf: 212.1. |Ladenthin, Werner, Berlin: 152.6, 215.2. |Langner & Partner Werbeagentur GmbH, Hemmingen: 26.1, 54.2, 171.2. |Lookphotos, München: Minden Pictures 137.1. |Lösche, Matthias, Lauchhammer: 178.1. |mauritius images GmbH, Mittenwald: Gilsdorf, Marc 3.1, 11.1, 249.3; ib/Thomas Jentzsch 175.2; Lehn, Bernhard 155.1; Muth 155.2; Waldkirch 251.1. |Microsoft Deutschland GmbH, München: 23.1, 23.2, 23.3, 23.4, 24.1, 24.2, 24.3, 228.4. |Minkus Images Fotodesignagentur, Isernhagen: 188.1. |Österreichische Nationalbibliothek, Wien: 150.1. |PantherMedia GmbH (panthermedia.net), München: Arne Trautmann 51.1; federicofoto 5.1, 185.1, 249.7; Stefan Stendel 37.1; Tono Balaguer 46.1; Wavebreakmedia ltd 42.1. |plainpicture, Hamburg: Schiesswohl 213.2; Thomas Grimm 241.1. |Rau, Katja, Berglen: 10.2. |Schenk, Lena: Redaktion 159.1. |Schlimmer, Florian, Braunschweig: 182.2. |Shutterstock.com, New York: homydesign 182.1; kzww 208.2; PRILL 208.3; silverjohn 249.2. |stock.adobe.com, Dublin: Picture-Factory 15.1; rcfotostock 25.2. |Suhr, Friedrich, Lüneburg: 198.1, 234.2, 246.2, 246.3. |supraphoto, Berlin: 52.1. |Texas Instruments Education Technology GmbH, Freising: 104.1, 134.2, 134.3, 134.4, 145.1, 243.1. |Thinkstock, Sandyford/Dublin: 3.2, 5.2, 53.1, 219.1, 249.4, 249.5. |TopicMedia Service, Mehring-Öd: Michael Weber 172.4; Silvestris 36.1, 172.2, 172.5. |vario images, Bonn: 230.1. |Visum Foto GmbH, München: A. Vossberg 186.3. |Warmuth, Torsten, Berlin: 59.1, 59.2, 65.1, 153.3, 153.5, 175.1, 177.1, 184.1, 206.1, 241.2. |wikimedia.commons: gemeinfrei 179.1; http://www.datamath.org/ Joerg Woerner/ CC-Lizenz 3.0 Unported (CC-BY-SA 3.0) 134.1. |wolterfoto.de, Bonn: Jörn Wolter 113.1.